国家出版基金项目
NATIONAL PUBLICATION FOUNDATION

"十二五"国家重点图书出版规划项目
国家出版基金资助项目
重庆市出版专项资金资助项目
国家自然科学基金资助项目
中国人民解放军总后勤部科研基金资助项目

珊瑚岛礁淡水透镜体的开发利用

周从直　方振东　魏　营　冯孝杰　著

重庆大学出版社

内容提要

本书系统介绍了珊瑚岛礁淡水透镜体的生成、动力学过程、开发利用与保护。主要内容包括:淡水透镜体的产生、实验模拟与水文地质勘测、淡水透镜体的数学模型、淡水透镜体开采策略、透镜体的近似计算、淡水透镜体的管理与保护,以及珊瑚岛的形成与地理分布。

本书可供海岛水资源科技工作者、大专院校相关专业本科生、研究生参考,也可供珊瑚岛水资源管理者使用。

图书在版编目(CIP)数据

珊瑚岛礁淡水透镜体的开发利用／周从直等著. -- 重庆:重庆大学出版社,2017.8
ISBN 978-7-5689-0783-5

Ⅰ.①珊… Ⅱ.①周… Ⅲ.①珊瑚岛—淡水资源—水资源开发②珊瑚岛—淡水资源—水资源利用③珊瑚礁—淡水资源—水资源开发④珊瑚礁—淡水资源—水资源利用 Ⅳ.①TV213

中国版本图书馆 CIP 数据核字(2017)第 199796 号

珊瑚岛礁淡水透镜体的开发利用
周从直 方振东 魏 营 冯孝杰 著
策划编辑:曾显跃

责任编辑:曾显跃　　版式设计:曾显跃
责任校对:邹 忌　　责任印制:邱 瑶

*

重庆大学出版社出版发行
出版人:易树平
社址:重庆市沙坪坝区大学城西路 21 号
邮编:401331
电话:(023) 88617190　88617185(中小学)
传真:(023) 88617186　88617166
网址:http://www.cqup.com.cn
邮箱:fxk@ cqup.com.cn(营销中心)
全国新华书店经销
重庆升光电力印务有限公司印刷

*

开本:787mm×1092mm　1/16　印张:26.25　字数:409千
2017 年 8 月第 1 版　2017 年 8 月第 1 次印刷
印数:1—2 000
ISBN 978-7-5689-0783-5　定价:98.00 元

前　言

　　珊瑚岛礁淡水透镜体是赋存于珊瑚岛内,漂浮于海水之上的天然地下淡水水体,由降雨渗入地下汇集而成,其形态中央厚、边缘薄,宛如一枚透镜,故称"淡水透镜体"。淡水透镜体是珊瑚岛上宝贵的淡水资源。

　　珊瑚岛由珊瑚礁块、沙砾和贝壳、藻类等生物碎屑堆积,以及胶结与成岩作用形成,出露于海面之上。世界上的珊瑚岛集中分布在太平洋、印度洋赤道两侧的热带海域和有暖流经过的洋面,一些海洋岛国就由为数众多、大小不等的珊瑚岛组成。我国珊瑚岛集中于南海海域,尤以西沙为最。珊瑚岛以其独特的战略地位,以及丰富的油气、海洋生物资源而在一个国家的经济建设、资源开发和国防建设中占据重要地位。

　　然而,珊瑚岛面积一般不大,往往几平方千米,很多不到一平方千米。狭小的地表面积,特殊的地质环境,使得珊瑚岛几乎没有可用的地表淡水资源。虽然雨水收集常常是岛上重要的淡水来源,但是,珊瑚岛所处的海洋地理位置使其在气候上有旱雨季之分,当长达半年的旱季来临,特别是受厄尔尼诺-南方涛动影响出现长期干旱时,雨水甚少。这时,淡水透镜体就是支撑岛上居民生活的唯一天然淡水资源。如果淡水透镜体的底部也像大陆地下水底面有一不透水地层,那么透镜体的开发就不会面临巨大的困

1

难与风险。可惜，内嵌于珊瑚岛的淡水透镜体四周及底部被海水包围，淡水不断渗漏而流失；特别地，过量开采会使淡水透镜体萎缩、咸化失去使用功能，大流量抽取又将使海水上涌形成倒锥，甚至击穿透镜体，不仅淡水损失严重，还可能酿成生态灾难。不过，珊瑚岛地表每年承接的雨水回补给透镜体，会使之再生。这样，透镜体始终处于流失—回补的动态平衡之中。淡水透镜体的开发本质上就是截取部分流失的淡水加以利用，如若开发不够，宝贵的淡水资源也会自动流入海洋。珊瑚岛地表疏松多孔，各种污染物质极易下渗浸入透镜体，导致水质恶化。凡此种种，表明淡水透镜体是十分脆弱、最易受到损害的含水层系统，自然因素和人类活动都会对透镜体的水质水量带来影响，严重时导致透镜体枯竭，或者因污染而失去使用功能。因此，对珊瑚岛礁淡水透镜体要科学开发、充分利用、严格监管。为此，作者总结了多年从事该项目的科研成果，并撰写成本书，试图对珊瑚岛礁淡水透镜体的开发利用和监管保护作一系统介绍。

全书共分 10 章，首先介绍珊瑚岛的分布及地质特点，接着介绍珊瑚岛礁淡水透镜体的生成；从第 3 章起分别介绍淡水透镜体的实验模拟与水文地质勘测，淡水透镜体数学模拟基础，淡水透镜体的二维数学模型，淡水透镜体的三维数学模型，淡水透镜体开采策略，以及透镜体的近似计算模型；第 9 章介绍淡水透镜体的水质净化；最后一章介绍淡水透镜体的管理与保护。书中文字叙述力求通俗易懂，数学推导力求详细严密，并附有插图表格，以便理解。

本书是在国家自然科学基金项目（40576050）和中国人民解放军总后勤部科研基金资助的科研课题基础上完成的，在此对国家基金委和总后勤部表示深切的谢意。作者还要感谢同课题组的梁恒国教授、杨琴讲师、马颖博士、李决龙教授，河海大学束龙仓教授和他的研究生甄黎、曹英杰，以及中国人民解放军后勤工程学院研究生王浩、何丽、耿海涛、黄幸卫。他们出色的工作为本书的出版作出了令人钦佩的贡献。感谢广州南海海洋研究所为本书提供了宝贵的南海地质资料。特别要感谢后勤工程学院训练部，他们的关心、支持和该部的资助才促成了本书的出版。最后还要指出，本书在撰写过程中，引用和参阅了国内外一些同行的研究成果与论著，均在书后参考资料中列出，作者在此表示衷心感谢。

　　珊瑚岛礁淡水透镜体的开发利用与淡水透镜体的动力学过程紧密关联，而这一过程又涉及珊瑚岛地质结构、气候、多孔介质流体力学、海洋动力学、环境保护与水资源管理等多学科、多专业，领域宽阔、内容丰富，需要进行广泛深入的研究。但国内关于珊瑚岛礁淡水透镜体的研究工作开展甚少，可资参考的资料不多，加之作者水平有限，书中错误与疏漏在所难免，敬请读者批评指正。

作　者

2015 年 5 月于重庆

中国人民解放军后勤工程学院

目 录

3

第**1**章
珊瑚岛的地理地质特点

　　珊瑚岛是珊瑚礁出露于海面的部分,由珊瑚礁块、沙砾、贝壳、藻类等生物碎屑堆积,以及胶结与成岩作用形成。珊瑚礁拥有丰富的油气资源、生物资源和艳丽的海底世界,如图1.1所示。珊瑚岛的宝贵淡水透镜体及特殊的战略地位,使其在

图1.1　艳丽的珊瑚礁海底世界

国家经济建设、资源开发和国防建设中占据重要的地位,吸引了地质学、海洋学、生物学等多学科的学者对其进行深入研究,并取得了极有价值的成果。本章介绍珊瑚礁与珊瑚岛的形成、珊瑚岛的气候与海洋环境、珊瑚岛的地理分布与我国的珊瑚岛。

1.1 珊瑚、珊瑚礁与珊瑚岛

1.1.1 珊瑚

(1)海洋腔肠动物

珊瑚是一种海洋腔肠动物,但在很长时期里,人们根据其外形一直以为它是植物。18世纪40年代后,海洋生物学家研究了珊瑚的生长发育和繁殖,才认识到它原来是动物。珊瑚有漫长的生物进化史,大约在距今4亿5千万年前的中奥陶世,地球上才出现能分泌碳酸钙的腔肠动物,主要是珊瑚类,这是地质史上第一个真正能造礁的动物群,它们的出现是造礁史上的划时代事件;再经过一段漫长的历史时期,大约在2亿多年前,也即到了中三叠世,又诞生了新的能造礁的珊瑚,名为"六放珊瑚"和"八放珊瑚",一直延续至今。其中,一些科学家认为,八放珊瑚的起源可以追溯到泥盆纪甚至前寒武纪末期。珊瑚种类繁多,有的千姿百态,如蔷薇珊瑚和牡丹珊瑚像一朵朵绽放的鲜花;有的色彩鲜艳,如红珊瑚和柳珊瑚颜色娇红,被视为古代皇宫中的珍宝;还有可作水泥、石灰建筑材料的滨珊瑚、菊石珊瑚;等等。估计地球上曾有珊瑚6 000余种,但大多已在不同的地质时期消失,现存的珊瑚集中在两个区域:太平洋—印度洋区,种类丰富,有700余种;大西洋—加勒比海区,种类贫乏,仅41种。这些珊瑚并不都能造礁,能造礁的珊瑚称为"造礁珊瑚"或"造礁石珊瑚"。全球现存造礁珊瑚共600余种,我国有325种。不过,近年来由于气候变化、环境污染和人为滥采滥伐,我国的珊瑚礁已受到严重破坏。有学者统计,我国尚存造礁珊瑚175种。本书以下讨论的珊瑚均指造礁珊瑚。

（2）珊瑚虫的构造

海洋中的珊瑚是由许多被称为"珊瑚虫"的个体聚集而成的群体。每个珊瑚个体呈圆筒状,一端封闭,形成空腔;另一端开口,口的周围有辐射状排列的触手,如图1.2 所示。触手能伸长、弯曲和摆动,用以捕捉流经触手附近的食物。食物经口进入空腔,在腔内进行消化吸收,不能消化的食物残渣仍然从口排出,由于空腔有消化吸收功能,因此称之为"腔肠"。腔肠外是体壁,体壁由两层细胞构成。体表的一层细胞为外胚层,这层细胞有保护和感觉的功能;里面的一层为内胚层,主要有营养功能;两层细胞之间为非细胞结构的中胶层,是由内、外胚层的细胞共同分泌而来的,如图1.3 所示。

图 1.2　珊瑚触手

珊瑚虫腔肠内有许多从体壁伸向腔内宽窄不同的成对隔膜,每对隔膜中间有一块隔片,隔膜的对数和隔片数相等,且都是 6 或 8 的倍数,如图 1.4 所示。珊瑚便常按这一数目进行分类,如隔膜的对数和隔片数为 6 时,称为"六放珊瑚",隔膜的对数和隔片数为 8 时,称为"八放珊瑚"。无论哪种珊瑚,隔膜的游离缘上有隔膜丝,其上

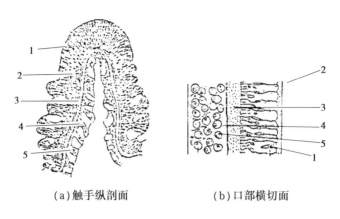

(a)触手纵剖面　　　　　(b)口部横切面

图 1.3　珊瑚虫剖面图

1—刺细胞;2—外胚层;3—中胶层;4—内胚层;5—虫黄藻

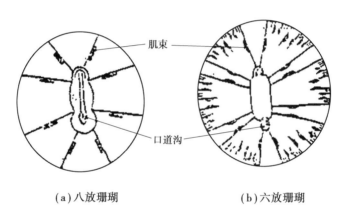

(a)八放珊瑚　　　　　　(b)六放珊瑚

图 1.4　六放珊瑚与八放珊瑚隔膜的比较

有刺细胞和腺细胞,能杀死和消化进入体内的食物。

（3）虫黄藻

珊瑚虫的食物有单细胞的浮游动物、甲壳类小动物,以及多毛类、贝类、棘皮动物幼虫和海水中悬浮的有机碎屑,但仅以这些食物为生的珊瑚是不能造礁的。20 世纪 40 年代,科学家发现,造礁珊瑚的内胚层内寄生有一种单细胞的藻类,细胞数量通常可达 10^6 个/cm^2,能进行光合作用,也能分裂繁殖,与珊瑚虫共生,取名为"虫黄藻"。所有造礁珊瑚都与虫黄藻共生,而非造礁珊瑚虫体内则没有虫黄藻。因此,有无虫黄藻是区分造礁珊瑚与非造礁珊瑚的标准,实际上造礁珊瑚只有在虫黄藻的协助下才能造礁。造礁珊瑚与虫黄藻之间存在着营养的互惠关系。虫黄藻接受透过海水的阳光,吸收珊瑚虫新陈代谢过程中排放的 CO_2 和排泄物中的 N、P 等养料,进行光合作用,合成有机物并释放 O_2。虫黄藻合成的有机物除满足自身需要外,其余部分分泌到细胞外连同释放的 O_2 提供给珊瑚虫,促进其生长发育。在这一营养互惠过程中,虫黄藻还能加速珊瑚虫骨骼的形成,直接参与造礁,原因是虫黄藻在代谢过程中也会排出 CO_2,它以碳酸根 CO_3^{2-} 的形式存在,与来自海水中的钙离子 Ca^{2+} 结合生成碳酸钙 $CaCO_3$,然后以文石的形式由珊瑚虫的附着端和体壁的外胚层分泌到体外,积存于虫体的底面、侧面及隔膜间,逐渐形成骨骼。骨骼通常黏结在岩石或石灰质底基上,随着珊瑚虫个体繁殖增加,骨骼的堆积也越来越多,并因群体形状不同,而使骨骼外形呈枝状、叶状、球状、蜂巢状或蔷薇花状等。

(4)珊瑚虫的繁殖

珊瑚虫的繁殖方式十分特殊,有性无性兼而有之。无性繁殖是出芽生殖,即在珊瑚虫的触手环内或触手环外长出新芽,形成芽体,芽体继续发育成新的珊瑚虫,就像树枝发芽长成新的树枝一样。少数种类的珊瑚虫亦可通过横裂的方式分裂成两个独立的个体,再发育成新的成虫;成虫再出芽或分裂,这样,通过无性生殖的方式,珊瑚虫就可不断繁殖出许多新虫体。新虫体产生,老虫体死亡,但骨骼仍留在珊瑚群体上,于是,珊瑚向纵、横和竖直向上三个方向伸展。

珊瑚虫的有性生殖是通过精卵结合发育成幼虫,然后成长为新个体。珊瑚虫可以是雌雄同体,也有些种类是雌雄异体。雌雄同体的珊瑚虫,在腔肠的隔膜上长有生殖腺,精、卵成熟后,分别自腺体排出,在腔肠内受精,发育成浮浪幼虫。雌雄异体的珊瑚虫,虫体的隔膜上分别有只产生精子或卵子的腺体。雄体精子成熟后,由口流出进入雌体内与自腺体排出的卵子结合成受精卵,并在母体内发育成浮浪幼虫。无论雌雄同体还是异体,受精卵孵化出的幼虫体表上都长满纤毛,能游动,经由口道随水流出。幼虫在水中游动,遇着坚硬的岩石,便附着其上,继续发育为新的个体。

珊瑚的这两种生殖方式使其能迅速繁殖。一方面,它以出芽方式进行无性生殖,成长率为每年 $5 \sim 20$ mm,每年伸长的进段 $1 \sim 10$ cm,不断地扩充自己的地盘;另一方面,有性生殖产生浮浪幼虫,可以自由游动,又有利于扩大自己的分布范围。正是这种特殊的繁殖方式,才造就了现代热带海洋中星罗棋布的珊瑚礁和珊瑚岛。

（5）珊瑚生长的影响因素

珊瑚的生长繁殖受多种因素的制约,它不但对海水的温度、盐度有一定适应范围,对海水深度和附着基底也有要求,其他如风浪、海潮等对珊瑚的生长也都有一定影响。

1）水温

珊瑚对水温的异常变化十分敏感,过高或过低都会导致珊瑚死亡。1988 年发生了全球性的珊瑚白化和死亡事件,起因就是同时发生的大规模厄尔尼诺现象和海面温度异常升高。全球珊瑚礁监测网络（GCRMN）2004 年发布评估报告指出,有很多证据证明珊瑚白化与海面温度升高有关。英格兰 East Anglia 大学统计了 1983—2000 年加勒比海区珊瑚白化范围与海面的异常升温现象,指出两者紧密相关。珊瑚对环境因素的适应性试验表明,在 32 ℃的海水中,珊瑚就会产生白化,如图 1.5 所

图 1.5　珊瑚白化

示。白化是高温下珊瑚内胚层内虫黄藻大量溢出,虫黄藻色彩鲜艳,失去带色的虫黄藻,珊瑚白色的碳酸钙骨骼便会透过无色的组织而呈现出来。珊瑚白化后,失去了重要的营养来源,很快就会死亡。低温对珊瑚的生长也极为不利,13 ℃以下,珊瑚会被冻死,如 1946 年 2 月,澎湖列岛北群因寒潮南下,造成大片珊瑚死亡。13~18 ℃的低温,珊瑚虽不会被冻死,但将停止造礁。适合珊瑚生长的水温是 18~30 ℃,而最佳水温是 25~29 ℃。

2）盐度

在长期地质年代中,陆地上的各种可溶性盐溶入地面径流或地下水进入海洋,使海水的含盐量远高于大陆上淡水含盐量。海水中含量最多的是钠、镁、钙和钾等盐类。盐度就是海水含盐量与海水质量的比,用以表示海水含盐量的多少。世界各地海水盐度不尽相同,但都在平均盐度 3.5%上下波动。这一值正好是适合珊瑚生长最佳盐度 3.4%~3.6%的中值。不过珊瑚对盐度的适应范围较宽,在盐度为 3%~4%的海水里也能正常生长。在这一盐度范围内,溶解的 $CaCO_3$ 达到饱和状态,能为珊瑚骨骼的生长提供充足的钙离子 Ca^{2+}。但若盐度过低,珊瑚便不能生存,所以在海岸河流入口附近及有大量陆地径流输入的海区,由于淡水的稀释作用,海水盐度降低,就很难见到珊瑚生态系统的存在。

3）水深

珊瑚的正常生长和造礁需要虫黄藻为其提供氧气和营养,也离不开虫黄藻为其清除代谢废物。营养和氧气是虫黄藻光合作用的产物,光照不足,虫黄藻将离开珊瑚,使珊瑚失去营养和氧气的重要来源,珊瑚的生长便会受到影响甚至威胁。由于阳光进入海水后,在光程中会被海水和水中的悬浮物吸收,所以衰减很快。如果把海水中某一深度接收的阳光折算为白昼时数表示,那么随着深度的增加,白昼时数迅速减少。有学者在东大西洋马德尔群岛的丰沙尔做过实验,水深 20 m 处,白昼时数是 11 h;水深 30 m 处,白昼时数是 5 h;水深 40 m 处,白昼时间仅有 5 min。可见光照在海水中随深度的增加急剧降低,因而珊瑚只能生长在较浅的水域中。珊瑚分布的深度还与海水的透明度有关,在透明度较高的海区,珊瑚分布的深度较大,而在透明度较低的海区,珊瑚分布的深度相对较浅。加勒比海和红海,海水透明度高,在水深为 30~40 m 的区域,珊瑚生长都很茂盛;我国南沙群岛海水透明度也较高,珊瑚主要分布在 30 m 以浅的水域,而西沙群岛海域,珊瑚分布最为繁茂的区域,水深则为 5~20 m。整体而言,水深在 20~30 m 的区域,珊瑚生长比较旺盛,水深超过 50~60 m,珊瑚会停止造礁。因此,水深是珊瑚生态系统的又一个重要限制因子。

4)基底

珊瑚在海底营固着生活。珊瑚腔肠内受精卵发育成浮浪幼虫后由口道排出,在海水中游弋,遇到坚硬的基底,才附着其上并分泌黏液固定,其后很快由生骨细胞释放文石在胞外形成外骨骼,发育成新的个体。若幼虫找不到合适的固着基底,就会很快死亡。基底种类很多,各个地质时期不同岩性的基岩(如火山岩、花岗岩、灰岩和石英岩),礁体本身,甚至礁块、砾石都是造礁珊瑚良好的固着基底,珊瑚都可以在上面附着和生长。在生长过程中,造礁珊瑚又不断为其自身创建基底,每天都在其自身创建的新基底上继续发展。现今海洋中生长的珊瑚与它原来附着生长的基底已有成百上千米的距离,如西沙珊瑚礁的基底就是前寒武纪的花岗片麻岩,距礁面有1 200 m。因此,珊瑚生长的基底更多的是珊瑚礁体本身。除坚固的岩石外,也有沙质基底。不过大多数珊瑚都难以适应,但对一些珊瑚(如石芝珊瑚),能用触手排除一定量的泥沙,也能比较自由地在沙质基底上生长;还有一些珊瑚(如枝状的鹿角珊瑚)生长率特别高,在水动力不大的条件下,不易被泥沙埋没,偶有风浪而使细枝状珊瑚体折断成珊瑚碎屑,铺盖在沙质基底上后,亦可为其他珊瑚的附着生长提供有利条件。如在我国西沙北礁发现的明朝初年沉船散落在海底的铜钱,已长满珊瑚,埋入珊瑚灰岩中,深度达 40~150 cm,这表明铜钱及其上铺盖的珊瑚碎屑就是当年珊瑚固着生长的基底。

1.1.2　珊瑚礁

珊瑚礁是由珊瑚和其他造礁生物在长期地质年代中不断地大量繁殖、生长、死亡,骨骼堆积、营造而成的海底隆起构造。造礁生物主要是珊瑚,此外还有石灰藻、有孔虫、多孔螅、苔藓和各种贝类等,它们在珊瑚礁的形成过程中起着不同的作用。按照海洋地质学的观点,珊瑚礁的形成有三个要素:一是生物骨架,二是黏结生物,三是生物碎屑。生物骨架构成珊瑚礁的框架,生物碎屑填充于生物骨架的孔隙中,黏结生物则把碎屑与碎屑、碎屑与骨架紧密地胶结在一起。生物骨架主要由珊瑚,其次是多孔螅分泌的碳酸钙构成。生物碎屑包括珊瑚沙、有孔虫沙、贝壳沙、藻沙等。充当黏结生物的是石灰藻,它附着在钙质骨骼上生长或在生物碎屑粒间生长,能分泌钙质黏合物质,起胶结作用,最终形成能抵抗风浪的钙镁碳酸盐丘状岩体,这就是珊瑚礁。珊瑚礁的矿物成分主要是文石和高镁方解石,化学成分主要为碳酸钙,其含量达到 97%。

（1）分类

依据珊瑚礁与海岸的关系,可分为岸礁、堡礁和环礁。岸礁紧靠海岸,沿大陆或海岛边缘生长发育,亦称"裙礁",由大陆或岛屿周围浅海海底的珊瑚等造礁生物营造而成,礁体外缘生长迅速并向海洋倾斜。红海和加勒比海的大多数珊瑚礁属于岸礁,世界上最长的岸礁是红海岸礁,绵延 3 800 km 以上;堡礁又称"堤礁",是离岸一定距离的堤状礁体,其基底亦与陆地相连,与海岸相隔一较宽的大陆架浅海、海峡或水道,如澳大利亚的大堡礁,距大洋洲大陆大于 100 km,礁宽 2~150 km,礁长约大于 2 400 km,面积超过 8 万 km²,是世界上最大的堡礁;环礁是一种呈环形或马蹄形的珊瑚礁,礁顶具有礁坪,中间包围一片水体,称为"潟湖",水深平均 45 m 左右,也有的超过 160 m,潟湖可通过水道与外海相通。环礁直径大多为 2~3 km,大的环礁直径可超过 100 km。世界上已知的环礁有 330 处,绝大部分分布于太平洋和印度洋的热带海域,如太平洋中部马绍尔群岛的夸贾连环礁和印度洋马尔代夫的苏瓦迪瓦环礁,这是世界上两个最大的环礁,面积都在 1 800 km² 以上。

依据珊瑚礁的外形,可分为台礁、点礁、塔礁和礁滩。台礁呈实心圆形或椭圆形台地状高出周围海底,中间无潟湖或潟湖已淤积成浅水洼塘,我国西沙中建岛即为典型的台礁;点礁是堡礁和环礁潟湖中孤立的小礁体,大小不等,形状不一;塔礁是直立于深海或大陆坡上的细高礁体,其顶部与基底基本位于同一铅垂线上,甚至扩展至基底之外;礁滩则是匍匐于大陆架浅海海底的珊瑚礁。

（2）形成

珊瑚礁的厚度可达千米以上,太平洋的一些珊瑚礁从几千米深的洋底一直伸展到海面附近,但造礁珊瑚生长的极限水深是 70~80 m。在浅水里营固着生长的珊瑚何以能从千米之深的海底向上造出巨大的珊瑚礁,一直是自 18 世纪开始研究珊瑚礁起在海洋地质学上持续争论了 100 多年的问题。经过资料搜集、理论分析、推测成因,一些学者提出了关于珊瑚礁形成的种种解释或假说,但没有一种假说能解释所有珊瑚礁的形成。珊瑚礁的成因十分复杂,需要海洋地质、地球物理、动植物学等多学科的共同努力,才有可能得到圆满解决。到目前为止,比较重要的和有代表性的假说基本上可分为两类:一类是较为经典的如达尔文的"沉降学说",另一类是近代在地球板块构造学说的基础上提出来的"扩张沉降论"和"热点沉降论"。

1)沉降学说

达尔文于1835年2月至1836年4月,乘船考察了印度洋、太平洋等海洋中的珊瑚礁,并于1842年发表了题为《珊瑚礁的结构和类则》的论文,首次提出环礁是由于火山岛的下沉形成的假说,此即"地盘沉降论"。此后又有不少学者相继提出各种关于珊瑚礁成因的假说,但是相比之下达尔文假说更易于被人接受。达尔文认为,先是热带海洋中的岛屿(如火山岛的沿岸)附着珊瑚虫,生成环绕海岸并与陆地相连的岸礁;之后在长期的地质年代中,由于地壳变动,岛屿下沉,在沉降速度小于珊瑚生长速度的条件下,珊瑚礁能继续均匀向上伸展。同时,珊瑚礁海洋一侧因海水中饵料丰富,溶解氧充足,比海岸一侧珊瑚礁增长得快,结果海洋一侧珊瑚礁便与海岸及其附着的珊瑚礁分开,二者之间便出现一片水域,即潟湖,这时岸礁演变为堡礁;随着时间的流失,岛屿持续下沉以致完全沉没,在这一过程中,珊瑚则不断向上生长,最终形成环绕潟湖的环礁,演变过程如图1.6所示。达尔文提出的这一理论解释了

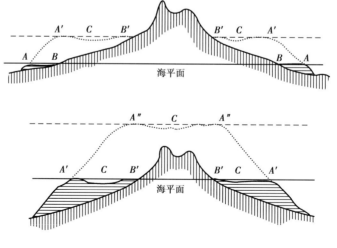

图1.6　达尔文描述的环礁发育序列图

A-B—岸礁;*A′-B′*—堡礁;*A″-A′*—环礁;*C*—潟湖

珊瑚礁何以有千米之厚,原来珊瑚礁不是从千米之深海底径直向上生长,而是在浅海向上生长的同时随岛屿缓慢下沉所致。而且岸礁、堡礁和环礁实际上是珊瑚礁在发育过程中三个不同阶段的外在形式。现今,在太平洋的热带海域,处于这三个阶段的珊瑚礁都能见到。

达尔文的理论不仅解释了珊瑚礁的厚度,还将三种主要类型的珊瑚礁有机联系在一起,颇具说服力。但是,要得到学术界的认可还需要更多的地质证据,所以达尔文曾希望在太平洋或印度洋中的某些环礁上进行钻探,试图证实环礁下面存在死火山。当时也确有人在太平洋的环礁上进行过钻探,但限于技术和设备水平,钻探深度仅 300~400 m,未能证实达尔文的设想。直到 1952 年,美国在太平洋的埃尼威托克环礁试爆氢弹以后,在该环礁上进行钻探,当钻穿厚 1 287 m 的珊瑚礁灰岩后,终于进入到火山岩基底,还采集了 4 m 左右的橄榄玄武岩岩心。至此,经历了一个多世纪,才证实了达尔文关于珊瑚礁成因的设想。原来埃尼威托克环礁的基底是火山岩,根据其上珊瑚礁灰岩的厚度可以推断,自珊瑚虫固着生长以来,火山已下沉超过 1 000 m。这样,对于大洋环礁,达尔文的"沉降学说"给予了圆满的解释。

2)扩张沉降论和热点沉降论

从大尺度来看,太平洋的环礁呈线性排列,在 20 世纪 60 年代地球板块构造学说问世以后,有学者根据板块运动理论和环礁呈线性分布的事实,提出了另一种关于珊瑚礁成因的假说,即"扩张沉降论"。该理论认为,大洋中的火山岛产生于中央海岭即洋中脊的顶部,由于海底向海岭两侧扩张,火山岛随大洋岩石圈向两侧移动。在这一过程中,随着火山活动停息,经过上百万年的波浪削蚀作用,火山岛演变成低于海面的平台,平台随洋底继续向两侧推移,并以 0.02~0.04 mm/年的速度下沉,到一定程度停止。在下沉过程中,地处于热带的火山平台,水温较高,适宜珊瑚生长,珊瑚便在平台上以接近下沉的速度不断向上生长,最后形成环礁。当一个一个的火山岛从中央海岭产生又向两侧移动并形成环礁后,大洋中的环礁便呈现出如图 1.7 所示的线状排列模式。

扩张沉降论解释了大洋中环礁呈线性排列的事实,但未说明一系列火山是如何产生的,热点沉降论正好阐明了大洋盆地内火山活动的起因。热点沉降论认为,洋

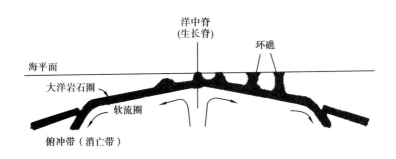

图 1.7　扩张沉降论的环礁形成模式

底地幔内存在着一种局部的圆柱状的熔融上升物质流,称为"热柱"。热柱在地幔内的位置相对固定,与洋底的交点为热点,是地幔熔融物质的出口、火山活动的中心。当洋底板块移动,通过热柱上方时,热柱中上升的熔融物质由热点喷出而成活火山,随着洋底板块的移动,形成沿板块走向且依次熄灭的火山链。现今,在太平洋中就存在三条火山链,分别是夏威夷—天皇岛火山链、土阿莫土—莱恩岛火山链和马绍尔—吉尔伯特—奥大腊尔火山链。沿火山链由东南向西北,火山活动熄灭的时间依次提前,环绕火山岛发育的珊瑚礁类型依次从岸礁变为堡礁和环礁。

热点沉降论还说明了火山岛沉降的原因。火山岛在热点生成随岩石圈板块移动,由于热点往往位于地球软流圈上拱处,所以火山岛一旦离开热点向一侧漂移,就逐渐发生沉降,环礁就在火山岛周围发育起来。离开热点越远,环礁的基底火山岛的年龄越老,礁体越厚。

可见,"扩张沉降论"和"热点沉降论"将达尔文的"沉陷学说"和现代板块构造学说结合起来,认为环礁的发育不仅与地壳垂直升降运动有关,而且与板块水平运动有关。这一理论结合珊瑚虫的生长条件,能较为合理地解释现今海洋中珊瑚礁的形成原因和过程。

（3）**特点**

珊瑚礁资源丰富,包括生物资源、油气资源和淡水资源。珊瑚礁具有极高的生物多样性和资源生产力,是许多海洋生物理想的栖息场所,其中生活着珊瑚、海绵、多毛类、瓣鳃类、马蹄类、贝类、海龟、甲壳动物、海胆、海星、珊瑚藻和各种鱼类等海洋生物近 10 万种,占已记录海洋生物种类的一半以上,鱼类密度超过大洋平均密度100 倍,是热带浅海的生态关键区,其重要性堪比大陆上的热带雨林;珊瑚礁灰岩孔隙多、渗透性好、生物丰度高,有利于石油与天然气的形成与聚集,是良好的油气储层。20世纪二三十年代起,在美国、墨西哥、加拿大和伊拉克等地相继发现大型生物礁油气田。据估计,世界石油储量达1万亿t,可采储量3 000亿t,其中海底石油储量1 350亿t。世界天然气储量255万亿~280万亿m^3,其中海洋储量140万亿m^3。我国南海油气资源也极为丰富,整个南海盆地石油资源量为230亿~300亿t,近海天然气资源量约为16万亿m^3,占我国油气资源总量的1/3。许多珊瑚礁岛上还蕴藏着以透镜体形式存在的淡水资源,这在茫茫大海上显得尤其珍贵。

1)地貌特点

珊瑚礁是海底上一个明显的突起地形,由海底伸展至海面,侧缘多呈20°~30°的陡坡,与周围岩层不连续。由于珊瑚虫不能在水面以上生长,只能以海平面为准在水面下向四周扩展,因而各种礁体都有广大的礁盘,这是礁体顶部在海平面形成的礁平台。平台四周珊瑚生长速度快,略微隆起,有利于珊瑚砾石、生物碎屑堆积,使礁平台内低外高如盘碟状。当礁盘上的堆积物高出海面后,便成沙洲,进一步演变成灰沙岛——珊瑚岛。如前所述,岸礁、堡礁和环礁是演变过程中三个不同阶段的珊瑚礁,发育有珊瑚岛的环礁是一个最为成熟的珊瑚礁。有无珊瑚岛发育的珊瑚礁地貌相区如图1.8所示,一般可分为向海坡、礁坪和潟湖。

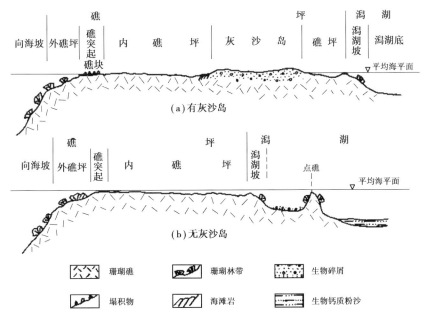

图 1.8　环礁地貌示意图

2）向海坡

向海坡也称礁外坡,是环礁向外海一侧的坡面,一般呈陡坡直下海盆,至水下台阶处才转缓。坡面有砾块、细粒灰质沉积物。坡上水面下透光带内有珊瑚生长,透光带以下,混合堆积着死礁体和塌积物。由于风浪侵蚀和钻孔生物作用,坡上常有沟槽,深度 2~5 m,宽 1~3 m,长数十米不等。向海坡受水动力作用和造礁生物生长的不同影响,可分为斜坡型和陡坡型。斜坡型位于礁体的迎风面,受强烈的风浪冲蚀,导致向海坡上缘坡段坡度减小,如我国南沙诸碧礁迎风北坡水深50 m 以浅,向海坡度仅为 14°,迎风的西南坡水深 50 m 以浅,向海坡度仅为 7.5°;陡坡型坡面犹如墙状峭壁,有的甚至向礁体内凹,因水力条件适中,珊瑚生长量大于波浪剥蚀量,珊瑚生长旺盛,在低潮面以下不断向外增长,致使坡面成陡峭礁墙。

3）礁坪

礁坪是珊瑚礁体向上发育到大潮低潮面后水平扩展形成的礁顶平台,是珊瑚生长的上限,也是生物碎屑堆积的平台。礁坪基本上由石珊瑚、贝类、钙质藻和有孔虫的残体组成的砾、沙堆积而成,以砾石为主,涨潮时被淹没,低潮时出露。礁坪的宽度与环礁的发育程度有关,在地质构造和海平面相对稳定的条件下,礁坪日益加宽,并逐步围封潟湖。礁坪形态也多种多样,除宽窄不同外,礁石出露亦不相同,有的多、有的少,有的礁坪上还有沙洲和珊瑚岛发育。礁坪可分为外礁坪、礁突起和内礁坪三部分,礁突起也称"礁脊"。外礁坪包括礁坪外缘、礁突起外侧,是波浪强烈作用区,海水往复流动和造礁生物生长会形成许多沟槽切割,沟壁有抗浪性很强的珊瑚、多孔螅和珊瑚藻生长。当向海坡为陡坡型时,外礁坪便很窄甚至不发育,但珊瑚生长繁茂;而当向海坡为缓坡时,外礁坪较宽,有珊瑚和藻类生长。礁脊是内外礁坪的连接部分,由风浪抛掷到礁缘上的大小礁块和生物碎屑堆积而成,处于高潮时碎浪带上,水动力作用强,无活珊瑚生长,但珊瑚藻最为旺盛。对于没有灰沙岛的礁坪而言,礁脊是礁坪的最高处;内礁坪在礁脊内侧延伸至潟湖边,海浪经过外礁坪和礁脊,至内礁坪时已消耗大部分能量,且内礁坪只有在大潮低潮时才短时干出。所以,内礁坪上珊瑚和礁栖生物生长较好,特别是近潟湖坡一带,往往发育成茂密的珊瑚林带。若内礁坪上发育有灰沙岛,则岛屿往往位于下风区靠近潟湖一侧,并且在灰沙岛和礁坪之间,由于受岛上承接的淡水浇注和风浪掀起的岛屿岸滩沙粒影响,珊瑚的生长会受到抑制。

4)潟湖

潟湖是位于环礁中部的中央水体,地貌单元包括潟湖坡、潟湖底、湖内点礁和与外海相通的水道,也称"口门"。潟湖坡是礁坪到潟湖的过渡带,也分陡峭型与斜坡型两大类。陡峭潟湖坡常由巨大的、竖向生长的珊瑚构成,与狭窄的礁坪相连,只有宽阔的礁坪才有可能提供大量的生物碎屑沙粒填充潟湖形成斜坡。潟湖坡上珊瑚生长旺盛,海藻成片生长,软体动物和其他礁栖生物也较丰富;潟湖底地形起伏较大,有突起的点礁,有平地和凹地。潟湖一般水不深,大部分水深在透光带内,适宜珊瑚生长。湖底有珊瑚碎屑沙粒沉积,中部沉积物粒径小,湖边较粗;点礁是潟湖底向上生长的礁体,竖向增长,发育成台状"礁墩",在平面上呈点状分布。点礁形态大致可分两类:峰丘型,礁体未发育到低潮面,呈峰丘状;礁坪型,礁体发育至低潮面,沿水平方向扩展成礁坪。通常,较大环礁内点礁发育不良,而较小的环礁内,点礁却很发育。点礁处于低能带,礁上珊瑚和礁栖生物生长十分繁茂。口门是潟湖与外海的连接通道,根据口门的有无、多少和水深可将环礁分为封闭型环礁、准封闭环礁和半开放环礁。封闭型环礁有完整的环形礁坪,没有口门,潟湖在低潮时也不能与外海进行水体交换,呈封闭状态。如我国南沙舰长礁,见图1.9。准封闭环礁有比较完

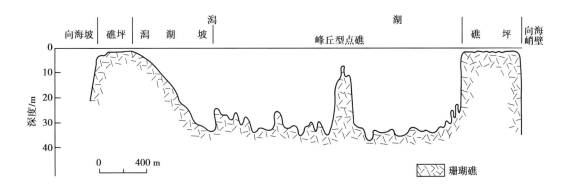

图 1.9　舰长礁地貌示意图

整的礁坪,但尚有一至数个口门存在,潟湖可与外海进行水体交换,但口门多是门槛式的,即口门水深小于潟湖水深,如南沙的美济礁南口水深18～25 m,而潟湖水深达27 m。美济礁及口门如图1.10所示。半开放环礁的礁环尚未发育完全,很多还在水下,呈暗礁,而且口门多,也较深、较宽,潟湖与外海的水体交换较通畅。如南沙的仙宾礁,见图1.11。

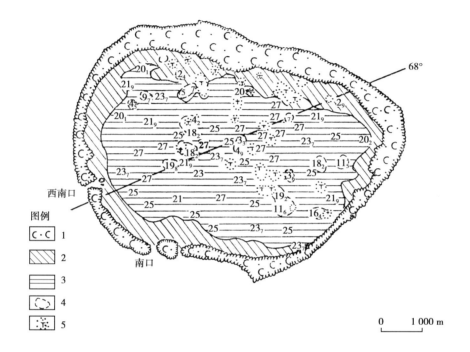

图1.10 美济礁及口门图

1—礁坪;2—潟湖坡;3—潟湖底;4—峰丘型点礁;5—礁坪型点礁;23_7—水深23.7 m

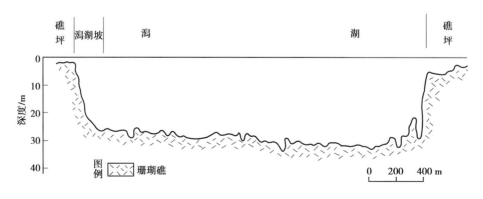

图1.11 仙宾礁地貌图

5）地质特点

珊瑚礁多孔,礁体具有明显的成层性,这一特征是由珊瑚礁的形成、堆积过程所决定的。珊瑚礁可分为原生礁和次生礁。原生礁主要由造礁珊瑚在附着基底上自然生长而成。首先,珊瑚虫在附着点生长发育成珊瑚柱墩,这是构成珊瑚礁的基本单元,柱墩形状大小不一,有的呈圆柱状,有的呈球棒状,还有的呈蘑菇状。若干珊瑚柱墩横向生长、接触连接以及珊瑚藻等生物的包绕覆盖、黏结愈合,从而形成高一级的较大构造单元,称为"柱墩构造",外形有板状、块状、球棒状和蘑菇状等。多个珊瑚柱墩构造还可再生长、再结合。各种各样的柱墩构造在结合过程中造成了很多大小不同的原生洞穴和甬道,加上各种生物碎屑在空隙中的沉积填充胶结,就形成了具有原始礁格架及大量孔穴和甬道的原生礁,如图 1.12 所示。其中的孔穴和甬道可高达 5 m、长达几十米。原生礁在形成发育过程中,还不断受到生物破坏作用。其实,生物作用有双重性,前面提到的珊瑚藻等生物在礁体局部破损地方和孔穴中的包绕、覆盖、愈合作用对珊瑚礁的发育具有重要的建设意义,但另外一些穿孔生物、穴居生物、游食动物和捕食动物如软体动物、蠕虫、海胆、海绵、甲壳类和部分藻类生物为了生存,会采取各种方式在礁体上钻掘各种形状的大孔、小孔和微孔,使礁体千

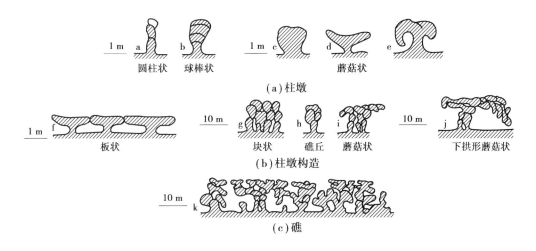

图 1.12　珊瑚礁格架与孔穴生成示意图

疮百孔,布满这类生物次生洞穴。此外,海水溶蚀作用也会使礁体产生溶洞、溶孔等次生洞穴,西沙永兴岛地下 350 m 深处就有一与海水相通的溶洞层。洞穴,无论是原生还是次生,都是珊瑚礁格架组构中的重要部分,在原生礁中可占到礁体的 40% ~ 50%。

次生礁是在礁坪上由珊瑚、贝壳、藻类和有孔虫等生物碎屑堆积而成。在海水溶蚀、风浪和周期性潮汐作用下,原生礁体的突出部分以及洞穴多而大的部分,极易被折断、破碎和崩塌,掉落的礁块碎屑一部分在低凹处堆积、在珊瑚礁洞穴内沉积,其余被风浪搬运、堆积到礁坪上形成次生礁。有的礁坪上,这些生物碎屑堆积物已胶结成灰岩,如我国西沙的石岛,而更多的堆积物还未胶结,构成沙岛。无论胶结与否,次生礁由礁块、珊瑚碎屑、生物沙粒堆积而成,孔隙率都很高。

前面已经阐明,珊瑚礁的形成伴随着洋面的相对涨落。洋面相对变动可由洋底板块升降引起,也可由全球性冰川消长产生,都会在珊瑚礁体上留下地质记痕。为了解珊瑚礁地质特点,中国南海石油指挥部于 20 世纪 70 年代,在永兴岛东北角开凿了"西永一井",井深 1 384.6 m,钻穿了厚度为 1 251 m 的珊瑚礁,1 279 m 深处见到基底片麻状花岗岩。根据采得的岩芯分析,若按原生礁和次生礁划分,则在厚 1 251 m 的礁灰岩地层中,两者明显地在竖向上交替发育,具有明显的成层性,如图 1.13 所示。这表明珊瑚礁堆积时,水动力条件呈周期性变化。按照图显示的原生礁和次生礁分布,西沙礁灰岩层可分为四个主要沉积旋回,这是在海侵背景下,珊瑚基底振荡式沉降,使礁体时而淹没海中,时而露出水面而形成的,与该海区地震勘测成果相一致。特别是在厚 28 m 的棕色风化壳上的珊瑚灰岩中有热带榕属和红树科花粉,年代为渐新世末至中新世初,可见当时仍是热带浅水海域,风化壳上的珊瑚碎屑即为海面附近的沉积相。大约在 1 000 m 深处还发现有溶洞。

地层时代				岩性柱状	层厚/m	深度/m	岩性简述	振荡曲线 海进⇌海退	礁岩类型
界	系	统	组						
新生界	第四系				22	22	灰白色珊瑚贝壳沙层	Ⅳ旋回	松散沙
					147	169	灰白色珊瑚礁灰岩		原生礁
	上第三系	上新统			201.5	370.5	灰白色珊瑚、贝壳碎屑灰岩，中部、下部各夹一层有孔虫灰岩		次生礁
		上中新统			121.5	492	灰白色珊瑚礁灰岩，有孔虫化石稀少	Ⅲ旋回	原生礁
					154	646	灰白色珊瑚贝壳碎屑灰岩为主		次生礁为主
					12	658	灰白色珊瑚礁灰岩		原生礁
		中中新统			444	1 102.7	灰白色珊瑚、贝壳碎屑灰岩，局部夹褐红色斑点或斑块	Ⅱ旋回	次生礁为主
		下中新统			68.3	1 170	灰白色珊瑚贝壳灰岩	Ⅰ旋回	原生礁为主
					81	1 251	灰白色珊瑚、贝壳碎屑灰岩，底部含植物孢子花粉		次生礁
					28	1 279	绿色、棕褐色风化壳		礁基
前古生界						1 384.6	浅灰—深灰色片麻状花岗岩、花岗片麻岩		基岩

图 1.13　永兴岛礁岩地层划分图

1.1.3 珊瑚岛

（1）形成

珊瑚岛是珊瑚礁盘上由珊瑚礁碎块、沙砾和贝壳、藻类等生物碎屑经堆积或胶结成岩作用形成的海岛,海拔高程通常在 4 m 左右,高过高潮位。发育有珊瑚岛的礁盘,可以有一个岛,也可能有两个或多个岛。珊瑚岛的形成通常要经历三个阶段:第一,要形成足够大的礁盘。每个珊瑚岛都由礁盘所承托,构成珊瑚岛的礁块,沙粒碎屑也由礁盘边缘在风浪的破坏作用下提供,因而珊瑚岛的大小和形状都受礁盘控制。一般来说,大礁盘尺度大,沙源丰富,形成的珊瑚岛大,且长形礁盘上的岛屿呈长形,圆形礁盘上的岛屿呈圆形。第二,形成沙洲。珊瑚礁体正常发育至海面形成宽阔礁盘后,海上风浪触礁成拍岸浪,对礁盘产生冲击力,礁缘上造礁珊瑚与各种成礁生物被狂风巨浪摧折掀翻,推至礁盘上,堆积成水下堆积地形,称为"沙堤"或"砾堤",再经积聚,形成高出海面的沙脊或砾脊,由沙脊或砾脊构成的成片沙地即为沙洲。沙洲通常高出海面 2 m 以下,一般无植被或植被稀少,未固定,易迁移,形态亦多变,特大潮时可能漫顶。第三,形成珊瑚岛。珊瑚岛由沙洲发展而来,当礁盘足够大时,礁盘四周多方来沙,各自堆积成沙洲,再进一步加积增高,合并连接,经植被覆盖、固定,最后演变成珊瑚岛。

（2）地质地貌特点

珊瑚岛发育于礁盘之上,有相同的物质组成和演变动力,因此,热带海洋中的珊瑚岛有类似的地质构成和地貌特点。珊瑚岛表层为形成年代晚、松散未胶结或弱胶结的珊瑚、生物碎屑沙层,其下是古老的交替出现、石化成岩的珊瑚礁灰岩和珊瑚贝壳灰岩。表层沙层形成于全新世时期,称为"全新统",覆盖于更新世时期的珊瑚灰岩地层（更新统）上,两地层间存在不整合面。根据南沙群岛钻井岩芯地层分析,南沙珊瑚礁在 17.3 m 以上为松散未胶结或弱胶结的珊瑚礁碎屑堆积物,未发生成岩作用;17.3~152 m 地层已发生成岩变化,成为礁灰岩,全新统与更新统的界线即不整合面在埋深 17.3 m 处。西沙探航岛的钻井岩芯地层分析表明,0~16.91 m 为未成岩的全新统地层,16.91~179 m 部分是或全部是更新统时期的方解石。澳大利亚科科斯群岛中的 Home 岛是在海底火山之上覆盖珊瑚沉积物而成,这些沉积物由松散的珊瑚沙、其他生物碎屑和珊瑚灰岩组成,在近代的(全新世)非固结沉积物和古老的(更新世)珊瑚灰岩之间的不整合面,深度为 9.6~17 m。基里巴斯的塔拉瓦珊瑚岛全新世地层与更新世地层之间亦存在着不整合面,该面的深度在海平面以下 10~15 m。由上述各珊瑚岛礁地质结构可以看出,表层全新统与其下更新统间的不整合面深度一般在地表下 10~30 m。从水文地质的观点看,不整合深度是制约地下水系统水力特性的主要因素。

珊瑚岛的矿物组成主要是文石和高镁方解石,化学成分主要为碳酸钙,含量达 97%,在岩土类中归为碳酸盐类土或钙质土,统属碳酸盐沉积物。碳酸盐沉积物颗粒大小及形状变异性较大,孔隙比非碳酸盐类土的孔隙大,颗粒强度比石英沙小,易破碎,沉积物易发生后期变化。珊瑚岛形成过程中,由于礁块大小形状不同,沉积物中沙、砾混杂,形成的地层具有各种类型的孔隙,使岛上下层出现不同的孔隙分布。一般来说,表层沙层孔隙细小,为低渗透性地层;下层珊瑚礁灰岩海蚀严重,孔隙溶洞极为发育,为高渗透地层。

通常,珊瑚岛地势低,海拔高程 3~5 m,面积小,大多为 1~2 km²,四周有沙堤包围,中部为一洼地,呈碟形。在地貌上,从礁缘向岛中央依次可分为:礁坪、海滩、沙堤、沙席和洼地,呈环带状分布。图 1.14 为永兴岛现代沉积剖面图。

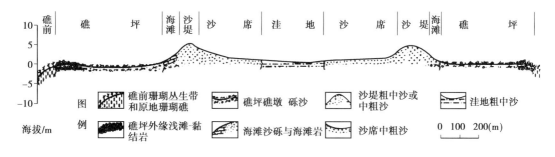

图 1.14 永兴岛现代沉积剖面图

礁坪是珊瑚岛发育的平台。礁坪前水下斜坡一般为十几度,是珊瑚丛生带。礁坪外缘一圈为波浪破碎带,常有浪花。大浪把礁前的礁块(直径 0.2~3.0 m)和生物碎屑掷上礁缘,堆积成宽 100~200 m 的浅滩,地势较低潮面略高,比礁坪其他部位高出 0.2~0.5 m,呈堤状。

海滩为礁坪上碎屑沙粒被抛掷在潮间带上堆积而成,不长植物,一般宽 20~

40 m。海滩上冲流的尽头停积较粗的沙砾,与海滨线平行呈带状分布。海滩沉积物以中沙为主,高潮线上粗沙和砾石含量较高。海滩沙以珊瑚屑为主,其次为钙藻屑、有孔虫和软体动物外壳,以及少量甲壳类外壳。

沙堤是海风将海滩沙吹扬、搬运、堆积于高潮线以上形成的,来自各个方向的风堆成的沙堤围成圈状。沙堤较高,可达 6~8 m,宽可达 100~150 m。沙堤沉积为粗中沙,砾石含量较少。风暴潮时,上冲流将部分沙砾推上沙堤堆积。珊瑚屑、钙藻屑、有孔虫和软体动物壳是沙堤沙的主要组分。

沙席处于沙堤背风坡与潟湖或洼地的过渡部位,它是风驱动海滩沙、沙堤沙越过沙堤顶后在背风坡沉积形成的,坡度较小。沙席环沙堤背风坡分布,沉积物以粗沙为主。

洼地是沙堤围圈的浅水礁塘,随着沙席的扩展,沙粒落入礁塘渐多而萎缩消亡。洼地沉积物以中、细沙为主。有孔虫壳、珊瑚屑、钙藻屑、软体动物壳为洼地沙的主要组分。

1.2　珊瑚岛的地理分布

珊瑚岛发育于礁盘之上,与珊瑚礁有大致相同的地理分布。水温和基底是珊瑚生长繁殖的两个重要限制条件,一般要求水温达到 20 ℃,因而珊瑚礁与珊瑚岛集中在赤道两侧的热带海域,主要在南北半球海面水温度为 20 ℃的等温线内,大约在南北回归线之间和有暖流经过的洋面。而且,珊瑚礁在世界主要大陆东侧海域发育,在大陆西侧海域不发育。因为全球暖流主要经过大陆东侧,并且由低纬度海域向西的表流还输送大量珊瑚浮浪幼虫,促进大陆东侧海域珊瑚礁大量生长。而大陆西侧海域,大洋底层冷水上涌,寒流经过,不利于珊瑚生长。此外,世界大洋的平均深度在 3 000 多 m 以上,远远超出珊瑚生存水深的下限。因此,珊瑚能否繁殖造礁,还取决于海域中有无适宜的浅水平台,在各大陆东侧海域中这种平台较多,有利于珊瑚礁附着生长,而各大陆西侧海域中很少有这类平台,珊瑚礁不发育。

鉴于珊瑚生长条件和地理环境,全世界珊瑚礁分布于印度洋—太平洋和大西洋—加勒比海的一个宽阔的带型区域里。但在这一区域里,珊瑚礁并非均匀分布,而是集中于大洋中海岛和大陆东侧海滨。从大西洋中部到西非海岸几乎没有珊瑚礁,仅大西洋加勒比海区有数量不多的珊瑚礁。印度洋—太平洋区系覆盖面积约为 117.4×10^6 km²,占全球海洋面积的 1/3;大西洋区系覆盖面积只有 5.7×10^6 km²,约为印度洋—太平洋区系面积的 5%,两区系珊瑚礁面积比约为 6∶1。印度洋—太平洋区系珊瑚礁发育中心在澳大利亚—西南太平洋和从巴基斯坦到孟加拉的南亚海岸、红海至中太平洋一线。该区海水平均水温最低为 27~28 ℃,全年平均月温差为 1~3 ℃,是当今世界海洋中水温最高、月温差最小的区域,因而是珊瑚生长的理想海域。这里海底珊瑚丛生,珊瑚礁和珊瑚岛云集,有世界上最大的珊瑚礁——大堡礁。大堡礁纵贯澳大利亚东北沿海,延绵 2 011 km,东西向宽 2~150 km,大堡礁的大部分礁体隐没在海平面以下,成为暗礁,只有部分顶部露出海面,成为珊瑚岛。大堡礁共有500 多个珊瑚岛,分布在南回归线以北 900 多 km 的海面上。本区新喀里多尼亚岛的旁边有世界第二大堡礁,该堡礁由岛的东西两侧向北西方向延伸,长达 1 600 km 左右,宽度 300~500 m。在斐济群岛的北面、维提岛和瓦努瓦岛以北,则有世界第三大堡礁,大致呈东西向伸展,长约 260 km,宽度最大约 4 km,距海岸约 90 km。这两个堡礁与澳大利业的大堡礁齐名,都位于太平洋西部。大西洋区系珊瑚礁发育中心在加勒比海,这里平均水温最低为 18~27 ℃,平均月温差为 3~8 ℃,因此,它的珊瑚种属数目就明显少于印度洋—太平洋区系,珊瑚礁面积也相应较小。全球珊瑚礁分布见表 1.1。

表 1.1 中的数据引用自世界珊瑚礁地图集(Mark D. Spalding,Corinna Ravilious,and Edmund P. Green. *World Atlas of Coral Reef*［M］,University of California Press,Berkeley,California,2001:17)。数据由珊瑚礁分布图统计计算获得,首先将地图划分为边长为 1 km 的网格,每个网格单元再简化为有或没有珊瑚礁,然后统计有珊瑚礁的 1 km² 网格单元数,从而得到珊瑚礁的面积。虽然这种方法看似会夸大地图上显示的珊瑚礁真实面积,但这种方法其实是可信的,因为地图仅显示珊瑚礁顶面的面积,真实的珊瑚礁会超出上述面积。

表 1.1　全球珊瑚礁分布

区　域		面积/km²		占总面积百分比/%	
大西洋—加勒比	加勒比	20 000	21 600	7.0	7.6
	大西洋	1 600		0.6	
印度洋—太平洋	红海和亚丁湾	17 400	261 200	6.1	91.9
	阿拉伯湾和阿拉伯海	4 200		1.5	
	印度洋	32 000		11.3	
	东南亚	91 700		32.3	
	太平洋	115 900		40.8	
东太平洋		1 600		0.6	
总计		284 300			

注:表中面积四舍五入到 100 km²,百分比保留到小数点后 1 位。

统计结果显示,世界浅水珊瑚礁面积 284 300 km²,略小于世界大陆架面积的 1.2%,占世界海洋面积的 0.089%。珊瑚礁主要分布在印度洋—太平洋区系,面积达 262 800 km²,占全球珊瑚礁总面积的 92.5%,大西洋—加勒比海区系中的珊瑚礁面积仅有 21 600 km²,不到全球珊瑚礁总面积的 7.6%。世界上珊瑚礁面积最大的国家是印度尼西亚,拥有 17 000 个岛屿和沙滩,其次是澳大利亚、中国和菲律宾,还有一些小国拥有较大面积的珊瑚礁,比较重要的国家是:巴布亚新几内亚、斐济、马尔代夫、马绍尔群岛、所罗门群岛、巴哈马和古巴。各国珊瑚礁面积见表 1.2。

表 1.2　珊瑚礁主要分布国及面积

国　家	珊瑚礁面积/km²	岛屿数
印度尼西亚	51 020	17 000
澳大利亚	48 960	—
中国	30 000	—
菲律宾	25 060	7 000

续表

国　家	珊瑚礁面积/km²	岛屿数
巴布亚新几内亚	13 840	600
斐济	10 020	840
马尔代夫	8 920	1 200
马绍尔群岛	6 110	1 136
所罗门群岛	5 750	900
巴哈马	3 150	700
古巴	3 020	—

值得指出的是,在印度洋—太平洋区系的澳大利亚东北西南太平洋上,分布着珊瑚岛礁密集的三大岛群,分别是密克罗尼西亚、美拉尼西亚和波利尼西亚。三大群岛包含有 2 万多个岛屿,大部分发育有珊瑚岛。波利尼西亚包括中部和南部太平洋上分散的岛屿,大致位于新西兰、夏威夷和复活节岛之间,较大的岛都是火山岛,较小的岛一般为珊蝴礁,包括的岛屿有图瓦卢和 Wallis 与 Futuna、托克劳群岛和萨摩亚群岛、汤加和纽埃岛、Cook 群岛、法属波利尼西亚和皮特克恩群岛、夏威夷群岛和约翰斯顿群岛,群岛珊瑚礁面积 12 700 km²;美拉尼西亚由澳大利亚东北部及赤道南部的岛屿组成,它包括巴布亚新几内亚、所罗门群岛、新喀里多尼亚岛、瓦努阿图和斐济,珊瑚礁面积 39 700 km²;密克罗尼西亚由西太平洋上菲律宾群岛以东、赤道以北的岛群组成,它包括北马里亚纳群岛和关岛、帕劳群岛和密克罗尼西亚联邦、马绍尔群岛、基里巴斯和瑙鲁,珊瑚礁面积 14 860 km²。

1.3　中国的珊瑚岛礁

中国是世界上珊瑚礁发育的地区之一,自我国台湾海峡北纬 25°以南一直到北纬 4°南海曾母暗沙的广大海域,珊瑚岛礁星罗棋布。特别是南海,正处于印度洋—太平洋区系珊瑚礁发育中心,珊瑚岛礁密集成群,大体呈东北—西南走向,由大小不

25

同的暗滩、暗沙、暗礁和岛屿组成,除了其中高尖石岛是火山碎屑岩岛外,其余全部是珊瑚岛礁。粗略估算,南海珊瑚岛礁总面积大致有 3 万 km^2,其中约 5/6 为沉没型或水下型珊瑚礁体,1/6 为大潮低潮时可部分出露的干出礁型。

南海是伴随喜马拉雅山隆起而形成的扩张沉降盆地,近似菱形。它的扩张沉降起始于距今约 3 300 万年前,在扩张过程中,从华南陆块裂离出来的地块逐渐南移,构成现今南海珊瑚礁的基底。南海大致可分为三大部分:北部大陆边缘、中央海盆和南部大陆边缘。北部边缘是我国华南大陆,西侧是中南半岛,南缘是加里曼丹岛和巴拉望岛,东侧是吕宋岛。这些大陆边缘与岛屿将南海围成为一准封闭的边缘海,其东北部通过台湾海峡、巴士海峡和巴林塘海峡与太平洋相通;东南部通过民都洛海峡和巴拉巴克海峡与苏禄海相连;西南部通过马六甲海峡与印度洋毗连。因此,南海又是连接印度洋和太平洋的东亚边缘海,它有辽阔的海域,从3°S到22°N,从99°E 到 121°E,南北共跨越 25 个纬度,东西共跨越 22 个经度,长轴 NE 向,2 380 km,短轴 NW 向,1 380 km,总面积 356 万 km^2,最南边的曾母暗沙距大陆达 2 000 km 以上。南海也是邻接我国最深的海区,平均水深约 1 212 m,中部深海平原中最深处达5 567 m。

南海海域接近赤道,接受太阳辐射热量多,气温高,年平均气温 25~28 ℃,最冷的月份平均温度在 20 ℃以上,最热时极端达 33 ℃左右。气温虽高,但有广阔的海洋及强劲的海风调节,并无酷热。一年中气温变化不大,温差较小。南海是典型的热带海洋,海水表层水温 25~28 ℃,年温差 3~4 ℃,终年高温高湿,长夏无冬。南海盐度 3.5%,潮差 2 m。南海有丰富的水汽来源,降水充沛,其中台风雨约占 1/3。南海诸岛年平均降雨量在 1 300 mm 以上,集中于夏季。

南海海底地形呈环状展布,从周边向中央依次是海岸带—大陆架—大陆坡—中央海盆。中央海盆位于南海中部偏东,大体呈扁菱形,海底地势东北高、西南低。大陆架沿大陆边缘和岛弧分别以不同的坡度倾向海盆,其中北部和南部面积最广。在中央海盆和周围大陆架之间是陡峭的大陆坡,分为东、南、西、北四个区,南海海盆在长期的地壳变化过程中,形成深海海盆。南海地处印度洋—太平洋区系珊瑚礁发育中心,特有的自然条件适于珊瑚生长,在海盆隆起的台阶上,发育很多珊瑚岛礁,有大陆沿岸和海岛边缘的岸礁,有大陆架外缘和大陆坡上的塔礁,也有大陆坡台阶上及大陆架前缘上的环礁,还有在海槽海谷底部或边坡上竖向增长的塔礁。南海著名的东沙群岛、西沙群岛、中沙群岛和南沙群岛等四大群岛便分别发育于大陆坡上和从华南陆块裂离出来的南海珊瑚礁的基底上。

1.3.1　东沙群岛

(1)组成

东沙群岛在广东汕头市以南大约 260 km 的海面上,地处东亚至印度洋和亚、非、澳洲国际航线要冲,广州、香港至马尼拉的航线由附近海域通过,是国际航海重要的交通枢纽。群岛位于南海北部大陆坡上段,发育于 300 m 深的台阶上,由东沙礁、东沙岛与南、北卫滩等组成,海域面积达 5 000 km^2。东沙礁为一圆形的典型环礁,直径约 25 km,中间为潟湖,水深 0.3~17 m,面积约 300 km^2。环礁西侧有两口门和外海相通,口门间夹一岛礁,即东沙岛,礁盘上还有小沙洲,正是因为岛、洲、礁、门都具备因而为典型环礁。礁盘东侧呈弧形,礁宽1.8~3.7 km,长 65 km,如图 1.15 所示。南卫滩、北卫滩在东沙岛西北面 83 km 处,为两个相距约 3.6 km 的椭圆形环礁,均沉没水中,无岛礁出露。

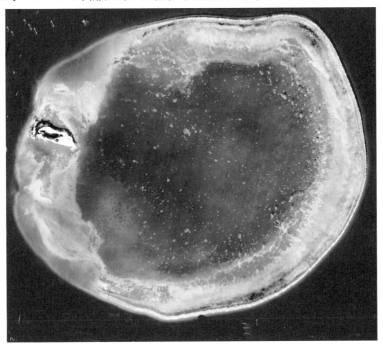

图 1.15　东沙礁卫星照片

（2）气候与海洋环境

东沙气候湿热多风,属热带海洋气候。冬季多东北季风、夏季多西南季风。每年 4—11 月偶有台风来袭,但以 8、9 月最多,除台风来袭外,一般风浪均较微弱。雨量以夏季及秋季为多,冬季较少,年均降雨量 1 350 mm。东沙海域表层水温为 21～30 ℃,春季为 26 ℃、夏季为 30 ℃、秋季为 28 ℃、冬季则为 24 ℃左右,年平均气温 25.3 ℃,12 月份最低平均气温为 22.2 ℃;最高气温为 6 月,平均气温为 29.5 ℃。海水的盐度变化不大,全年都在 3.34%～3.46%,其中以台风季节略低,而冬季稍高。

（3）东沙岛

东沙岛是群岛中唯一出露水面的岛屿,如图 1.16 所示。该岛在东沙环礁西侧的礁盘上,形如新月,呈西北至东南走向,长约 2.8 km,宽 0.7 km,面积 1.8 km²（包括 1965 年填平的浅湖部分）,仅次于西沙永兴岛,是南海诸岛中的第二大岛。岛屿四周高,呈碟形,平均海拔约 6 m,东北面稍高,达 12 m,西南面次高,约 8 m,中间为潟湖,面积 0.64 km²,湖深 1～1.5 m,湖口向西开口,如图 1.17 所示。整个岛屿由珊瑚、贝壳等生物碎屑堆积而成。

图 1.16 东沙岛

图 1.17　中沙岛潟湖

1)地位

东沙岛上植物繁茂,多椰子树,栖息大量海鸥,含磷很高的鸟粪堆积达数米之厚,为肥料和制药原料。海产丰富,是南海重要渔场,盛产海龟、墨鱼、海参、鲨鱼和贝类,特产海人草,为驱蛔虫特效药。

2)水源

岛上有丰富的地下水源,为雨水下渗储积于沙层中的淡水,水位较高,离地 1.5~2.0 m。由于海水的侵入,水质略咸,不宜直接饮用。但岛屿中心部位,水味较淡,可供灌溉及洗涤之用。饮用水主要靠收集贮存雨水和外运。

1.3.2　中沙群岛

中沙群岛位于北纬 15°24′~16°15′、东经 113°40′~114°57′,西距西沙群岛的永兴岛约 200 km,主要由南海海盆西侧的中沙大环礁、北侧的神狐暗沙、一统暗沙及耸立在深海盆上的宪法暗沙、中南暗沙等 20 多座暗沙、暗滩和黄岩岛等组成,位置也正当南海海盆的中心部分。群岛长约 140 km(不包括黄岩岛),宽约 60 km,面积 8 540 km²,从东北向西南延伸,略呈椭圆形,除黄岩岛外都隐没于海面之下,距海面 10~26 m。

黄岩岛是中沙群岛中唯一露出水面的环礁,位于中沙东侧,形似三角形,环礁东西长 15 km,南北宽也是 15 km,周缘长 55 km,礁盘面积 150 km^2,如图 1.18 和图 1.19 所示。

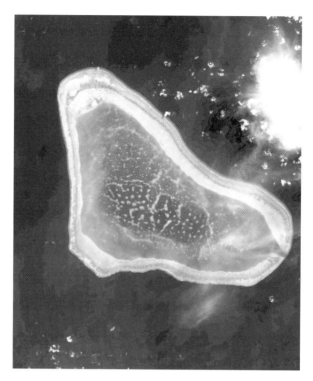

图 1.18 黄岩岛卫星照片

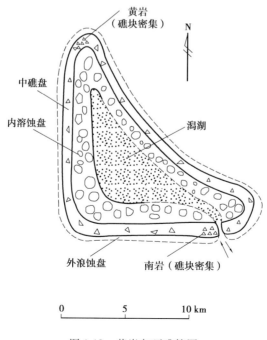

图 1.19 黄岩岛环礁简图

环礁中央为潟湖,面积约 130 km²,水深 10~20 m,水色清澈,有不少点礁(即礁墩)发育。潟湖口门在环礁东南,宽 360~400 m,水深 9~11 m,如图 1.20 所示。礁体外坡度达 15°,南部礁坡达 18°,北部也有 18°,直下到深 3 500~4 000 m 的海底。这里的礁盘边缘是波浪破碎成浪花的地方,溶解氧和浮游生物较多,有利于珊瑚礁的生长发育。各类造礁珊瑚一直生长到水深 20 m 处,20 m 以下仍有零星生长。黄岩岛基底为海底平顶山,岩性为玄武岩,与中沙群岛属大陆坡地形性质不同,而是独立升起在深海盆之上,自成孤岛,属大洋岛类型。

图 1.20　黄岩岛环礁口门

1.3.3　西沙群岛

(1)组成

西沙群岛坐落在海南岛东南水深为 900~1 000 m 的大陆斜坡广阔台阶上,位于北纬 15°46′~17°08′、东经 111°11′~112°54′,从东北向西南伸展,在长 250 km、宽约 150 km 的海域里,由 45 座岛、洲、礁、沙滩组成,其中 500 m² 以上的岛屿有 32 个,另有 7 个沙洲、10 多个暗礁暗滩,海域面积约 31 700 km²,岛屿陆地总面积约 10 km²,是我国岛礁较多、分布最广的群岛之一。西沙的岛礁分为东西两群,西为永乐群岛,东为宣德群岛。

永乐群岛由琛航岛、珊瑚岛、甘泉岛、盘石屿、中建岛、广金岛、晋卿岛、金银岛等岛屿，以及森屏滩、羚羊礁、北礁、光华礁、玉镯礁等礁滩组成。其中，甘泉岛最高，海拔 8.3 m 左右，盘石屿最低，高程仅 1.3 m。中建岛面积最大，有 1.5 km²，盘石屿面积最小，仅有 0.004 km²；宣德群岛由赵述岛、西沙洲、北岛、中岛、南岛、南沙洲、永兴岛、石岛、东岛和高尖石等岛屿，以及西沙洲、中沙洲、南沙洲、北沙洲、金银滩、西渡滩、海王滩、湛涵滩、滨湄滩、先驱滩和浪花礁等礁滩组成。其中，永兴岛面积最大，为1.9 km²，是西沙的主岛；石岛最高，达 15.0 m。南沙洲和西沙洲，由珊瑚贝壳沙组成，是岛屿的雏形。西沙群岛中，除高尖石外，其余的岛屿均由珊瑚碎屑和钙质生物骨、贝壳沙砾组成，为珊瑚岛，岛屿四周高、中部低。高尖石为大洋中的火山岛，如图1.21 所示。西沙群岛主要岛面积和高程见表 1.3。

图 1.21　高尖石火山岛

（2）地质与地形地貌

如前所述，西沙群岛发育于南海海盆西北水深 900~1 000 m 大陆斜坡台阶上，大部分岛屿的形成都受到地壳运动的影响。

表 1.3　西沙群岛主要岛屿面积和高程

岛　名		面积/km²	高程/m	岛　名		面积/km²	高程/m
宣德群岛	永兴岛	1.9	8.2	永乐群岛	中建岛	1.50	2.7
	东岛	1.74	6.7		金银岛	0.35	8.2
	北岛	0.26	8.2		珊瑚岛	0.30	6.2
	赵述岛	0.2	4.4		甘泉岛	0.29	8.3
	石岛	0.09	15.0		琛航岛	0.25	5.0
	南岛	0.09	6.3		晋卿岛	0.20	6.0
	中岛	0.08	2.8		广金岛	0.06	4.2
	高尖石	0.000 8	6.6		盘石屿	0.004	1.3

1）地壳的沉降运动

群岛地表 1 000 m 以下处有一层相当于老第三纪的风化壳,厚度 28 m,其下是花岗片麻岩和基性火山岩,风化壳上是厚约 1 km 的珊瑚、贝壳碎屑灰岩。可见,约在老三纪前,西沙群岛的基底原是海面以上的陆块,后随地壳运动而下沉,沉速不大于珊瑚等造礁生物的成长速度,使造礁生物持续增长,发育成厚达 1 km 的珊瑚灰岩。

2）地壳的上升运动

地壳的上升运动起始于第四纪以后。群岛的一些岛屿(如石岛、东岛)出露的基岩受海蚀作用十分强烈,发育有大量的海蚀崖和浪蚀洞,远离高潮面达 12 m 的石岛上部也出现海蚀崖和浪蚀洞,如图 1.22 所示。这就证实西沙群岛基底经过漫长的沉降后,又经历了一个上升运动。有资料表明,这种上升运动目前仍在进行中,上升和海浪侵蚀的结果,使岩性多孔,溶洞十分发育。

西沙各岛均承托在规模不同的礁盘上,有的礁盘上只有一个岛,有的礁盘则有两个或多个岛,如永兴岛和石岛就在同一个礁盘上,琛航岛与广金岛亦在同一个礁盘上。礁盘宽窄不一,有的仅几十米,有的几百米;礁盘上水深也不等,有的深达几十米,有的则退潮就外露。各岛地形受风浪的影响显著,除面积较小的岛屿外,几乎

图 1.22　石岛的海蚀现象

所有岛屿都呈东北至西南长、南北狭窄的长椭圆形,这种地形在很大程度上与南海每年有规律地盛行东北和西南季风及海流的协同作用而形成的堆积有关。强大的台风还能使岛屿的面积迅速增大或减小,并造成岛上地形起伏。目前岛上的沙堤就是不同时期在风浪作用下珊瑚贝壳沙堆积的结果,沙堤高 3~5 m、宽 50~100 m。岛屿为四周高、中部低平的碟状盆地,个别岛屿常存潟湖。碟状盆地比较显著的岛屿有金银岛、甘泉岛和永兴岛,如图 1.23 和图 1.24 所示。根据地质构成,西沙群岛的岛屿可分为三种类型:一是晚更新世形成的已石化的礁岩岛(如石岛),由珊瑚等生物碎屑岩化而成,有显著的海蚀地貌和岩溶地貌;二是全新世形成的发育了海滩岩和植被的灰沙岛(如永兴岛、赵述岛、北岛、中岛、南岛、北沙洲、中沙洲、南沙洲、珊瑚岛、甘泉岛、琛航岛和中建岛等),这类岛屿海滩岩和植被的发育,表明灰沙岛已成长到一定的高度和规模,由承接降雨而来的淡水存量足以供给植物生长,植被越茂密、覆盖度越高,表明岛上贮存的淡水越多;三是近期形成的无植被的灰沙岛,也即沙洲(如西沙洲、东新沙洲和新西沙洲等),这些沙洲诞生年代晚,高度低,约 2 m,风暴潮来临可将其淹没,植被难以生长,并且海滩不稳定,海滩岩难以形成。

图 1.23　甘泉岛碟状盆地

图 1.24　永兴岛地质地形剖面示意图

（3）土壤

西沙群岛上层土壤的成土母质相对单纯,由珊瑚、贝壳等生物碎屑沙砾组成,在成土过程中没有次生黏土产生,空隙率高,渗透性强。土壤可分为两类:一类是林地土壤,位于常绿乔、灌木林下,由珊瑚沙、鸟粪和枯枝落叶分解的腐殖质构成,称为石灰质腐殖质土,颜色灰褐,质地松软,有机质含量高,可达 12% 左右。在西沙群岛主要岛屿上,这类土壤的面积大,对地下水的影响很大;另一类土壤是冲积珊瑚沙,分布于各岛沿岸的海滨,由风浪堆积的珊瑚、贝壳沙粒构成,颜色黄白,含盐量高,缺乏有机质,植物稀少。

（4）气候

西沙地处热带,太阳高度角大,空气含尘量极少,能见度大,太阳辐射很强,无雾天气,日照时数长,全年高温,年均温度 26 ℃以上,一月平均气温接近 23 ℃,温度的年变幅和日变幅均小,只有 6 ℃左右。海水温度也高,表层水温 25~28 ℃,加之海水透明度大,含盐量3.5%。这种气候和海洋环境特别适合珊瑚发育生长。西沙群岛海拔不高,由季风带来的水蒸气不能阻留成地形雨,主要靠台风和对流雨,年均降雨量约 1 400 mm。由于每年台风状况不同,年降雨量波动较大,一年之中雨量分布也很不均匀,6—11 月为雨季,降雨量约占全年的 85.7%;12 月至次年 5 月为旱季,雨量仅占全年的 14.3%。降雨量的变化会引起地下水贮量的变化。影响地下水贮量的另一重要因素是蒸发量,西沙群岛的蒸发量很高,年蒸发量达到2 472 mm,超过年均降雨量的 76%。一年中蒸发量也随季节变化,3—6 月蒸发量大,11 月至次年 2 月蒸发量较小。

(5)水文

珊瑚岛礁有特殊的地质构成,又置身于大海的环抱之中,面积小、海拔低,因此,具有特殊的水文状况。首先,无地表径流。由于地表结构疏松,渗透性强,各岛屿除雨季少数低洼地有间歇性积水外,大都无地面径流。天然地表水以潟湖的形式存在,在西沙群岛的东岛和琛航岛有封闭式的潟湖,如图 1.25 所示。湖水长期靠雨水补给,矿化度逐渐降低。其次,地下水分上层淡水和下部咸水。珊瑚岛含水层为疏

图 1.25　琛航岛潟湖

松的珊瑚碎屑和多孔的珊瑚灰岩,地下水与海水相通,弥散作用形成深部咸水层,其下为海水,咸水层上承托一层淡水水体,形状犹如一枚透镜,称为"淡水透镜体"。淡水透镜体靠雨水补给。根据南海地质资料,淡水埋深一般 1.5 ~ 3.5 m,但由于淡水透镜体承托于海水之上,所以埋深会随着潮汐的涨落而上下波动。另外,地下淡水的水质、水量与岛屿大小、成岛时间和生物作用等因素有关,因此,各岛淡水水体的水量、水质不尽相同。有的岛屿淡水贮量多,有的则少;有的淡水矿化度低,无色无味,清澈透明;而有的岛屿,淡水有色有味,含盐量高。

1.3.4　南沙群岛

南沙群岛是南海四大群岛中岛、洲、礁、滩最多且分布面积最大的一群岛屿,形成于南海海盆东南边缘水深 1 500~2 000 m 的阶台上。北接西沙、中沙群岛,南临马来西亚、文莱和印度尼西亚,西与越南相望,东与菲律宾相对,介于东经 109°30′ ~ 117°50′、北纬 3°40′~11°55′,纬向长约 905 km,经向宽达 887 km,海域面积达 70 万多 km^2。

南沙群岛坐落的台阶原是从华南大陆裂离出来并漂移至大洋中的陆块,受第三纪地壳运动的影响,陆块形成一些深水海槽,台阶破碎,并产生两条隆起的海脊。两条海脊均呈东北向西南走向,东侧一条为:礼乐滩—安塘滩—仙娥礁—榆亚暗沙—安渡滩—南康暗沙构造;西侧一条为:道明群礁—永暑礁—南威岛—广雅滩—万安滩构造。两条海脊之间为一条水深 2 000 m 以上的水槽,即北半部的南沙东水道和南半部的北康水道。它们把南沙群岛基本上分成东西两大岛群,这两条海脊也受西北向断裂影响,形成九章环礁与南华环礁之间的一条沿西北东南向断裂发育出的海槽,即南华水道。这条水道深 2 000 m 以上,宽 80~120 km。南华水道、南沙东水道和北康水道把南沙群岛分为四个部分,分别是北部西段、北部东段、南部西段和南部东段。北部西段有太平、中业、西钥、景宏、鸿庥、北子、南子和南钥等 8 个岛屿,以及杨信沙洲、敦谦沙洲等沙洲,是南沙群岛岛洲较集中的部分。北部东段主要包括马欢岛、费信岛两个岛屿和礼乐滩、南方浅滩、安塘滩、海马滩等一群暗滩,以及五方礁、美济礁、半月礁等。南部西段有南威岛、尹庆群礁和南薇滩、万安滩等。南部东段主要有波沙洲、安渡滩、海口礁、榆溦暗沙、北康暗沙、南康暗沙和曾母暗沙等。

上述四个部分共包括 230 多个岛、洲、礁、沙、滩。其中，明礁 51 座，灰沙岛 23 个。南沙群岛的岛屿都很矮小，岛屿陆地面积仅 1.7 km²，面积最大的太平岛也只有 0.432 km²，最高的鸿麻岛海拔为 6.1 m。明礁的礁顶面积较大，可达上百平方千米，如永暑礁为 110.4 km²，其余暗滩、海山和海丘则大小不等，最大的礼乐滩面积达 7 000 km² 以上。南沙群岛 13 个主要岛、洲面积和海拔高度见表 1.4。

表 1.4　南沙群岛主要岛屿面积和高程

岛　名	面积/km²	高程/m	岛　名	面积/km²	高程/m
太平	0.43	4.3	南钥	0.06	1.8
中业	0.33	3.4	马欢	0.06	2.4
西钥	0.15	—	敦谦沙洲	0.05	4.5
南威	0.15	2.4	费信	0.06	1.8
北子	0.13	3.2	景宏	0.04	3.7
南子	0.13	3.9	安渡	0.02	2.7
鸿麻	0.08	6.1			

面积最大的太平岛在郑和环礁西北端，处于南沙北部西段环礁区的中心部位，加上岛屿占礁盘的比例大，利于船只登陆，礁盘边缘有明显的浪花带，易于判断礁盘所在，因而成为南沙群岛的中心岛屿，如图 1.26 所示。

太平岛也是一碟形洼地，呈长圆形，长 1 400 m、宽 460 m，四周沙堤高 5~6 m，沙堤外为沙滩，沙滩外为礁盘，礁盘宽 300~500 m，如图 1.27 所示。礁盘四周有堤滩地形发育。沙滩呈白色，西侧最宽，达 650 m，东侧次之，为 450 m，但西南侧最狭处宽度仅 150 m。沙堤和沙滩交接处有地下水流出，水流在强烈阳光下迅速蒸发，留下钙质沉积物，胶结沙子，形成层次分明的海滩岩。海滩岩十分坚硬，有保护岛屿的作用。

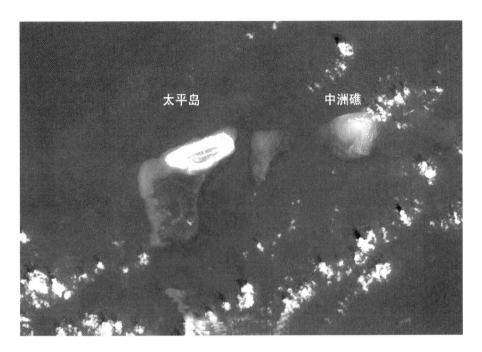

图 1.26　南沙群岛的中心岛屿——太平岛

图 1.27　太平岛一碟形洼地

太平岛中部平坦,堆积了较厚的沙层,沙层东侧略高,为 4.18 m,西侧只有 3.41 m。沙层上为鸟粪层,厚度达 30 cm,岛屿大部为鸟粪层被覆,形成黑茶色的粗松腐殖土壤,这种土壤肥力高,有利于作物生长,因而林木繁茂,如图 1.28 所示。

图 1.28 太平岛植被

太平岛接近赤道,全年炎热,最冷的 1、2 月气温也在 22 ℃ 以上,最高气温达 34.5 ℃,出现在 5 月中旬。气温年较差 2.7 ℃,日较差 3~4 ℃。这里冬半年 11—3 月(次年)多东北风,月均风速 8~10 m/s。夏半年 4—10 月多西南风,月均风速 6~7 m/s。由于日照强烈,对流旺盛,雨量比西沙群岛多。但是仍然由于缺少地形性降水,故雨量不可能很多,年雨量为 1 500~2 200 mm,有雨季和旱季之分。1—5 月为旱季,各月雨量不足 100 mm,但受赤道多雨带的影响,也不少于 24 mm。6—12 月为雨季,月雨量在 150 mm 以上。雨季的台风雨不多,但最大日雨量来自台风雨。由于太平岛位于广阔的海洋中,因此湿度大,各月湿度都在 80% 以上,云量也多。由于地面缺少水汽凝结的条件,故雾日不多。

　　这里的潮汐为一日期,即潮水涨退一天一次,潮差也小,一般为 0.6~1.5 m,最大为 2 m。表层海水水温年均 28~28.5 ℃,月均最低 26~27 ℃(2 月),最高 29~30 ℃(5、6 月),年较差 2~3 ℃。海水盐分冬季在 3.3% 以下,而夏季因太平洋盐水注入,盐分在 3.3% 以上,非常适合绚丽多彩的珊瑚生长,如图 1.29 所示。

图 1.29　南沙珊瑚

　　太平岛有地下淡水,埋深浅,一般地面 2 m 以下有水,但地下水受鸟粪污染不能直接饮用。

　　太平岛具有优越的地理条件:面积较大,靠近航线,位置适中,有淡水,林木茂密,海上和礁盘上有富饶的水产,海底蕴藏石油,岛上鸟粪富集,土壤肥沃。因此,早在清代,太平岛就已成为我国渔民的渔业基地。第二次世界大战时期,太平岛曾被日本侵略者占领,1946 年中国政府收复太平岛。现在岛上建有电台、气象台、码头、防波堤、机场和多座新楼房等现代化的设施,如图 1.30 所示。

图 1.30　太平岛机场

第 2 章

淡水透镜体的产生

"淡水透镜体"是赋存于地表以下饱和带中的淡水水体,其形态中央厚边缘薄,宛如一枚透镜而得名。淡水透镜体的出现是一种特定地质条件下的水文现象。内陆干旱地区,潜水面较低,潜水面上方局部区域若有不透水层或弱透水层,则这一局部地层之上有可能生成淡水透镜体。然而,广泛存在淡水透镜体的地方是海洋中的珊瑚岛。淡水透镜体是宝贵的淡水资源,有时候是珊瑚岛唯一的天然淡水来源,直接影响岛上居民的生活和岛屿的生态环境。本书仅讨论珊瑚岛的淡水透镜体。

珊瑚岛礁淡水透镜体的生成、消长和动力学特征取决于珊瑚岛的地质结构、水文与气象环境。本章首先介绍珊瑚岛的水文地质特征,然后介绍珊瑚岛礁淡水透镜体的形成、特征,以及水文、气象条件对淡水透镜体的影响。

2.1　珊瑚岛的水文地质特征

珊瑚岛的水文地质特征与珊瑚礁和珊瑚岛的形成密不可分。珊瑚礁是珊瑚及其他造礁生物固着在现今1 000多米深处的基底上向上生长发育起来的,至海面处形成一广阔的礁平台,即礁盘。高潮时,礁盘全被海水淹没,低潮时,则局部露出水面。礁盘是珊瑚岛的承托平台,礁盘边缘的珊瑚礁受海水溶蚀,在风浪和潮汐作用下,被折断、破坏、搬运而以沙砾、碎屑的形式堆积在礁盘上。堆积物主要含有珊瑚、贝壳、有孔虫、钙质藻等生物成分,还有矿物成分(如文石、方解石等)。这些堆积物大部分未被胶结或弱胶结,成为沙岛,也即珊瑚岛。但在沙岛四周的潮间带上,堆积物常常被胶结成海滩岩,胶结物为文石针、文石泥和镁方解石泥,胶结坚固程度取决于形成年代,越久远越坚硬,反之较脆弱。例如,我国西沙群岛中除高尖石为火山岛外,其余均为珊瑚等生物碎屑堆积而成的珊瑚岛,大部分岛屿形成于近 5 000 年间,高潮线以上部分尚未胶结,仍为沙岛,地表渗透性极强,仅石岛形成于距今 8 000～20 000 年间,已胶结成岩,这使珊瑚岛具有特定的水文地质结构和水文地质参数。

2.1.1 双含水层结构

珊瑚岛及其成岛基础珊瑚礁的形成经历了漫长的地质年代,一些重大的地质事件都会在珊瑚岛的结构上留下印记。对珊瑚岛的结构产生重大影响的地质事件要算最近一次的第四纪冰期。第四纪从 260 万年前至今,又可划分为两个世:第一个世称为"更新世",从 260 万年前至 1 万年前;第二个世称为"全新世",从 1 万年前至今。在地球 40 多亿年的历史中,出现过 3 次大冰期,第四纪冰期是其中之一,也是最近的一次大冰期。这次冰期集中于更新世,有的学者也称之为"更新世冰期"。这一时期,全球气温大幅下降,在地球上中、高纬度及高山地区形成大面积的冰盖和山岳冰川,鼎盛时期冰雪覆盖陆地 30%以上,冰盖厚达数千米,地球水圈中的水分大量向陆地转移,致使海平面下降超过 130 m,先前热带海洋中的珊瑚礁盘便暴露于大气中,经受强烈的侵蚀而下降。到全新世,冰期结束,全球气候回暖,陆地冰雪融化,海面上升,珊瑚在原珊瑚礁四周随着向上生长,直至海水淹没侵蚀后的礁盘,在侵蚀面上产生新的珊瑚、贝壳等生物骸骨碎屑、沙砾堆积,形成全新世的沉积层。全新世的沉积层在很大程度上是未固结的生物碎屑沙砾,只有在礁盘上的沙砾才被珊瑚藻牢牢胶结在一起。全新世沉积层之下是成岩好、喀斯特溶洞十分发育的更新世石灰岩。有学者在印度洋上的 Cocos 环礁上进行钻探,揭示了在间冰期—冰期—间冰期交替过程中珊瑚礁及珊瑚岛发育的几个重要阶段,如图 2.1 所示。

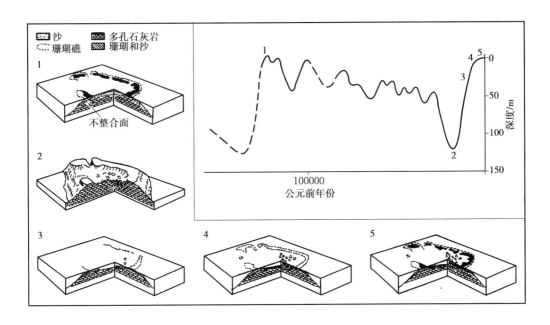

图 2.1   珊瑚礁发展的五个阶段和近 150 000 年来的海面变化曲线

1—最近的间冰期,一个与现在十分类似的环礁;

2—冰河鼎盛期,当时海面在现在海平面 120 m 以下,珊瑚岛经历了剧烈的喀斯特侵蚀;

3—冰河期后,海面上升,淹没间冰期的珊瑚礁灰岩平台,平台继续下沉,珊瑚重新生长,珊瑚礁向上发育;

4—全新世中期高海面期,这一时期珊瑚礁能赶上海面的上升;

5—全新世后期现代环礁的发展,此时海面稍有回落,珊瑚岛发育,潟湖发生沉积

图 2.1 中,珊瑚礁的发展可分为五个阶段:①在最近一次间冰期间,约在 12 万年前(图 2.1 中的"1"),当时还处于更新世,海面近似在现在的位置,可能还要高出约 6 m。那时在 Cocos 岛的位置上有一个像现在一样的环礁,当时的海面高程持续了约 12 000 年。②之后,随着冰期与间冰期的交替出现,海面经历了一系列向下振荡过程,环礁露出海面成岛,因侵蚀下降,溶蚀而喀斯特化,并由于海面的升降而反复出露。直至距今大约 18 000 年前的冰河作用高峰时期(图 2.1 中的"2"),岛屿呈喀斯特高台出露。③从那以后,全球转暖,海面迅速上升。进入全新世后,大约在距今 7 000 年前,海水淹没间冰期的珊瑚礁灰岩平台,平台继续下沉,珊瑚在经历过侵蚀的更新世地层上重新生长,向上发育,但稍滞后于海面上升,约 6 000 年前,珊瑚礁出现在海面下 2~3 m 地方,那时海面接近现在的位置(图 2.1 中的"3")。④接着,在 5 000~3 500 年前,礁平台持续发展形成礁盘(图 2.1 中的"4")。⑤不久,由于海面

下降,礁盘露出海面,距今 3 500 年以来(图 2.1 中的"5")的最后阶段,在环礁环形圈上形成珊瑚岛。

在 Cocos 环礁的钻探研究中,在平均海平面下深度 8~13 m 还碰到一层成岩好而多孔的石灰岩,由这一石灰岩获得的第一个 U-系不平衡年代是在深度为 12.6 m(平均海平面下 10.5 m)处的珊瑚样本测得的,结果为(118±7) ka,去除次级方解石后的二次样本测得的年代为(123±7) ka。U-系不平衡年代是用 U-系不平衡法测得的某一地质事件发生的年代。上述由石灰岩获得的第一个 U-系不平衡年代,从时序上看正好对应了图 2.1 中"1"的位置,此后海面下降,珊瑚礁出露,遭受侵蚀,直至进入全新世,海水重新淹没礁顶,才在更新世地层上产生全新世沉积层。这样从 120 ka 前珊瑚礁出露到距今 7 000 年前被海水重新淹没,就产生了较长时间的沉积间断,造成地层缺失,并伴随着更新世地层地表的强烈剥蚀,在地质学上这是上下两地层的不整合接触,接触面称为"不整合面"。不整合面有的文献中又称"瑟伯间断面"(Thurber Discontinuity),它的出现把珊瑚岛含水层分为上下两部分,表层是微细颗粒的全新世含水层,覆盖于更新世古喀斯特含水层之上(图 2.2),使珊瑚岛具有双含水层结构,这是珊瑚岛不同于大多数海洋岛的地方。更广泛的调查表明,上下两含水层之间的不整合面在海平面以下 15~25 m 深处。这是印度洋和太平洋上珊瑚岛的一个普遍特征,是冰河侵蚀期海平面位置的残迹。

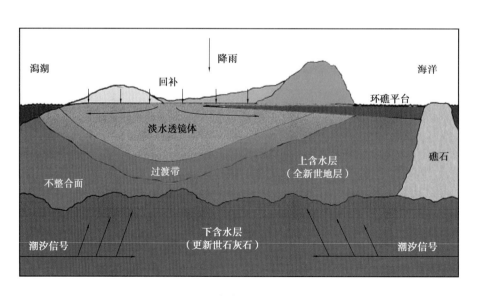

图 2.2 环礁岛水文地质概念模型

2.1.2　水文地质参数

珊瑚岛的地质结构对赋存于其中的淡水透镜体的水质、水量和动力学特性均有重要影响,这种影响可以通过水文地质参数来表达。淡水透镜体属于潜水水体,相关的重要水文地质参数包括孔隙率、渗透系数、给水度和弥散系数。

（1）孔隙率

在珊瑚岛双含水层地质结构中,不整合面以上的全新世含水层由珊瑚等生物碎屑颗粒堆积而成,处于未固结或弱固结状态,颗粒与颗粒之间形成孔隙;不整合面以下的更新世含水层虽已岩化成生物灰岩,但由于原生礁固有的孔隙和侵蚀、溶蚀,以及一些海洋生物的钻掘作用,岩体也"千疮百孔"。因此,整个珊瑚岛含水层是一多孔的介质含水体系。这一体系中包含有固相、液相和气相,其中,固相是指生物颗粒和包含孔隙溶洞的珊瑚灰岩,在水文地质学上称为"多孔介质",也称"骨架";液相是指上层淡水和下层咸水;气相指潜水面以上多孔介质中的气体。

多孔介质最一般的特征是包含大量孔隙,孔隙的大小、形状和分布各不相同,许多孔隙相连形成通道。珊瑚岛礁淡水透镜体便赋存于这些孔隙之中,透镜体淡水在孔隙通道中流动。因此,多孔介质中具有的孔隙在珊瑚岛水文地质研究中有重要意义。工程上把多孔介质孔隙具有的这种大小、形状、分布和连通各异的性质统称"孔隙性",表征多孔介质孔隙性的常用参数称为"孔隙率",用 n 表示。孔隙率的定义是多孔介质中的孔隙体积 u_v 与多孔介质总体积 u 之比,即

$$n = \frac{u_v}{u} = \frac{u_v}{u_v + u_s} \tag{2.1}$$

式中,u_s 是固相体积,$u = u_v + u_s$,孔隙率 n 是无量纲参数。如果 u_v 为多孔介质中全部孔隙体积,这样定义的孔隙率称为"总孔隙率"。在多孔介质的全部孔隙中,有一部分孔隙具有一个死端,只能容纳流体,不能让流体通过,这样的孔隙称为"死端孔隙"。此外,即使能通过流体的孔隙通道,由于介质颗粒表面吸附一薄层（如厚度小于 0.5 μm）不动的结合水,也会减少透过流体的孔隙体积。在淡水透镜体动力学的研究中,只有能通过流体的孔隙才有意义,称之为"有效孔隙",其体积用 u_e 表示,仿照式（2.1）,可以定义有效孔隙率 n_e,即

$$n_e = \frac{u_e}{u} = \frac{u_e}{u_v + u_s} \qquad (2.2)$$

本书以后的章节中,除非特别说明,孔隙率均指有效孔隙率。

影响孔隙率的因素很多。它的大小与颗粒粒径分布、孔径分布有关,也与颗粒形状、排列以及多孔介质中的胶结物质、沉积环境有关。在颗粒粒径相同的理想条件下,球形颗粒若按图2.3(a)的方式排列,即每个球形颗粒均在下层球体的顶端,这种模式构成的多孔介质的孔隙率为47.65%;如球形颗粒按图2.3(b)的方式排列,即每个球形颗粒堆放在下层相邻四个球体的中心位置,则这种模式构成的多孔介质的孔隙率为25.95%。

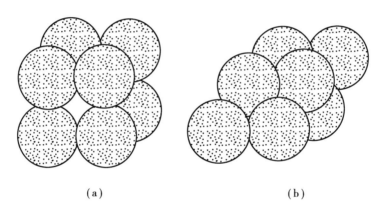

(a)   (b)

图2.3 相同直径球形颗粒的两种排列

上述两种情况下的孔隙率都与球形颗粒的直径无关,仅取决于排列。由此可以推断,珊瑚等生物碎屑在沉积过程中,如果分选程度较好,具有大致相同的粒径,可近似为圆球,那么由排列方式决定的孔隙率应为26%~48%。自然界中的岩土类多孔介质,颗粒并非标准圆球,也非相同粒径的颗粒沉积在一起,而是大小不同、形状各异的颗粒混合在一起,特别当小颗粒填充在大颗粒之间的孔隙中时,就会对孔隙率带来显著的影响。另外压缩和胶结程度对孔隙率也有影响。因此,岩土类多孔介质的孔隙率与按相同直径球形颗粒排列推算出来的孔隙率相比会有差异。自然界中典型岩土类多孔介质的孔隙率见表2.1。表中部分不同颗粒对应的粒径见表2.2。

表 2.1　典型岩土类多孔介质的孔隙率

岩土名称	孔隙率/%	岩土名称	孔隙率/%
沙砾(特粗)	28*	黄土	49
沙砾(中等)	32*	泥炭	92
沙砾(较细)	34*	片岩	38
沙(特粗)	39	粉沙岩	35
沙(中等)	39	黏土岩	43
沙(较细)	43	页岩	6
粉沙	46	冰碛物(含大量粉沙)	34
黏土	42	冰碛物(含大量沙)	31
沙岩(细粒)	33	凝灰岩	41
沙岩(粗粒)	37	玄武岩	17
石灰岩	30	辉长岩(风化)	43
白云岩	26	花岗岩(风化)	45
沙丘沙	45		

注*:表示样本受到扰动,其余为未受扰动的样本。

表 2.2　岩土类多孔介质颗粒对应的粒径

名称	砾石	特粗沙	粗沙	中沙	细沙	粉沙	细粉沙
粒径/mm	5~2	2~1	1~0.5	0.5~0.2	0.2~0.1	0.1~0.05	0.05~0.02

讨论珊瑚岛含水层多孔介质的孔隙率时,还需要联系其双含水层地质结构。在不整合面之上,是松散沉积物,孔隙率取决于颗粒大小与级配;不整合面之下是岩化较好的珊瑚灰岩,孔隙率依赖于原生孔隙结构、胶结与溶蚀。在地质上,纹理粗糙的卵石和碎石、多孔隙珊瑚礁灰岩和溶蚀产生大量次生孔隙的岩层,均有很高的孔隙率;而在细密纹理和分选性差的沉积物以及弱胶结的多孔介质中,孔隙率较低。因此,珊瑚岛不整合面之下更新世灰岩的孔隙率大于其上全新世沉积层的孔隙率。珊

瑚岛大多分布在热带海域,由珊瑚和其他造礁生物营造而成,有相同的地质构造,因而有相近的孔隙率,如在太平洋,在马绍尔群岛 Majuro 环礁的 Lautra 岛上,全新世含水层的孔隙率为 0.20,更新世珊瑚灰岩的孔隙率为 0.30;美国福罗里达州的 St. George 岛,全新世含水层的孔隙率为 0.35;南太平洋新喀里多尼亚的 Mba 岛,全新世含沉积层的孔隙率为 0.10~0.30,更新世珊瑚灰岩的孔隙率为 0.10~0.50;在印度洋,在 Cocos(Keeling)群岛的 Home 岛上,全新世含水层的孔隙率为 0.30。可见,淡水透镜体赋存的全新世含水层,孔隙率一般为 0.30~0.40。一些学者研究淡水透镜体的动力学特性时,用的孔隙率也在这一区间取值:Adrian D. Werner 等实验研究倒锥特性时,取孔隙率为 0.38;H.-J. Diersch 等研究弥散对倒锥影响时,取孔隙率为 0.36。不过也应该指出,由于珊瑚岛与主导风相对位置的不同、沉积过程中胶结程度的不同,不同珊瑚岛的孔隙率会有差异,当要准确研究淡水透镜体的动力学特性时,需要在岛上进行实地勘测,或者实验测量,也可以在模拟过程中对参数进行校准,以确定岛屿地层的孔隙率。

由于多孔介质的压缩性,多孔介质受力时会产生变形,引起孔隙率变化。在饱和状态下,某一深度处多孔介质承受的力可分为内力和外力。内力由流体静压 p 产生,外力由该处地层之上的覆盖层施加,设对应的应力为 σ。在这两种力作用下,多孔介质呈现压缩变形。由于饱和多孔介质中,介质受力的变化主要由水头变化产生的静压 p 的变化引起,外力对应的 σ 一般保持不变,因此,通常考虑由静压 p 变化引起的多孔介质的压缩变化。多孔介质的这种压缩变化或压缩性可用压缩系数表示,定义单位静压变化引起的介质骨架体积 u_s 和孔隙体积 u_v 的相对变化率分别为骨架压缩系数 α_s 和孔隙压缩系数 α_v:

$$\alpha_s = -\frac{1}{u_s}\frac{\mathrm{d}u_s}{\mathrm{d}p} \tag{2.3}$$

$$\alpha_v = -\frac{1}{u_v}\frac{\mathrm{d}u_v}{\mathrm{d}p} \tag{2.4}$$

类似地,多孔介质的压缩系数 α 定义为:

$$\alpha = -\frac{1}{u}\frac{\mathrm{d}u}{\mathrm{d}p} \tag{2.5}$$

因为,$u = u_v + u_s$

所以

$$\frac{\mathrm{d}u}{\mathrm{d}p} = \frac{\mathrm{d}u_{\mathrm{v}}}{\mathrm{d}p} + \frac{\mathrm{d}u_{\mathrm{s}}}{\mathrm{d}p} \tag{2.6}$$

由孔隙率 n 的定义式(2.1)得：

$$u_{\mathrm{v}} = nu \tag{2.7}$$

$$u_{\mathrm{s}} = (1 - n)u \tag{2.8}$$

将式(2.6)代入式(2.5)得：

$$\alpha = -\frac{1}{u}\frac{\mathrm{d}u_{\mathrm{v}}}{\mathrm{d}p} - \frac{1}{u}\frac{\mathrm{d}u_{\mathrm{s}}}{\mathrm{d}p} \tag{2.9}$$

再由式(2.7)和式(2.8)得：

$$\frac{1}{u} = \frac{n}{u_{\mathrm{v}}} \tag{2.10}$$

$$\frac{1}{u} = \frac{1 - n}{u_{\mathrm{s}}} \tag{2.11}$$

将式(2.10)和式(2.11)代入式(2.9)，并由式(2.3)和式(2.4)，得：

$$\alpha = n\alpha_{\mathrm{v}} + (1 - n)\alpha_{\mathrm{s}} \tag{2.12}$$

在珊瑚碎屑生物沙砾沉积物等岩土类多孔介质中，介质骨架的压缩性远小于孔隙的压缩性，即

$$(1 - n)\alpha_{\mathrm{s}} \ll n\alpha_{\mathrm{v}}$$

于是近似有：

$$\alpha = n\alpha_{\mathrm{v}} \tag{2.13}$$

多孔介质的压缩性会对多孔介质地下水的贮存或释放量带来影响。

(2)**渗透系数**

渗透系数(coefficient of permeability)是包括珊瑚沙砾在内的岩土类多孔介质在一定水力梯度作用下，透过流体即地下水能力的一种量度，一些文献和著作也称其为"水力传导系数(hydraulic conductivity)"，用 K 表示，具有速度的量纲，常用单位为 m/d。渗透系数表征了岩土介质流过流体的力学性能，因此，其大小既取决于流体的性质，也与介质骨架有关。介质骨架性质包括介质颗粒大小与岩土基质结构，如孔隙形状、大小、分布、比表面积、弯曲率和孔隙率等。流体性质主要包括流体密度、动力黏性系数。因此，渗透系数 K 可由介质及流体两方面的性质确定：

$$K = \frac{\rho g}{\mu} k_i = \frac{g}{\nu} k_i \tag{2.14}$$

式中, ρ 为流体密度, g 为重力加速度, μ 为流体动力黏性系数, ν 为流体运动黏性系数, k_i 为介质固有渗透率(intrinsic permeability), 简称"渗透率"。

流体密度、黏性系数表征了流体的性质。渗透率 k_i 表征了介质骨架的性质, 具有长度平方的量纲 $[L^2]$, 常用单位为 cm^2。沉积物颗粒越小, 颗粒表面与地下水的接触面越大, 水流动时受到的阻力便越大, 使渗透率下降; 而对于分选性良好的沉积物, 渗透率与颗粒大小成正比。渗透率 k_i 可用下式表示:

$$k_i = cd^2 \tag{2.15}$$

式中, 比例系数 c 称为形状因子, 是一个与多孔介质特性(如松散岩土颗粒大小和分布、颗粒球度、级配以及填充度和密实度)有关的无量纲参数, 取值为 $45 \sim 140$, 小值适用于黏土介质, 大值适用于沙砾介质, 常用平均值为 100。也有学者建议 c 值按不同介质选取, 见表 2.3。d_{10} 为颗粒有效直径, 单位为 cm, d_{10} 的含义是小于该直径的颗粒质量占多孔介质总质量的 10%。

表 2.3 不同介质的 c 值

介质分类	形状因子 c
极细沙, 分选较差	$40 \sim 80$
细沙, 分选好	$40 \sim 80$
中沙, 分选较好	$80 \sim 120$
粗沙, 分选差	$80 \sim 120$
粗沙, 分选较好, 干净	$120 \sim 150$

渗透率 k_i 的计算, 还有种种其他方法, J.贝尔曾作过较系统的归纳, 他的方法大致分为三类。

第一类为纯经验公式, 即

$$k_i = 0.617 \times 10^{-11} d^2 \tag{2.16}$$

式中, d 为多孔介质颗粒平均粒径, 单位为 μm; k_i 单位为 cm^2, 该公式由试验结果拟

合而来。另一个公式是从量纲分析结合实验得来的 Fair-Hatch 公式，即

$$k_i = \frac{1}{m}\left[\frac{(1-n)^2}{n^3}\left(\frac{\alpha}{100}\sum\frac{P}{d_m}\right)^2\right]^{-1} \tag{2.17}$$

式中，m 为排列因子，试验值为 5；n 为孔隙率；α 为介质颗粒的形状系数，其值为 6.0~7.7，圆球颗粒取 6.0，棱角状颗粒取 7.7；P 为对介质颗粒进行筛分时相邻筛子之间所包含的颗粒质量百分数；d_m 为相邻筛孔大小的几何平均值。

第二类为纯理论公式，其中比较著名的有 Kozeny 方程：

$$k_i = \frac{c_0 n^3}{M^2} \tag{2.18}$$

式中，c_0 是 Kozeny 系数，根据流体流经多孔介质孔隙时过流断面的形状取值：圆形断面 c_0 取 0.5，正方形断面 c_0 取 0.562，等边三角形断面 c_0 取 0.597，长条形断面 c_0 取 0.667。M 为比表面积。

第三类为半经验公式。由于 Kozeny 方程中 c_0 的值难以确定，为避免这一困难，引入多孔介质固体骨架的比表面积 M_s，由 Kozeny 方程可导得另一关系式，称为 Kozeny-Carman 方程，即：

$$k_i = c_0\frac{n^3}{(1-n)^2 M_s^2} \tag{2.19}$$

式中，c_0 为一个由实验确定的经验系数。因此，Kozeny-Carman 方程为半经验公式。Carman 建议公式中的 c_0 取 0.2，该值与实验吻合最好。骨架的比表面积 M_s 由下式定义：

$$M_s = \frac{A_s}{u_s} \tag{2.20}$$

式中，A_s 为多孔介质体积 u 中所有颗粒的总表面积，u_s 为 u 中介质的固相体积。式（2.18）中的 M 与 M_s 之间的关系为 $M=(1-n)M_s$。

上面介绍的渗透率 k_i 的计算方法为确定多孔介质的渗透系数 K 提供了几种途径。应该指出，当使用经验或半经验公式计算渗透率 k_i 时，需要通过实验确定公式中系数的数值；而用理论公式计算 k_i 时，又因实际的孔隙通道断面不具备标准的几何外形，使 c_0 这一 Kozeny 系数的取值困难。在实际应用中，常采用实验的方法直接测得多孔介质的渗透系数 K。不过要注意，由于天然岩土类多孔介质组分及结构千

差万别,即使同一种介质,取自不同地方的样品,测得的渗透系数也会有很大差别,有的会相差几个数量级。因此,大多文献资料在列出多孔介质的渗透系数时给出的是取值范围,见表2.4。

表2.4　不同岩土类多孔介质的渗透系数取值范围

介质名称	渗透系数/(m·s⁻¹)	岩土名称	渗透系数/(m·s⁻¹)
砾石	$3\times10^{-4}\sim3\times10^{-2}$	岩溶和礁灰岩	$1\times10^{-6}\sim2\times10^{-2}$
粗沙	$9\times10^{-7}\sim6\times10^{-3}$	灰岩、白云岩	$1\times10^{-9}\sim6\times10^{-6}$
中沙	$9\times10^{-7}\sim5\times10^{-4}$	沙岩	$3\times10^{-10}\sim6\times10^{-6}$
细沙	$2\times10^{-7}\sim2\times10^{-4}$	泥岩	$1\times10^{-11}\sim1\times10^{-8}$
粉沙、黄土	$1\times10^{-9}\sim2\times10^{-5}$	页岩	$1\times10^{-13}\sim2\times10^{-9}$
冰碛物	$1\times10^{-12}\sim2\times10^{-6}$	可透水玄武岩	$4\times10^{-7}\sim3\times10^{-2}$
黏土	$1\times10^{-11}\sim5\times10^{-9}$	风化花岗岩	$3\times10^{-6}\sim3\times10^{-5}$
未风化海积黏土	$8\times10^{-13}\sim2\times10^{-9}$	风化辉长岩	$6\times10^{-7}\sim3\times10^{-6}$

在珊瑚岛的含水层中,尽管介质同为珊瑚生物碎屑,但其渗透系数依然呈现出较大的差别,尤其珊瑚岛是双含水层结构,不整合面上下地质单元中的渗透系数差别更为显著。如东印度洋的Cocos(Keeling)群岛,通过现场降水头和常水头方法测试,在全新世沉积层中,渗透系数为3~12 m/d,而在不整合面之下更新世石灰岩层中,渗透率急剧增加,渗透系数高达30~500 m/d,一些测值甚至高达1 000 m/d;印度洋中部的迪科加西亚环礁岛上,通过抽水实验获得的渗透系数为3~300 m/d不等,有2个量级的差别,中值为61 m/d,高值在岛屿向海一侧,对应了粗颗粒的砾石,低值在潟湖一侧,对应了细碎的沙粒和淤泥;珊瑚岛含水层的渗透系数还和岛屿在环礁礁盘上相对于主导风的位置有关。R.T. Bailey等在进行太平洋和印度洋环礁岛屿水文地质模拟时,迎风岛和背风岛全新世含水层的渗透系数分别取400 m/d和50 m/d进行数值计算,得到的透镜体厚度值与观测值吻合很好。

（3）给水度

饱和含水层中,水赋存于介质孔隙中,一部分水在重力作用下能在孔隙通道中流动,并可排出饱和介质外,这部分水称为"重力水",是地下取水的来源。为表征饱和含水介质在重力作用下排出水的能力,引入"给水度"的概念。给水度 S_y(specific yield)是指饱和含水介质在重力作用下能排出水的体积 u_w 与饱和含水介质体积 u 之比,即

$$S_y = \frac{u_w}{u} \tag{2.21}$$

给水度与介质孔隙率和颗粒大小有关。由于岩土介质颗粒表面带有电荷,水分子是极性分子,在静电引力作用下,孔隙中紧贴颗粒的一薄层水分子便吸附于颗粒表面而成为结合水,粒径越大,比表面积越小,结合水的含量也越小;相反,粒径越小,比表面积越大,结合水的含量也越多。结合水受到固体表面的强烈吸引,不能在重力作用下流动,因此,当重力水从保水介质中流出时,结合水仍然留存在介质内。这样,孔隙率相同的两种介质,小颗粒介质的结合水多,能在重力作用下流出的水就少,因而给水度小,而大颗粒介质的给水度则大。表 2.5 列出了一些学者提供的岩土多孔介质的给水度。表 2.6 列出了另一些学者推荐的松散沉积物给水度的经验值。

表 2.5　常见岩土介质的给水度

介质名称	最大值/%	最小值/%	平均值/%
黏土	5	0	2
沙质黏土	12	3	7
粉沙	19	3	18
细沙	28	10	21
中沙	32	15	26
粗沙	35	20	27
含砾沙	35	20	25
细砾	35	21	25
中砾	26	13	23
粗砾	26	12	22

表 2.6　松散沉积物给水度的经验值

介质名称	给水度	介质名称	给水度
黏土	0	中沙	0.20~0.25
亚黏土	近似 0	粗沙	0.25~0.30
亚沙土	0.08~0.14	砾石	0.20~0.35
粉沙	0.10~0.15	沙砾石	0.20~0.30
细沙	0.15~0.20	卵砾石	0.20~0.30

饱和含水多孔介质中的结合水虽不能在孔隙中自由流动,但与颗粒表面稍远、结合较弱的结合水可以被植物根系吸收。

设体积为 u 的饱和含水介质中结合水的体积为 u_τ,u_τ 与 u 之比定义为持水度 S_τ:

$$S_\tau = \frac{u_\tau}{u} \tag{2.22}$$

持水度与颗粒大小的关系正好和给水度与颗粒大小的关系相反,小颗粒介质持水度大,大颗粒介质持水度小,见表 2.7。

表 2.7　不同粒径颗粒介质的持水度

颗粒直径/mm	< 0.005	0.005~0.05	0.05~0.1	0.1~0.25	0.25~0.5	0.5~1.0
持水度/%	53.8	15.3	8.08	4.91	3.04	3.0

持水度与给水度之有一定关系,两者之和等于孔隙率 n:

$$n = S_y + S_\tau \tag{2.23}$$

由上式可知,当持水度 S_τ 很小可以忽略不计时,给水度 S_y 近似等于孔隙率 n。

（4）弥散系数

流体在多孔介质中流动时,流体中的含有物(如溶质),一方面随主流在流动方向上传输,另一方面会向四周迁移扩展,这种溶质的迁移扩展现象称为"弥散"。从运动观点看,弥散源于分子扩散和流速分布不均。分子扩散由无规则热运动引起,

从溶质浓度高的地方向浓度低的地方迁移,受浓度梯度影响,扩散通量 q 服从 Fick 定律:

$$q = - D_m \frac{\partial c}{\partial x_i}, \quad i = 1,2,3 \tag{2.24}$$

式中,q 是单位时间内通过与 x_i 轴垂直的单位面积的溶质质量($M \cdot L^{-2} \cdot T^{-1}$),$i = 1$,$2,3$,$x_i$ 轴分别对应于 x、y、z 轴;D_m 为分子扩散系数($L^2 \cdot T^{-1}$);c 为溶质浓度(M/L^3);负号表示溶质扩散方向与浓度梯度方向相反。分子扩散系数的值随溶质、流体种类和温度而变化,25 ℃时水中几种离子的扩散系数见表 2.8:

表 2.8　25 ℃时水中离子的扩散系数 D_m

离　子	扩散系数/($m^2 \cdot s^{-1}$)	离　子	扩散系数/($m^2 \cdot s^{-1}$)
Na^+	1.33×10^{-9}	OH^-	5.27×10^{-9}
K^+	1.96×10^{-9}	Cl^-	2.03×10^{-9}
Mg^{2+}	7.05×10^{-10}	Br^-	2.01×10^{-9}
Ca^{2+}	7.93×10^{-10}	HCO_3^-	1.18×10^{-9}
Fe^{2+}	7.19×10^{-10}	SO_4^{2-}	1.07×10^{-9}
Mn^{2+}	6.88×10^{-10}	CO_3^{2-}	9.55×10^{-10}

　　然而,在多孔介质中,溶质的扩散远没有在敞开水体中那么容易,因为扩散只能发生在孔隙流体中,所以溶质必须围绕介质颗粒运动,在相同位移时溶质经过的流程更长。因此,在多孔介质中,扩散进程比敞开水体中缓慢,但扩散仍遵从 Fick 定律。为反映多孔介质对扩散的弱化影响,引入"有效扩散系数" D^* 替代式(2.24)中的 D_m。有效扩散系数 D^* 与分子扩散系数 D_m 之间有以下关系:

$$D^* = \tau D_m \tag{2.25}$$

式中,τ 是一个与孔隙通道弯曲度有关的系数,由于量测弯曲度非常困难,τ 实际上是一个经验值,可通过扩散实验获得。用地质材料在实验室内进行试验,得到 τ 的取值范围为 0.01 ~ 0.5。有学者指出,对黏土,τ 取 0.1;对沙,τ 可取 0.7。

　　流体在多孔介质中流动时流速分布不均由多种原因引起。在多孔介质中,孔隙大小不同,相互连接而成的通道蜿蜒曲折,彼此连通,岩土多孔介质孔隙结构和地下水流示意图如图2.4所示。其中,图(a)为孔隙中的速度分布,图(b)为孔隙通道中的流程变化。由图可知,地下水在孔隙中流动,孔隙中心部分流速大,边缘部分流速小;大孔隙内流速大,小孔隙内因黏性影响流速小;特别地,由于孔隙大小和连通形式千差万别,流体在孔隙通道中流动时流程会发生弯曲、分叉与汇合。这就使得多孔介质中尽管主流沿着一个方向运动,但是各点流速的大小和方向都不尽相同,即各点速度与主流断面平均速度存在差异,每个流体质点按照孔隙中流速分布迂回曲折前进,经历一系列流速变化,不同的流体质点会经历不同的流动序列,导致了溶质在沿主流方向运移的同时还向四周散布扩展,占据多孔介质中越来越大的范围,这就是"弥散"。在流动方向上由于流速大小差异产生的弥散,称为"纵向弥散";而在垂直于主流的方向上由于分叉流动产生的弥散,称为"横向弥散"。横向弥散,也可认为是介质孔隙中流动在垂直于主流方向上具有速度分量而产生的弥散。多孔介质中,这种由于速度方向和大小与平均流速不同而产生的弥散,称为"机械弥散"。

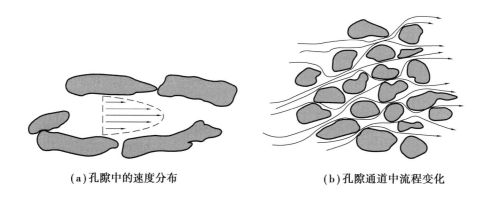

(a)孔隙中的速度分布　　　　　　　(b)孔隙通道中流程变化

图2.4　岩土多孔介质孔隙结构和地下水流

比拟分子扩散,机械弥散产生的弥散通量与浓度梯度成正比,也可用 Fick 定律描述。考虑一均匀地下水流,取 x 轴与地下水流方向一致,则弥散发生在纵向和横向两个方向。设 x、y、z 三个方向上的弥散通量分别为 J_x、J_y 和 J_z,由 Fick 定律:

$$J_x = -D_x \frac{\partial c}{\partial x} \tag{2.26}$$

$$J_y = -D_y \frac{\partial c}{\partial y} \tag{2.27}$$

$$J_z = - D_z \frac{\partial c}{\partial z} \tag{2.28}$$

式中，J_x、J_y、J_z 分别为单位时间内由于弥散迁移而通过垂直于 x、y、z 轴单位面积的溶质的质量（$M \cdot L^{-2} \cdot T^{-1}$）；$D_x$、$D_y$、$D_z$ 分别为 x、y、z 方向上的机械弥散系数（$L^2 \cdot T^{-1}$）；c 为溶质浓度（$M \cdot L^{-3}$）；负号表示弥散方向与浓度梯度方向相反。由于弥散是介质孔隙中流体质点速度与主流断面平均流速差异的累计结果造成的，随着地下水流速度的增大，这种累计差异也增大，弥散迁移作用增强。因此，有理由认为，弥散通量与平均流速成正比。如果这种正比关系通过弥散系数来反映，那么 D_x、D_y、D_z 可表示为：

$$D_x = \alpha_L v \tag{2.29}$$

$$D_y = \alpha_T v \tag{2.30}$$

$$D_z = \alpha_T v \tag{2.31}$$

式中，比例系数 α_L 称为纵向机械弥散度（L），描述水流方向上的弥散迁移，与多孔介质的性质有关；α_T 为横向机械弥散度（L），描述垂直于水流方向上的弥散迁移，也与多孔介质的性质有关；v 为孔隙中平均渗流速度（$L \cdot T^{-1}$）。

在地下水的流动过程中，分子扩散和机械弥散是混合在一起的，难以区分开来，因此，实际应用中通常把两者结合在一起考虑，定义一个水动力弥散系数来反映两者的作用：

$$D_L = \alpha_L v + D^* \tag{2.32}$$

$$D_T = \alpha_T v + D^* \tag{2.33}$$

式中，D_L 称为纵向弥散系数，反映平行于水流方向的水动力弥散；D_T 称为横向水动力弥散系数，反映垂直于水流方向的水动力弥散。如果考虑分子扩散，式（2.30）、式（2.31）中的 D_y、D_z 应为横向水动力弥散系数，即 $D_y = D_z = D_T$。在实际的地下水流动中，绝大多数情况下，与机械弥散相比，分子扩散作用微弱，可以忽略。

水动力弥散系数的值主要通过实验室试验和现场试验获得。Perkins 和 Jonhson 利用填沙圆筒和示踪剂在实验室进行了大量试验，并参考其他研究者的结果，得到了无量纲水动力弥散系数 $\frac{D_L}{D_m}$、$\frac{D_T}{D_m}$ 与 Peclet 数 $P_e = \frac{vd}{D_m}$ 的关系曲线，如图 2.5 所示。

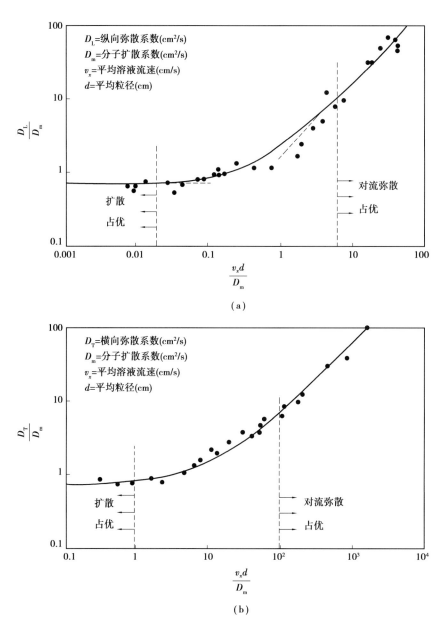

（a）

（b）

图 2.5　无量纲水动力弥散系数与 P_e 的关系图

　　现场试验通常采用单井或双井,将含有恒定浓度示踪剂的水通过水井注入含水层,然后再从井中抽水,把含有示踪剂的水从地下抽出,由示踪剂浓度的变化计算弥散度。需要指出的是:弥散度的测量受观测尺度的影响。在实验中发现,随着示踪剂锋面迁移距离的增加,即锋面流程越长,测得的纵向弥散度 α_L 越大,如图 2.6 所示。从图 2.6 中可以看到,纵向弥散度 α_L 约为流程长度的 1/10。纵向弥散度 α_L 随着观测尺度增大而增大的现象,称为"弥散的尺度效应"。具有这种效应的纵向弥散度 α_L,即现场流程尺度条件下的纵向弥散度称为"宏观弥散度",亦称"表观弥散度",记为 α_m。产生尺度效应的原因,主要是随着流动距离的增大,介质孔隙结构和渗透系数发生变化的可能性增大,孔隙中流速与介质断面平均流速的差异增加,导致机械弥散度增大。这从实验室试验和现场测试的结果也可看出,实验室试验给出纵向弥散度一般为 0.01 ~ 1 cm,而野外现场观测到的纵向弥散度会较之大 2~4 个量级。不过,纵向弥散度也并非随观测尺度的增大持续增加,当流动路径变得足够大时,流体质点就可能碰到所有可能发生的变化,机械弥散度会趋近一个最大极限值。

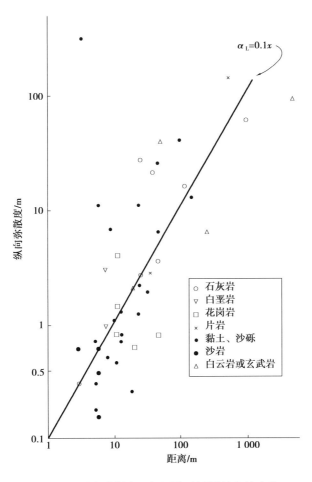

图 2.6　纵向弥散度现场测值随测量尺度的变化

表观弥散度 α_m 仍可通过试验确定。Xu 和 Eckstein 收集了大量的数据,进行回归分析,得到一非线性关系式为:

$$\alpha_m = 0.83 \, (\log L_s)^{2.414} \tag{2.34}$$

式中 α_m——表观弥散度,m;

     L_s——扩散质流经的距离,也就是源与测量点的距离,m。

用上式计算可以发现,随着现场尺度的增大,表观弥散度增大的速率减小,大于几千米后,表观弥散度随距离的变化很小。

横向弥散度 α_T 的值可由与纵向弥散度 α_L 的比值 $\dfrac{\alpha_L}{\alpha_T}$ 来计算。由于溶质主要在地下水主流方向上而非在垂直于流动的横向上迁移扩展,所以通常观察到的横向弥散度比纵向弥散度小,并且横向弥散度也受观测尺度的影响。根据一些现场实测数据,$\dfrac{\alpha_L}{\alpha_T}$ 的比值为 6 ~ 20。有的学者把横向弥散度再分为横向水平弥散度 α_{TH} 和横向垂直弥散度 α_{TV},而且认为横向水平弥散度 α_{TH} 一般比纵向弥散度 α_L 低一个数量级,横向垂直弥散度 α_{TV} 又比横向水平弥散度 α_{TH} 低一个数量级。

2.2 淡水透镜体的形成与特征

淡水透镜体起源于降雨。雨水渗入地下,在特定的地质结构与海洋环境下生成淡水透镜体。

2.2.1 降雨

珊瑚岛集中分布在热带海域和有暖流经过的洋面,太阳直射,辐射强度大,气温和水温都高,为海水的大量蒸发创造了有利条件。蒸发出的水汽进入邻近海面的空气形成湿空气,湿空气被海面加热上升。在这一过程中,湿热空气来不及与周围环境空气进行充分的热交换,近似为绝热过程。湿热空气绝热膨胀,温度降低,水蒸气冷却而形成降雨。由于珊瑚岛所在地区气温高且水蒸气丰富,所以雨量都很充沛。

位于东印度洋的科科斯 Cocos(Keeling) 群岛,常年气温为 18~32 ℃,年降雨量 850~
3 300 mm,平均降雨量约为 1 950 mm。印度洋中部的迪科加西亚(Diego Garcia)岛
年均气温 27 ℃,年降雨量约 2 700 mm。中国西沙群岛海区,终年均夏,热量充足,
1958—1974 年,年均气温 26.5 ℃,1 月气温最低,平均也达 22.9 ℃,6 月气温最高,平
均 28.9 ℃;海区表层水温也高,年均 27.2 ℃,1 月水温最低,平均 23.89 ℃,6—7 月最
高,平均 29.4 ℃,年均降雨量 1 500 mm;南沙群岛海区位于 3°40′N 至 11°55′N,8°N
以北属热带季风气候,以南属赤道季风气候,全区气温高,累年平均气温 28 ℃左右,
表层水温年均 28~28.5 ℃,干湿季分明,多强风,偶有热带气旋,年降雨量 1 800~
2 800 mm。西南太平洋上珊瑚岛密集的密克罗尼西亚(西太平洋岛国,由 32 个环礁
组成,分 4 个州)年均气温 27 ℃,年降雨量 4 400~5 000 mm;密克罗尼西亚和澳大利
亚之间的美拉尼西亚在赤道和南回归线之间,年均气温 25 ℃,年降雨量 2 000~
3 500 mm;太平洋中部的波利尼西亚,中部地区年均气温 26 ℃以上,其余地区气温
为 24~25 ℃,年降雨量 1 000~3 000 mm。珊瑚岛上的这些降雨主要是对流雨,还有
台风雨,缺少地形雨。珊瑚岛地势低矮,面积狭小,无高山兀立,热湿气流不会因地
形抬升形成地形雨,而主要是由热湿气流上升,冷却形成的降雨,称为"对流雨"。台
风雨是每年雨季台风带来的降雨。

　　珊瑚岛上的降雨受多种因素的影响,主要有季风、热带气旋和厄尔尼诺现象。
季风是以一年为周期、风向随季节变化的大范围内的风系。季风的形成与海陆热容
量的巨大差异有关。全球海洋的热容量远比陆地大,陆地板块夏冬气温的升降比海
洋迅速,造成海洋上空气温的变化滞后于大陆,出现明显的陆海温差。夏季大陆迅
速升温,空气受热膨胀,密度降低而上升,气压低于海洋,大气下层空气由海洋流向
大陆,冬季则相反,产生一年一变方向的大范围内的大气流动——季风。季风的活
动范围很广,最明显的有东亚季风区和南亚季风区。南亚季风区包括北印度洋、孟加
拉湾、印度次大陆和中南半岛。在北半球夏季,南亚季风源于南印度洋,在南半球为
东南季风,在非洲东岸跨越赤道后转为西南季风,吹越印度洋到达南亚甚至东亚地
区。东亚季风区包括我国南海、西太平洋、我国东部南部、菲律宾和日本等地。在北
半球的夏季,东亚季风源于西南太平洋,这时南半球的大洋洲为冬季,气压高于海
洋,风向由东南指向西北,越过赤道,转为西南季风。此外,中美洲太平洋沿岸也有

小范围季风区。由于夏季季风来自于洋面,携带了大量的水蒸气,因此,夏季东亚季风区和南亚季风区多雨。这两个区域正好覆盖了珊瑚礁发育的印度洋—太平洋区系的中心,该中心在澳大利亚—西南太平洋至中印度洋一线。珊瑚礁发育的印度洋—太平洋区系拥有的珊瑚礁面积占全球珊瑚礁面积90%以上,所以,季风使珊瑚岛上的降雨具有明显的季节性。每年夏季来临,珊瑚岛进入多雨时节,称为“雨季”或“湿季”,其余时节称为“旱季”,也称“干季”,如我国西沙群岛每年6—11月为雨季,降雨量约占全年的85%,月降水量为171.1~262.0 mm;从12月至次年5月为旱季,降雨量约占全年的15%,月降水量为13.4~69.9 mm。珊瑚岛上降雨的季节变化会对淡水透镜体的补给带来影响。

影响珊瑚岛上降雨的第二个主要因素是热带气旋。热带气旋是生成于热带、亚热带洋面的强烈旋转性环流。大部分热带气旋形成于南北纬度10°~30°,而绝大部分在南北纬20°内形成。热带气旋主要在夏季生成,9月是最活跃的时间,一经产生,在科里奥利力的作用下便绕其中心急速旋转,在北半球作逆时针旋转,南半球作顺时针旋转,同时随周围尺度气候系统向前推移。每年全球平均有80来个热带气旋生成,盛行于北太平洋西部与东部、南太平洋西部、北大西洋和印度洋。热带气旋在不同的地区有不同的称呼,西太平洋沿岸国家通常称其为“台风”,而大西洋沿岸国家称其为“飓风”。不过,在气象学上,只有热带气旋中心风速达到12级,即118 km/h以上才称为台风或飓风。由于热带气旋需要湿热空气为其提供能量,所以所到之处总有狂风暴雨,影响过往地区的海岛及相关的大陆与国家,带来大量降水,如我国西沙群岛7—10月常遭受台风袭击,在台风期间常常出现大暴雨,日降雨量可超过300 mm,历史上曾记录到1976年7月31日的暴雨量达到600 mm,这种高强度暴雨虽能使淡水透镜体得到迅速补给,但也能造成地表珊瑚沙的冲刷流失。

厄尔尼诺现象是影响珊瑚岛降雨的第三个重要因素。厄尔尼诺现象(El Niño Phenomenon)是太平洋东部、中部赤道附近数千千米大范围内(约北纬4°至南纬4°,西经150°~90°)表层海水持续异常增温而产生的一种反常气候现象。在正常年份,太平洋沿南美大陆西侧有一股北上的寒流,称为“秘鲁寒流”,其中一部分可到达赤道附近;同时,北半球赤道附近盛行东北季风,南半球赤道附近吹东南季风。季风推动赤道附近海水自东向西流动形成赤道暖流,并在太平洋西侧聚集,使海面升高,水温升高,于菲律宾以南、新几内亚以北近 1 000 万平方千米的海面上产生一片温暖水域,即"赤道暖池"。从赤道东太平洋流出的海水则由下层低温海水上涌和部分秘鲁寒流补充,导致这片水域海面、水温降低。其结果,东太平洋地区降雨偏少,气候偏干;而西太平洋地区降雨较多,气候湿润。然而,这种海流与气候模式每 2~7 年被打乱一次,季风和洋流发生逆转,向西吹拂的季风减弱,庞大的温暖水域从太平洋西部向中部和东部迁移,使秘鲁和厄瓜多尔附近几千千米的东太平洋海面出现一厚度约 30 m 的暖洋流覆盖在冷洋流之上,海水温度异常升高,高出常年出 3~6 ℃,导致赤道太平洋中、东部地区降雨大大增加,酿成洪涝灾害;而澳大利亚和印度尼西亚等太平洋西部地区则干旱无雨,造成全球性的气候反常,这就是厄尔尼诺现象。厄尔尼诺现象一般持续时间为 12~18 个月。

从 20 世纪 60 年代初开始,人们对厄尔尼诺现象有了更多的了解,发现它与东西太平洋海面气压的波动有关,并且逐步认识到它和全球气候之间的相互关系。其实,大约 1 万年以前,地球上就已出现厄尔尼诺现象。1899 年,印度未能按时出现季风,印度遭受了严重的干旱,由此导致了一系列灾难性饥荒。1904 年,印度英殖民政府指派了一位名叫"吉尔伯特·沃克(Gibert Walker)"的气象专家担负季风预报的工作,沃克爵士经过深入的研究,发现了一种异常的天气现象:东西太平洋海平面气压之间存在一种类似"跷跷板"的关系,一边气压升高,另一边气压就降低。1924 年,他将这种形式的气压波动命名为"南方涛动(Southern Oscillation)"。南方涛动和厄尔尼诺现象是紧密联系的。正常情况下,西太平洋的"赤道暖池"和同纬度太平洋东侧秘鲁寒流控制的海域上空的大气存在温差,东面温度低、气压高,冷空气向西流动;西面温度高、气压低,热空气上升转向东流动,从而形成冷空气沿海面产生向西运动,热空气在高空向东流动的大气环流,名为"沃克环流"。正是这一环流在太平洋赤道海面产生东南与东北季风。然而,当东西太平洋赤道海面气压差减小变为负时,由东向西的赤道季风便减弱甚至掉头,出现厄尔尼诺现象。因此,南方涛动和厄尔尼诺现象是大气和海洋耦合系统的大尺度气候变化问题,是一个问题的两个方面:一个是表现在海洋上为厄尔尼诺现象,另一个是表现在大气上为南方涛动。在气象学上,在气象和海洋界里,常把两者统称为一个现象——"厄尔尼诺-南方涛动

（NESO）"。受厄尔尼诺-南方涛动的影响,珊瑚岛上的降雨呈现显著的年际变化。我国西沙永兴岛多年平均降雨量为 1 500 mm,而 2004 年发生厄尔尼诺现象时,降雨量仅 517 mm,约为常年降雨量的 1/3,与实测 1973 年的最多年降雨量 2 458.6 mm 相比差别更大。西太平洋的密克罗尼西亚（FSM）一直受厄尔尼诺-南方涛动引起的干旱等自然灾害的影响,干旱发生在有厄尔尼诺现象的冬春时节,严重的厄尔尼诺现象会使干旱时间延长,减少晚秋至来年夏季的降雨。例如,1998 年,剧烈的厄尔尼诺引起 FSM 的 Pohnpei 岛严重的干旱,其降雨量是 1953—2001 年有记录的降雨量中最少的,元月的降雨量仅 16.2 mm,其他的岛屿也类似。东印度洋上的 Cocos（Keeling）群岛,不仅受西南季风和热带气旋的影响,也受厄尔尼诺-南方涛动的影响,在厄尔尼诺现象发生的年份,年降雨量明显减少。因此,该群岛年降雨量的变化幅度很大,为 850～3 300 mm,平均值是 1 950 mm。

2.2.2　珊瑚岛的植被

珊瑚岛的植被通过枝叶截留雨水,通过叶片气孔蒸腾散失地下水;林间草地的枯枝落叶分解腐烂,有机质随雨水下渗污染地下水。所以,珊瑚岛的植被对珊瑚岛礁淡水透镜体的水质水量都有重要影响。

珊瑚岛由珊瑚及其他造礁生物骨骼、碎屑经堆积、胶结而成,并非从大陆裂离出来,因此,岛上的各种植物均由海流、鸟类和风自然转播以及人类活动而来。与大陆植被一样,珊瑚岛的自然植被也包括森林、灌木林、草地和湖沼植被,通常以森林和灌木林的面积较大。不过,植物种类不多,并且珊瑚岛虽处于热带海域,雨量丰富,光热充沛,但由于珊瑚岛地质史年轻、岛屿面积狭小、地形单调和土壤基质特殊,森林难以表现出热带雨林的特征,而是一种特殊的珊瑚岛植被类型。以下以西沙群岛为例来说明珊瑚岛植被的特点:

（1）森林植被

组成森林植被的树种不多,仅有 10 余种;但优势种突出,而且以单优势群落出现,主要是中型叶或大型叶的阔叶乔木,如麻枫桐和海岸桐。这类乔木根基大,生命力强,折断后仍能附着地下重新生长,树干内富含贮水细胞,以适应珊瑚岛地区旱季雨水稀少的气候特点,从而保证了林木旱季里也能旺盛生长,终年翠绿。由于常年受大风甚至是台风的影响,乔木分枝低矮,高度一般为 8~10 m。森林层次结构简单,只有单一乔木层,但枝叶繁茂,林冠整齐,郁闭度高达 90%,林中阴暗潮湿,有较厚的枯枝落叶堆积。在遇强台风袭击,造成局部林相稀疏的地方,则有下层灌木和草本植物生长。

（2）灌木植被

珊瑚岛上灌木种类也很简单,优势种亦很突出,主要由喜光、耐盐和抗风力强的常绿草海桐等构成。灌木林高 2 m 左右,植株密度大、分枝低、枝桠发达,叶片阔厚、多肉质,纵横交错,郁闭度大。林中草本藤木一般不多,但也有 1~2 种个体数量非常丰富,在局部地方构成茂密的藤冠灌木林,使林相更显实密。林中潮湿,也有枯枝落叶累积。

（3）草本植被

草本植物面积通常不大,多为不连续的群丛草片,分布于海滨沙滩和林相受到破坏的地方,以禾本科、莎草科、菊科等植物为主。这类植物大都具有耐旱、固沙的特点。常以长藤状匍匐于地,纵横交错,处处生根,根系发达,能深入地下 70~80 cm。有的草本植物具有肉质茎叶,可在体内贮存较多的水分。

（4）水生植物

水生植物主要分布于潟湖四周的季节性积水地带,由莎草科与禾本科植物组成,高度 1 m 以上,植株密度大,每年枯萎腐烂植物残体不断积累,沼泽面积趋于萎缩,但土壤有机质十分丰富。

（5）栽培植物

由于人类开发海岛,从大陆移入,因此不同地区珊瑚岛上的栽培植物可能不同,就西沙群岛而言,栽培植物以椰子和菜蔬为主,印度洋上的迪科加西亚等岛上也盛产椰子。椰子树高 8~10 m,根深抗风。菜蔬有瓜果、叶菜类等。

（6）雨水截留

雨水截留是指植被茎叶拦截雨水的现象。被森林、灌木植被覆盖的珊瑚岛,降雨初期,一部分雨滴会穿过林冠枝叶间的空隙直接降落到地面;绝大部分雨滴首先落在林冠的叶片、枝干上,形成一层水膜附着于枝叶、树干,随着雨量的增加,水膜增厚,枝叶充分湿润,达到截留饱和后,形成水滴,滴落地上,或者沿枝、干下流到地面。此后的降雨,除很少部分满足植物茎叶降雨期间的蒸发外,其余绝大部分降落地面。草本植被上的降雨过程基本类似。穿过枝叶空隙的降雨和枝叶的滴水合称"贯穿流";沿着树干流到地面的水流称为"干流"。降雨扣除贯穿流和干流余下的部分便是植被截留的雨水,这部分降雨不能到达地面,最终蒸发进入到大气中,减少了到达地表的降水量。雨水截留量的多少主要与植被特征和降雨强度有关。植被特征包括郁闭度、叶片类型、枝叶面积、植被层数、林冠形状及树干粗糙度等。郁闭度和枝叶面积越大、叶片宽阔、植被层数多及树干越粗糙,降雨后储存在植被上的水量就越多,即截留的雨水越多。降雨强度小、时间长,蒸发量大,截留损失就大;反之,高强度、短时间,截留损失就小。雨水截留损失 I 可用下式表示:

$$I = S(1 - e^{-\frac{P}{S}}) + RtE \qquad (2.35)$$

式中 I——雨水截留损失,mm;

$\quad$ S——植物表面附着水膜的能力,表示为植物表面上的水深,mm;

$\quad$ P——降雨量,mm;

$\quad$ R——植物表面蒸发面积与表面积的比值,小于1;

$\quad$ t——降雨持续时间,h;

$\quad$ E——降雨期间的蒸发率,mm/h。

雨水截留还可通过经验公式估算:

$$I = 0.55S_c R^{[0.52 - 0.008\,5(R-5.0)]} \qquad 当 \quad R \leqslant 17 \text{ mm/d 时} \qquad (2.36)$$

$$I = 1.85S_c \qquad\qquad\qquad 当 \quad R > 17 \text{ mm/d 时} \qquad (2.37)$$

式中 I——每天平均降雨植物截留量,mm/d;

$\quad$ S_c——植物郁闭度;

$\quad$ R——降雨强度,mm/d。

由于截留雨量不能到达地表,所以在珊瑚岛礁淡水透镜体的模拟计算中,这部分截留量应从降雨量中扣除,得到净降雨量。净降雨量是补充到透镜体中的水量。不同地区、不同植被的截留雨量是不同的。在印度,针叶林和阔叶林的截留雨量分别为年降雨量的20%～25%和20%～40%;在哥伦比亚的安第斯山脉热带雨林中,截留量为年降雨量的12.4%～18.3%。

2.2.3　蒸发与腾发

蒸发(evaporation)是指水汽化进入空气的过程。在珊瑚岛上,蒸发表现为水从低洼积水表面(包括叶面下雨截留积水)、地面汽化进入大气中。腾发(transpiration)是植物根系从土壤中吸收水分,然后经由叶面气孔散失的过程。"腾发"在有的资料里又称为"蒸腾"。蒸发和腾发的水量称为"蒸发腾发量",简称"腾发量",有的文献也称"蒸散发量",用 ET 表示。蒸发和腾发,水分子都必须克服来自内部的阻力和水分子扩散的阻力。因此,蒸发与腾发要消耗能量,这部分能量就是水的汽化潜热,它来自于太阳能。太阳表面温度约6 000 K,以电磁波的形式向外辐射能量。在地球大气层外平均日地距离(1.495×10^{11} m)处,在垂直于太阳辐射方向上单位面积的辐射照度为 1 367 W/m^2,此即为太阳常数。但在地球表面接收到的太阳能并不等于太阳常数,因为地球自转的同时绕太阳在一个椭圆轨道上运行,并且赤道平面与黄道平面成23°27′的夹角,所以在地球表面接收到的太阳能与时间和地理位置都有关系。地面接收的太阳能包括太阳短波辐射和大气长波辐射,同时,地面也发生反射和长波辐射。因此,地表接收的能量应从接收的短波、长波辐射中扣除反射和地面辐射部分,从而得到地表接收的净太阳能,这是水面、地表蒸发和植物腾发的驱动力。

(1)水面蒸发

水面蒸发是发生在水体表面的蒸发,包括液态水的汽化和水汽扩散两个阶段。当水面的水分子接收太阳能获得较其他水分子大的动能时,由于无规则热运动,会逸出水面而汽化。接收的太阳能越多,水面温度越高,汽化的水量也越多。汽化的同时,一部分已汽化的水汽分子又返回的水体中,产生凝结,蒸发量就是汽化水量与凝结水量之差。蒸发的另一个阶段是扩散。水分子离开水面后,近水面水分子浓度高,在分压差的作用下会向浓度低的地方扩散;另外,热湿空气的上升、水面风吹,也会使逸出水面的水分子离开水体,这称为"对流扩散"。扩散的结果产生水面蒸发。因此,水面蒸发量与水蒸汽压差、风速等因素有关。对于珊瑚岛上凹地中无流量出入的封闭水体,水面蒸发量可用下式计算:

$$E = NU_2(e_0 - e_a) \tag{2.38}$$

式中　E——蒸发率,mm/d;

N——经验传质系数，$mm \cdot s/(m \cdot kPa \cdot d)$；

U_2——水面上方 2 m 高处的平均风速，m/s；

e_0 和 e_a——水面饱和蒸汽压与空气蒸汽压，kPa。

经验传质系数由下式计算：

$$N = 1.458\ 1A^{-0.05} \tag{2.39}$$

式中　A——水面面积，km^2。

e_0 和 e_a 分别由下式计算：

$$e_0 = 101.325\exp(13.318\ 5t_k - 1.976\ 0t_k^2 - 0.644\ 5t_k^3 - 0.129\ 9t_k^4) \tag{2.40}$$

$$t_k = 1 - \frac{373.15}{t_s + 273} \tag{2.41}$$

式中　t_s——水面水温，℃；

$$e_a = e_a^* - \gamma(t_a - t_{wb}) \tag{2.42}$$

式中　γ——湿度计常数，取 $\gamma = 0.067\ 482\ kPa/℃$；

t_a 和 t_{wb}——干、湿泡温度，℃；

e_a^*——空气湿泡温度对应的饱和蒸汽压，kPa，用 t_{wb} 替换 t_k 由式（2.40）计算。

用式（2.38）计算蒸发率需要较多的参数，工程上常用的方法是蒸发皿法：

$$E = C_e E_p \tag{2.43}$$

式中　E_p——蒸发皿测得的蒸发值，mm/d。

各国使用的蒸发皿不尽相同，如美国常用的是美国国家气象局的标准 A 级蒸发皿，它是一个直径 122 cm、高 25 cm 的金属盆，盆中加入清水深 18～20 cm，测量蒸发量。而我国使用的蒸发皿为一口径 20 cm、高 10 cm 的金属圆盘，每日定时放入清水，24 h 后测量剩余水量，减少的水量即为蒸发量。由于蒸发皿的水深与蒸发条件和天然水体有差别，所以用蒸发皿的蒸发量测量水体的蒸发量时需要进行修正，即乘以一个系数 C_e，称为"蒸发皿系数"，取值 0.5～0.8。对于封闭水体如湖泊，常用的年平均蒸发皿系数为 0.70～0.75。

（2）地表蒸发

地表蒸发是指土壤孔隙中的水分从地表逸出进入大气中的现象。地表蒸发的机制和水面蒸发相同，但蒸发过程却不一样。无植被的潮湿土壤，蒸发初期当含水量大于持水量时,水分会通过土壤毛细管源源不断地依次从深层土壤上升到地表供给蒸发,这时蒸发速率相对稳定,蒸发量近似于同等气象条件下的水面蒸发量,控制因素为气象条件;随着蒸发的进行,土壤水分逐渐减少变干。当毛细管向上输水能力受到破坏,不能满足稳定蒸发速率的水量时,蒸发速率下降,地表蒸发量减少,直至毛细管与深层水的联系断裂,这一过程的控制因素是土壤含水量;之后,毛细管向上输水机制丧失,土壤孔隙中靠水分子的扩散运动传输水分,蒸发甚微,数量极少。可见,影响地表蒸发的因素很多,除影响水面蒸发的因素外,还有土壤含水量、影响毛细管构成的土壤结构和地表特征,以及地下水埋深等。随着地下水埋深增加,蒸发量逐渐减少,埋深达到一定值后,蒸发量趋于零,这一深度称为"地下水蒸发的极限埋深度"。地表蒸发量的计算方法较多,但相关的资料较少,水文工程中常借助水面蒸发量 $E(\text{mm/d})$,采用经验公式计算地表蒸发量 $E_{d}(\text{mm/d})$,即

$$E_{d} = E\left(1 - \frac{d}{d_{J}}\right)^{n} \tag{2.44}$$

式中　d——潜水埋深,m;

　　　d_{J}——潜水蒸发的极限埋深,m,见表 2.9;

　　　n——与土壤性质和植被有关的指数,取值 1~3。

实践表明,式(2.44)较适合亚黏土、亚沙土等土壤,对于黏土则误差较大。

表 2.9　某地潜水蒸发的极限深度

土　壤	极限埋深/m	土　壤	极限埋深/m
亚黏土	5.16	细沙土	4.10
黄质亚沙土	5.10	沙砾石	2.38
亚沙土	3.95		

(3)蒸腾

土壤中的水分在渗透压的作用下,进入植物根系,经由干和茎到达叶面,接收太阳能汽化,从叶面气孔逸出,这一过程称为"腾发"或"蒸腾"。蒸腾的结果,产生并维持了从根部至叶片的水压梯度,土壤中的水分便源源不断地输送到叶片,促使蒸腾

持续进行。蒸腾是植物生长阶段必然的生理过程,植物的蒸腾量受多种因素的影响。第一是气象,主要是植物接收的太阳光热和风。日照长,辐射强度大,接收的光热多,能提供液态水分汽化的潜热就多,蒸腾量就大;风吹减少水汽分子扩散的阻力,有利于蒸腾。第二是植被特征,包括植被类型、密度、覆盖率和生长期。森林植被比灌木植被蒸腾量大,灌木植被又较草本植被蒸腾量大。高密度、高覆盖率和生长期长的植物蒸腾量大。阔叶植物、深根植物蒸腾量也大,特别是深根植物能从较深的地下吸收地下水维持蒸腾。第三是土壤含水量和地下水埋深,含水量大,埋深浅,蒸腾量大。当土壤含水量很低达到某一极限值时,土壤毛细管中水的表面张力大于根系的渗透压,土壤水便不能进入植物根系,导致蒸腾过程不能正常进行,土壤含水量的这一极限值称为"萎蔫点"。萎蔫点随植物种类而变,但一般取基质势为 $-1\,500\,kPa$ 时的土壤水分为大部分植物的永久萎蔫点。当上层土壤的含水量到萎蔫点时,深根植物仍可从深层土壤中吸收地下水,维持生长、蒸腾。通常,草本植物的根系较浅,深度不过几十厘米至 1 米(草原植被根系),而森林植被的根可达 2 m 以上,能从地下更深处吸收地下水,这就是森林植被耐旱、蒸腾量大的一个原因。

珊瑚岛纬度低,日照长,辐射强度大,光热充沛,常年有风;岛上多阔叶优势树种,林密根深,植被覆盖面大;地下水埋深又浅,一般地下 $0.5\sim2.0\,m$ 就见地下水,因而蒸发和蒸腾量都很大,这对珊瑚岛的水量平衡和淡水透镜体的回补计算都是不可忽视的重要因素,直接关系到计算的精度,影响到水资源评价的准确性。

(4)腾发量估算

按照前面的介绍,要确定一个流域、一个地区或一个岛屿的蒸发和蒸腾的水分散失总量,首先应求出各种蒸发面上蒸发和蒸腾量,然后根据各蒸发面积大小累计相加。但是,由于计算域内气象条件复杂,通常情况下地表或多或少都有植被覆盖,地表的蒸发和植被的蒸腾同时进行,分别计算十分困难;从水资源评价考虑,需要计及的是水分散失总量,而不在意究竟是水面蒸发、地表蒸发还是植被蒸腾;另外,蒸发和蒸腾又都有相同的水分散失机制。因此,工程上常将蒸发、蒸腾两者合并一起,从总体上计算流域、区域或海岛的腾发量,以此确定水分散失总量。

腾发量的估算方法有根据能量平衡原理提出的空气动力学法、波文比能量平衡法、空气动力学与能量平衡联立法以及依据植被冠层提出的蒸发散模型等。空气动力学法于 1939 年由 Holzman 和 Thornthwaise 提出,其依据是,在地表大气边界层中存在温度、水汽压和风速等物理量的垂直梯度,由紊流扩散理论可求出潜热和热通量,进而得到腾发量。这种方法要求较多的垂直气象观测参数,对下垫面气象参数观测值的准确度要求高,不适宜大面积应用。波文比能量平衡法假定土壤和植被是一个蒸发界面,水分子可从此面逸出进入大气,由该面垂直方向上的能量平衡和波文比系统的物理量测值,即可计算该区域的潜热通量和相应的腾发量。这一方法计算精度较高,但系统观测条件要求严格,否则会产生较大误差。植被冠层模型可分为单涌源模型、双涌源模型和多涌源模型。单涌源模型适合于估算封闭型冠层的腾发量。封闭型冠层往往由一种或几种优势种构成,各优势种高度大致相同,紧密镶嵌,形成垂直方向的单一冠层,使地面基本被植被冠层封闭,如热带森林、密植农作物和茂密的草坪,这时可视为单一的蒸发散源,故称“单涌源”;但是,对于稀疏的植被冠层,蒸发与蒸腾来自于地表和植物冠层,需要在单涌源模型的基础上进行改进,由此产生了适于单层稀疏型冠层的双涌源模型。单层稀疏型冠层也是由一种或几种优势种在垂直方向构成单一冠层,但在平面上群落稀疏,或呈丛生状,如稀疏林地、干旱草原等;多涌源模型是针对多层封闭型冠层和多层稀疏型冠层在双涌源模型的基础上提出来的,该模型综合考虑了上层植被与底部土壤表面和下层植被与底部土壤表面的蒸发蒸腾作用,将植物群落的潜热通量分为上层植被和下层植被的潜热通量,通过加权求和得到总潜热通量,因而适用于多层封闭型冠层和多层稀疏型冠层。多层封闭型冠层是指植物群落中有多种不同高度的优势种,呈丛生群聚状,使冠层在垂直方向具有多层结构,且地表几乎被覆盖,如热带草原,由乔、灌和草本植物构成多层冠层;多层稀疏型冠层与多层封闭型冠层的植被构成相同,但群落生物量低,地表不能全部覆盖。

在所有腾发量的估算方法中,广泛应用的是空气动力学与能量平衡联立法,其代表是彭曼(Penman)公式及经改进的彭曼-蒙蒂斯(Penman-Monteith)公式。Penman 于 1948 年把能量平衡、质量输送方法结合起来,提出了用比较容易测得的气象等物理参数,计算广阔湿润表面蒸发蒸腾量的公式,即 Penman 公式。他认为有三种蒸发蒸腾表面:植被覆盖地表、裸地和开阔水面。开阔水面是直接蒸发,比较容易计算,主要是计算水面蒸发。裸地和植被覆盖地表的蒸发和蒸腾,除了与大气条件有关外,还包括土壤和植物特征等一些更复杂的因素。因此,Penman 在计算出水面蒸发量后,将计算结果与裸地和植被覆盖地表的蒸发、蒸散量进行比较,得出裸地和植被覆盖地表的蒸发量。计算中必须考虑两个条件,即蒸发潜热所需要的能量和水汽移动必须具有的动力结构。Penman 公式正是从这两方面的分析得出的,公式的导出条件是水分充分供给、生长着大面积的相似植物。当水分充分供给时,蒸发面处的水汽是饱和的,植物覆盖层就像一个绿而湿的表面,土壤类型、含水量就不重要了,甚至作物类型和根系深度也成为次要因素,蒸发仅与气象条件有关,这就使蒸发的计算变得较为方便。后来,1965 年蒙蒂斯(Monteith)在研究作物的蒸发和蒸腾中引入表面阻力的概念,提出了计算非饱和下垫面蒸发蒸腾的公式,即 Penman-Monteith 公式,用以计算有植被覆盖地面的蒸腾量。Penman 公式和 Penman-Monteith 公式是目前世界上用于计算腾发量的最为广泛的两个公式。其中,Penman-Monteith 公式是一个标准的计算公式,在不改变任何参数,也不必进行地区校正的情况下,即可适用于世界各地,且精度高,可比性好。另外,按适用的冠层类型划分,该公式也是一个单涌源模型。以下介绍 Penman-Monteith 公式:

$$ET = \frac{1}{L} \frac{\Delta(R_n - G) + 86\,400\rho C_p D/r_a}{\Delta + \gamma(1 + r_c/r_a)} \qquad (2.45)$$

式中　ET——蒸散面上的腾发量,mm/d;

Δ——环境温度下饱和水汽压与温度关系曲线的斜率,Pa/℃;

R_n——蒸散面上的太阳净辐射能,J/(m^2·d);

G——土壤热通量,J/(m^2·d);

ρ——环境温度下干空气密度(取值 1.2 kg/m^3);

C_p——干空气比热容(取值 1 005 J/(kg·K));

$D = e_s(t_z) - e_z$——空气饱和气压差,Pa,其中 $e_s(t_z)$、e_z 分别为蒸散面上方高度 z 处温度 t_z 对应的饱和水汽压(Pa)和 z 处的水汽压(Pa);

r_a——扩散阻力,s/m;

L——汽化潜热,J/kg;

γ——干湿球常数;

r_c——蒸散面的表面阻力,s/m。

式中的 R_n、G、D 可以实测,也可以通过计算求得。

蒸散面上的太阳净辐射能 $R_n(\text{J}/(\text{m}^2 \cdot \text{d}))$ 的计算:

$$R_n = R_{ns} - R_{bl} \tag{2.46}$$

式中　R_{ns}——蒸散面上净短波辐射,$\text{J}/(\text{m}^2 \cdot \text{d})$;

　　　R_{bl}——蒸散面长波辐射,$\text{J}/(\text{m}^2 \cdot \text{d})$。

$$R_{ns} = (1 - \alpha)\left(\alpha_2 + b_2 \frac{n}{N}\right) R_a \tag{2.47}$$

式中　$\alpha = 0.23$,$\alpha_2 = 0.21$,$b_2 = 0.56$;

　　　$\dfrac{n}{N}$——实际日照时数与最大日照数的比;

　　　R_a——大气顶层太阳一天内的辐射值,$\text{J}/(\text{m}^2 \cdot \text{d})$。

$$\begin{aligned} R_a &= \frac{24 \times 3\,600 \times 1\,367}{\pi} \cdot \frac{\omega_s \sin \varphi \sin \delta + \cos \varphi \cos \delta \cos \omega_s}{d_r^2} \\ &= 37.59 \times \frac{\omega_s \sin \varphi \sin \delta + \cos \varphi \cos \delta \cos \omega_s}{d_r^2} \times 10^6 \end{aligned} \tag{2.48}$$

式中　δ——太阳赤纬角,rad;

　　　ω_s——太阳时角,rad;

　　　φ——纬度,rad;

　　　d_r——日—地相对距离,无量纲。

$$\delta = 0.409\,3 \sin\left(\frac{2\pi J}{365} - 1.405\right) \tag{2.49}$$

式中,J 为 Julian 日,是某日在一年中以 1 月 1 日为第 1 日起算的日序数,如 1 月 31 日的 Julian 日是 31,而 2 月 1 日的 Julian 日就是(1+31)为 32,4 月 5 日的 Julian 日是 (5+31+28+31)为 95,以此类推,这样 12 月 31 日的 Julian 日就是 365(平年)。

$$\omega_s = \arccos\left(-\tan \varphi \tan \delta\right) \tag{2.50}$$

$$d_r = 1 - 0.016\,73 \cos \frac{2\pi J}{365} \tag{2.51}$$

蒸散面长波辐射:

$$R_{bl} = 1.983\,8 \times 10^{-3} \times \left(0.3 + \frac{0.7n}{N}\right) \times \left(0.32 - 0.026\sqrt{e_z}\right)(t_z + 237.3)^4 \tag{2.52}$$

式中 t_z——z 处的空气温度,℃;

e_z——z 处水蒸气压,Pa:

$$e_z = e_s H_m \qquad (2.53)$$

式中 H_m——平均相对湿度,无量纲;

e_s——饱和水蒸气压,Pa:

$$e_s = 610.8 \exp\left(\frac{17.27 t_z}{t_z + 237.3}\right) \qquad (2.54)$$

式中 t_z——z 处的空气温度,℃。

饱和水蒸汽压与温度关系曲线的斜率:

$$\Delta = \frac{4\,098 e_s}{(t_z + 237.3)^2} \qquad (2.55)$$

式中,Δ 的单位为 kPa/℃。

干湿计常数:

$$\gamma = 0.001\,63\,\frac{P}{L} \qquad (2.56)$$

式中,γ 的单位为 kPa/℃;P 的单位为 kPa;L 的单位为 MJ/kg;或取 $\gamma = 67.48$ Pa/℃。

水汽化潜热:

$$L = 4.185\,5 \times (595 - 0.51 t_z) \times 10^{-3}; 或取 L = 2.45 \qquad (2.57)$$

式中,L 的单位为 MJ/kg。

高程 H 处的气压:

$$P = 101.325\left(1 - \frac{H}{4.51 \times 10^4}\right)^{5.26} \qquad (2.58)$$

式中,H 的单位为 m,P 的单位为 kPa。

由于土壤热通量 $G(\mathrm{MJ/(m^2 \cdot d)})$ 与土壤蒸发量相比是一个较小的量,所以在缺乏资料时可以予以忽略。如果有条件,可按下式计算:

$$G = 0.38(t_i - t_{i-1}) \qquad (2.59)$$

式中 t_i、t_{i-1}——分别为第 i 天和第 $i-1$ 天土壤 10 cm 深处的日平均地温。

热量和水汽由蒸发面向大气传递的空气动力学阻力 $r_a(\mathrm{s/m})$ 和蒸散面的表面阻力 $r_c(\mathrm{s/m})$ 可用下式计算:

$$r_{a} = \frac{\ln\left(\dfrac{z_{m} - d}{z_{0m}}\right) \ln\left(\dfrac{z_{h} - d}{z_{0h}}\right)}{k^{2} u_{z}} \tag{2.60}$$

式中　z_{m}——测量风速的高度,m;

$\quad\quad z_{h}$——测量空气湿度的高度,m;

$\quad\quad d$——地表修正量,m;

$\quad\quad z_{0m}$——控制动量传输的粗糙高度,m;

$\quad\quad z_{0h}$——控制热量和水分传输的粗糙高度,m;

$\quad\quad k$——Karman 常数,$k = 0.41$;

$\quad\quad u_{z}$——高度 z 处的风速,m/s。

d、z_{0m}、z_{0h} 可由植物冠层高度 h(m)分别用下式计算:

$$d = \frac{2}{3}h \tag{2.61}$$

$$z_{0m} = 0.123h \tag{2.62}$$

$$z_{0h} = 0.1z_{0m} \tag{2.63}$$

考虑一草本植被,假定植物冠层高度为 0.12 m,湿度、风速的测量高度为 2 m,由式(2.60)可算得空气动力学阻力为:$\gamma_{a} = 208/u_{2}$。

表面阻力表示植物蒸腾和土壤表面蒸发所受到的阻力,对茂密的完全覆盖地表的植被,可用下式计算表面阻力:

$$r_{c} = \frac{r_{1}}{LAI_{ac}} \tag{2.64}$$

式中　r_{1}——具有良好光照的单个叶片整体气孔阻力的平均值,s/m,该值与植物种类、品种和生长期有关,并受太阳辐射、温度和空气饱和气压差和土壤含水量的影响。

LAT_{ac} 为活动叶面指数。对于稠密的草本植被,经修剪,LAI_{ac} 用下式计算:

$$LAI_{ac} = 12h \tag{2.65}$$

通常在水分充分的条件下,单叶片的气孔阻力大约为 100 s/m,仍以草本植物冠层高度 0.12 m 为例,这时草的表面阻力可计算如下:

$$r_{c} = 100/(12 \times 0.12)\ s/m = 69.4\ s/m$$

空气动力学阻力 $r_a(s/m)$ 还可用如下公式计算：

$$r_a = \frac{1}{k^2 u_r} \left[\ln\left(\frac{z_r - d}{z_0}\right) \right]^2 \tag{2.66}$$

式中，$u_r(m/s)$ 为参照高度 $z_r(m)$ 处的风速；地表修正量 d 和冠层表面粗糙度 z_0 的值可用下式近似估算：

$$d = 0.63h; \quad z_0 = 0.13h \tag{2.67}$$

和 $$d = 0.78h; z_0 = 0.075h \tag{2.68}$$

式中，h 为冠层高（m）；式（2.67）用于一般植物群落；式（2.68）用于森林群落。

蒸散面的表面阻力 $r_c(s/m)$ 也用下式计算：

$$r_c = 1.111 \times (50.18 + 7.16D) \exp(-0.281LAI) \tag{2.69}$$

式中，$D = e_s(t_z) - e_z$ 为空气饱和气压差，hPa；LAI 为叶面积指数，表示单位面积的土壤表面所覆盖的总叶片面积，表征植物群落叶片生长的旺盛程度，一般通过测量获得，也可用经验公式计算，如经修剪的稠密草本植被 $LAI = 24\ h$，不过经验公式的局限性很大。

2.2.4 淡水透镜体的生成

淡水透镜体是在特定的地质条件下长期的地质年代中形成的地下淡水水体。在由珊瑚等生物碎屑沙砾堆积在礁盘上形成珊瑚岛的时候，也就开始了淡水透镜体的生成。起初，珊瑚岛与海面齐平或略高于海面，珊瑚岛内充满海水。其后，随着生物碎屑沙砾的堆积，海岛增高，岛内海水逐渐被雨水驱离，淡水聚集生成淡水透镜体。淡水透镜体的生成有三个必要条件，分别是降雨、特殊的珊瑚岛地质结构和海水-淡水容重差异。分析这三个条件，有助于理解淡水透镜体的生成过程。

（1）形成过程

降雨是珊瑚岛礁淡水透镜体唯一的淡水来源。在珊瑚岛集中的太平洋、印度洋上，珊瑚岛的年均降雨量大都为 1 500～3 000 mm，雨量十分充沛，为淡水透镜体的生成奠定了物质基础。雨水首先降落在植被上，少部分被截留蒸发，大部分在枝叶吸附雨水达饱和后滴落地面或顺着树干流向地表。林间空地，雨水可直接降落地表。珊瑚岛地形为一碟形盆地，四周有高出地面 3～5 m 的沙堤。地质上珊瑚岛是双含水层结构,上部是形成年代晚、未固结的沙砾沉积堆积层;下部是第三纪(6 500 万年前~250 万年前)或更新纪(250 万年前~1.5 万年前)溶蚀灰岩,孔隙、溶道极为发育,渗透性强。两相比较,上层渗透系数大约每日几米至几十米;下层渗透系数则可达每日几百米至上千米,相差可达到 2 个量级。这种特殊的地形地质结构,使得到达地表的雨水在下渗的同时又容易在地表汇集,持续下渗。如果不是这种地质结构,上下孔隙、溶道都很发育,渗透系数都很大,那么海水就容易浸入流通,雨水一旦下渗,很快和海水混合,随海流而流失,淡水透镜体便无法形成。相反,上层沙砾沉积堆积层既有一定的孔隙率和渗透率,又远小于下层的溶蚀灰岩,地表雨水容易下渗并滞留于上层未固结的沙砾沉积堆积层中,较少受到海水的掺和影响,使得一部分区间得以保存淡水,这就是淡水透镜体。因此,特殊的珊瑚地质构造为淡水透镜体的生成创造了环境条件。淡水透镜体的生成还和海水-淡水的容重差密不可分。海洋接纳大陆地表、地下径流历经数十亿年,陆地岩土中的盐分随径流进入海洋,海水蒸发,盐分存留。至今,海水中含盐量平均已达 3.5%,密度平均达 1 025 kg/m³。而雨水的含盐量极低,1988 年我国西沙地区测得雨水含盐量为 105.4 μg/m³,按百分比计为 10^{-8}%,与海水中平均含盐量 3.5% 相比,完全可以忽略,即雨水的密度为 1 000 kg/m³。尽管海水与淡水密度差别不大,但足以使珊瑚岛地表之下的淡水体漂浮于海水之上,其形态中央厚、边缘薄,宛如一枚透镜,故称之淡水透镜体。

（2）结构

淡水透镜体的上表面俗称"潜水面",周边与岛屿外侧海面相接,中央高出海平面,呈一张上突的弧形曲面。潜水面上方为包气带,下方为饱水带,如图 2.7 所示。

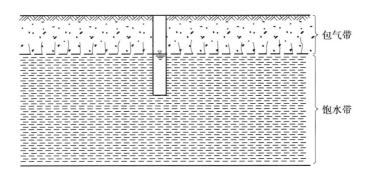

图 2.7　不同状态的水在珊瑚岛中的分布

饱水带中,珊瑚沙粒间的孔隙全部被水充满,处于饱和状态,粒间大部分水可以在重力作用下流动,称为"重力水",可以开发利用,可以被植物根系吸收。包气带中,珊瑚沙粒间的部分孔隙被水填充,其余孔隙充气,处于非饱和状态。包气带中的水以毛细水、结合水和气态水的形式存在。毛细水滞留于沙粒孔隙构成的毛细管中,在表面张力和水分子内聚力的作用下,由潜水面沿毛细管上升,与重力达成平衡时便保持一定高度,在潜水面上方形成一层毛细管水带。毛细管水上升的高度随粒径大小变化,在粉沙中,毛细管水可以上升到潜水面之上 1 m 或更高;但在粗大的珊瑚砾石中,毛细管水仅能上升几个厘米,见表 2.10。毛细管水可随潜水面的升降在垂直方向上下运动,但在一定的珊瑚岛全新世地层中上升高度不会改变;毛细管水不可开采,但可被植物利用。结合水受珊瑚沙粒表面的静电作用,被吸附于沙粒表面,含量取决于沙粒表面积的大小,颗粒越细,表面积越大,含量越高,反之亦然。结合水不能开采,吸附于颗粒表面水膜的外层水可以被植物吸收。气态水以水蒸气的形式存在于非饱和的沙砾孔隙中,来源于毛细管水的蒸发,或大气中水分的移入,在水汽压差驱动下从湿度大的地方向湿度小的地方运动,并可与液态水相互转化,于一定温度、压力下达到动态平衡。气态水既不可被开采,也不可被植物吸收。

表 2.10　部分介质中毛细管水上升的近似高度

介质	砾石	粗沙	中沙	细沙	粉土
高度/cm	3	13	25	40	100

上述包气带中的非饱和状态不是一成不变的,在珊瑚岛面临过多降雨时,部分区域也会变成饱和状态,但包气带的饱和状态只是暂时的。包气带和饱和带间的潜水面也不是静止不动的,随着降雨、蒸腾、潮汐和淡水透镜体的开采而上下波动。降雨和涨潮时,潜水面上升;退潮、蒸腾和抽吸淡水透镜体时,潜水面下降。然而,珊瑚岛潜水面之下的饱和带并非全部充满淡水。从海底向上伸展达千米的珊瑚岛中,淡水仅存在于最上部、不整合面之上的一薄层中,淡水之下绝大部分区域充满海水。海水与淡水之间,有一个含盐量从淡水到海水的过渡带。因此,海水-淡水间没有明

显的界面,在珊瑚岛礁淡水透镜体的研究中,常把氯离子 Cl^- 浓度为 600 mg/L 的等值面作为透镜体的下边界。但在有的研究中,又常常忽略过渡带的存在,假设海水-淡水间有一突变界面。淡水透镜体的几何外形如图 2.8 所示。

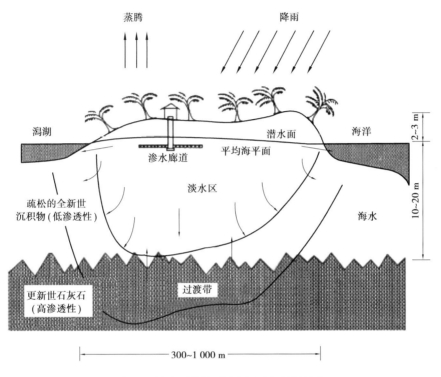

图 2.8　淡水透镜体示意图(垂向局部扩大)

2.2.5　淡水透镜体的特征

与大陆的地下水相比,珊瑚岛礁淡水透镜体有如下特征:

（1）盐分减少淡水贮量

珊瑚岛星罗棋布于汪洋大海之中,四周被海水包围,使淡水透镜体下边界与海水相接,由于弥散作用,海水中的盐分向淡水渗透,减少了可用淡水的贮量。

（2）抽水形成倒锥

大陆地下水下边界是由黏土或致密岩层构成的不透水层,而珊瑚岛礁淡水透镜体没有明显的下边界,只有一淡水-海水过渡带,宽度达到几米,通常所指的下边界是人为定义的;用井抽取大陆地下水,会在潜水面上产生一降落漏斗,如图 2.9 所示,长

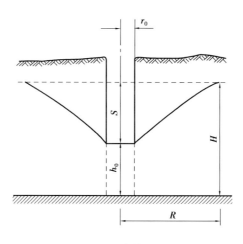

图 2.9　降落漏斗

时间、大量抽取地下水,仅会使整个潜水面下降,地下水埋深增加,不会引起地下水的分裂。如华北正定地区,20 世纪 60 年代,浅层地下水埋深只有"一扁担深",由于过量开采,到 2011 年,只是地下水位下降,埋深大于 30 m。而用井从淡水透镜体抽水,不仅潜水面会产生降落漏斗,井中水头下降,而且透镜体底部的海水会上涌,透镜体下边界因此而上升,构成一形如倒置的咸-淡水锥形边界,称为"倒锥"。若抽取强度过大、时间过长,井中水头急剧减少,倒锥会持续上升扩大,锥顶有可能上升至潜水面击穿透镜体,把一个淡水透镜体分割成两个或多个小的淡水透镜体,淡水储量会大大减少。

（3）淡水易于流失

淡水透镜体的存在过程其实就是透镜体淡水的流失过程。虽然珊瑚岛地下水和大陆地下水一样也有淡水的地表蒸发和植被蒸腾,但是大陆地下水很少或几乎不会从地下自然流失。然而,淡水透镜体承托于海水之上,上表面高出海平面,淡水与海水之间存在一定水头差,在这一压差作用下,淡水克服通过珊瑚沙粒介质的阻力,持续不断地由透镜体流向海洋。水头差越大,流失率也越大,反之亦然。这种流失,一方面使淡水贮量减少,但同时又使因潮汐上下震荡由弥散引起的海水向淡水渗透的盐分向海水退缩,使珊瑚岛中始终保存一部分淡水区间。

（4）脆弱性

淡水透镜体是十分脆弱的地下水体。珊瑚岛一般都是小岛,面积仅几平方千米,1 km² 左右的居多。淡水透镜体生成的空间狭小,四周又被海水包围。因此,透镜体的水量、水质对各种环境因素,无论是自然的还是人为的,都十分敏感,呈现出频繁而显著变化的态势,极易受到破坏。在水量方面,透镜体的容积年内和年际都有明显变化。年内,雨季来临,回补超过损耗,透镜体的厚度和体积都会增长;而旱季,消耗大于回补,透镜体渐渐缩小。年际间,丰水年,雨量多,透镜体会十分丰满;枯水年,降雨少,透镜体就显得非常干瘪。这就使透镜体年内和年际间均处于明显的"呼吸涨缩"状态。枯水年的旱季则是透镜体最危险的时期,淡水透镜体极易咸化、干枯和耗尽。在水质方面,珊瑚岛土壤和水体的环境容量小,少量污染物,无论生活污水、生活垃圾还是工业废水、固体废物、农药化肥进入地下水体,往往都会引起环境要素的显著变化:色度高、有臭味、盐类超标,甚至有毒等,带来透镜体的水质破坏,使地下水失去使用功能。珊瑚岛礁淡水透镜体的这种脆弱性源于自身的容量小,调节能力差。因此,珊瑚岛礁淡水透镜体的保护比大陆地下水的保护要求更为严格。

(5)再生性

大陆地下水每年有回补,也具有再生性。不过,珊瑚岛礁淡水透镜体的再生性更为明显。珊瑚岛的雨量都很丰富,回补量大,加之透镜体容积十分有限,而且时刻处于流失状态。回补的水量在透镜体中驻留时间称为"周转期",由透镜体的平均厚度(m)除以年均回补率(m/a)来计算,或者用透镜体的容积除以每年回补水量来计算。这个值不大,就几年时间,如印度洋 Cocos 群岛的 4 个主要淡水透镜体的周转期为 1~5 年,见表2.11。周转期不长,即表示透镜体中全部水量更换一次所需的时间短,容易再生。

表 2.11 印度洋 Cocos 群岛几个淡水透镜体的周转期

透镜体	面积/km²	最大厚度/m	容积/(m³×1 000)	周转期/a
West 岛机场	1	15	3 000~3 500	3
West 岛北	1.15	14	1 500~2 700	4.5
Home 岛	0.23	8	70~350	1
South 岛	0.72	11	1 500	2~4

2.3 淡水透镜体的影响因素

珊瑚岛地处热带海洋,由雨水渗入地下生成淡水透镜体,并在地上蒸发蒸腾和地下流失过程中存在。因此,凡是影响这一过程的因素,都会对淡水透镜体的水质和水量带来影响,大体上这些因素可分为两类:自然因素和人为因素。

2.3.1 自然因素

(1)气候

气候因素主要指降雨的均值和随时间的变化以及厄尔尼诺-南方涛动(ENSO)引起的干旱。降雨的雨量与模式对淡水透镜体的水量和水质有明显影响。珊瑚岛虽然分布于热带海域和有暖流经过的洋面,雨量充沛,但是地域不同,雨量就有差异,如我国西沙群岛多年年均雨量为1 500 mm,印度洋上的Cocos(Keeling)群岛年均雨量1 950 mm,迪科加西亚年均雨量2 700 mm,而西南太平洋密克罗尼西亚的Deke、Pingelap和Ngatik等岛屿的年降雨量达到4 000 mm。一般而言,在其他条件相同或相近时,雨量多,透镜体厚;雨量少,透镜体薄。降雨模式的影响也很显著,年内和年际的降雨不均,会引起透镜体厚度和贮量的变化。我国西沙群岛每年6—11月为雨季,降雨量可达全年雨量的85%,12月至次年5月为旱季,降雨量仅占全年的15%,透镜体的厚度与贮量也就随着雨季、旱季的交替而涨缩。以西沙永兴岛为例,淡水透镜体8月份的厚度最大,4月份的厚度最小,最大厚度差值为4月份最大厚度的7%;4月份淡水透镜体的淡水贮量最小,8月份贮量最大,差值为4月贮量的9%。淡水透镜体厚度和贮量也随年降雨量而变化:丰水年和枯水年淡水透镜体的最大厚度,分别比平水年最大厚度多2.33%和少9.88%;丰水年和枯水年淡水透镜体的贮水量,分别比平水年贮水量多7.24%和少16.45%。特别是几年一次的厄尔尼诺-南方涛动(ENSO)发生时,西太平洋、印度洋及毗邻地区,就会发生严重的干旱现象。1987年是厄尔尼诺发生年,永兴岛的年降雨量仅801.3 mm,为多年平均降雨量的53.4%。在密克罗尼西亚(FSM),1998年剧烈的厄尔尼诺引起了严重干旱,Pohnpei

地区的雨量降至 1953—2001 年有记录以来的最少值,元月的降雨量仅 16.2 mm,如图 2.10 所示。由图可见,紧接在 1997 年厄尔尼诺之后的 1998 年前几个月雨量特别稀少。FSM 各岛淡水透镜体的厚度剧烈降低,以 Yap 和 Pohnpei 两地的降雨模式进行模拟的结果,一个宽度为 600 m 的迎风岛,在干旱峰值时期,透镜体的厚度降到 7 m,而在常年降雨条件下,透镜体的平均厚度为 12 m;对于宽 400 m 的背风岛屿,在干旱峰值时期,透镜体的厚度降到了 3 m。许多岛上的淡水透镜体被耗尽,井水变咸,不得不靠船运水维持生活。另外,透镜体损耗的恢复十分缓慢,从一次 6 个月的干旱中恢复过来,大约需要 18 个月的时间。

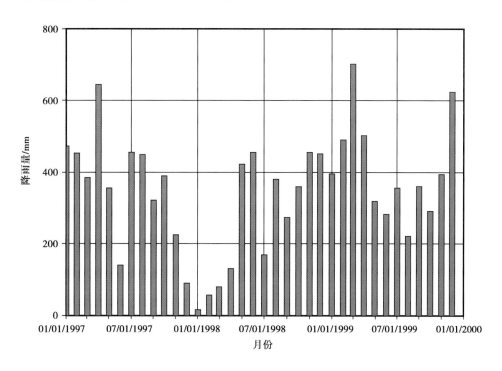

图 2.10　密克罗尼西亚 Pohnpei 地区的雨量分布

（2）水文地质特征

珊瑚岛含水层具有独特的地质构造,是由地表全新世碳酸盐沉积含水层覆盖于更新世的喀斯特含水层上而构成的。两含水层间的不整合面在海平面以下 15～25 m。淡水透镜体就驻留于不整合面之上的全新世沉积层中。水文地质特征主要是指不整合面上、下含水层中渗透率的分布,裂缝、孔隙和灰岩溶洞的发育状况,以及不整合面的深度。裂隙、孔缝在透镜体淡水和海水之间起连接纽带作用,为海水和淡水的混合提供了通道。当海潮引起震荡时,这些通道中产生的水力弥散便会在海水和淡水之间形成较厚的过渡带,因此,裂隙溶洞决定了透镜体的外形;不整合面深度,往往是淡水透镜体厚度的主要控制因素。因为不整合面之下的更新世地层受到过强烈剥蚀,有很高的渗透率,水力传导系数可高达 1 000 m/d,有的岛屿甚至更高。当潮汐通过高水力传导系数的含水层横向和向上传播时,在水平及竖向上,极易发生海水和淡水的混合,淡水难以保存;而在不整合面之上,全新世含水层的渗透率小,水力传导系数比更新世含水层的水力传导系数小 1~2 个量级,流动会受到比更新世含水层更大的阻力,海水不易进入,淡水也不会快速流失,这一阻力的存在有利于淡水透镜体的生成与保留。特别地,当珊瑚岛面积较大、降雨丰盛、回补率足以使透镜体底部延伸至不整合面以下时,更新世地层中的充分混合,将使淡水透镜体截止于不整合面,形成一个平底透镜体,如图 2.11 所示。图中(a)为均质含水层岛屿透镜体;(b)为双含水层岛屿透镜体,下含水层具有高水力传导系数,由于气候与地质原因,透镜体尚未达到不整合面;(c)为双含水层岛屿透镜体,透镜体足够厚,被不整合面截平,呈现出一个截平透镜体。这样,不整合面的存在与深度确定了全新世

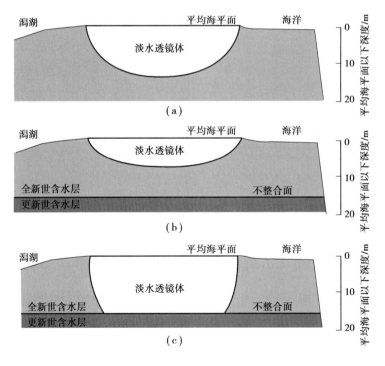

图 2.11　淡水透镜体切面示意图

含水层中淡水透镜体厚度的上限。对于小岛以及全新世含水层具有较高水力传导系数的岛屿,淡水透镜体相对较薄,其底部达不到不整合面断面(图 2.11(b)),这些岛屿的透镜体剖面底部埋深浅,呈弧形,不整合面的影响微不足道。

(3)岛屿位置与大小

岛屿位置指礁盘上珊瑚岛相对于主导风的位置,可分为三种:迎风、背风和侧风,如图 2.12 所示。

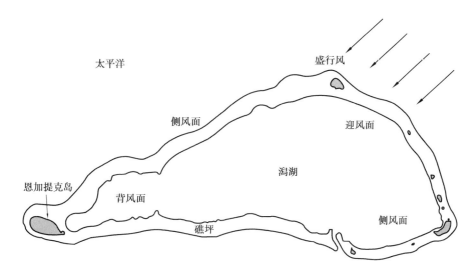

图 2.12　密克罗尼西亚的 Sapwuahfik 环礁

迎风、背风位置决定了岛屿全新世未胶结沉积层的颗粒构成和岛屿大小。迎风岛经受主导风的强力吹袭和海浪剧烈冲击,由较粗大的颗粒沉积构成,水力传导系数较大,岛屿面积一般较小;背风侧岛屿较少受风浪冲击,由细小颗粒沉积构成,渗透性低,水力传导系数小,岛屿宽度和面积大,承接的雨水多,生成淡水透镜体的地质空间也大,能支撑比迎风岛更大、更厚的淡水透镜。通常,决定岛屿淡水透镜体大小的控制因素是宽度和不整合面深度,分别见表 2.12、图 2.13 和图 2.14。表 2.12 和图 2.13 给出了太平洋和印度洋珊瑚岛在环礁上不同位置、宽度时,淡水透镜体最大厚度观测值,图 2.13 由表 2.12 绘成,表和图中的岛屿划分为迎风、背风和测风三类。背风岛淡水透镜体的厚度随岛屿宽度的增加而增加,其中大岛淡水透镜体在不整合面处被平截,表现为随大岛宽度增加,淡水透镜体厚度并不增加,如图 2.14 所示。这样的岛屿如太平洋中的 Christmas 和 Laura 岛,以及印度洋中的 Diego Garcia 环礁等。

表 2.12　太平洋和印度洋珊瑚岛位置、宽度与淡水透镜体最大厚度的观测值

岛屿或位置	环　礁	区域或国家	在环礁上位置	宽度/m	透镜体厚度/m
Cantonment	Diego Garcia	中印度洋	背风	2 200	20
AO NW	Diego Garcia	中印度洋	背风	1 150	15
AO SE	Diego Garcia	中印度洋	背风	1 300	20
Home Island	Cocos	东印度洋	侧向	775	8
WI Northen	Cocos	东印度洋	背风	800	14
WI 1	Cocos	东印度洋	背风	800	15
WI 6	Cocos	东印度洋	背风	500	15
WI 8	Cocos	东印度洋	背风	400	12
WI 22	Cocos	东印度洋	背风	270	7
South Islang	Cocos	东印度洋	迎风	1 000	11
Falalop	Ulithi	密克罗尼西亚	侧向	950	5
Khalap	Mwoakilloa	密克罗尼西亚	迎风	425	6
Ngatik	Sapwuahfik	密克罗尼西亚	背风	900	20
Deke	Pingelap	密克罗尼西亚	迎风	400	4
Pingelap	Pingelap	密克罗尼西亚	背风	750	16
Laura	Majuro	马绍尔群岛	背风	1 200	14～22
Kwajelein	Kwajelein	马绍尔群岛	侧向	600	10～18
Roi-Namur	Kwajelein	马绍尔群岛	迎风	750	5～7
Eneu	Bikini	马绍尔群岛	侧向	400	5～10
Bikini	Bikini	马绍尔群岛	迎风	600	<2
Enjebi	Enewetak	马绍尔群岛	迎风	1 000	<2
Matabou	Nonouti	吉尔伯特群岛	侧向	375	5
Buariki	Tarawa	吉尔伯特群岛	侧向	1 200	29
Buota	Tarawa	吉尔伯特群岛	侧向	650	23
Bonriki	Tarawa	吉尔伯特群岛	迎风	1 200	23
NZ 4	Christmas	基里巴斯	背风	1 500	14
NZ 2	Christmas	基里巴斯	背风	1 500	17

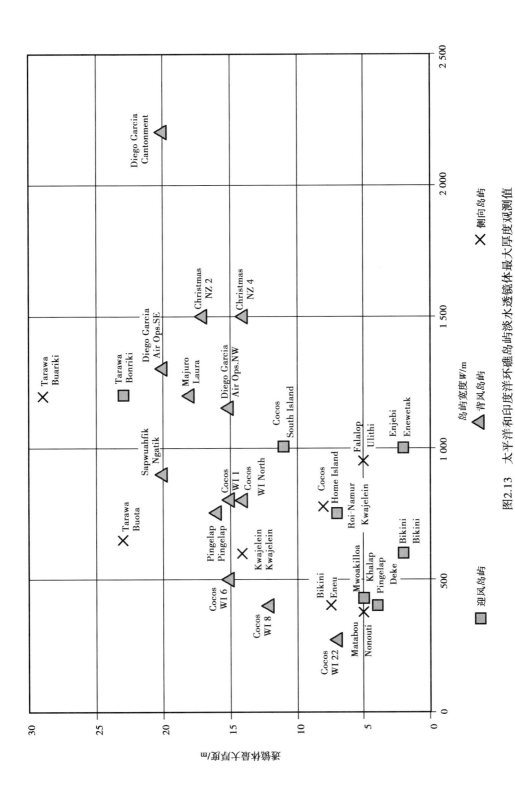

图2.13　太平洋和印度洋环礁岛屿淡水透镜体最大厚度观测值

迎风岛上透镜体厚度的观测值较为分散,估计是由于主导风强度的变化引起的,这取决于环礁所处的地理位置。相应于主导风测向的岛屿,透镜体厚度的观测值无一定趋势可言。此外,对印度洋中 South Keeling 环礁的勘察表明:存在淡水透镜体的最小宽度为 270 m,岛屿宽度小于这一值,降水很快流入海洋,不能形成淡水透镜体。

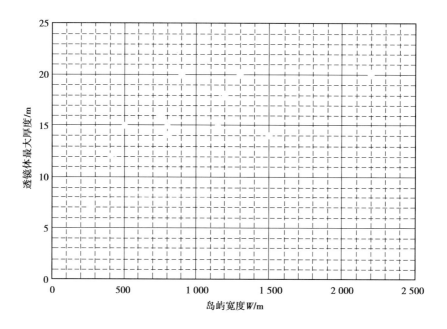

图 2.14　背风岛的淡水透镜体厚度与截平

（4）地下水的回补

地下水的回补主要取决于雨量、植被总量和性质,以及土壤性质。总体上,透镜体的厚度随回补率的增加而增加,增加速率则随回补率增加而减少,直至中止于接近不整合面的透镜体底部。这种关系对于宽度大于 600 m 的岛屿尤为明显。对于宽度小于 600 m 的岛屿,要使透镜体的底部接近不整合断面,需要足够高的回补率。在厄尔尼诺年份,雨量稀少,干旱发生,加之植被蒸腾作用,回补量可能成为负值,表明淡水透镜头有水量净损失。在珊瑚岛的植被中,特别要指出的是椰子树。珊瑚岛地处热带,非常适合椰子树生长,很多珊瑚岛上种植了椰子树,并且生长茂盛。椰子树是深根植物,蒸腾量很大,在印度洋的 Cocos 群岛上,曾测得每棵椰子树的蒸腾量达 70~130 L/d。椰子树的蒸腾损失和林木覆盖率有关,覆盖率越大,蒸腾量越大,当覆盖率达 80% 和 100% 时,蒸腾损失可达 510 mm/a 和 560 mm/a。蒸腾量增大,回补率就将减小,对印度洋中 Cocos 群岛的水力平衡计算表明,不同透镜体的年均回补率几乎有 2 倍的变化。这一巨大差别主要由不同密度的椰子树引起,图 2.15 给出了东印度洋 Cocos(Keeling) 群岛几个透镜体回补率与地表树木覆盖率间的关系。由图可见,当椰子树的覆盖率由 80% 降到 0.0 时,回补量几乎有 2 倍的差别。因此,在需要将淡水透镜体作为地下水源的地方,应避免种植椰子树,以便减小蒸腾损失,增大回补率,最大限度地保证淡水供应。

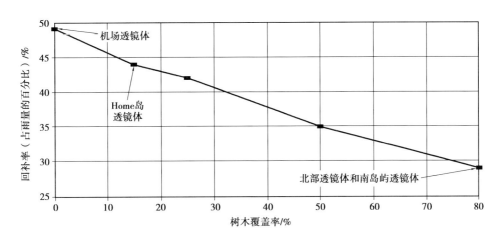

图 2.15　树木对年均回补率的影响

（5）潮汐

珊瑚岛水井中的水位每天都会波动,这是潮汐引起的。海水每天有 2 次潮汐。在西沙海域,平均潮差 0.5 ~ 1.0 m,最大潮差 2.0 m。淡水透镜体悬浮于海水之上,通过孔隙、溶洞与海水相通,潮汐会引起透镜体整体的涨落,但对透镜体的包络面几乎不产生影响。因此,在以淡水透镜体供水和淡水贮量为目的的研究中,通常不考虑潮汐的影响。如果要研究含水层对潮汐的响应,则可用潮汐效率和潮汐滞后两个指标来表征。潮汐效率定义为含水层中水头波动幅度与潮汐波幅之比;潮汐滞后是指含水层中水头峰值相对于潮汐峰值的延后,一般以小时计。潮汐响应主要取决于深度,在印度洋迪科加西亚环礁的军营区,接近潜水面,潮汐效率为 4%~35%,而在深度 -20 m 的地方则为 95%。潮汐滞后与潮汐效率相反,随深度增加从 3 h 减少到零。就一般珊瑚岛而言,对细小颗粒沉积物的岛屿,平均潮汐效率的典型值约为

5%,滞后时间为 2.5 h;粗大颗粒沉积物的岛屿,这两个值近似为 45% 和 2 h。在喀斯特化的灰岩岛屿中,潮汐效率更高,接近 50%,滞后时间更短,约为 1.5 h。这种差异与珊瑚岛的双含水层结构紧密相关。以迪科加西亚环礁军营区为例,不整合面的平均深度为 16.6 m。不整合面之下的更新世含水层,孔隙溶洞十分发育,水力传导系数很大,潮汐压力信号的传递速度接近 1 km/s,几乎没有阻尼,因而潮汐效率高,滞后时间短或几乎无滞后;而在距地表 15 m 垂直距离内,水力传导系数小,阻尼大,因而潮汐效率低,滞后时间长。一般珊瑚岛也因地质结构不同,水力传导系数差异而引起潮汐效率和潮汐滞后的变化。

(6)其他自然因素

影响淡水透镜体的自然因素还很多,如海面上升、雨水下渗污染等。由于全球气候变暖、极地冰川融化、海水升温膨胀,引起海面上升。据统计,过去 100 年来,海面已上升 12 cm,就目前的全球气候状态,海面还将上升。海面上升会对珊瑚岛礁淡水透镜体带来严重威胁。首先,海面上升,淹没侵蚀海岛,缩小陆地面积,减少回补水量,使透镜体趋于萎缩;其次,整体抬升淡水透镜体,向上压缩下边界,减小透镜体的生成空间,使透镜体厚度降低。这些都会使透镜体容量缩减。有学者在《气候变化对马尔代夫水资源的影响》一文中指出,如果海面上升 1 m,会引起马尔代夫透镜体容积减少 79%,淡水损失十分惊人。不过这一影响完全是依据岛屿自身对海面上升的响应而得出的,尚未取得学术界的一致认可。有新的研究指出:海面上升,高能海浪促使礁前侵蚀加大,能够提供更多沉积物在海浪冲上地表时堆积到岛上,岛屿也就可能保持和海面同步上涨。在这种情况下,透镜体容积不仅不会减少,反而会增加 7%。无论是增加还是减少,海面上升无疑会对淡水透镜体带来极其重要的影响。这是当前一个非常值得探索的课题,直接关系到海岛国家的生存与大陆海滨城市的社会经济发展。

雨水下渗污染影响主要表现为对淡水透镜体水质的污染。雨水在渗入地下的过程中,会携带残枝落叶形成的腐殖质和生活污水等进入淡水透镜体,造成对淡水透镜体的污染,使水体带色,有异味,失去使用功能。

2.3.2　人为因素

人为因素主要包括盲目抽取地下水、污染和不恰当的工程建设。

（1）**盲目抽取地下水**

一些人居珊瑚岛,随着人口的自然增长、生活水平的提高和旅游业的发展,淡水需求日益增加,导致淡水透镜体过量开采而咸化、萎缩甚至枯竭。典型的例子是印度洋上的岛国家马尔代夫,该国由约 1 200 个珊瑚岛屿组成,人居岛屿 203 个。最大岛屿马累(Malé),也是马尔代夫首都所在地,面积 1.95 km^2,人口约 10 万,过去靠 5 600 口家用水井从淡水透镜体取水供生活之用。由于过量开采,到 21 世纪头几年,马累淡水透镜体耗尽,海水入侵,井水严重咸化,以致不能用来洗浴,只能靠淡化提供居民生活用水。太平洋岛国(如基里巴斯、汤加等国)的人居中心也都有超采淡水的情形。大流量从井中汲水,也属于盲目抽取地下水。大流量是一个相对概念,美军曾在印度洋迪科加西亚岛上凿井实验,得出结论:可行的抽水速率为 2.2 ~ 3.2 m^3/h,透镜体厚的地方,抽水速率可适当大些,薄的地方则宜小。如果任意提高抽水速率,在井中会产生很大的水位降深,造成井底下方的海水上涌,形成倒锥,加速淡水咸化。严重时锥顶直抵井底和潜水面,将透镜体击穿,淡水大量丧失,引发生态灾难。

（2）**污染**

地质上珊瑚岛表层属于年轻的未固结松散沉积层,珊瑚生物碎屑沙粒之上仅有薄薄一层腐殖质土壤,渗透性虽比更新世地层差,但与大陆地表相比仍有很高的渗透性,因此,地表污水、化学药品和病菌等各种污染物极易渗入地下污染透镜体,而且由于透镜体埋深浅,污染物会很快到达透镜体。在人居岛上,粪坑、动物粪便、污水管道的渗漏造成排泄物污染,井水中细菌学指标严重超标。21 世纪头几年,马尔代夫的许多种植园附近的透镜体中,检测到井水中大肠杆菌达到 500 个/L。此外,工业废弃物、生活垃圾乱堆乱放或处置不当、肥料和农药等带来化学污染,透镜体中会出现大量的化学物质,如硫酸盐、硝酸盐、硫化氢和氨氮等。这些污染物质使水体发臭,还带来健康风险。

（3）**不恰当的工程建设**

珊瑚岛的工程建设就地采用沙石也为透镜体带来额外风险。主要有海岸侵蚀加剧,减小了土地面积,缩小了透镜体的容积;地表到透镜体的土层变薄,削弱了土层对污染物的拦截能力,也缩短了污染物到达透镜体的距离,污物会更快到达潜水面;土层变薄还加快了地表的蒸发速率,加大了透镜体的蒸发损失。

第 **3** 章
淡水透镜体的实验模拟与现场勘测

珊瑚岛礁淡水透镜体的形成与演变受到诸因素(如气象、海洋环境和地质等)的影响。在淡水透镜体的物理模拟和数值计算过程中,这些因素量化为一系列的气象参数、海洋环境参数和水文地质参数。气象参数包括气温、风速、降雨量、天空云量、日照时数、水面蒸发量等;海洋环境参数包括潮位、海面水温和含盐量等;水文地质参数包括孔隙率、渗透系数、给水度和弥散度等。此外,在淡水透镜体的研究中,还常常需要了解透镜体的厚度和含盐量分布。这些参数中,气象参数和海洋环境参数通常可以从设于珊瑚岛上的气象站获得,水文地质参数需要通过实验室或现场测量获得。透镜体的参数可以由数值模拟和经验公式计算获得,但也需要通过实测数据对模型进行验证和校正。本章介绍主要水文地质参数实验室测量,淡水透镜体的实验室模拟与水文地质勘测。

3.1 水文地质参数实验室测量

应用土工试验技术,在实验室内对珊瑚生物沉积物进行测试是获得珊瑚岛水文地质参数的简便而有效的方法。尽管室内试验不可避免地会对试样土壤带来扰动,但现有的取土技术足以把取土扰动降到最小,并且如果严格按照一定规程如 SL 237—1999《土工试验规程》的要求操作,所得结果亦可用于工程实践。因此,实验室测量获得了广泛的应用。

3.1.1　粒径分析

自然界的土壤包括珊瑚沙土,是由大小不同的土粒组成的,土粒的粗细变化影响土层的地质特性,也引起水文地质参数的变化。为反映土壤的性质与粒径构成,常选取土壤试样对土粒进行分析,根据粒径大小进行分组,按由大到小的顺序分别为漂石粒、卵石粒、砾粒、沙粒、粉粒、黏粒,并以各组土粒质量占试样总质量的百分数表示土粒的组成,称为"土的级配"。我国水利部标准规定的粒径分组见表3.1。

表 3.1　粒径分组

粒组名称	粒组划分		粒径 d/mm
巨粒组	漂石组		$d>200$
	卵石组		$200 \geqslant d>60$
粗粒组	砾粒	粗砾	$60 \geqslant d>20$
		中砾	$20 \geqslant d>5$
		细砾	$5 \geqslant d>2$
	沙粒	粗沙	$2 \geqslant d>0.5$
		中沙	$0.5 \geqslant d>0.25$
		细沙	$0.25 \geqslant d>0.075$
细粒组	粉粒		$0.075 \geqslant d>0.005$
	黏粒		$d \leqslant 0.005$

（1）分析试验

土粒分析试验依据分析对象粒径可分为两大类:筛分法和沉降法。沉降法适用于小于 0.075 mm 土壤颗粒的分析,筛分法用于粒径大于 0.075 mm 土壤颗粒的分析。根据对西沙永兴岛珊瑚沙土采样分析结果,土粒粒径均在 0.01 mm 以上。因此,分析珊瑚沙粒可用筛分法。

筛分法就是用一套孔径大小不同筛子对试样进行筛分,区分出不同大小的土粒。筛子有粗筛和细筛之分。粗筛孔径为 60、40、20、10、5、2 mm,细筛孔径为 2、1、0.5、0.25、0.075 mm。试验时,取孔径为 20、10、5、2、1、0.5、0.25、0.075 mm 的筛子,按从上到下、孔径由大到小的顺序将筛子依次叠好,将珊瑚沙土试样风干,称取 1 000 g 风干试样放入最上层筛中,连筛带试样放置到振筛机上,充分摇振 10~15 min。由上面最大孔径的筛开始,向下依次取下各筛,称量留在各级筛上及筛底底盘上的试样质量,按下式计算小于某粒径的试样质量占总试样质量的百分比 X,即

$$X = \frac{m_i}{m} \times 100\% \tag{3.1}$$

式中 m_i——小于某粒径的试样质量,g;

m——总试样质量,g。

（2）级配曲线

根据分析试验的结果,以粒径(mm)的对数为横坐标、小于某粒径试样质量占总试样质量的百分比为纵坐标,在对数坐标纸上绘制曲线,即得珊瑚沙土的级配曲线。图 3.1 为测得的永兴岛珊瑚沙土的级配曲线。

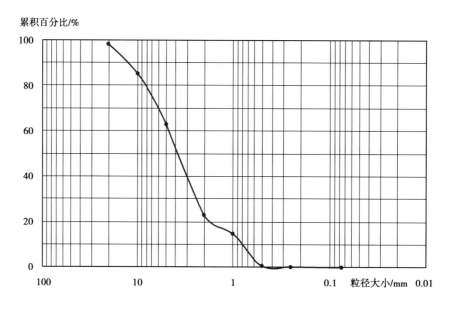

图 3.1　永兴岛珊瑚沙土的级配曲线

从颗粒级配曲线可以求得土粒的有效粒径 d_{10}、特征粒径 d_{30}、中值粒径 d_{50} 和控制粒径 d_{60} 的值。永兴岛珊瑚沙土的有效粒径 d_{10} 特征粒径 d_{30}、中值粒径 d_{50} 和控制粒径 d_{60} 分别为 0.82、2.5、3.8、4.7 mm。由这些特征值可以计算两个重要的土壤指标，即不均匀系数 $C_u = d_{60}/d_{10} = 5.7$ 和曲率系数 $C_c = (d_{30})^2/(d_{10}d_{60}) = 1.62$。按级配标准，$C_u > 5$ 且 $1 < C_c < 3$ 的土为土粒大小不均、级配良好的土。按照 GB 50021—2001《岩土工程勘察规范》，粒径大于 2 mm 土粒质量超过总质量 50% 的土为碎石土。永兴岛珊瑚沙土粒径大于 2 mm 的试样含量为 77.13%，不均匀系数 $C_u = 5.7$ 和曲率系数 $C_c = 1.62$。由此可判断永兴岛珊瑚沙土大小颗粒混杂、粗颗粒成分较高，分选性较差。

3.1.2　孔隙率

孔隙率是珊瑚沙土一项重要的物理性质指标。在土力学中，土壤的物理指标分为两类：一类为直接指标，需要通过试验测定，如含水率、密度和土的相对密度；另一类为间接指标，由直接指标换算得到，如孔隙率、空隙比等。

下面介绍一种将实验室试验与现场实验相结合的测量孔隙率的方法。基本思路是：取一定体积 V 的珊瑚生物碎屑沉积土，其质量为 m，计算湿密度 ρ；在实验室内测量含水率 w，计算干密度 ρ_d；测量珊瑚生物碎屑沉积土的相对密度 G_s，求得沙粒密度 ρ_s，计算孔隙率 n。各相关物理量的含义如图 3.2 所示。图 3.2 中，m 表示质量，V 表示体积，下标 s、w、a 及 v 分别表示沙粒、水、空气和孔隙。

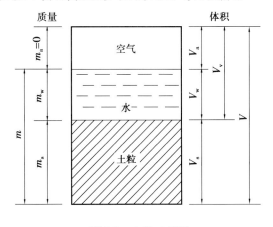

图 3.2　土的三相图

（1）湿密度 ρ 的确定

湿密度 ρ 可用两种方法测定：环刀法和灌沙法。

1）环刀法

环刀法就是采用一定容积 V 的环刀取土，获得土样的体积 V 与质量 m。我国常用环刀规格见表 3.2。取土前，先在珊瑚岛上选好取样点，清除地表浮土、杂物及不平整部分；擦净环刀，称量环刀质量，记为 m_1；刀刃向下，铅直放在平整后的土面上，将环刀压入珊瑚生物碎屑沉积土层中，至土样上端伸出环刀为止；用镐将环刀连同刀内土样一并挖出，用修土刀从环刀边缘至中央削去环刀两端余土，直至修平为止；称量环刀与土样的质量，记为 m_2，扣除环刀质量，即得湿土质量 m，进而求得湿密度 ρ，即

$$\rho = \frac{m}{V} = \frac{m_2 - m_1}{V} \tag{3.2}$$

式中 ρ——湿密度，g/cm^3；

　　　m——湿土质量，g；

　　　V——土样体积，cm^3；

　　　m_1——环刀质量，g；

　　　m_2——环刀与土样的质量，g。

表 3.2　环刀规格与材质

规　格	容积/cm^3	材　质
$\phi50.46\times50$	100	不锈钢（上下为铝盖）
$\phi70\times52$	200	不锈钢（上下为铝盖）
$\phi100\times63.7$	500	不锈钢
$\phi61.8\times20$	60	不锈钢
$\phi79.8\times20$	100	不锈钢

测量湿密度 ρ 后，环刀内质量为 m 的湿土样应予以保留，用以测量含水率 w。

2）灌沙法

灌沙法是在现场挖坑取土后灌入已知密度的标准沙,通过标准沙用量来计算坑的容积 V,由称量容积 V 中取得的土样质量 m,求得湿密度 ρ。这种测定土壤密度的方法,特别适合现场测定未固结珊瑚沙土的密度。该法需要密度测定器,仪器由容沙瓶、灌沙漏斗和底盘组成,如图 3.3 所示。灌沙漏斗高 135 mm、直径 165 mm,尾部有孔径为 13 mm 的圆柱形阀门,容沙瓶容积约为 4 L。容沙瓶和灌沙漏斗间由螺纹接头连接,底盘用以承托灌沙漏斗和容沙瓶。试验时,先标定标准沙的密度:选用粒径为 0.25～0.50 mm 的标准沙,清洗干净后,置于阴凉通风处,放置足够长的时间,使其与空气湿度到达平衡;然后,按图 3.3 将容沙瓶和灌沙漏斗组装成密度测定器,称量装置的质量 m_{r1};使密度测定器竖直,灌沙漏斗开口向上,关闭灌沙漏斗尾部的阀门,向灌沙漏斗注满标准沙;再开启阀门,使沙漏入容沙瓶,同时继续向灌沙漏斗注入标准沙,并漏入容沙瓶;当标准沙停止流动时,关闭阀门,倒去漏斗内余沙,称量容沙

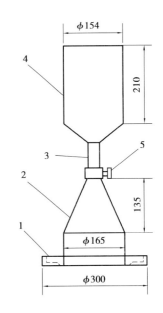

图 3.3　密度测定器

1—底盘;2—灌沙漏斗;3—螺纹接头;
4—容沙瓶;5—阀门

瓶、灌沙漏斗与容沙瓶内标准沙的总质量 m_{rs}。之后,开启阀门,倒出容沙瓶内标准沙;将密度测定器竖直,灌沙漏斗开口向上,通过灌沙漏斗向容沙瓶注水,至水面高出阀门后关闭阀门,倒出漏斗内余水,称量容沙瓶、瓶内容水和漏斗的总质量 m_{r2};扣除容沙瓶和漏斗质量 m_{r1},得到容沙瓶内水的质量;测量水温 t ℃;由水温对应的水密度 ρ_{wr} 和容沙瓶容纳水的质量,可求得容沙瓶容积 V_r 和标准沙的密度 ρ_{rs},即

$$V_r = \frac{m_{r2} - m_{r1}}{\rho_{wr}} \tag{3.3}$$

$$\rho_{rs} = \frac{m_{rs} - m_{r1}}{V_r} \tag{3.4}$$

式中　V_r——容沙瓶容积,mL;

m_{r2}——容沙瓶、水和灌沙漏斗的总质量,g;

m_{r1}——容沙瓶和灌沙漏斗的质量,g;

ρ_{wr}——水温 t ℃时水的密度,g/cm³;

ρ_{rs}——标准沙的密度,g/cm³;

m_{rs}——容沙瓶、灌沙漏斗与标准沙的总质量,g/cm³。

以上工作一般在实验室内完成,然后到珊瑚岛现场,选定试坑的位置,清除地表浮土、杂物及不平整部分,确保地表水平。根据珊瑚沙粒最大粒径确定试坑尺寸,对于最大粒径为 5~20 mm 的珊瑚沙土,试坑尺寸为直径 150 mm,深度 200 mm;若最大粒径达 40 mm,则试坑尺寸可大些,取直径 200 mm,深度 250 mm。按确定的试坑直径,在平整后的地表画出圆形坑口轮廓线,在轮廓线内挖坑至要求的深度,称量挖出的样土,质量记为 m_p;接着通过密度测定器灌沙漏斗向容沙瓶灌满标准沙,关闭阀门,倒去漏斗内余沙,称量灌沙漏斗、容沙瓶及瓶内标准沙的总质量,记为 m_{s1};再将密度测量器放置于试坑上,使灌沙漏斗对准试坑口,开启阀门,让容沙瓶内的标准沙缓缓注入坑内。当沙注满坑时,迅速关闭阀门,取走测量器,称量灌沙漏斗、容沙瓶及瓶内余沙的总质量,记为 m_{s2}。由下式计算注满试坑所用标准沙的质量 m_s 和珊瑚沙土湿密度 ρ,即

$$m_s = m_{s1} - m_{s2} \qquad (3.5)$$

$$\rho = \frac{m_p}{m_s}\rho_{rs} \qquad (3.6)$$

式中　m_s——注满试坑所用标准沙的质量,g;

m_{s1}——灌沙漏斗、容沙瓶及瓶内装满标准沙的总质量,g;

m_{s2}——灌沙漏斗、容沙瓶及瓶内余沙的总质量,g;

ρ——珊瑚沙土湿密度,g/cm³;

m_p——试坑内挖出的样土质量,g;

ρ_{rs}——标准沙的密度,g/cm³。

需要指出,用灌沙法测定湿密度时,要尽量避免震动。特别在灌沙的过程中,不能有震动,以免影响密度的测量;从试坑中挖出的质量为 m_p 的珊瑚砂土样也应保留,用以测量含水率 w。

（2）含水率 w 和干密度 ρ_d 的确定

含水率的测定常用烘干法和酒精燃烧法,烘干法更具代表性,下面介绍烘干法测量含水率 w:

测量湿密度后,取略大于 50 g 的珊瑚沙土,放入称量盒内,盖上盒盖,称量盒加湿土的质量,记为 m_1。打开盒盖,将盒与盛装的沙土试样一并放入烘箱内,在温度 105~110 ℃下烘干 6~8 h 至恒重;取出加盖,放入干燥器内冷却至室温后取出,称量盒加干土的质量,记为 m_2。将盒内土样取出,擦净壁面,加盖称量,质量记为 m_0。含水率 w 按下式计算:

$$w = \frac{m_1 - m_2}{m_2 - m_0} \times 100\% \tag{3.7}$$

式中　w——含水率,无量纲;

　　　m_1——盒加湿土的质量,g;

　　　m_2——盒加干土的质量,g;

　　　m_0——空盒(加盖)的质量,g。

由珊瑚沙土的含水率 w 可计算干密度 ρ_d,即

$$\rho_d = \frac{\rho}{1 + w} \tag{3.8}$$

式中　ρ_d——干密度,g/cm^3;

　　　ρ——用环刀法或灌沙法求得的珊瑚沙土湿密度,g/cm^3。

（3）珊瑚沙粒相对密度 G_s 的测定

珊瑚沙粒相对密度 G_s 是指沙粒质量 m_s 与同体积 4 ℃纯水质量的比。在过去的书籍和文献中,曾把土粒的相对密度称为比重。珊瑚沙粒相对密度 G_s 是珊瑚沙土基本的物理指标之一,是计算孔隙率、孔隙比等的重要物理参数。

根据土工试验规范,对于粒径小于 5 mm 的土,用密度瓶法测定相对密度。珊瑚沙土粒径一般在这一范围内,因此以下介绍密度瓶法。

密度瓶法的基本原理是将一定质量的干土放入已知质量的盛满水的密度瓶中,称量加土前后密度瓶加水和密度瓶加水加干土的质量,以两者的质量差计算土粒的体积,进而求出土粒的相对密度。

由于密度瓶玻璃在不同温度时会发生胀缩,水的密度也会随温度变化,因此在正式测量土粒相对密度时,要先对密度瓶进行校准,求出密度瓶校准曲线。校准方法如下:

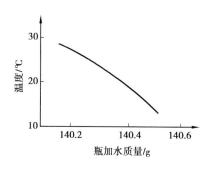

图 3.4　密度瓶校准曲线

先将密度瓶洗净,烘干,称量其质量;再将事先煮沸并冷却的纯水注满密度瓶(短颈密度瓶),塞紧瓶塞,让多余的水从瓶塞毛细管中溢出;将密度瓶放入恒温水槽,待瓶内水温稳定后将瓶取出,擦干外壁的水,称瓶与水的总质量;将恒温水槽水温以 5 ℃的级差进行调节,测定不同温度时瓶与水的总质量,将测定结果以瓶与水总质量为横坐标,温度为纵坐标,绘制瓶与水总质量对温度的关系曲线。此即为密度瓶校准曲线,如图 3.4 所示。

绘制密度瓶校准曲线后,就可进行珊瑚沙土相对密度的测定。方法和步骤如下:

取 100 mL 密度瓶,烘干,装入 15 g 烘干的珊瑚沙土,称量沙土与密度瓶的总质量;为排除土中的空气,将纯水注入装有沙土的密度瓶内至瓶的 1/2 处,摇动密度瓶,并置瓶于沙浴上,将悬浊液煮沸,煮沸时间自沸腾时算起不应少于 30 min。煮沸时应注意不使沙土液溢出瓶外;将纯水注入密度瓶至近满瓶(有恒温水槽时,可将比重瓶放于恒温水槽内),待瓶内悬浊液温度稳定及瓶上部悬浊液澄清;塞好密度瓶,使多余水分自瓶塞毛细管中溢出,将瓶外水分擦干,称量瓶、水和土的总质量。称量后,立即测出瓶内水的温度;根据测得的温度从已绘制的密度瓶校准曲线中查得瓶和水总质量。试验过程中,称量应准确至 0.001 g;然后,按下式计算珊瑚沙粒的相对密度,即

$$G_s = \frac{m_{bs} - m_b}{m_{bw} + (m_{bs} - m_b) - m_{bws}} G_{wt} \tag{3.9}$$

式中　G_s——珊瑚沙粒相对密度,无量纲;

　　　m_{bs}——密度瓶、珊瑚沙土总质量,g;

m_b——密度瓶质量,g;

m_{bw}——密度瓶、水总质量,g;

m_{bws}——密度瓶、水、珊瑚沙土总质量,g;

G_{wt}——t ℃时纯水的相对密度(可查物理手册),精确至0.001。

(4)孔隙率 n 的确定

由于在数值上,珊瑚沙粒相对密度与其密度相等,因此测得土粒相对密度G_s后,即可得到珊瑚沙粒的密度ρ_s。ρ_s的值取G_s的值,单位为g/cm³。由此可确定珊瑚沙土的孔隙率n和孔隙比e,即

$$n = 1 - \frac{\rho_d}{\rho_s} \tag{3.10}$$

$$e = \frac{n}{1-n} \tag{3.11}$$

式中 n——孔隙率,无量纲;

ρ_d——珊瑚沙土干密度,g/cm³;

ρ_s——珊瑚沙粒的密度,g/cm³;

e——空隙比,无量纲。

3.1.3 渗透系数

(1)试验仪器

根据测试土壤介质颗粒的粗细程度,实验室内测定渗透系数的方法分为两种:变水头和常水头试验。对于透水性较差的粉土、黏性土一般采用变水头试验;沙土和碎石土多用常水头试验。珊瑚沙土属于碎石土类,故采用常水头试验测定其渗透系数。常水头渗透试验可采用ST-70型标准渗透仪,仪器照片及原理图如图3.5所示。试验仪器包括:①带底金属圆筒,高40 cm、内径10 cm、横截面积为7 850 mm²,上端开口;②金属滤网,置于距筒底5~10 cm处,滤网上放置珊瑚沙土试样;③金属筒壁上开三个测压孔,孔中心距均为10 cm,与筒壁连接处装有筛布;④玻璃测压管,内径6 mm左右,用橡皮管与测压管连接,固定于一加装毫米刻度尺的直立木板上。试验还需配置供水瓶、量杯、温度计、木棒、橡皮管、管夹和支架等。

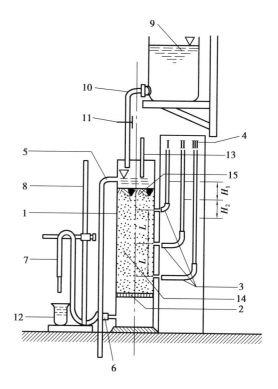

（a）ST-70型标准渗透仪　　　　　　（b）常水头渗透系数测定原理图

图 3.5　常水头渗透试验装置

1—金属圆筒；2—金属网格；3—测压孔；4—测压管；5—溢水孔；6—滤水孔；

7—调节管；8—滑动支架；9—5 000 mL供水瓶；10—供水管；11—止水夹；

12—500 mL量筒；13—温度计；14—珊瑚沙土试样；15—砾石层

（2）测试方法

试验时,连接供水管 10 和调节管 7,微开止水夹 11,由供水管 10 供水,让试验用水经由调节管 7 注入仪器底部,试验用水最好取自淡水透镜体,至水与滤网 2 顶面齐平,关闭止水夹。称取 3~4 kg 已测含水率 w 的风干待测珊瑚沙土试样,分层装入仪器金属筒内,每层 2~3 cm,并用木棒轻轻捣实,以调控试样孔隙率;每层试样填装好后,要缓缓开启止水夹 11,让试验用水从仪器底部向上缓缓渗入试样中,让试样逐渐饱和,之后关闭止水夹 11。这一过程中,水面不得高出沙面,且测压管中不得有气泡。照此做法,逐层填装试样并使之饱和,至试样高出最上一个测压孔 3~4 cm 为止。测量试样高度 h,计算填充至金属筒内的风干珊瑚沙土试样总质量 m。然后,在试样顶面填装约 2 cm 的砾石作缓冲层,开启止水夹 11,缓慢放水至水面升至溢水孔,待有水溢出时,关闭止水夹 11。静置数分钟,测压管中水位应与溢水孔齐平,否则,测压管接头处有气泡阻隔,应用吸水球排气。然后,提高调节管 7,使管口高于溢水孔 5,将供水管 10 与调节管 7 分开,置供水管 10 于金属筒内,开启止水夹,使水从金属筒顶部注入。变更调节管出口高度,使其分别位于试样上部 1/3 处、中部和下部 1/3 处,造成调节管出口与溢水孔间一定的水头差,不同流量的水便从调节管流出,待流动稳定后,量测出口流量 Q 和相邻两水管间水头差 H_1 与 H_2,同时记录进、出水口出水温 T。试验中,当变更调节管出口高度时,应调节止水夹 11 的开度,使供水量略多于渗流量 Q,让多余的流量从溢水孔流出,从而保持金属圆筒中水位不变。

（3）结果计算

根据上述测试结果,可依次计算试样干质量 m_d、干密度 ρ_d、孔隙比 e,进而求得水温 t ℃时的渗透系数 k_t:

$$m_\mathrm{d} = \frac{m}{1 + w} \tag{3.12}$$

$$\rho_\mathrm{d} = \frac{m_\mathrm{d}}{Ah} \tag{3.13}$$

$$e = \frac{G_s \rho_\mathrm{w}}{\rho_\mathrm{d}} - 1 \tag{3.14}$$

$$n = \frac{e}{1 + e} \tag{3.15}$$

$$k_t = \frac{QL}{AH} \tag{3.16}$$

式中　m_d——风干试样干质量,g;

m——风干试样总质量,g;

w——风干试样含水率,无量纲;

ρ_d——试样干密度,g/cm^3;

A——试样断面积,cm^2;

h——试样高度,cm;

e——孔隙比,无量纲;

ρ_w——4 ℃时纯水的密度,$\rho_w = 1$ g/cm^3;

n——孔隙率,无量纲;

k_t——水温 t ℃时的渗透系数,cm/s;

Q——通过试样的流量,cm^3/s;

L——两相邻测压孔中心间的试样长度,$L = 10$ cm;

H——水头差的平均值,$H = (H_1 + H_2)/2$;

G_s——珊瑚沙粒的相对密度,无量纲。

渗透系数与土壤介质的孔隙率有关。实验室测定渗透系数时,试样由人工填装,试样的孔隙率和珊瑚岛真实的孔隙率不同。为求得尽可能接近真实孔隙率的渗透系数,在渗透仪金属筒内填装珊瑚沙土时,应采用几种不同的压实程度,以便在不同孔隙率条件下进行试验。用测得的渗透系数的对数为横坐标,试样的孔隙比为纵坐标,绘制珊瑚沙土孔隙比与渗透系数的关系曲线。当求得珊瑚岛沉积层的孔隙率 n 后,用式(3.15)换算对应的孔隙比 e,由珊瑚沙土孔隙比与渗透系数的关系曲线,就可求得需要的渗透系数 k_t。

实验室内测试渗透系数时的水温 t 与珊瑚岛的水温不一定相同,为便于应用,常常需要换算成 20 ℃水温时的渗透系数 k_{20},可用下式计算:

$$k_{20} = k_t \frac{\eta_t}{\eta_{20}} \tag{3.17}$$

式中　k_{20}——水温 20 ℃时试样的渗透系数,cm/s;

k_t——水温 t ℃时试样的渗透系数,cm/s;

η_t——水温 t ℃时水的动力黏滞系数,kPa·s;

η_{20}——水温 20 ℃时水的动力黏滞系数,kPa·s。

3.1.4　给水度

实验室测定给水度常用筒测法,这种方法设备简单,操作方便,结果可靠,获得了广泛应用。

(1)试验装置

装置分为三部分:一是测试圆筒,用于盛装珊瑚沙土。筒体内径 18.6 cm、柱高

200 cm,由 2 个长度为 100 cm 的有机玻璃筒用法兰盘连接而成,连接处不得渗漏。底部安装开孔透水板,板上垫若干层滤纸,防止珊瑚沙粒下漏;二是供水装置,由马利奥特瓶、连通管及进水开关组成,用于为珊瑚沙土试样充水;三是排水装置,由溢流器、出水开关、出水管组成。溢流器分为内外 2 层。内槽(高 10 cm)为储水槽,底部与出水管连接。实验时上下移动溢流器控制饱和土层的水面高度,饱和土体排出的水量,由出水管进入溢流器内槽,再由顶部的小孔流入到外槽(高 15 cm,底部设有开关)中存储。试样装置如图 3.6 所示。

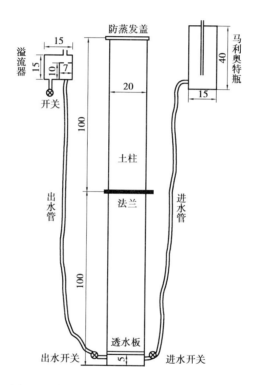

图 3.6　给水度测定装置(图中尺寸单位:cm)

(2)试验方法

由于给水度与潜水埋深有关,当潜水埋深小于土体试样的最大毛细水上升高度时,潜水水位下降后,部分重力水将以毛细水形式保留在潜水水面之上,所以,潜水水位下降的初期,给水度较小,但随着潜水位的持续下降,即潜水埋深增大,给水度逐渐增大,达到某一埋深 z_c 后才趋于一稳定值,如图 3.7 所示。因此,用筒测法测定给水度时,应有足够的试样高度。试验可按以下步骤进行:

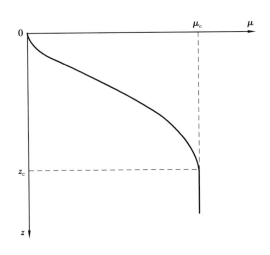

图 3.7　给水度 μ 随潜水埋深 z 变化示意图

1）装样

设定试样高度，根据测得的珊瑚沙土的孔隙率 n 和干密度 ρ_d，确定风干珊瑚沙土的用量。将珊瑚沙土分次均匀装入测试筒内，每次装填厚度约 10 cm，适当捣实，直至装填完全部试样沙土。需要注意的是，应尽可能使所用的珊瑚沙土均衡分布在设定的试样高度上，使试样的孔隙率等于或近似等于珊瑚岛上的孔隙率，测量最终的土柱高度 H。

2）充水

关闭测试筒进水开关，向马利奥特瓶中注满水，调整高度，使马氏瓶出水口与试样柱顶面齐平；关闭测试筒出水开关，打开进水开关，由马氏瓶从试样柱底部充水，直至试样柱完全饱和；关闭进水开关，在试样柱顶部安装防蒸发盖，防止试验过程中水分蒸发。

3）释水

调整溢流器高度，使溢流器水槽底面与土柱顶部齐平，然后开启出水开关，按照土柱高度 H 分梯次等距离逐次下降溢流器高度 Δh，每次 Δh 为 5 cm 或根据需要确定，并在每一高度上停留足够时间（3~6 h），使土柱充分释水后，用量筒量取溢流器外槽中每次下降高度后的排水量 ΔQ。

（3）结果计算

根据释水过程测得的溢流器下降高度 Δh 与对应的排水量 ΔQ，可用下式计算分段给水度 μ' 和累计给水度 μ：

$$\mu' = \frac{\Delta Q}{A \Delta h} \tag{3.18}$$

$$\mu = \frac{\sum \Delta Q}{A \sum \Delta h} \tag{3.19}$$

式中　μ'——水位埋深 z 处 Δh 降深区段内的给水度，无量纲；

　　　ΔQ——Δh 降深区段内的排水量，cm^3；

　　　Δh——水位埋深 z 处的水位降深，cm；

　　　A——测试筒的横截面积，cm^2；

　　　μ——累计水位降深给水度，无量纲；

　　　$\sum \Delta Q$——累计排水量，cm^3；

　　　$\sum \Delta h$——累计水位降深，cm。

3.1.5　弥散度

实验室内常采用土柱、在一维流动条件下、土柱一端连续注入示踪剂的弥散试验方法测定试样的水动力弥散系数，然后求出弥散度。如第 2 章所述，水动力弥散是由分子无规则热运动和多孔介质中微观流速，在大小和方向上与实际平均流速不一致产生的机械弥散所引起的。因此，弥散在流动的纵向和垂直于平均流速的横向都会发生。前者称为"纵向弥散"，后者称为"横向弥散"。用以计算横向弥散通量的横向弥散系数 D_T 较用以计算纵向弥散通量的纵向弥散系数 D_L 小得多。实验室内常用一维弥散试验测定纵向弥散系数，横向弥散系数可由相关的比例关系式得出。

试验通常用食盐（NaCl）作为示踪剂。因为食盐无毒、价廉，溶于水后可与水一起在多孔介质中移动，不改变流场，用电导仪容易测量其浓度，而且珊瑚岛礁淡水透镜体底部的过渡带本身就是 NaCl 离子在水中运移的结果。

（1）试验装置

试验装置分为三部分：一是有机玻璃试验圆筒，用于盛装珊瑚沙土。筒体内径15 cm、高150 cm；底部安装开孔透水板，板上垫若干层滤纸，防止珊瑚沙粒下漏；透水板上方开有出水孔，接出水管，出水管与筒壁连接处安装滤布，防止珊瑚沙粒堵塞出水管；透水板下方开有进水孔，接进水管；珊瑚沙土柱上方开有溢水孔。二是供水装置，由马利奥特瓶、进水管及进水开关组成，用于为珊瑚沙土试样供水；三是出水管、出水开关。试验装置如图3.8所示。

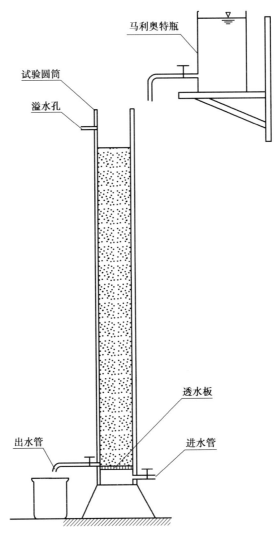

图3.8 一维弥散试验装置示意图

测试设备包括电导仪、烧杯、量杯或量筒、秒表、称量 200 g 感量 0.01 g 的天平。

（2）试验方法和步骤

①绘制 NaCl 浓度和电导率的标准曲线。用感量 0.01 g 的天平称取 0.1、0.2、0.3、0.5、1.0、1.5、2.0、3.0、4.0、6.0、8.0、10.0、12.0 g 在 105 ℃下烘干的 NaCl,分别溶于 1 000 mL 的自来水中,得到在自来水背景条件下 NaCl 标准浓度溶液,然后测定各标准浓度溶液电导率值,绘制 NaCl 浓度 C 和电导率 κ 的标准曲线。

②装样。按照测量给水度装样的方法,称量风干珊瑚沙土,装入试验圆筒内至设定高度。使试样的孔隙率等于或近似等于珊瑚岛上珊瑚沙土的孔隙率;装完沙土后,测量沙柱长度,记为 L。

③将装好的沙柱空置 24 h,然后开启进出水管阀门,由马氏瓶通过进水管用自来水从沙柱底部由下而上缓慢浸湿土样,同时排除出水管内空气;管内空气排完后,关闭出水管阀门,沙柱中水继续上升直至完全饱和,出水由溢水孔排出;之后,保持进出水一定水位差(约 270 mm)以便冲洗沙柱,并同时监测出水的电导率。

④另取马氏瓶,用自来水配制适量的浓度为 10.0 g/L 的 NaCl 溶液。

⑤待沙柱溢水孔出水电导率稳定后,关闭进水管阀门,停止冲洗沙柱;开启出水管阀门,调节沙柱顶面至溢水孔间的水柱水面,使之降至沙柱顶面,关闭出水管阀门;将配制好的浓度为 10.0 g/L 的 NaCl 溶液从试验筒上端开口缓缓注入,溶液到达溢水孔开始溢出后,开启出水管阀门,同时用秒表记录时间,并调节于 NaCl 溶液注入量,使溢水孔始终有少许 NaCl 溶液溢出,保证进出水头恒定。

⑥用量杯或量筒测量通过沙柱的流体体积和时间;用电导仪测量出水电导率及测量时间。所有测试数据记入相应的表格中。

（3）数据处理

本试验是时间上连续注入示踪剂的一维水动力弥散试验,数据处理基于如下假设:多孔介质均质各向同性,流体不可压缩;多孔介质中水流均匀稳定,达西流速即单位时间通过单位过流断面的流体体积 q 为一常数;渗流区域中不存在源汇;$t=0$ 时在整个沙柱中不含示踪剂 NaCl,但在 $x=0$ 的沙柱顶端有 NaCl 浓度为 C_0 的流体连续注入。

1）达西流速

由 t 时段内测得的通过沙柱的流体体积 V 和沙柱的横截面积 A 求得达西流速 q：

$$q = \frac{V}{tA} \tag{3.20}$$

式中，q 的单位为 cm/min；V 的单位为 cm^3；t 的单位为 min；A 的单位为 cm^2。

2）弥散系数

由试验测得的沙柱中示踪剂 NaCl 浓度随时间的变化值求弥散度，需要借助对流-弥散方程的解。本试验中，一维对流-弥散方程及其定解条件为：

$$\frac{\partial c}{\partial t} = D_L \frac{\partial^2 c}{\partial x^2} - U \frac{\partial c}{\partial x} \tag{3.21}$$

$$c(x,0) = 0, x \geqslant 0$$

$$c(0,t) = C_0, t \geqslant 0$$

$$c(\infty,t) = 0, t \geqslant 0$$

式中　c——出水孔处测得的 NaCl 浓度；

t——NaCl 溶液到达溢水孔后开启出水管阀门（此时 $t=0$）时起记的时间；

D_L——纵向弥散系数；

x——从沙柱顶算起向下的轴向距离；

U——渗流速度，即珊瑚沙粒孔隙中实际流速的平均值；

C_0——沙柱顶端 $x=0$ 处的 NaCl 浓度。

式（3.21）的解为：

$$\frac{c(x,t)}{c_0} = \frac{1}{2} \text{erfc}\left[\frac{x-Ut}{2\sqrt{D_L t}}\right] + \frac{1}{2}\exp\left(\frac{Ux}{D_L}\right)\text{erfc}\left[\frac{x+Ut}{2\sqrt{D_L t}}\right] \tag{3.22}$$

式中，erfc 为余误差函数。当 x 充分大或时间 t 较长时，式（3.22）右端第二项与第一项相比很小，可以忽略不计（误差约为 4%），有：

$$\frac{c(x,t)}{c_0} = \frac{1}{2}\text{erfc}\left[\frac{x-Ut}{2\sqrt{D_L t}}\right] \tag{3.23}$$

式中

$$\mathrm{erfc}(u) = 1 - \mathrm{erf}(u) \qquad (3.24)$$

erf 为误差函数:

$$\mathrm{erf}(U) = \frac{2}{\sqrt{\pi}} \int_0^U \mathrm{e}^{-\varepsilon^2} \mathrm{d}\varepsilon \qquad (3.25)$$

在沙柱底部 $x = L$ 处,测定不同时刻的浓度值,作浓度-时间分布曲线 $\frac{c}{c_0} \sim t$,利用正态分布函数的性质可以求得纵向弥散系数 D_L 为:

$$D_L = \frac{1}{8} \left[\frac{L - U t_{0.159}}{\sqrt{t_{0.159}}} - \frac{L - U t_{0.841}}{\sqrt{t_{0.841}}} \right]^2 \qquad (3.26)$$

式中, $t_{0.159}$ 为 $c/c_0 = 0.159$ 时对应的时间; $t_{0.841}$ 为 $c/c_0 = 0.841$ 时对应的时间,通过 c/c_0 对时间 t 作曲线求得。由该曲线还可求得有效孔隙率 n_e:

$$n_e = \frac{q}{L} t_{0.5} \qquad (3.27)$$

式中, $t_{0.5}$ 为 $c/c_0 = 0.5$ 时对应的时间; L 为沙柱长度。由有效孔隙率 n_e 可求得渗流速度 U:

$$U = \frac{q}{n_e} \qquad (3.28)$$

将式(3.27)代入式(3.28)得:

$$U = \frac{L}{t_{0.5}} \qquad (3.29)$$

由渗流速度 U 和纵向弥散系数 D_L 可求得珊瑚沙土的纵向弥散度 α_L:

$$\alpha_L = \frac{D_L}{U} \qquad (3.30)$$

弥散度具有尺度效应,随着试验尺度的增大而增大,已有的试验结果表明,土柱试验测得的纵向弥散度较小,为毫米至厘米量级;野外试验测得的纵向弥散度较大:小范围试验的测值为 0.1~2 m;大范围试验的测值为 1~10 m,如图 3.9 所示。因此,室内试验一般用作水动力弥散机理研究,而实际的地下水质模拟则需要进行野外弥散试验。

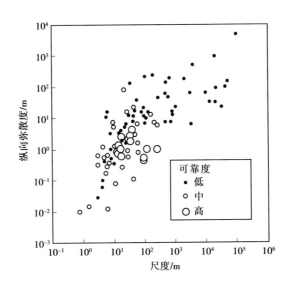

图 3.9　纵向弥散度随观测尺度的变化(数据已按可靠度分类)

3.2　水文地质参数现场测量

实验室测量水文地质参数需要现场挖取土样,不可避免会对土壤介质带来扰动,不能重现野外实际条件,测量结果将或多或少偏离真实值。现场测量很少或者不会对土壤介质带来扰动,只要测量方法得当,仪器设备可靠,测量结果可信度通常很高。因此,尽管现场测量成本高、难度大、时间长,但对一些影响大、较敏感的水文地质参数,只要条件许可,许多研究和工程项目的实施仍将进行现场测量。

3.2.1　渗透系数

现场测量渗透系数有多种方法,常用双环法、立管法和抽水法。

（1）双环法

双环法是一种传统的现场测量土壤介质渗透系数的方法,由试坑法发展而来。操作过程是:在珊瑚岛上选择地势较高地方,挖一圆形试坑,坑深 60～70 cm,坑底直径约 100 cm,平整坑底;然后在坑内嵌入两个钢环,使之成同心圆,外环直径 50 cm,高 15 cm;内环直径 25 cm、高 15 cm,两环上缘须在同一水平面上。压环时应注意防止珊瑚沙土压实或变形,如扰动过大须重新开挖试坑。之后,在内环及两环间隙内注入清水至满。另取一木支架,上可倒置安放 2~4 个容量为 5 000 mL、装有斜口玻璃管和橡皮塞的供水瓶。调整支架至水平位置,将供水瓶注满清水后倒置于支架上,供水瓶的斜口玻璃管分别插入内环和内外环之间的水面以下。玻璃管的斜口应在同一高度上,以保持水位不变。测试装置如图 3.10 所示。

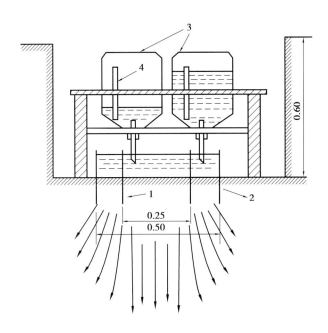

图 3.10　双环法试坑渗水试验示意图(图中尺寸:m)

1—内环;2—外环;3—自动补充水瓶;4—水量标尺

试验时记录渗水开始时间及供水瓶的水位。经一定时间后,测量在此时间内由供水瓶渗入珊瑚沙土中的水量,直至流量稳定为止。此后,在 1~2 h 内测量流出水量至少 5~6 次,每次测记的流量与平均流量之差不应超过 10%。

试验结束后拆除仪器,吸出贮水坑中的水,并在离试坑中心 3~4 m 以外的地方钻几个深 3~4 m 的钻孔,每隔 0.2 m 取土样一个,平行测定其含水率。根据含水率的变化确定渗透水的入渗深度,再按下式计算渗透系数 $K(\text{cm/min})$:

$$K = \frac{Ql}{F(H_k + Z + l)} \tag{3.31}$$

式中　Q——稳定渗入水量,cm^3/min;

　　　l——试验结束时水的入渗深度,cm;

F——内环渗水面面积,cm^2;

H_k——珊瑚沙土毛细压力水头,cm,对珊瑚沙可取 $5 \sim 10$ cm,视沙粒粗细而定,越粗越小;

Z——内环水深,cm。

由于入渗深度 l 获取较为麻烦,并且内环水深 z 和毛细压力水头 H_k 与入渗深度 l 相比是一个小量,作为近似处理,常常略去这两项的影响,渗透系数 K 按下式计算:

$$K = \frac{Q}{F} \tag{3.32}$$

用上述两个公式计算渗透系数 K 时,体积流量 Q 要求在环内下渗水量达到稳定时量取,有时这要花很长时间。为避免试验时间拖得太长,可在试验过程中选取两个时段 t_1、t_2(d),累计算出这两个时段内的总入渗量 V_1、V_2(m^3),用下式计算渗透系数 K(m/d):

$$K = \frac{V_1}{F t_1 \alpha_1}[\alpha_1 + \ln(1 + \alpha_1)] \tag{3.33}$$

其中:

$$\alpha_1 = \frac{\ln(1 + \alpha_1) - \dfrac{t_1}{t_2}\ln\left(1 - \dfrac{\alpha_1 V_2}{V_1}\right)}{1 - \dfrac{t_1 V_1}{t_2 V_2}} \tag{3.34}$$

式(3.34)是一个超越方程,式中 α_1 为代用系数,不能直接计算,可在计算机上用试算法求解。

(2)立管法

该法基于降水头渗透仪的测量原理。取一长 $130 \sim 150$ cm、内径约 10 cm 的钢管,将一端管壁切削成楔形,制成测量用的立管。在珊瑚岛上,淡水透镜体通常埋深较浅(如西沙永兴岛),有的地方地面以下 0.5 m 就有地下水。现场测量时,选择一浅井,将立管从井底铅直插入珊瑚沙土中,埋入珊瑚沙土的管段内便充满了珊瑚沙,如图 3.11 所示。在这一过程中,立管内珊瑚沙柱受到的扰动很小,可以忽略不计。在管中灌满水,管内沙柱底面的水头近似等于井水位,沙柱顶面的水头则为立管的水面水位。在管内沙柱两端水头差的作用下,管内的水通过沙柱流出,立管内水面就会下降,记录管中水柱下降一定高度所用的时间 t(min)。以井水面为基准面,设

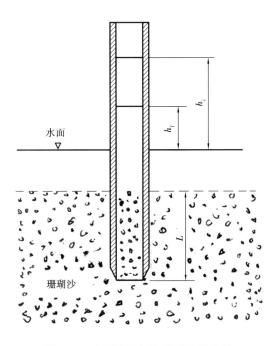

图 3.11　立管法测量渗透系数示意图

起始时管中水头为 $h_i(\mathrm{cm})$，经时间 t 后，水头下降至 $h_f(\mathrm{cm})$，立管插入珊瑚沙土的深度为 $L(\mathrm{cm})$，则由降水头公式可计算珊瑚沙土的渗透系数 $K(\mathrm{cm/min})$：

$$K = \frac{L}{t}\ln\frac{h_i}{h_f} \tag{3.35}$$

如果不便用井进行测量，也可选择一测量场地，挖一土坑到出现地下水为止，平整坑底，再将立管从坑底铅直插入珊瑚沙土中，按上述方法操作和计算渗透系数。

（3）**抽水试验**

1）试验类型

抽水试验在井孔中进行。试验抽水分两种：单孔抽水和多孔抽水。单孔抽水试验仅在一口井孔中进行，这种试验方法简便、费用低廉，但只能粗略地获得渗透系数；多孔抽水试验也是从一口井中抽水，该井称为主井，但在主井之外还要再开凿一定数量的观测孔。试验时，除观测主井的抽水流量和水位降深外，还需要测量观测孔中的水位变化。多孔抽水试验较单孔试验复杂，但获得的资料全、精度高。根据抽水流量和降深是否需要稳定一段时间而分为稳定流抽水试验和非稳定流抽水试验。稳定流抽水试验是在设计的流量下持续抽水一段时间，达到流量和水位降深相对稳定,可以连续变更几个流量,因而有几个稳定的水位降深;非稳定流抽水试验通常是固定一个抽水流量,测量主井和观测孔中的水位随时间而变化。珊瑚岛上的抽水试验从透镜体中抽水,淡水透镜体无上下不透水层,因此,试验用井为非完整潜水井,可采用稳定流抽水试验与非稳定流抽水试验。由于稳定流试验时间长,抽取水量多,要求补给充沛和稳定,而非稳定流抽水试验更接近实际,且能获得更多的水文地质参数,所以,非稳定流试验应用较多。

2)试验设备

抽水试验所用的设备包括水泵、过滤器、排水设备,以及水位、流量等测量仪器。珊瑚岛地下水埋深浅,常选择低压离心泵,这种水泵扬程不大,但出水均匀、调节方便,适合在珊瑚岛上抽水试验使用;珊瑚岛含水层由珊瑚生物碎屑沉积而成,属中粗沙堆积层,需在井孔内壁安装过滤器,起护壁滤水作用;测量仪器主要有水位计、堰箱和孔板流量计等。

3)观测孔布置

当进行多孔试验时,观测孔应以抽水孔为中心、沿半径方向排列,连成观测线。通常,观测线应与地下水流方向垂直或水平。珊瑚岛礁淡水透镜体中央厚、边缘薄,水力梯度一般沿边缘指向中央,地下水流方向较易确定,观测线也就容易布置。观测线取 1~4 条,如图 3.12 所示。观测孔一般不少于 3 个,具体数目由试验方法确定。对于非稳定流抽水试验,如用水位降深 s 与抽水时间 t 的关系 s-lg t 整理试验数据,可布置一个观测孔;若用观测孔水位降深 s 与抽水孔的距离 r 的双对数 lg s-lg r 关系整理试验数据,则观测孔应不少于 3 个。

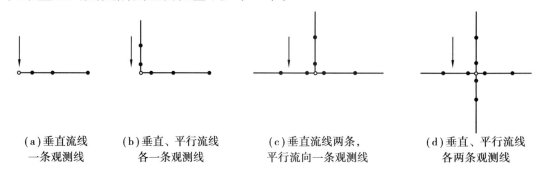

(a)垂直流线
一条观测线

(b)垂直、平行流线
各一条观测线

(c)垂直流线两条,
平行流向一条观测线

(d)垂直、平行流线
各两条观测线

图 3.12　抽水井与观测孔平面布置示意图

↓—地下水流向;　○—抽水井;　·—观测孔

4）试验要求

试验要求观测的参数包括试验前后的孔深、天然水位、抽水量、动水位和恢复水位、气温与水温；稳定流试验时一般要求进行三次水位降深的数据观测，水位降深间距尽量均匀分布，三次水位降深 s_1、s_2、s_3 与最大水位降深 s_m 的关系大致按 $s_1 = \frac{1}{3}s_m$、$s_2 = \frac{2}{3}s_m$、$s_3 = s_m$ 为好，s_m 可取抽水处透镜体厚度的 1/3。试验过程中，水位与流量应同时观测，观测次数先密后疏，如抽水开始时 5~10 min 观测一次，2 h 后每 15~30 min 观测一次。抽水稳定时间为 8~24 h；非稳定流试验通常采用定流量抽水。试验时，要同时观测流量和水位；停止抽水后，要观测恢复水位。观测间隔时间要比稳定流试验的间隔时间短，尤其在开泵和停泵的 30 min 内，更应加密观测，观测时间可按 1、2、3、4、6、8、10、15、20、25、30 min 进行。非稳定流的试验时间不需要太长，对珊瑚碎屑这样的砾粗沙含水层，试验延续时间为 8~15 h。试验过程中抽出的地下水应排离现场，即水井影响半径之外。

5）资料整理

抽水资料整理分为试验现场资料整理和试验结束后的室内参数计算。

现场整理是伴随抽水试验进行的，主要是对已获得的基本观测数据，如抽水流量 Q、水位降深 s 及抽水延续时间 t 进行整理，绘制相关曲线，目的是了解流量和水位降深有无异常，观测是否有误，试验是否已达要求。稳定流绘制的曲线主要有 $Q\text{-}s$、$Q\text{-}t$、$s\text{-}t$ 和单位降深涌水量 $q\text{-}s$ 曲线。图 3.13 和图 3.14 是常见的 $Q\text{-}s$ 和 $q\text{-}s$ 曲线。其中，曲线 I 代表含水层厚度大、降深小的潜水井流；曲线 II 代表潜水井流；曲线 III 代表从某一降深开始涌水量随降深的增加而增加很少；曲线 IV 表示补给衰竭或水流受阻；曲线 V 通常表示试验有误。对于定流量的非稳定流试验，通常要绘制水位降深 s 与时间 t 的相关曲线，如 $s\text{-}t$、$s\text{-}\lg t$ 或 $\lg s\text{-}\lg t$ 曲线；如果观测孔较多，还需绘制观测孔水位降深 s 与距抽水井的距离 r 的对数曲线 $s\text{-}\lg r$。此外，在非稳定流的水位恢复阶段，尚需绘制 $s'\text{-}\lg\left(1+\dfrac{t_p}{t'}\right)$ 和 $s^*\text{-}\lg\dfrac{t}{t'}$ 曲线。其中，s' 为剩余水位降深；s^* 为水位回升高度；t_p 为抽水井抽水开始到停止抽水时的累计时间；t' 为从抽水井停抽后算起的水位恢复时间；t 为从抽水试验开始至水位恢复到某一高度的时间。

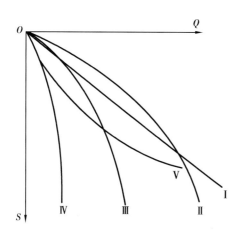

图 3.13 稳定流试验的 Q-s 曲线

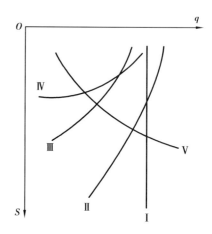

图 3.14 稳定流试验的 q-s 曲线

室内整理是在现场试验结束后,利用试验中获得的原始数据进一步整理求得预期的试验结果。室内整理内容包括综合成果图表绘制、水文地质参数计算和试验报告。成果图表有 Q-s、Q-t、s-t 和 q-s 曲线,以及抽水试验成果表等;水文地质参数计算主要有渗透系数 K、给水度 μ 等的计算;试验报告主要是对试验工作进行完整的总结,内容有试验目的要求、试验方法、主要成果、分析讨论和结论。下面介绍渗透系数 K、给水度 μ 的计算:

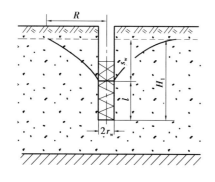

图 3.15 单井非淹没过滤器井壁进水

渗透系数 K 的计算依据抽水试验方法而定。稳定流试验,渗透系数 K 可用公式计算;非稳定流试验,渗透系数 K 多用配线法确定,同时还可确定给水度 μ。在稳定流试验中,计算渗透系数 K 的公式也因过滤器是否被淹没以及有无观测孔而有不同。对图 3.15 所示的单井、非淹没过滤器、井壁进水的情形,渗透系数 $K(\text{m/d})$ 用下式计算:

$$K = \frac{0.366Q}{H_1 s_w} \lg \frac{R}{r_w} \qquad (3.36)$$

式中 Q——稳定抽水时的流量,m^3/d;

H_1——过滤器底部至潜水面的含水层厚度,m;

s_w——井中水位降深,m;

R——影响半径，m，可按珊瑚沙主要颗粒粒径大小选取，见表 3.3；

r_w——抽水井半径，m。

表 3.3　影响半径经验值

颗粒名称	粒径/mm	影响半径/m	颗粒名称	粒径/mm	影响半径/m
细沙	0.1~0.25	50~100	极粗沙	1.0~2.0	400~500
中沙	0.25~0.5	100~200	小砾	2.0~3.0	500~600
粗沙	0.5~1.0	300~400	中砾	3.0~5.0	600~1 500

如果是单井、非淹没过滤器井壁进水并带有一个观测孔，如图 3.16 所示，则用下式计算渗透系数 $K(\mathrm{m/d})$ ：

$$K = \frac{0.16Q}{l'(s_w - s_1)}\left(2.3\,\lg\frac{1.6l'}{r_w} - \operatorname{arsinh}\frac{l'}{r_1}\right) \qquad (3.37)$$

$$l' = l_0 - 0.5(s_w + s_1)$$

式中　Q——稳定抽水时的流量，$\mathrm{m^3/d}$；

l_0——过滤器底部至潜水面的含水层厚度，m；

s_w——井中水位降深，m；

s_1——观测孔中水位降深，m；

r_w——抽水井半径，m；

r_1——观测孔至抽水井的距离，m。

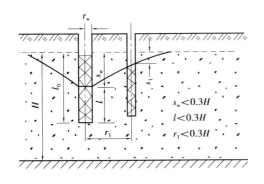

图 3.16　单井带一个观测孔非淹没过滤器井壁进水

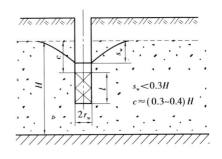

图 3.17　单井淹没过滤器井壁进水

如试验过程中,过滤器全部淹没在水中、井壁进水,如图 3.17 所示,则渗透系数 K 改用下式计算:

$$K = \frac{0.366Q}{ls_{w}} \lg \frac{0.66l}{r_{w}} \qquad (3.38)$$

式中,l 为过滤器长度(m);其余同前。若抽水井还带有一个观测孔,如图 3.18 所示,则渗透系数 K 由下式计算:

$$K = \frac{0.16Q}{l(s_{w} - s_{1})}\left(2.3 \lg \frac{0.66l}{r_{w}} - \operatorname{arsinh} \frac{l}{2r_{1}}\right) \qquad (3.39)$$

式中各参数同前。

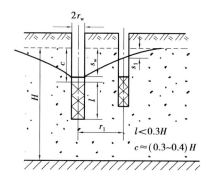

图 3.18　单井带一个观测孔淹

没过滤器井壁进水

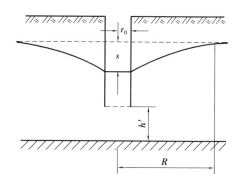

图 3.19　大口井

在珊瑚岛上还常用大口井抽水,如图 3.19 所示。这种抽水井口径大,通常 3～5 m,井底进水。当用大口井进行抽水试验时,渗透系数 K(m/d)可用下式计算:

$$K = \frac{Q}{4r_{0}s} \qquad (3.40)$$

式中　Q——稳定抽水时的流量,m³/d;

　　　　r_{0}——水井半径,m;

　　　　s——井中水位降深,m。

对于定流量的非稳定流抽水试验,试验过程中水位降深随抽水时间变化,根据时间-降深资料就可以确定渗透系数 K 等相关的参数。非稳定流水文地质参数的确定通常使用配线法,理论依据是在承压含水层条件下求得的泰斯(Theis)方程:

$$s = \frac{Q}{4\pi T}W(u) \qquad (3.41)$$

$$u = \frac{r^2 S}{4Tt} \quad 或 \quad \frac{1}{u} = \frac{4Tt}{r^2 S} \tag{3.42}$$

式中 s——观测井降深,m;

Q——抽水流量,m^3/d;

T——导水系数,m^2/d,$T=Kb$,b 为含水厚度,m;

$W(u)$——井函数,无量纲,$W(u) = \int_u^\infty \frac{e^{-u}}{u} du$,其值可在一些有关水文地质的

书籍和手册中查找;

r——观测孔至抽水井的距离,m;

S——贮水系数;

t——从开始抽水算起的时间,d。

上述各物理量的单位也可根据抽水流量的大小适当调整。对式(3.41)和式(3.42)两端取对数:

$$\lg s = \lg W(u) + \lg \frac{Q}{4\pi T} \tag{3.43}$$

$$\lg t = \lg \frac{1}{u} + \lg \frac{r^2 S}{4T} \tag{3.44}$$

如果有多个观测孔,还可由式(3.42)得到:

$$\lg r^2 = \lg u + \lg \frac{4Tt}{S} \tag{3.45}$$

$$\lg \frac{r^2}{t} = \lg u + \lg \frac{4T}{S} \tag{3.46}$$

观察式(3.43)和(3.44),可以发现,如果在双对数坐标系中作曲线 $\lg W(u)$-$\lg \frac{1}{u}$ 和 $\lg s$-$\lg t$,那么两条曲线具有相同形状,只是坐标轴有所平移。这就为用图线求解泰斯(Theis)方程奠定了基础,这种方法称为"配线法"。具体步骤:第一,根据井函数 $W(u)$ 和 u 的值在双对数坐标纸上作曲线 $W(u)$-$\frac{1}{u}$ 标准曲线,也称"Theis 曲线",如图 3.20 所示;第二,在同样的双对数坐标纸上作 s-t 曲线,如图 3.21 所示,实际操作时,时间单位用 min 会更方便;第三,将绘有标准曲线的图 3.20 与绘有实测数据的

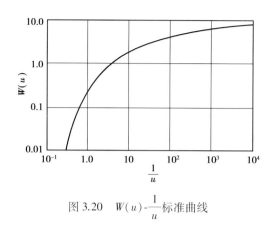

图 3.20 $W(u)$-$\frac{1}{u}$标准曲线

图 3.21 重叠,保持坐标轴平行,移动图纸,使实测曲线与标准曲线重合;然后,选择配合点。配合点不一定要选在标准曲线上,任何一点均可。为方便计,常选 $W(u)=1$ 和 $\frac{1}{u}=1$ 的交点作为配合点,如图 3.22 所示。用大头针标定出配合点,在 s-t 曲线图纸上找出配合点对应的水位降深 s 和时间 t,便得到一组值:$W(u)=1$、$\frac{1}{u}=1$、s 和 t。

将时间 t 由 min 作单位换回以 d 作单位,代入式(3.41)中,就可求得导水系数 T 的值,再除以试验处的保水厚度,即得到渗透系数 K。

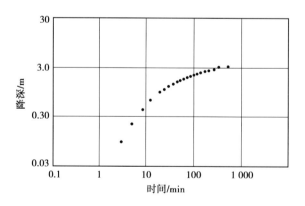

图 3.21 实测的水位降深-时间关系 s-t 曲线

上述用 s-t 曲线与 $W(u)$-$\frac{1}{u}$标准曲线配线求水文地质参数的方法称为降深-时间配线法。当有多个观测孔时,还可按式(3.43)与(3.45)和式(3.43)与式(3.46)整理

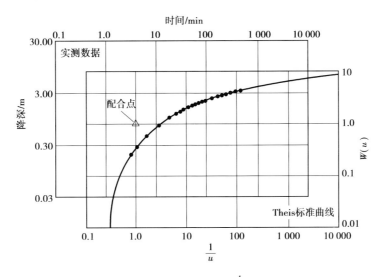

图 3.22　实测 s-t 曲线与 $W(u)$-$\dfrac{1}{u}$ 标准曲线配线

试验数据进行配线求水文地质参数,分别称为"降深-距离配线法"和"降深-时间距离配线法"。由于配线法的基础是在承压含水层的条件下求得的泰斯方程,所以上述配线法原则上适用于承压含水层。不过,如果对实测的水位降深作必要的校正,配线法依然可用于潜水含水层,作为一种近似,也可用于珊瑚岛。这是因为在潜水含水层中抽水会降低地下水位,减少含水层的饱水厚度,进而降低了含水层的导水系数,导致了比导水系数保持恒定时更大的观测降深。因此,在潜水含水层中进行抽水试验,用配线法求水文地质参数时,应对观测到的水位降深 s 进行校正,校正公式为:

$$s' = s - \frac{s^2}{2b} \tag{3.47}$$

式中,s' 为校正后的水位降深,s 为观测到的水位降深,b 为试验开始时饱和含水层厚度。求得 s' 后,首先绘制 s' 和时间的对数曲线,应用上述配线法计算导水系数 T,再除以试验处的饱和含水层厚度,即得到渗透系数 K。在没有进一步的研究成果前,试验处的饱和含水层厚度可近似取为该处的淡水透镜体厚度。

　　此外,还可以用 Bouwer 和 Rice 提出的一种简便的非完整井试验确定潜水含水层渗透系数。这种试验属微水试验,在英语文献中称为"slug test",图 3.23 是试验简图。试验时,瞬时($\mathrm{d}t$ 时段)从井中抽出或注入一定量的水,然后记录井中水位降深

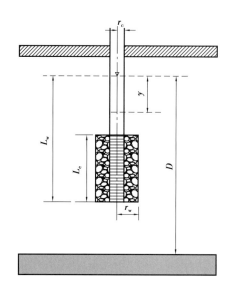

图 3.23　Bouwer 和 Rice 试验法简图

$y(t)$ 随时间 t 的变化,作 lg y-t 曲线,用以计算渗透系数 K。这方法的理论依据为:井中水位突然下降或上升后,水位变化率 $\mathrm{d}y(t)/\mathrm{d}t$ 与注入或抽出井中的流量 Q(抽出为正,注入为负)间的关系可用下式表示:

$$\frac{\mathrm{d}y(t)}{\mathrm{d}t} = -\frac{Q}{\pi r_c^2} \tag{3.48}$$

式中,$y(t)$ 为井中水位降深;r_c 为井半径。由稳定流公式,流量 Q 可表示为:

$$Q = 2\pi K L_e \frac{y}{\ln(R_e/r_w)} \tag{3.49}$$

式中,K 为渗透系数,L_e 为井过滤器长度,R_e 为影响半径,r_w 为井或过滤器半径。将式(3.49)代入式(3.48)中,令 $t=0$ 时(停止抽水或注水),$y=y_0$,可解得渗透系数的表达式:

$$K = \frac{r_c^2 \ln(R_e/r_w)}{2L_e} \frac{1}{t} \ln \frac{y_0}{y} \tag{3.50}$$

式中,$\ln(R_e/r_w)$ 由经验方程求得:

$$\ln \frac{R_e}{r_w} = \left[\frac{1.1}{\ln(L_w/r_w)} + \frac{A + B \ln[(D - L_w)/r_w]}{L_e/r_w} \right]^{-1} \tag{3.51}$$

式中,L_w 为井底至潜水面之间的距离;A 与 B 由 L_e/r_w 的比值用图 3.24 确定;D 是含水层厚度,在珊瑚岛抽水试验中可取为淡水透镜体的厚度。如果在大陆上,用完整井进行试验,$L_w = D$,那么式(3.51)简化为:

$$\ln \frac{R_e}{r_w} = \left[\frac{1.1}{\ln(L_w/r_w)} + \frac{C}{L_e/r_w} \right]^{-1} \tag{3.52}$$

式中,C 亦由 L_e/r_w 的比值用图 3.24 确定。

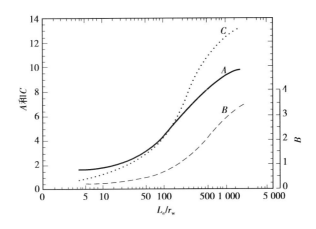

图 3.24　无量纲参数 A、B、C 与 L_e/r_w 的关系

Bouwer 和 Rice 法处理数据的步骤如下($L_w \neq D$):

①在半对数坐标纸上绘制 lg y-t 曲线;

②用直线拟合该曲线的线性部分,延长直线至 $t=0$,得到 y_0;

③计算 $\ln[(D-L_w)/r_w]$,如果 $\ln[(D-L_w)/r_w]>6$,则取 $\ln[(D-L_w)/r_w]=6$;

④在图 3.24 中查得 A、B 值;

⑤计算 $\ln(R_e/r_w)$;

⑥在直线上任找一点,记下该点的 y、t 值,连同 y_0 代入式(3.50)中,计算渗透系数 K。

如果过滤器长度 L_e 超过过滤器半径 r_w 的 8 倍($L_e/r_w>8$),可用下式计算渗透系数:

$$K = \frac{r_c^2 \ln(L_e/r_w)}{2L_e t_{0.37}} \tag{3.53}$$

式中,$t_{0.37}$ 为水位上升或下降至水位初始变化量 37% 时的时间,如图 3.25 所示。

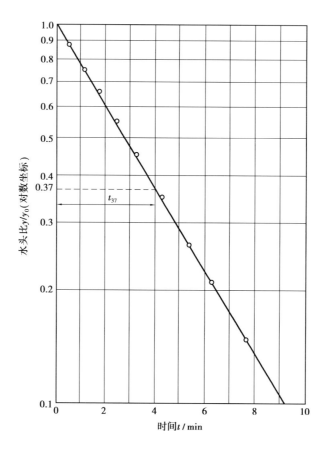

图 3.25　降深比 y/y_0 与时间 t 的关系示意曲线

为说明这种微水试验方法的应用,Bouwer 和 Rice 给出了一个例子:试验用井位于以一冲积沉积层内,潜水面埋深 3 m,含水层厚 D 为 80 m,潜水面至井底的距离 L_w 为 5.5 m,过滤器长 L_e 为 4.56 m,井半径 r_c 为 0.076 m,过滤器半径 r_w 取为 0.12 m。试验时将一 Statham PM131TC 型压力传感器置于水面下 1 m 深处,再将一圆柱体放于水面下,水面抬升 0.32 m。当水面恢复至平衡位置时,取出圆柱和压力传感器。由压力传感器记录的压力(水头)随时间变化的数据,在半对数坐标纸上绘制如图 3.26 的曲线,延长线上的直线部分,上端与 y 轴($t=0$)相交,得到 $y_0=0.29$ m,非常接近水面抬升值 0.32 m;在下端延长线上,任取一时间 $t=20$ s 的点,其对应的 $y=0.002\,5$ m。于是:

$$\frac{1}{t}\ln\frac{y_0}{y}=0.238\ \text{s}^{-1}$$

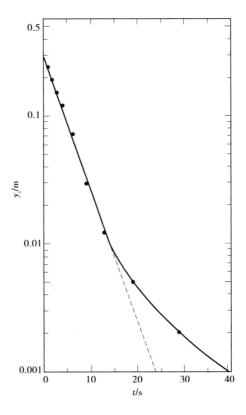

图 3.26　微水试验 *y-t* 图

而
$$\frac{L_e}{r_w} = 38$$

由图 3.24 知：
$$A = 2.6$$
$$B = 0.42$$

且
$$\ln\left[(D-L_w)/r_w\right] = 6.43 > 6，取\ \ln\left[(D-L_w)/r_w\right] = 6$$

将上述各有关值代入式（3.51）中，即

$$\ln\frac{R_e}{r_w} = \left[\frac{1.1}{\ln(L_w/r_w)} + \frac{A + B\ln\left[(D-L_w)/r_w\right]}{L_e/r_w}\right]^{-1}$$

$$= \left[\frac{1.1}{\ln(5.5/0.12)} + \frac{2.6 + 0.42 \times 6}{38}\right]^{-1}$$

$$= 2.37$$

由式(3.50)得：

$$K = \frac{r_c^2 \ln(R_e/r_w)}{2L_e} \frac{1}{t} \ln \frac{y_0}{y}$$

$$= \frac{0.076^2 \times 2.37}{2 \times 4.56} \times 0.238 \text{ m/s}$$

$$= 0.000\ 36 \text{ m/s}$$

$$= 31 \text{ m/d}$$

3.2.2 给水度

在潜水含水层的条件下，一般取给水度 μ 等于贮水系数 S，即 $S=\mu$。在珊瑚岛上进行定流量非稳定流的抽水试验中，由抽水井加上观测孔的时间-降深资料可以计算珊瑚岛含水层的给水度 μ。方法是用距抽水井为 r 的观测孔中的观测数据经校正后作 s'-t 曲线，再用和上述相同的作法求得 T 后，将 u、T、t、r 代入式(3.42)即可求得给水度 μ。

3.2.3 弥散度

弥散度是一个依赖于试验尺度的多孔介质参数，即具有尺度效应。无论室内还是野外现场试验，随着试验介质中流体流经距离的增大，弥散度的取值会越来越大。Gelhar 分析了 59 个不同野外试验数据，发现纵向弥散度的取值范围为 0.4~4 m。水平横向弥散度一般比纵向弥散度小一个量级，垂向横向弥散度一般又比水平横向弥散度小一个量级。弥散度的这种尺度效应，加上试验中的误差，使得野外试验的测定值只是一种估计值，仅反映特定条件下溶质的运移属性。

与实验室弥散度的测量一样，野外弥散度的测量也需要在含水介质中投放一定的示踪剂，测量介质中水流动情况下示踪剂浓度的时空分布，根据弥散方程的解通过试算或曲线拟合求得介质的弥散度。实验室内常用的示踪剂是氯化钠(NaCl)。在珊瑚岛上测定珊瑚沙砾的弥散度时，为避免淡水透镜体中氯离子(Cl⁻)的干扰，可使用其他示踪剂。但要注意，选择的示踪剂应满足无毒、安全、环保、检出灵敏度高、用量少、来源广、价格低等要求。试验方法主要是用井将示踪剂注入含水层，再用井把水抽出来,测试示踪剂的浓度。试验用井可以是单井、双井,甚至是多井。根据测试参数是纵向弥散度、横向水平弥散度或是横向垂直弥散度的不同,地下水流是天然水力梯度作用下的自然流还是人工产生的地下水流,试验有多种方法及变种,但不管哪种方法都较室内测试昂贵和费时。下面介绍一种应用均匀流二维扩散方程结合试验求得纵向弥散度和横向水平弥散度的方法。地下水流可以是天然水力梯度作用下的自然流动,也可以是人工产生的地下水流。

对均质含水层中的均匀地下水流,取 x 轴的方向为水流方向,则瞬时投放示踪剂的二维扩散方程为:

$$\frac{\partial c}{\partial t} + u\frac{\partial c}{\partial x} = D_{\mathrm{L}}\frac{\partial^2 c}{\partial x^2} + D_{\mathrm{T}}\frac{\partial^2 c}{\partial y^2} \tag{3.54}$$

式中, c 为示踪剂浓度; u 为地下水在多孔介质孔隙中的平均流速,也称"渗流流速"; D_{L}、D_{T} 分别为纵向弥散系数和横向水平弥散系数。引入弥散度的概念, D_{L}、D_{T} 可表示为:

$$D_{\mathrm{L}} = \alpha_{\mathrm{L}}u \tag{3.55}$$

$$D_{\mathrm{t}} = \alpha_{\mathrm{T}}u \tag{3.56}$$

式中, α_{L} 和 α_{T} 分别为纵向弥散度和横向水平弥散度。式(3.54)解为:

$$c(x,y,t) = \frac{M}{4\pi btu\sqrt{\alpha_{\mathrm{L}}\alpha_{\mathrm{T}}}}\exp\left[-\frac{(x-ut)^2}{4\alpha_{\mathrm{L}}ut} - \frac{y^2}{4\alpha_{\mathrm{T}}ut}\right] \tag{3.57}$$

式中, M 为 $t=0$ 时在坐标原点整个含水层厚度 b 范围内瞬时投入的示踪剂质量;其余符号同前。

基于式(3.57),Zou S 和 Par 提出了一种由试验数据求弥散度的方法。这种方法需要求解联立方程,但不必预先测定地下水的流向,也不要求观测井和示踪剂投放井在同一流线上,只需大致知道地下水流向即可。图 3.27 是试验布置示意图,坐标原点 O 设于投放井, x 轴大致指向地下水流方向,1 号观测井 (x_1, y_1) 和 2 号观测井 (x_2, y_2) 分别位于 x 轴两侧,与投放井的连线也即距离分别为 l_1 和 l_2,由 Ox 轴逆时针转至 l_1 的角 γ 为正,由 l_1 顺时针转到 l_2 角 β 为负。由此可得坐标关系式:

$$\left.\begin{array}{l} x_1 = l_1 \cos \gamma \\ y_1 = l_1 \sin \gamma \\ x_2 = l_2 \cos(\gamma + \beta) \\ y_1 = l_2 \sin(\gamma + \beta) \end{array}\right\} \qquad (3.58)$$

若令: $k = \dfrac{M}{4\pi b u \sqrt{\alpha_L \alpha_T}}$, 则式(3.57)可改写为:

$$c(x,y,t) = \frac{k}{t} \exp\left[-\frac{(x-ut)^2}{4\alpha_L ut} - \frac{y^2}{4\alpha_T ut} \right] \qquad (3.59)$$

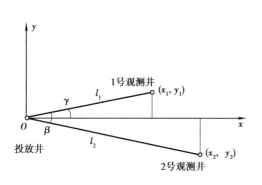

图 3.27　试验布置示意图

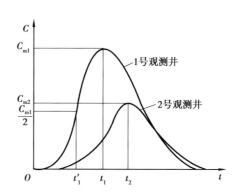

图 3.28　观测井中的浓度过程曲线

　　野外试验时,在投放井中,于 $t=0$ 时瞬时投入质量为 M 的示踪剂如碘(I),然后在 1 号观测井和 2 号观测井中测量浓度过程曲线,并在线上读出 1 号观测井和 2 号观测井中出现峰值浓度 c_{m1}、c_{m2} 的时间 t_1、t_2 和两井中最大峰值浓度井出现 1/2 峰值浓度的时间 t_1',如图 3.28 所示。应用求极值的方法,由式(3.59)求得取峰值浓度的时间 t_m,联合 t_1、t_2 和 t_1' 便可建立一组联立方程。由:

$$\frac{\partial c}{\partial t} = -\frac{k}{t^2} \exp\left[-\frac{(x-ut)^2}{4\alpha_L ut} - \frac{y^2}{4\alpha_T ut} \right] +$$

$$\frac{k}{t} \exp\left[-\frac{(x-ut)^2}{4\alpha_L ut} - \frac{y^2}{4\alpha_T ut} \right]\left[\frac{x^2 - u^2 t^2}{4\alpha_L ut^2} + \frac{y^2}{4\alpha_T ut^2} \right]$$

$$= 0$$

得：

$$-\frac{1}{t_{\mathrm{m}}} + \frac{x^2 - u^2 t_{\mathrm{m}}^2}{4\alpha_{\mathrm{L}} u t_{\mathrm{m}}^2} + \frac{y^2}{4\alpha_{\mathrm{T}} u t_{\mathrm{m}}^2} = 0 \tag{3.60}$$

由方程(3.60)解得：

$$t_{\mathrm{m}} = \frac{-2\alpha_{\mathrm{L}} + \sqrt{4\alpha_{\mathrm{L}}^2 + x^2 + \dfrac{\alpha_{\mathrm{L}}}{\alpha_{\mathrm{T}}} y^2}}{u} \tag{3.61}$$

$$\alpha_{\mathrm{L}} = \frac{x^2 - u^2 t_{\mathrm{m}}^2}{4 u t_{\mathrm{m}} - \dfrac{y^2}{\alpha_{\mathrm{T}}}} \tag{3.62}$$

峰值浓度 c_{m} 为：

$$c_{\mathrm{m}} = \frac{k}{t_{\mathrm{m}}} \exp\left[-\frac{(x - u t_{\mathrm{m}})^2}{4\alpha_{\mathrm{L}} u t_{\mathrm{m}}} - \frac{y^2}{4\alpha_{\mathrm{T}} u t_{\mathrm{m}}} \right] \tag{3.63}$$

考察式(3.58)和式(3.63)，共有 5 个未知量：γ、α_{L}、α_{T}、k 和 u，可由以下 5 个方程组成的方程组求解，即

$$c_{\mathrm{m1}} = \frac{k}{t_1} \exp\left[-\frac{(x_1 - u t_1)^2}{4\alpha_{\mathrm{L}} u t_1} - \frac{y_1^2}{4\alpha_{\mathrm{T}} u t_1} \right] \tag{3.64}$$

$$c_{\mathrm{m2}} = \frac{k}{t_2} \exp\left[-\frac{(x_2 - u t_2)^2}{4\alpha_{\mathrm{L}} u t_2} - \frac{y_2^2}{4\alpha_{\mathrm{T}} u t_2} \right] \tag{3.65}$$

$$\frac{c_{\mathrm{m1}}}{2} = \frac{k}{t_1'} \exp\left[-\frac{(x_1 - u t_1')^2}{4\alpha_{\mathrm{L}} u t_1'} - \frac{y_1^2}{4\alpha_{\mathrm{T}} u t_1'} \right] \tag{3.66}$$

$$t_1 = \frac{-2\alpha_{\mathrm{L}} + \sqrt{4\alpha_{\mathrm{L}}^2 + x_1^2 + \dfrac{\alpha_{\mathrm{L}}}{\alpha_{\mathrm{T}}} y_1^2}}{u} \tag{3.67}$$

$$\alpha_{\mathrm{L}} = \frac{x_1^2 - u^2 t_1^2}{4 u t_1 - \dfrac{y_1^2}{\alpha_{\mathrm{T}}}} \tag{3.68}$$

上述方程组虽是一个封闭方程组，在数学上可以求解，但方程组中包含了超越方程，求解十分麻烦。再考虑到野外试验的难度和成本，工程上大多数问题可以通过已有实测数据整理的资料获得含水介质的弥散度，主要是利用经验公式计算弥散

度和查图获得弥散度。

Xu 和 Eckstein 于 1995 年统计分析了野外测得的纵向弥散度与流程之间的关系,得到如下经验公式:

$$\alpha_L = 0.83 \, (\lg L)^{2.414} \tag{3.69}$$

式中 α_L——纵向弥散度,m;

L——观测点与扩散质源点间的距离,m。

式(3.69)反映了弥散度的尺度效应,即随着距离的增大而增大。但也可以发现,当距离 L 大于几千米后,弥散度随距离的变化很小,这与野外的试验结果是一致的。

之前,1985 年 Gelhar 等综合了 59 个不同尺度的野外试验数据,给出了如图 3.29 所示的纵向弥散度与观测尺度间的关系。该图按观测类型和含水介质种类对数据进行了分类,是确定纵向弥散度时被广泛引用的资料。但图中的数据未标明可靠性,他们认为不考虑数据的可靠性并不合适。1992 年 Gelhar 等按可靠性高、中、低对野外试验数据进行了分类表示,给出了弥散度与观测尺度的关系,如图 3.30 至图 3.33 所示。由图 3.30 可以看到对于给定的尺度,纵向弥散度的变化范围可达 2~3 个量级,不过可靠性高的测试点都集中于图形的下部。图 3.31 和图 3.32 给出了横

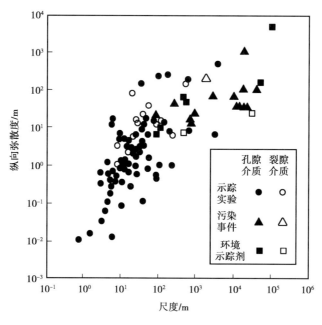

图 3.29   纵向弥散度与观测尺度间的关系

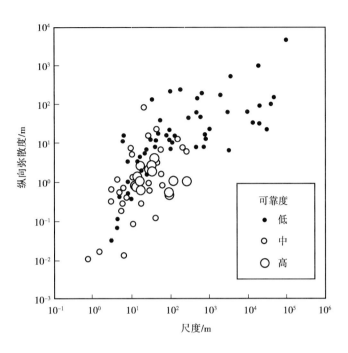

图 3.30　按可靠性分类的纵向弥散度与观测尺度间的关系

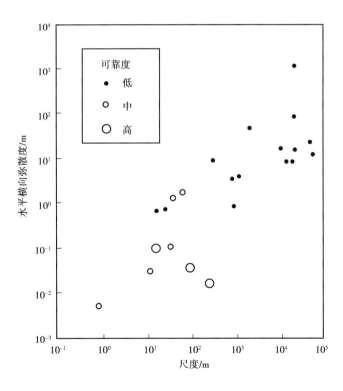

图 3.31　水平横向弥散度与观测尺度间的关系

向弥散度与观测尺度的关系,由图可见横向弥散度较纵向弥散度小,也受观测尺度影响;可靠性高的数据表明水平横向弥散度比纵向弥散度至少小一个量级,垂向横向弥散度比水平横向弥散度小 1~2 个量级。图 3.33 给出了纵向弥散度 α_L 对水平横向弥散度 α_{TH} 和垂向横向弥散度 α_{TV} 的比,图中大的符号表示可靠性高,小的符号表示可靠性低;垂向虚线表示在该点测定了三个方向的主分量,水平虚线表示在数值模拟计算中普遍采用的比率为 $\dfrac{\alpha_L}{\alpha_{TH}} = 3$。鉴于可靠性高的测试点都集中于图形的下部,因此,Gelhar 等建议在任何尺度下均使用图中下半部分的弥散度。

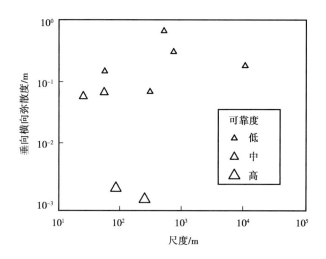

图 3.32　垂向横向弥散度与观测尺度间的关系

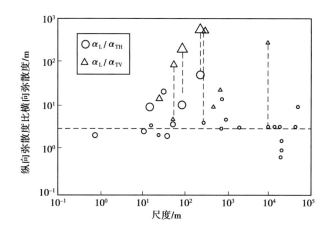

图 3.33　纵向弥散度 α_L 对水平和垂向横向弥散度(α_{TH} 和 α_{TV})的比

3.3　西沙永兴岛的抽水试验

3.3.1　试验布置

为获得永兴岛的渗透系数,在岛上选择 2 个点,进行抽水试验。试验点 1 位于岛的中部,试验点 2 靠近岛屿边缘,如图 3.34 所示。作为抽水试验应用的一个实例,以下介绍在试验点 1 测量渗透系数的稳定流抽水试验。试验点 1 由抽水井和 4 个观测孔组成。其中观测孔 4、2、3 与抽水井在同一直线上,并与观测孔 1 和抽水井的连线相垂直。各观测孔距离主井的距离分别为 1.7、5、10、5 m,如图 3.35 所示。

图 3.34　抽水试验点位置图

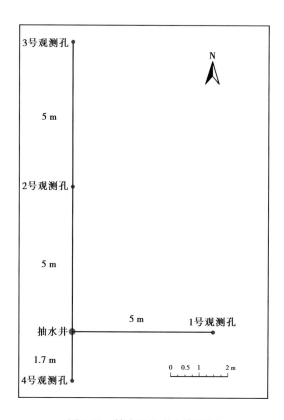

图 3.35　抽水试验点 1 布置图

3.3.2　试验与参数计算

在试验点 1,抽水井井深 1.63 m。主井和观测孔 1、2、3、4 初始水位埋深分别为 0.8、0.532、0.657、0.745、0.555 m。试验水泵最大流量为 15 m³/h,测量工具为三角堰,抽出的水排至 60 m 外的椰树林中。试验时,抽水量为 5.09 m³/h(即 122.16 m³/d),进行了一个落程的试验,时间为 310 min,主井和 1、2、3、4 观测孔水位接近稳定,水位降深分别为 0.342、0.186、0.129、0.124、0.088 m。试验测得降深-时间过程曲线如图 3.36 所示。

珊瑚岛礁淡水透镜体无隔水底板,岛上全部水井为潜水非完整井。渗透系数 K 的计算采用潜水非完整井公式(3.37)可得:

$$K = \frac{0.16Q}{l'(s_w - s_1)}\left(2.3 \lg \frac{1.6l'}{r_w} - \mathrm{arsinh}\, \frac{l'}{r_1}\right)$$

$$l' = l_0 - 0.5(s_w + s_1)$$

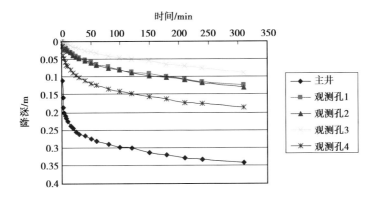

图 3.36　试验点 1 稳定流抽水试验降深-时间关系曲线

式中　K——渗透系数,m/d;

　　　Q——稳定抽水时的流量,m³/d;

　　　l_0——过滤器底部至潜水面的含水层厚度,m;

　　　s_w——井中水位降深,m;

　　　s_1——观测孔中水位降深,m;

　　　r_w——抽水井半径,m;

　　　r_1——观测孔至抽水井的距离,m。

各有关参数及计算结果见表 3.4:

表 3.4　各观测孔测得的渗透系数

参　数	Q /(m³·d⁻¹)	S_w /m	S_1 /m	l_0 /m	l' /m	r_w /m	r_1 /m	K /(m·d⁻¹)
观测孔 1	122.16	0.342	0.186	1.06	0.779 5	0.4	1.7	110.8
观测孔 2	122.16	0.342	0.129	1.06	0.824 5	0.4	5	114.4
观测孔 3	122.16	0.342	0.124	1.06	0.827	0.4	5	111.7
观测孔 4	122.16	0.342	0.088	1.06	0.845	0.4	10	103.1

渗透系数取以上各观测孔数据的平均值:(110.8+114.4+111.7+103.1)/4 m/d= 110.0 m/d。

3.4 淡水透镜体的室内模拟

实验室模拟是深入了解淡水透镜体形成发育机理,以及降雨、开采等因素对淡水透镜体影响的便捷而有效的方法。根据珊瑚岛礁的水文地质特征,设计模拟试验装置,进行淡水透镜体的室内模拟试验,就可以直接观测到淡水透镜体的形状、厚度、过渡带以及开采强度的影响,模拟倒锥的形成过程。

3.4.1 试验装置

珊瑚岛矗立海中,四周被海水包围,底部与海水相通,淡水透镜体悬浮于海水之上。要完全模拟这种地理环境,会使试验与观测变得十分困难。一种解决方案是:将试验装置设计成长方体,两侧海水填充区与中央介质填充区间用多孔挡板隔开,海水可通过挡板上的密布小孔进入多孔介质,另外两侧用以安装测试装置,如在前侧开设取水孔,用以试验中取水测定水中含盐量。按照这一设想,淡水透镜体的室内模拟装置设计为一长、宽、高分别为 3、1、1.5 m 的长方体,由中央介质

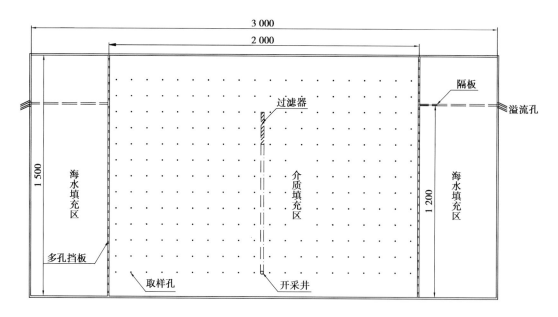

图 3.37　模拟装置正视图

填充区和两侧海水填充区组成,如图 3.37 至图 3.39 所示。介质填充区上方设降雨装置。

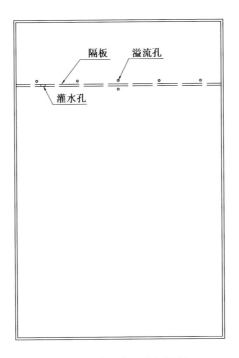

图 3.38　模拟装置右侧视图

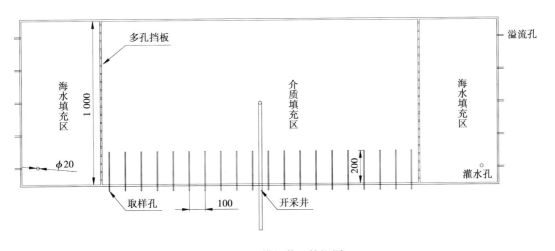

图 3.39　模拟装置俯视图

（1）介质填充区

介质填充区位于装置中部，长 2 m、宽 1 m、高 1.5 m，用以填装多孔介质模拟海岛。在介质填充区中心，距底部 0.15 m 处设置一口高为 1 m、直径为 0.02 m 的模拟开采井。从开采井顶部起 0.2 m 的长度上设置了过滤器，防止沙子落入。开采井的出流孔从填充区前侧引出，并设有阀门。介质填充区的前侧以 0.1 m 的孔距均匀布设了 20×13＝260 个取样（观测）孔，硬塑料管接入，深入沙槽中的深度为 20 cm，外面留有 5 cm 与短乳胶管连接，用止水夹止水，以便取水，用以监测淡水透镜体的演变。

（2）海水填充区

海水填充区分别位于介质填充区两侧，各区长、宽、高分别为 0.5、1、1.5 m，用以填装海水。海水填充区与介质填充区之间由多孔挡板相连，海水通过挡板上孔径为 3 mm 的小孔进入介质填充区。挡板介质填充区一侧放置紧贴于板壁的纱布，防止沙子进入海水区。在距海水填充区顶部 0.3 m 处横向安置一隔板，隔板之上有 5 个直径 1 cm 的溢流孔（用于出流雨水），隔板之下有一个同样的溢流孔（用于出流降水后溢出的海水）。隔板上开直径为 2 cm 的孔用于灌注海水，灌注完海水后用挡板堵住该孔。当介质填充区上方发生降雨时，高出海水位以上的部分壤中流经由此隔板之上的溢流孔流出，避免壤中出流的淡水对海水浓度造成影响。

（3）降雨装置

降雨装置由 18 根塑料管组成，其上均匀布设小孔，由一端集中供水，使从塑料管小孔流出的淡水均匀地喷洒到介质上。供水管上安装水表记录降雨量。

试验总装置如图 3.40 所示，隔板、多孔挡板、溢流孔、灌水孔如图 3.41 所示，降雨装置如图 3.42 所示。

图 3.40 试验装置总体图

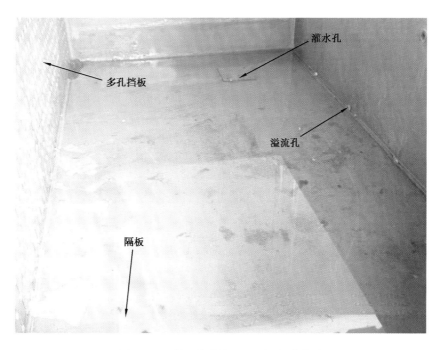

图 3.41 隔板、多孔挡板、溢流孔、灌水孔

图 3.42　降水装置

3.4.2　试验方法

（1）填充介质

实验选用黄沙作为填充介质，通过颗粒分析得颗粒级配曲线如图 3.43 所示。

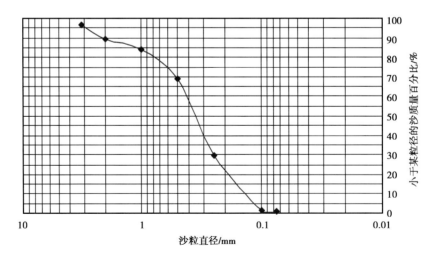

图 3.43　中沙介质的颗粒级配曲线

经计算,沙样的平均粒径为 0.36 mm,级配不良,颗粒大小相差不大、较为均匀,属于中沙。按照《土工实验标准》中环刀法,测得填充沙样的干密度为 1.63 g/cm³,计算出沙样的孔隙度为 0.4。采用高 1.5 m、直径 0.15 m 的一维沙柱,按照《土工试验规程》"常水头渗透性实验操作步骤"测得渗透系数为 21.74 m/d。根据筒测法,测得沙样的给水度为 0.21。采用一维弥散实验装置,测得弥散系数 D_L 为 0.16 cm²/s。

将测定物理参数后的试验沙样装入试验装置的介质填充区,沙样逐层填充、压实。填充完毕后,测得沙样平均高度为 1.27 m,大体呈平整状态,如图 3.44 所示。

图 3.44　填充介质后的沙槽

（2）海水饱和

配制氯离子浓度为 18 g/L 的海水,经由隔板上方的圆孔灌入沙槽两侧的海水填充区,再经多孔挡板进入介质填充区域。当两侧海水填充区的水位稳定在 1.2 m 左右时,整个介质填充区域已被海水饱和。从靠近底部的取样孔取出水样,测定其电导率值为 31.8 ms/cm,作为试验过程中海水的边界值;配制 Cl⁻ 浓度为 600 mg/L 的水样,测定其电导率值为 2.64 ms/cm,作为淡水透镜体与海水边界的判定值。电导率值在 2.64~31.8 ms/cm 的区域为淡盐水过渡带。

（3）降雨及开采

含水层（介质填充区，以下均称为含水层）内形成稳定的海水位后，利用降雨装置模拟天然降雨。降雨后通过取样孔提取水样，测电导率，绘制等 Cl⁻浓度线，确定淡水透镜体形状。当淡水透镜体稳定后，启动开采井，观察透镜体形状和倒锥随开采量的变化。

3.4.3 试验结果分析

（1）透镜体的形成

试验共模拟了 13 场降雨，各场降雨后均从取样孔取样测电导率，利用 Surfer 软件生成电导率等值线图，描绘淡水透镜体形状的变化。实验发现，淡水透镜体的形成是一个缓慢的过程，在无开采条件下，透镜体厚度（透镜体最低点到海平面之间的厚度，以下相同）与累计降雨入渗量近似成正比，见表 3.5 和图 3.45。几场典型降雨后淡水透镜体的形状如图 3.46 至图 3.48 所示。

表 3.5　各场降雨后的累计入渗量

降雨场次	1	2	3	4	5	6	7	8	9	10	11	12	13
累计入渗雨量/m³	0.10	0.13	0.15	0.19	0.20	0.21	0.23	0.29	0.36	0.44	0.52	0.59	0.77
透镜体厚度/cm	2.5	3.8	5	5.8	6.3	6.6	7	9	10	17	18	19	26

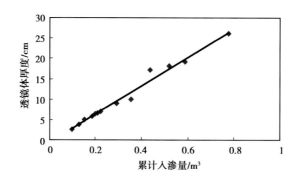

图 3.45　淡水透镜体厚度与降雨累计入渗量的关系图

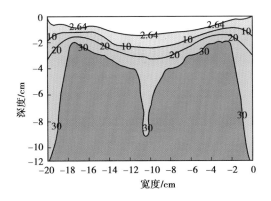

图 3.46 第 3 场降雨后电导率等值线图（累计入渗量 0.15 m³）

图中坐标单位:×5 cm

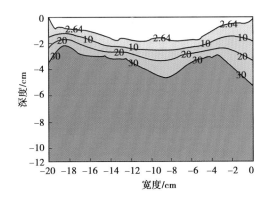

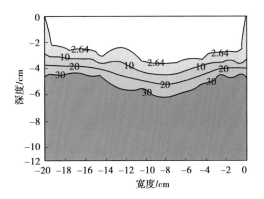

图 3.47 第 9 场降雨后电导率等值线图   图 3.48 第 13 场降雨后电导率等值线图

（累计入渗量 0.36 m³）   （累计入渗量 0.77 m³）

图中坐标单位:×5 cm   图中坐标单位:×10 cm

在图 3.46 至图 3.48 中,电导率为 2.64 ms/cm 的等值线与模型区域的交界点处位于海平面上。在淡水透镜体的形成过程中,最初入渗到地下的雨水与海水混合成为过渡带,随着雨水的持续下渗,多孔介质中的过渡带逐渐向下推进,过渡带之上的淡水水体不断扩大,同时过渡带中淡-海水混合液透过侧面多孔挡板（模拟岛屿侧壁）向海水出流。在透镜体形成初期,雨水入渗量大于淡水流失量,透镜体不断增大增厚,流失的淡水也不断增加,在一定水文地质条件下,当雨水入渗量等于淡水流失量时,淡水透镜体处于一稳定状态。由于弥散作用,过渡带会向透镜体扩展,但一到降雨回补,随着淡水的渗入,过渡带又将退回到原有位置。因此,

147

淡水透镜体的稳定状态实际上是在一平衡位置波动,是一种动态平衡,可称为"呼吸"现象。本次实验中淡水透镜体的厚度在第 13 场降雨后基本维持不变,从 Surfer 绘制出的透镜体形状图可知,海平面以下淡水透镜体的最大厚度约为 30 cm,过渡带厚度约为 26 cm。

（2）潜水面观测

为观测淡水透镜体潜水面形状,在沙样表面布置了 10 根长 0.2 m、直径 0.01 m 的有机玻璃管作为观测井,通过观测井观测地下水位。观测井深入沙样表面以下 0.13 m,沙样高出海水位 0.1 m。观测井位置如图 3.49 和图 3.50 所示。

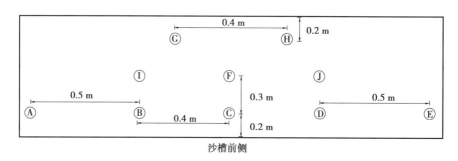

图 3.49　观测井布设位置平面图（图中Ⓐ—Ⓙ为各观测井编号）

图 3.50　观测井在沙槽中的布设位置

实验设计了 6 场降雨,各场降雨结束后,用电压感知仪测量观测井中水位,图 3.51 是第 3 场降雨后的潜水面示意图。

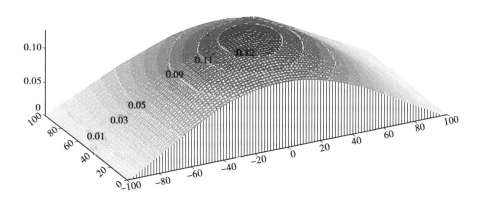

图 3.51 第 3 场降雨后潜水面形状(图中长度单位:cm)

由图可知,淡水透镜体在海平面以上的高度不大,中心最厚处也仅为 0.13 cm。但正是这一水头差,保证了透镜体中淡水持续地向海水渗流,使因弥散而进入透镜体的海水向外退缩,淡水透镜体才得以存在。

（3）倒锥的形成

淡水透镜体形状稳定后(即随入渗雨量的增大而不发生变化),最大厚度为 30 cm。停止降雨,启动开采井抽取淡水,由于水井周围形成局部流场和井中水位降深,使抽水井下方静压降低,过渡带便在抽水的过程中逐渐上升,淡-海水界面形成一张倒置的锥面,俗称"倒锥"。在实验中,可以模拟不同开采强度 Q 时倒锥的变化情况。随着开采量的增大,倒锥逐渐上升,淡水透镜体的厚度逐渐减小,如图 3.52 所示。当开采强度为 3.73×10^{-5} m³/s 时,开采井中出现咸水,如图 3.52(d)所示。如果继续以该流量长期抽水,海水终将进入井中而击穿淡水透镜体。

试验表明,抽水强度是控制倒锥运动的主要因素,抽水强度过大,井底静压大幅降低,倒锥便迅速上升,击穿透镜体。因此,用井开采淡水时,应控制好抽水强度。

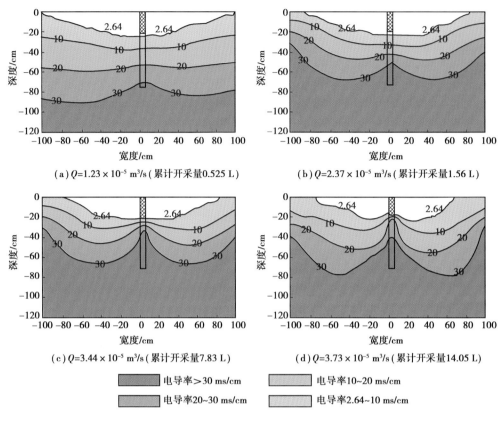

图 3.52 透镜体形状随开采量的变化

（4）开采与恢复

为考查开采对透镜体的影响和停采后透镜体的恢复情况,设计了 3 组开采强度由小到大的实验。实验时,从最小开采强度开始进行开采,开采一定时间,停止开采,16 h 后观测倒锥的消退及淡水透镜体的恢复情况,再进行降雨补给,使淡水透镜体恢复到开采前的形状,然后,改变开采强度,进入下一组开采实验。各组开采情况及开采时淡水透镜体的演变过程见表 3.6 和图 3.53 至图 3.56。图中各等值线上的值表示不同氯离子浓度的电导率与海水电导率的比值。因为进行开采与恢复实验时,气温变化大,沙槽中海水及淡水的电导率受到温度变化的影响,每日测得的海水及淡水透镜体下界面(Cl⁻浓度为 600 mg/L)的电导率值均有所变化,但是,每日测得的淡水透镜体下界面的电导率值与海水电导率值的比保持不变,为 0.2,且由于使用不同的测定氯离子浓度的仪器得出的电导率数值有差别,用单一的电导率值刻画透镜体的下界面不具有通用性。因此,开采与恢复实验的结果表达中,均使用各观测孔测得的电导率值与海水电导率值的比值来描绘淡水透镜体,比值为 0.2 的等值线表示淡水透镜体的下界面,"1"表示海水。

表 3.6　各组开采情况统计表

组　号	1	2	3
开采强度/(L·s⁻¹)	0.012	0.030	0.043
开采淡水量/L	7.2	9.0	10.19
开采历时/s	600	300	237
可开采量占淡水总量的比/%	2.23	2.80	3.16
井深(滤网底部距潜水面距离)/cm	18.13	18.11	18.13
咸水入侵时水位降深占初始水位比/%	42.80	35.70	—

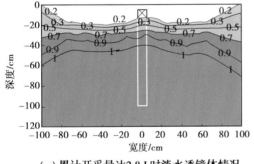 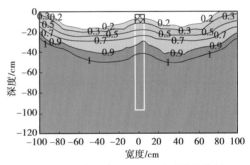

(a) 累计开采量达 2.8 L 时淡水透镜体情况　　(b) 累计开采量达 7.2 L 时透镜体情况

图 3.53　开采强度为 0.012 L/s 时淡水透镜体变化情况

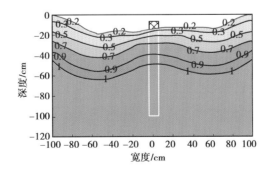

图 3.54　第 1 组停止开采 16 h 后透镜体的恢复情况

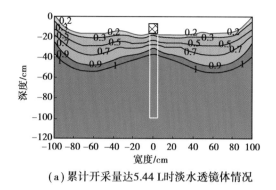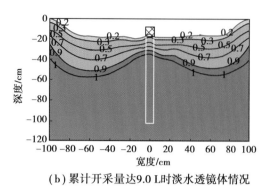

（a）累计开采量达5.44 L时淡水透镜体情况　　　　（b）累计开采量达9.0 L时淡水透镜体情况

图3.55　开采强度为0.030 L/s时淡水透镜体的变化情况

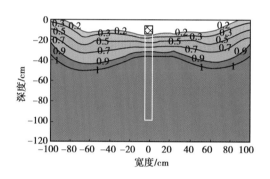

图3.56　第2组停止开采16 h后透镜体的恢复情况

对于开采强度为0.043 L/s的第3组实验,当累计开采量达到10.21 L时,透镜体下界面到达开采井滤网底部,咸水进入开采井,0.043 L/s为本实验中的最大开采强度,即为开采上限。

试验结果表明,大的开采强度,其开采出的淡水资源量较多,但是持续时间不长;开采强度小,其持续时间长,且在停止开采后同等时间内,小开采强度对应的淡水透镜体恢复较快,得到补给后,能继续开采。因此,在开采强度满足用水的条件下,应尽量采用小开采强度,使得淡水资源的利用具有持续性。

（5）降落漏斗

用井从淡水透镜体抽水,井下形成倒锥,同时潜水面会出现降落漏斗。图3.57给出了以0.012 L/s和0.030 L/s开采时潜水面变化过程。图3.58为开采过程中咸水侵入开采井时潜水面漏斗示意图。从两图中可以得出,开采淡水透镜体时,潜水面的下降速率比倒锥上升速率慢,且变化幅度不明显。

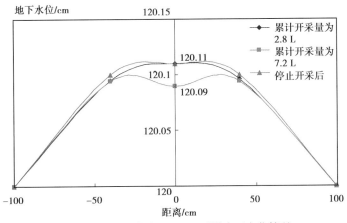

（a）开采强度为0.012 L/s时潜水面变化情况

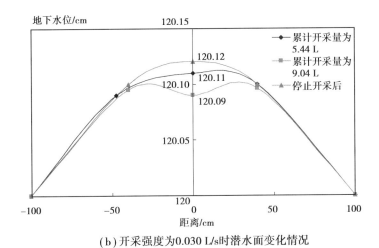

（b）开采强度为0.030 L/s时潜水面变化情况

图 3.57　各组开采强度下潜水面的变化

　　另外,以观测井 F(见图 3.49) 为代表,当开采强度为 0.012 L/s 时,测量井中潜水面的降深和历时,算得潜水面的下降速率为 0.1×10^{-3} cm/s;开采强度为 0.030 L/s 时,潜水面的下降速率为 0.17×10^{-3} cm/s。可见,随着开采强度的增大,潜水面下降的速率也逐渐增大。当开采强度为 0.012 L/s 时,F 井中水位降深值占开采前水位值的 42.8%时,咸水侵入开采井;开采强度为 0.030 L/s 时,井中水位降深占开采前水位值的 35.7%时,咸水侵入开采井。这表明,开采强度越大,倒锥越容易击穿透镜体。因此,在淡水透镜体的开采过程中,要有一个合适的开采强度。

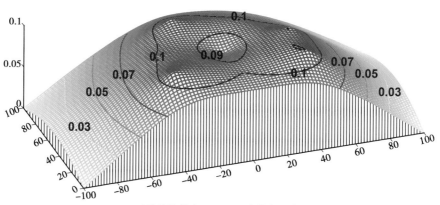

（a）开采强度为0.012 L/s时潜水面降落漏斗

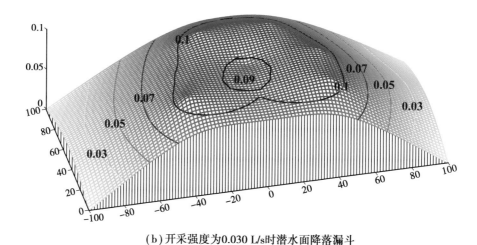

（b）开采强度为0.030 L/s时潜水面降落漏斗

图 3.58　咸水进入开采井时潜水面变化情况（图中长度单位：cm）

3.5　高密度电法测量永兴岛淡水透镜体

水文地质勘测是获取珊瑚岛礁水文地质参数、了解地下水分布状况的重要手段。水文地质勘测方法很多,各有各的适用范围,本节介绍高密度电法对永兴岛进行水文地质勘测,测量潜水埋深及咸淡水分界面,为数值模拟和开采战略制订提供依据。

3.5.1 高密度电法

（1）基本原理

高密度电法是高密度电阻率法的简称，工作原理与常规电阻率法基本相同，是以岩土体的电性差异为基础的一种电探方法，根据在施加电场作用下地中传导电流的分布规律，推断地下具有不同电阻率地质体的赋存情况。高密度电阻率法的物理前提是地下介质间的导电性差异，其基本工作原理如图 3.59 所示。图中 A、M、N、B为 4 根电极，通过 A、B 电极向地下供电流 I，然后在 M、N 极间测量电位差 ΔV，从而可求得 M、N 间的视电阻率值 $\rho_s = K\Delta V/I$，其中 K 为修正系数。根据数据采集系统采集的视电阻率剖面进行计算、分析，便可获得地下地层中的电阻率分布情况，推断出地下地层结构，从而划分地层，判定异常等。

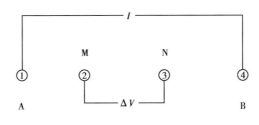

图 3.59　电阻率勘探法原理

（2）仪器设备

高密度电法数据采集系统由主机、多路电极转换器、电极等组成，如图 3.60 所示。多路电极转换器通过电缆控制电极的供电与测量；主机通过通信电缆、供电电缆向多路电极转换器发出工作指令、向电极供电并接收、存储测量数据。数据采集结果自动存入主机，主机通过通信软件把原始数据传输给计算机。计算机将数据转换成处理软件要求的数据格式，经相应处理模块进行畸变点剔除、地形校正等预处理后，绘制视电阻率等值线图。在等值线图上根据视电阻率的变化特征，结合计算机内存储的钻探、地质调查资料作地质解释，并绘制出物探成果解释图。

（a）主机　　　　　　（b）大线电缆、高密度电法主机、多路转换器和通道检测仪

图3.60　高密度电法仪

（3）方法优点

应用高密度电法进行野外测量时,只需将全部电极沿测线按设定间距等距离地布设在测点上,然后用多芯电缆线将各电极按一定顺序连接到电极转换器和多功能直流电测仪上,进入正常测量时,利用电极转换开关和直流电测仪可实现数据的快速自动采集,将观测数据有序地存入计算机存储器内,并对数据进行处理,给出关于地电断面分布的各种物理解释结果。相对于常规电阻率法而言,高密度电法还有以下优点:

①电极布设一次完成,不仅减少了因电极设置引起的故障和干扰,而且为野外数据的快速自动测量奠定了基础。

②能有效进行多种电极排列方式的扫描测量,因而可以获得较丰富的关于地电断面结构特征的地质信息。

③野外数据采集实现了自动化或半自动化,不仅采集速度快(大约每一测点需2~5 s),而且避免了由于手工操作所出现的误差。

④可以对资料进行预处理并显示剖面曲线形态,脱机处理后还可以自动绘制和打印各种成果图。

⑤成本低,效率高,信息丰富,解释方便,勘探能力显著提高。

（4）测量方式

高密度电法在实际应用时还需注意两点:一是电极距不能太大,如果实际的电极距大于电缆上的电极间隔长度,必须附加电线才能工作,工作效率就会降低;二是地面起伏不能太大,地面起伏太大,会使电极的水平位置发生较大偏差。一个电极的位置变化会对后续电极的位置都有影响,为数据的解释带来不便。

当满足以上测量条件时,就可采取适当的电极排列方式进行测量。电极排列方式有多种,实际应用最多的是温纳(Wenner)模式,如图 3.61 所示。其中 C_1 和 C_2 为供电电极,P_1 和 P_2 为测量电极。首先选取基本点距为 a,作剖面测量。然后分别改变 C_1、P_1、P_2、C_2 之间相互距离,再进行剖面测量,通常选取 $C_1 P_1 = P_1 P_2 = P_2 C_2 = na$($n = 2, 3, 4, \cdots$),不论 n 为何值,一次剖面测量时向前移动的距离均为 a。这样,通过控制电极的排列组合便可完成测量工作。

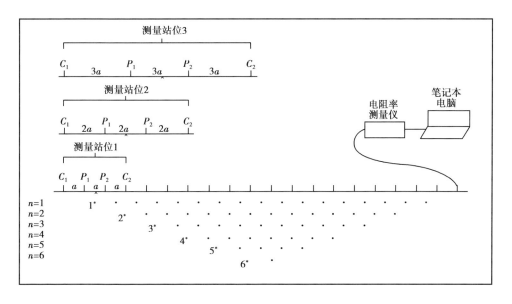

图 3.61　温纳模式的工作原理图

3.5.2　永兴岛测线布置

永兴岛上许多区域被茂密的羊角树所覆盖,无法进入,并且岛上房屋建筑等阻碍物较多,使得电法测量的勘测线路不能完全按照直线行进。根据测量要求,勘测线路应能够反映淡水透镜体在纵横方向上的变化规律。因此,测线应尽可能是直线,不能弯曲;测线所经地面不能有太多起伏,地表无障碍物,地下无干扰物。经现场观测,最终选择沿永兴岛已有道路分段布线测量。按照岛上道路分布情况,共布置 3 条测线:沿岛屿横向 2 条,分别为 1 号永兴线、2 号北京线;纵向 1 条,为 3 号线。测线布置如图 3.62 所示。

各线路布设情况如下:

图 3.62　永兴岛高密度电法勘测线布置图

①1 号永兴线　大致呈东西走向,由于地形地貌限制全线为一折线,如图 3.63 所示。该线沿岛上永兴路布设,起始端位于码头,终点位于石岛路端头,中间略有弯折,全长 1 228 m,共分 11 段,编号为永兴 01 至永兴 11。

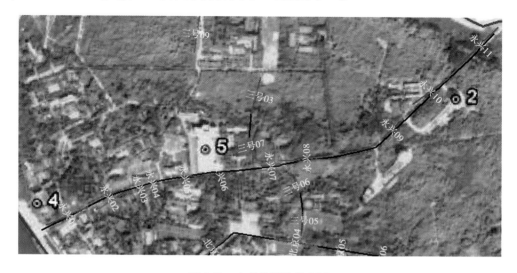

图 3.63　永兴线测线分布图

②2 号北京线　仍呈东西走向,再折向西南,如图 3.64 所示。该线西南段沿北京路布设,始于码头,后折向岛上机场路,终点位于机场跑道边缘,中间有约 130° 的弯角,全长 1 023 m,共有测线 8 段,编号为北京 01 至北京 08,测线因地形地貌限制,中间有间断的部分。其中北京 07 由于图片尺寸限制未能显示出来,在北京 06—08 之间。

图 3.64　北京线测线分布

③3 号线　呈南北走向,线路起始端位于码头,终点位于岛上食堂,如图 3.65 所示。因有房屋及树林阻隔,线路被分割为 4 段,自南向北编号。第一段沿岛上琛航路布设,共有测线 4 条,编号从三号 01 至三号 04,累计长度 410 m;第二段位于岛屿中部,共有测线 2 条,编号为三号 05 和三号 06,累计长度 140 m;第三段位于岛屿中北部,共有测线 2 条,编号为三号 07 和三号 08,累计长度 190 m;第四段位于北部,有测线 1 条,编号为三号 09,累计长度 116 m。

④电极布设　永兴岛上的现场勘测使用一台电极转换器,最多接入电极数为 60。但在实际测量中,受到道路、地形、地貌等因素影响,选用的电极数目根据线路各分段长度而变,最多 60,最少 30。电极等距离布设,间距为 2 m,最大探测深度 20 m。

图 3.65　3 号线测线分布

3.5.3　数据解释

经实验室测定,水的电导率与溶解在水中的溶质浓度呈线性关系,用上海精密科学仪器有限公司生产的 DDBJ-350 型便携式电导率仪测量水的电导率,根据仪器使用说明书给出的电导率与 TDS(总溶解性固体)标准溶液关系表,可绘制电导率与TDS(以 NaCl 计)间的关系曲线,如图 3.66 所示。

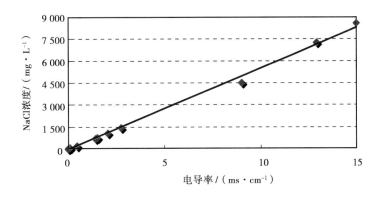

图 3.66　电导率与 NaCl 浓度关系曲线

由图可得海水（NaCl 浓度约为 30 000 mg/L）、咸淡水分界面淡水（NaCl 浓度约为 988 mg/L）所对应的电导率，见表 3.7。

表 3.7　分界面淡水、海水的电性特征

介　质	NaCl 浓度/（mg·L^{-1}）	电导率/（s·m^{-1}）	电阻率/（Ω·m）
分界面淡水	988.73	0.209	4.785
海　水	29 661.97	4.939	0.202

根据 Archie 公式：

$$R_0 = R_w \theta^{-m} \tag{3.70}$$

式中，R_0 表示饱含咸水的沙土的电阻率，R_w 为咸水的电阻率，θ 为沙土的孔隙率，m 为经验参数。

Archie 建议：对于胶结沙岩土，m 取值为 1.8～2.0，对于实验室中堆放的纯净散沙，m 取值约为 1.3。由于研究区介质介于两者之间，故计算时选取 m 值为 1.5，θ 取 0.28，则可计算出饱含淡水（分界面处）和饱含海水的沙岩所对应的电阻率，计算结果见表 3.8。

表 3.8　饱含淡水或海水沙岩的电性特征

介　质	电阻率/（Ω·m）
饱含淡水（NaCl 浓度约 988 mg/L）的沙土	32.30
饱含海水（NaCl 浓度约为 30 000 mg/L）	1.37

由此,当珊瑚岛含水介质饱含浓度为 988.73 mg/L(以 NaCl 浓度计)的淡水时,对应的电阻率为 32.30 Ω·m。

根据电法大供电电极极距(96 m)及小极距(0.5 m)原位测试,获得的不同介质对应的视电阻率见表 3.9。

表 3.9 不同介质对应的电阻率范围

介质类型	干珊瑚沙	含淡水的沙岩	含海水的沙岩
电阻率/(Ω·m)	300~500	5~50	<5

由此可见,利用式(3.70)计算的数值与野外电法原位实验所测定的电阻率范围相一致。

综上所述,咸淡水分界面(以 NaCl 浓度 988 mg/L 计)的电阻率为 32.29 Ω·m,浮动范围 30~35 Ω·m,海水分界面(以 NaCl 浓度 30 000 mg/L 计)的电阻率为 1.37 Ω·m,浮动范围 1~3 Ω·m。

典型测线的解译如下:

选取永兴路 4 条测线和北京路 2 条测线,测线编号如图 3.63 和图 3.64 所示。由测量结果,中心线上垂向视电阻率变化如图 3.67 所示。

由图 3.67 可以看出,各条测线垂向视电阻率变化趋势相同:表层非饱和珊瑚沙含水量较低,由于降雨入渗过程中将表层珊瑚沙中的盐分向下冲刷,其所含水分中盐分浓度较小,视电阻率大;随深度增加,地下水中 NaCl 浓度的逐渐增加,视电阻率随之减小。这种垂向上视电阻率的差异,为高密度电法数据解译提供了依据。按照上面确定的咸淡水分界面视电阻率值(32.30 Ω·m),可以从局部放大图 3.67(b)中大致确定岛屿上淡水透镜体的厚度,图中两条虚线为所选测线中淡水透镜体厚度的范围,可以看出在测量范围内,淡水透镜体厚度不超过 14 m(介于 4~13.5 m),且各处淡水透镜体厚度不一。图中显示永兴 02 和北京 06 上对应的淡水透镜体厚度分别为 3.2 m 和 13.5 m。由于图 3.67 中选取 AB/2(供电电极极距的一半)作为电法勘测深度,实际应用中,受地下不同介质的影响,所以,该结果给出的

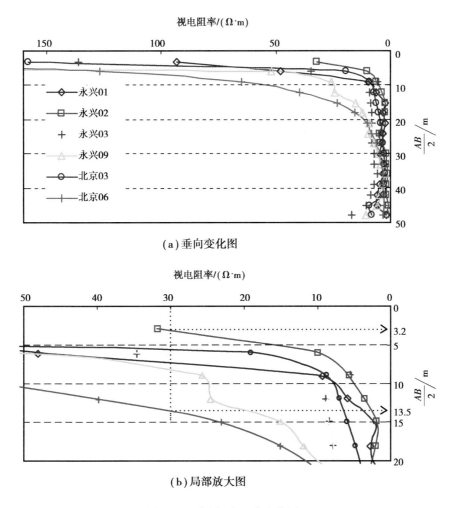

（a）垂向变化图

（b）局部放大图

图 3.67　垂向视电阻率变化图

是透镜体垂向发展深度的上限,即淡水透镜体的最大可能发展深度。高密度电阻率剖面一般采用拟断面等值线图、彩色图或灰度图来表示,由于它表征了地电断面每一测点视电阻率的相对变化,因而该图在反映地电结构特征方面具有更为直观和形象的特点。

　　测试结果的解译采用 NaCl 浓度为 988 mg/L（对应的氯离子浓度约 600 mg/L,以后均以 NaCl 浓度计）水溶液对应的电阻率来确定咸淡水分界面,其对应的电阻率为 32.30 Ω·m,解译中选用 30~35 Ω·m 作为咸淡水分界面浮动范围。由于地下水水力坡度较小,在无源汇的条件下,地下水面起伏较小,无论是潜水面还是咸淡水分界面都相对平缓,呈现明显的层状。但是,由于岛上土建施工,地下浅层可能经过大幅度人为改造,因而其电性特征不是自然条件下探测地物的电性特征,同时由于仪器的稳定性原因及激发激化的影响,测量结果会出现特异值,因此,需要对所测的视电阻率数据进行修正,剔除异常数据。剔除原则如下:如果没有证据证明地下有异物存在,则偏离该层电阻率平均值较大、数量级相差一个以上的测量结果将被视为特异值进行剔除。下面选择两条典型测线永兴 11 和北京 06 进行解译。

测线永兴 11 的位置如图 3.68 所示。

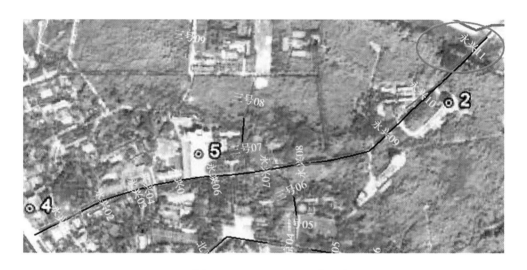

图 3.68　测线永兴 11 号位置图(图中橘红色框所示)

该测线位于永兴路的东北端,测线右端指向大海,左端指向内陆。由于紧邻海洋,测量结果上显示出明显的海水入侵现象,淡水透镜体左厚右薄。电阻率成像结果如图 3.69 所示。

解译结果经过地形修正。由于该测线临海,淡水厚度由内陆向海边明显变薄。地下水埋深由内陆向海逐渐减小,最深 2.8~3 m,最浅仅为 0.5~0.2 m。淡水最厚处约为 8 m,最薄处仅为 1 m,最后在海边消失。

测线北京 06 的位置如图 3.70 所示。

该线位于机场路中段,属于岛屿中部,淡水透镜体厚度较大,电阻率成像结果如图 3.71 所示。

由图可知,地下水埋深约为 2.5 m,淡水厚度最薄处约为 3 m,中间较厚处约为 13.5 m。

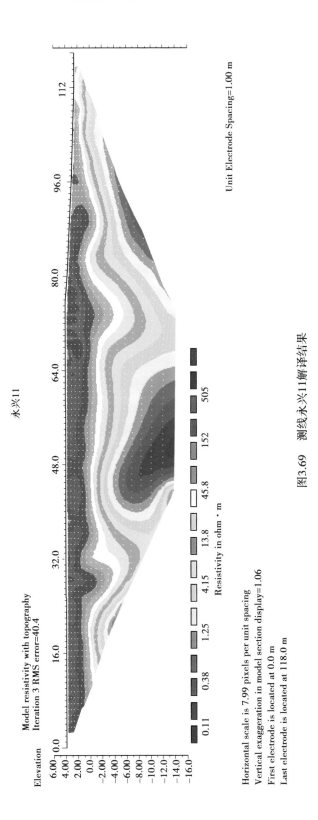

图3.69　测线永兴11解译结果

图3.70　北京06勘测线位置图（图中橘红色框所示）

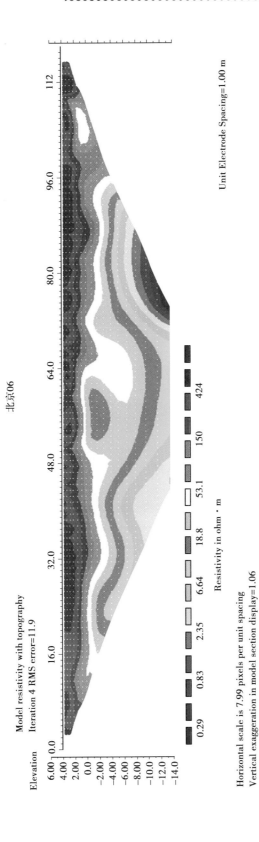

图3.71　测线北京06解译结果

第 **4** 章
淡水透镜体数学模拟基础

    淡水透镜体的数学模拟就是分析多孔介质中流体流动和溶质迁移扩散的运动过程,运用质量守恒、达西定律等定理、定律和一些合理假设,构建描述珊瑚岛地下淡水运动规律的数学模型,用以表达淡水透镜体的动力学过程。数学模拟能精确地全面反映雨量、降雨模式、植被蒸腾等气候因数和含水层结构、水力传导系数、弥散系数、岛屿在礁盘上的位置等水文地质因数,以及流体密度变化对淡水透镜体厚度、贮量和外形的影响,是珊瑚岛水资源评价与管理的重要工具,也是制订淡水透镜体开采战略,实现可持续开发利用的理论基础与依据。

    淡水透镜体的数学模型由主管方程和定解条件构成。与其他数学模型一样,淡水透镜体的数学模型具有高度抽象性。它撇开了具体珊瑚岛的物质构成,而用一套物理变量、力学参数和运算规则来刻画透镜体的演变过程,从而可以很方便地借助现代计算设备和计算技术进行多个变量的模拟,不受变量数目的限制,这在淡水透镜体的现场勘测和室内物理模型试验研究中都是难以实现的;数学模拟时,还可以改变模型参数的数值,进行各种条件下的模拟研究,寻求最佳的淡水透镜体开采模式和策略;此外,与现场勘测和室内物理试验相比,数学模拟也不需要太多的试验设备,只要有足够容量和计算速度的计算机以及相应的计算软件,即可进行淡水透镜体的动力学模拟,既省时又方便,还可减少费用开支。

　　数学模拟是研究淡水透镜体动力学过程的有力工具。但是,淡水透镜体的数学模型建立在对珊瑚岛地质特征及其内嵌透镜体力学过程的充分、正确了解的基础之上,当人们对珊瑚岛的地质构成和透镜体的动力学过程的了解还不深入、全面,或者已有了解但还不能用数学手段来准确表达时,数学模型与珊瑚岛礁淡水透镜体这一真实系统间就不可避免地会出现偏差。再则,影响淡水透镜体的因素是多种多样的,气候的、地质的、海洋环境的,甚至还有人为的,无法也不可能将这些因素全部在数学模型中反映出来,只能舍弃次要因素而保留主要因素,因此,淡水透镜体的数学模型是有局限性的。为使模型更真实、准确地反映透镜体的动力学过程,数学模拟时需要对模型进行校正。本章主要介绍淡水透镜体数学模型的分类与发展和淡水透镜体动力学理论基础。

4.1　淡水透镜体数学模型的分类与发展

　　淡水透镜体数学模型可以按照空间维数分为一维模型、二维模型、三维模型和零维模型。另外,与机理性数学模型相对应,还有所谓"概念模型"。概念模型是对水文地质单元进行科学概化,根据现场勘测和实验收集的数据,从地下水系统中提取"对模拟目标有用"的概念,按要求组织信息建立的模型,或者为实际地下水系统建立的初始模型。如 1942 年,Wentworth 提出了一个厚透镜体底部贮存(Bottom Storage of Thick Lens)的概念用以解释 Honolulu 厚透镜体含水层的流动特性。他假设透镜体界面对淡水水头变化的响应有一个"滞后"时间,从而给出了厚透镜体的动力学平衡。然而,他只是叙述,没有用数学公式来表达含水层系统的动力学问题。另一种概念模型是 Wentworth 1948 年提出的过渡带模型,用以解释淡水和海水间过渡带的产生与扩展。他的解释使用了离散混合的概念。按空间维数划分的一维模型只有一个空间变量,用 Ghyben-Herzberg 近似关系确定淡水透镜体的厚度。二维模型有两个空间变量,常忽略淡水与海水间的过渡带,而认为淡水-海水间存在一突变界面,以水头即淡水透镜体厚度为目标函数,模型的构建以 Ghyben-Herzberg 近似为基础;但如将流动和变密度流的传输现象耦合在一起,二维模型也可以模拟界面处由于密度差产生的过渡带,如 SUTRA 模型就是一个能模拟过渡带的二维模型。三维模型包含三个空间变量,以淡水水头和水中盐浓度为目标函数,可以模拟过渡带的存在,模型的构建以质量守恒和 Darcy 定律为基础。零维模型则是近年在淡水透镜体实测数据和数值模拟的基础上发展起来的代数模型,根据珊瑚岛的年降雨量、岛屿宽度和水力传导系数等估算淡水透镜体的厚度,用以评估地下淡水资源,使用十分方便。

按照解的形式,还可将淡水透镜体模型分为解析模型和数值模型。解析模型具有封闭形式的解,能清楚地表明变量和重要参数之间的函数关系。这类模型使用简单,易于理解,经过现场测试数据的验证,这类模型可有效地用于地下水的计划管理。如 Mink 于 1980 年针对具有突变界面厚透镜体的垂直剖面,开发了一个适用的解析模型。用现场勘测数据进行测试后,该模型可用于估算含水层的持续开采量。随着电子计算机和计算技术的发展,近年使用的淡水透镜体模型大都是数值模型。由于模型中主管流体运动的动力学方程和主管溶质运移的扩散方程都是二阶非线性偏微分方程,在通常的边界条件下难以求得解析解,只能借助计算机和现代计算技术,将求解域(即珊瑚岛)划分为若干计算单元,用有限差分法、有限元法等数值计算方法将主管方程和边界条件离散为各个单元上成立的一组线性代数方程,从而将求解连续区域内满足偏微分方程的函数问题转化为在一系列孤立点上求解满足偏微分方程的函数值的问题。虽然计算工作量大,数值求解也还有一定的困难和局限性,但它容易改变计算条件,具有灵活、经济和限制少、能获得精确可靠的结果等优点,因此,数值模型在淡水透镜体的数学模拟中有广泛的应用。

历史上淡水透镜体的研究从现场勘测和资料的积累开始,包括水文地质测绘、钻探、水井试验等,最初构建的模型主要是定性的概念性模型。虽然也出现过一些简单的计算方程,但并不完善。如 1933 年,S. T. Hoyt 在 Hawaii 进行了一次现场试验:从一口井中以不同的流量抽水,同时测量相应的水位降深。然后,他构建了一个方程 $H=KQ^n$,式中 H 是水位降深,Q 是抽水速率,通过曲线拟合由试验数据求解 K 和 n。S. T. Hoyt 的试验本应得到 $n=1$ 的结果,这实际上就是 Darcy 定律。可惜的是,H 是在井壁附近测量的,流动为紊流而非层流。因而,Hoyt 求得的 n 值在 1 与 2 之间。直到 1946 年,Wentworth 分析和补充了 Hoyt 的试验数据,剔除了几个较大抽水速率时的测值,剩下的数据基本上是在层流条件下获得的,n 值才正好等于 1,从而建立了第一个地下水,也是淡水透镜体的数学模型。

淡水透镜体的数学建模其实也主要从这个时期开始。这一时期,M. Muskat 和 M. K. Hubbert 先后证实了 Darcy 定律用于地下水的正确性。开始主要是一些简单的计算公式。直到 20 世纪 70 年代才有了机理性的、较能反映透镜体流动力学特性的数学模型,并随着对透镜体动力学特性认识的深入和计算技术、计算软硬件的发展,淡水透镜体的数学模型日趋完善。1974 年,Meyer 等人提出了一个地下水模拟模型。这是一个瞬态电流模拟模型,用以模拟 Honolulu 岛地下水流,计算水头值与咸淡水界面,并对一些特殊的物理现象(如倒锥)进行了讨论。1977 年,Larson 等人提出了废水回灌模型。这是美国地质调查局组织开发的一个地下含水层动态界面二维模型,用以计算回灌水的分布,模型中的渗透系数用抽水实验求得,模型仅用于薄的淡水透镜体。1979 年,Weatcart 等人将流体和盐分的输运方程作为一个耦合的动力系统联立求解,用沙箱实验求得标定参数,对一个理想的二维玄武岩含水层进行了模拟计算,提供了系统参数及其验证的有关资料。1981 年,Contractor 基于有限元法用一个一维模型模拟了关岛的地下水系统,研究过度抽水引起的海水入侵,模拟的时间步长为 1 个星期。1993 年,Giggs 研究马绍尔群岛中淡水透镜体时,使用了二维变密度流数字化模型。2002 年,J. M. U. Jucson 在研究关岛淡水透镜体对回补的响应时,假设淡-盐水界面为一突变界面,应用了二维海水入侵模型(SWIG2D)。2004 年,G. C. Hocking 研究岛屿的淡水透镜体时,也使用了二维模型来求得淡-盐水界面的稳态解。二维模型的数学基础是 Darcy 定律和 Ghyben-Herzberg 近似,该近似认为海水与淡水处于静平衡状态,并假设淡-盐水界面为一突变界面。按照这一近似,理论上淡水透镜体中海平面以下的淡水厚度与海平面以上的淡水厚度之比为一定值,称为"Ghyben-Herzberg 比率"。二维模型比较简单,通常由一个水流方程和相应边界条件构成,边界是珊瑚岛与海平面相交的一条线。

二维模型忽略了多孔介质中的弥散作用,边界条件也十分简单,求解容易,但模型有很大的局限性。1995 年,Aly I.EL-kadi 出版了一本关于地下水模型的论文集,收集了几十位学者的研究成果和论著,对 20 世纪的地下水模型进行了回顾和总结。

Aly 在论文集的前言中指出：①预测地下水流所面临的困难来自软件和硬件的能力不足，事实上有效的三维模型还不存在；②21 世纪的数学模型要大大提高模拟的可靠性与准确性。

如前所述，淡水透镜体是一种特殊类型的地下水体，从水力学观点看，与大陆地下水相比有两个显著特点：一是大陆地下水底部为一不透水层，用井抽水时，仅在潜水面产生降落漏斗，抽水强度越大，降落漏斗越大；而珊瑚岛礁淡水透镜体漂浮于海水之上，用井抽水时，不仅潜水面会产生降落漏斗，透镜体底部淡-盐水界面还会因降落漏斗引起的水头下降而上升，出现倒锥。二是大陆地下水一般为淡水，水质均一，研究其运动，关注点是水头分布；而珊瑚岛礁淡水透镜体底部与海水相通，海水中的盐分通过弥散作用向淡水输运，在两者之间形成一个过渡带；透镜体中的淡水通过地下径流流向海洋，将渗入的盐分带走，两种作用达到动态平衡时，淡水透镜体便处于相对稳定状态。这样，淡水透镜体的数学模型就与大陆地下水数学模型不同，差别不仅表现在边界条件上，还表现在构建淡水透镜体数学模型时必须考虑弥散作用，将水流处理为变密度流，数学模型由反映水头分布规律的水流方程和反映溶质运移规律的浓度方程及相应的定解条件构成，在这种情况下，模型为三维模型。1997 年 Larabi 等人采用固定网格的有限元法，求解具有自由边界的三维地下水流动，该法将系数矩阵的几何部分和水力传导部分分离出来，从而加快了计算速度，但前提条件是假设地下水的流动仅局限于饱和淡水区域。1999 年，F. Ghassemi 等基于 SALFLOW 软件包，建立了一个三维模型来模拟 Home 岛的淡水透镜体，但该模型存在显著的数值弥散，其结果也仅与二维模型结果吻合，作者指出需要对模型进行改进。2003 年，Alex G. Lee.构建了 TOUGH2 水文地质模型对珊瑚岛礁淡水透镜体进行三维数值模拟，计算得到了淡水透镜体厚度和混合带厚度的控制参数，但模拟时采用了不相溶分界面条件。2005 年，Thomas Graf 等人采用了修正的数值模型对存在裂隙的多孔介质中三维变密度流动和溶质运移进行模拟，模拟结果与实验室三维测试结果吻合较好，但 Thomas Graf 等人提出的边界条件非常规则，难以反映真实的多孔介质含水层。Annamaria Mazzia 在研究多孔介质中变密度流时，则使用了高阶 Godunov 混合四面体网格法，将二维的 Godunov 混合法推广到了三维，并引入一种变时间步长法，从而改进了计算效率。2006 年，X. Mao 等人介绍了一种新三维模型

PHWAT,该模型将化学反应模型与变密度地下水流动和溶质运移模型耦合,用来模拟多种反应物在变密度地下水流中的运移,但 X. Mao 等人只是在实验室模拟的情况下给出了数值结果,没有对真实的珊瑚岛礁地下水系统进行探讨。同年,Annamaria Mazzia 提出了求解多孔介质中含溶质的变密度流的三维混合有限元-有限体积法,采用三维数值模型,将混合杂交有限元格式用于流动方程,而将混合杂交有限元-有限体积时间分裂法用于输送方程,研究结果表明,这一方法在处理对流问题和密度变化引起流场失稳等问题时较为有效。上述部分资料的分析表明,三维模型可以避免二维模型假设引起的失真,使计算结果更准确可靠。因此,近年在淡水透镜体动力学研究中,三维模型获得了广泛的应用。但在一定条件下,二维甚至一维模型仍不失为研究模拟计算淡水透镜体的有用工具。

4.2　淡水透镜体动力学理论基础

珊瑚岛礁淡水透镜体赋存于珊瑚沙砾之中,承托于海水之上,在降雨回补与蒸腾、地下径流流失间达成平衡。因此,透镜体中的淡水是在多孔介质中处于不停的运动状态,管控这一运动的理论基础主要是达西定律(Darcy's law)、Dupuit 近似和 Ghyben-Herzberg 近似。

4.2.1　达西定律

流体的运动受作用力的支配,运动规律由运动方程表示。通常运动方程根据动量定理导出,但流体在多孔介质孔隙中流动时,情况就相当复杂,主要是多孔介质孔隙大小不一,孔隙通道蜿蜒曲折、形状多变,使得流速在孔隙中的分布无论大小和方向都不均一。在某一时刻彼此靠近的地下水流质点群,在流动过程中不是都按平均流速运动,而是不断被细分,进入更细的分支,从而使得水流质点逐渐散开,形成按平均流动所预期的范围内流动。加上黏性作用也十分复杂,就很难像一般流体那样可直接由动量定理导出运动方程,只能通过实验总结出另一种形式的描述流体在多孔介质中运动规律的方程,这就是达西定律。

达西定律是一个试验定律,它从宏观角度表达了流体在多孔介质中流动的统计规律。Darcy(全名 Henry Darcy)是法国水利工程师,为解决水质净化问题,1856 年与工程师 C. Rittery 一道用直立的均匀沙柱进行了有名的渗流实验,实验原理如图 4.1 所示。实验装置的主体是一个横截面积为 A 的圆筒,下部设一滤网,其上填充沙粒,形成长度为 L 的沙柱,柱顶覆盖另一滤网,当水从上端注入时用以保护顶部沙层,下部滤网则起支撑沙柱的作用。在沙柱上下滤网外侧分别设置进出水管,水管连接一可上下调节水头的容器,连接进水管的容器设溢水管,连接出水管的容器设排水管,将通过沙柱的水流排入量筒中,测量流量 Q。另在沙柱上下端设置测压管,用以测量进出水流的作用水头 H_1 和 H_2。实验时,水流从上端进水管注入沙柱,上下调节出水管容器水面高度,同时测量水头 H_1、H_2 和量筒接收的排出水体积及接收时间,计算流量 Q。实验表明,通过沙柱的流量 Q 与横截面积 A、进出水流的作用水头差 H_1-H_2 成正比,而与沙柱长度 L 成反比,用公式表示为:

$$Q = KA \frac{H_1 - H_2}{L} \tag{4.1}$$

式中　Q——体积流量,$\mathrm{m^3/s}$;

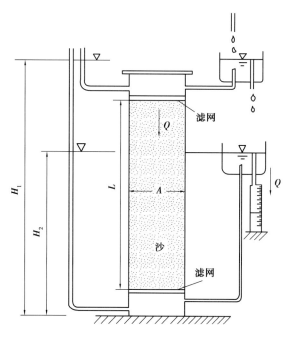

图 4.1 *Darcy* 实验原理图

K——水力传导系数,m/s;

A——沙柱横截面积,m^2;

H_1、H_2——分别为连接沙柱进出水管容器水面的测压管水头,m;

L——沙柱长,m。

将式(4.1)的两端除以沙柱横截面积 A 得:

$$q = \frac{Q}{A} = K\frac{H_1 - H_2}{L} = V \tag{4.2}$$

式中,q 为单位时间内通过单位面积的水流体积,称为比流量,具有速度的量纲,常称"渗流速度",用 V 表示,单位为 m/s。

由于流体在多孔介质中流动时只能在孔隙通道中流动,固体颗粒占据的空间是不能流过流体的,而式(4.1)和式(4.2)中的过流断面积 A 既包含断面上的孔隙面积,也包含固体颗粒占据的面积,因此,式(4.2)中的渗流速度 V 是假想的流动速度,是假定过流断面上每点全都通过水流时的流动速度。这一速度和多孔介质孔隙中的实际平均流速 u 有如下关系:

$$u = \frac{V}{n}$$

式中,n 为孔隙率。考虑到多孔介质中一些孔隙为死端孔隙,流体不能通过;另外,孔隙中在固体颗粒表面,由于分子引力、静电引力的作用,一部分水即结合水被牢牢地吸附在颗粒表面不能流动而占据了部分孔隙空间。因此,多孔介质中流体能流过的孔隙只是总孔隙中的一部分,称为"有效孔隙",其值用有效孔隙率 n_e 表示。相应地,渗流速度 V 与实际平均流速 u 的关系应为:

$$u = \frac{V}{n_e} \tag{4.3}$$

式中的实际平均流速 u 在一些著作中称为"渗透速度"。为简单计,以后文中出现的孔隙率均指有效孔隙率,仍用 n 表示。值得指出的是,渗流速度 V 与渗透速度 u 虽只有一字之差,但概念相差很大:渗流速度 V 是宏观的假想平均流速,渗透速度 u 是微观真实的平均流速。

式(4.2)中,$\dfrac{H_1 - H_2}{L}$ 称为"水力坡度",常用 J 表示,则:

$$V = KJ \qquad (4.4)$$

式中水力传导系数 K 的物理意义一目了然,可以理解为单位水力坡度作用下的渗流速度。K 值随多孔介质和流体种类而变。因此,水力传导系数 K 是由多孔介质和流体的力学特性共同决定的、反映多孔介质通过流体能力的综合性参数。流体的力学特性由密度 ρ 和动力黏性系数 μ 表示;而对珊瑚沙粒这样的松散多孔介质,介质的力学特性由颗粒形状、大小、级配、比表面积、孔隙率以及孔隙通道的弯曲程度等反映。这样水力传导系数 K 可表示为:

$$K = \frac{g\rho}{\mu}k \qquad (4.5)$$

式中　g——重力加速度,m/s^2;

　　　k——渗透率或固有渗透率,m^2。

　　根据一系列实验,并与 Darcy 定律比较,渗透率 k 可用一经验公式表示为:

$$k = cd^2 \qquad (4.6)$$

式中　c——无量纲比例系数,取值为 45~140,黏性沙土取小值,纯沙介质取大值,一般介质取 100;

　　　d——有效粒径,取 d_{10},cm。

上述对达西定律的讨论适用于均匀各向同性介质。在多孔介质中,一个物理量的值可以随空间点位或方位的不同而改变,也可以不变。一个物理量的值如果不随空间点位的变化而发生改变,这样的介质称为"均匀介质",否则称为"非均匀介质";如果物理量的值不随方向变化而改变,这样的介质称为"各向同性介质",否则称为"各向异性介质"。珊瑚岛具有双含水层结构,总体而言,含水层属非均匀各向异性介质,不整合面之上的全新世含水层和下伏的更新世含水层具有不同的水力传导系数和弥散度;即使在同一含水层中,在不同方向上,水力传导系数和弥散度也可能取不同的值。当然,在不同问题中,根据具体要求,可以忽略某些差异,作均匀各向同性的近似假设。

以式(4.1)、式(4.4)形式表示的达西定律的特点是体积流量和渗流速度与水力梯度呈线性关系。这一线性关系仅在渗流为层流的条件下成立,渗流为层流的判据可仿照管流流态的判据建立。在管流的条件下,当雷诺数 $Re = \dfrac{Vd}{v} < 2\,000$ 时,工程上

将流动归类为层流。在雷诺数 Re 的计算式中，v 是流体的运动黏性系数，表示流体的物理属性；V 是管流的平均流度，d 为特征长度，常取为水管直径。从作用力的角度看，雷诺数 Re 计算式的分子代表惯性力，分母代表黏性力。在渗流的情况下，也可以雷诺数 Re 作为流态的判据，这时的 Re 可表示为：

$$Re = \frac{Vd_{10}}{v} \tag{4.7}$$

式中　v——流体的运动黏性系数，cm^2/s；

$\quad\quad$ V——渗流速度，cm/s；

$\quad\quad$ d_{10}——介质的有效粒径，cm。

按照式(4.7)计算的雷诺数 $Re < (1 \sim 10)$ 某一值时，渗流为层流。

随着渗流速度的提高，线性关系将被打破。J.贝尔将多孔介质中的流动分为三个区：①层流区，是低雷诺数流动区，该区内黏性力起支配作用，线性达西定律成立，层流区上限雷诺数为 $1 \sim 10$；②过渡区，该区从低雷诺数黏性力起主要作用的层流状态逐渐转变为惯性力起支配作用的另一种层流状态，进而在该区较高雷诺数时转变为紊流状态，惯性力起主要作用的层流区通常称为"非线性层流区"，过渡区上限雷诺数为 100；③紊流区，在该区，$Re > 100$。这三个区域中，达西定律仅在①区成立。

在珊瑚岛礁淡水透镜体的自然流动过程中，雷诺数较小，满足渗流为层流的条件，线性达西定律成立，从而构成了淡水透镜体动力学基础。

4.2.2　Dupuit 近似

达西定律中渗流速度 V 与水力坡度 J 间的线性关系描述了均匀渗流的流动规律，这就意味着符合达西定律的渗流流速彼此平行，潜水面是一平面。然而，实际的潜水面常常是非线性的表面，尤其是淡水透镜体的潜水面是一上突的曲面，潜水面之下的流动便具有垂直方向的分量，使得达西定律的应用碰到困难，也使渗流问题的分析计算变得十分复杂。好在潜水面的坡度一般很小，渗流为缓变渗流，这就为问题的简化提供了可能。1863 年，法国水力学家、工程师 Dupuit 针对缓变渗流，作了一些假设，提出了一种近似理论。设有一缓变渗流，作一铅直平面与流动区域相交，得一截面,截面上潜水面与截面相交为一流线,P 是流线上一点,该点的水头为 h,流线与水平面的夹角为 θ,如图 4.2(a)所示。由达西定律,P 点的渗流速度 V_s 为:

$$V_s = -KJ = -K\frac{\mathrm{d}h}{\mathrm{d}s} = -K\sin\theta \tag{4.8}$$

式中,$\mathrm{d}s$ 沿流动方向的流线微元弧长。Dupuit 的假设是,对缓变渗流,θ 很小,有如下的近似:

$$\sin\theta \approx \tan\theta = \frac{\mathrm{d}h}{\mathrm{d}x} \tag{4.9}$$

当 $h=h(x)$ 时,式(4.8)转换为:

$$V_x = -K\frac{\mathrm{d}h}{\mathrm{d}x} \tag{4.10}$$

当 $h=h(x,y)$ 时,式(4.8)转换为:

$$V_x = -K\frac{\partial h}{\partial x} \quad V_y = -K\frac{\partial h}{\partial y} \tag{4.11}$$

这样,对流线弧长 s 的偏导数变成了对 x 或 x,y 的偏导数。一般而言,弧长 $s = s(x,y,z)$,在式(4.10)和式(4.11)中 z 不再作为自变量出现,原问题中自变量的个数减少了一个,并且任一竖直线上,各点渗流方向水平,各点渗流速度相等;忽略了流速、压强等流动参量沿竖直方向的变化,如图 4.2(b)所示。这不仅使问题得到简化,也将均匀渗流的达西定律推广到缓变渗流,使其在实际渗流运动中得到成功运用。因此,Dupuit 近似是淡水透镜体动力学基础的另一重要内容,也是处理二维无压渗流最为有效的方法之一。

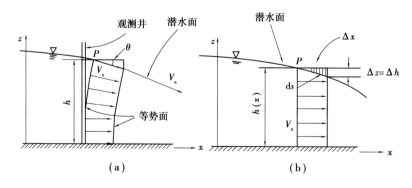

图 4.2　Dupuit 假设原理图

Dupuit 近似忽略了流动在铅直方向的变化,必然带来一定误差。不过,天然条件下,潜水面坡度很小,Dupuit 假设带来的误差可以忽略不计。但在潜水面坡度较大时,Dupuit 近似就有较大误差。通常,在地下水渗出面附近,在具有垂直补给潜水含水层的分水岭附近、斜坡地带潜水含水层中、抽水井附近和泉水附近的地下水中,渗流在垂直方向上的分量不可忽略,Dupuit 近似不再适合。这些地方的流动,应用三维渗流理论来分析。

4.2.3　Ghyben-Herzberg 近似

19 世纪末和 20 世纪初,Ghyben 和 Herzberg 在研究海滨地区地下水水文地质参数的关系时提出了关于海平面上下淡水厚度间的近似关系,称为"Ghyben-Herzberg 近似"。他们认为淡水透镜体漂浮在海水之上,淡-盐水间存在一突变界面,潮汐引起透镜体整体上下运动,对透镜体内的动力学过程无实质性影响,可以认为海平面处于相对静止状态,淡-盐水内压强符合水静压强的分布规律,从而得到一理想的 Ghyben-Herzberg 界面模型,如图 4.3 所示。

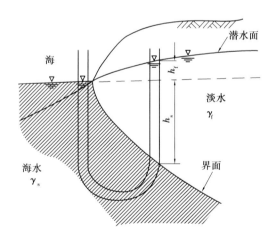

图 4.3　Ghyben-Herzberg 界面模型

图 4.3 中,考察界面上的压力平衡。在淡水侧,由淡水层厚度在界面上产生的水静压强 p_f 为:

$$p_f = \gamma_f(h_f + h_s) \tag{4.12}$$

而在海水侧,由海水层厚度在界面上产生的水静压强 p_s 为:

$$p_s = \gamma_s h_s \tag{4.13}$$

界面相对静止,$p_f = p_s$:

$$\gamma_f (h_f + h_s) = \gamma_s h_s \tag{4.14}$$

解方程式(4.14)得:

$$h_s = \frac{\gamma_f}{\gamma_s - \gamma_f} h_f = \alpha h_f \tag{4.15}$$

式中　h_f、h_s——海平面上、下淡水层厚度,m;

γ_f、γ_s——分别为淡水、海水容重,N/m^3;

$\alpha = \dfrac{\gamma_f}{\gamma_s - \gamma_f}$称为"Ghyben-Herzberg 比率"。

如取海水密度 $\rho_s = 1\,025$ kg/m^3,淡水密度 $\rho_f = 1\,000$ kg/m^3,则 $\alpha = 40$,$h_s = 40h_f$,即透镜体在海平面以下的厚度是海平面上淡水厚度的 40 倍。但实测结果,α 值为 25~40。在有的数学模型研究中,甚至将 α 值取为 20。差别的产生在于淡-盐水间并非存在突变界面,由于对流和分子扩散而存在一过渡带。再则,理论 Ghyben-Herzberg 比率(等于40)的前提,是淡水透镜体中存在具有水平流动的准静态平衡。实际上,靠近海滨的地方,流动的垂直分量不可忽略,水平流动的准静态平衡条件不成立。鉴于此,有的文献中将实际使用的 Ghyben-Herzberg 比率取名为"有效 Ghyben-Herzberg 比率"。

第 **5** 章

淡水透镜体的二维数学模型

淡水透镜体的二维数学模型由一个含两个空间变量的偏微分方程和相应的初、边值条件组成。偏微分方程是描述透镜体动力学过程的主管方程,反映淡水的运动规律,以质量守恒和 Darcy 定律为基础导出,初、边值条件由具体问题提出。模型的构建还应用了 Ghyben-Herzberg 近似。

5.1 基本假设

在构建模型前先要作一些合理的假设。因为影响透镜体动力学过程的因素很多,也很复杂,没有必要也不可能将这些因素统统在主管方程中反映出来,所以,应进行分析,略去次要因素,突出主要矛盾,使问题简化而又不失普遍性。建立淡水透镜体二维模型的假设主要有:①淡水透镜体漂浮于海水之上,潮汐仅引起透镜体整体上下运动而不影响透镜体内的动力学过程,透镜体边界的计算与潮汐无关;②内嵌淡水透镜体的珊瑚生物碎屑沉积介质均匀且各向同性;③透镜体中淡水的流动是不可压流体的层流运动,符合 Darcy 定律;④与透镜体的厚度相比,淡-盐水间过渡带很薄,忽略过渡带的存在,认为淡-盐水界面为一突变界面;⑤Dupuit 近似成立。

在这些假设的基础上,可方便地构建淡水透镜体二维数学模型的主管方程。

5.2　主管方程的建立

在透镜体内建一直角坐标系,x-y 平面平行于海平面,z 轴铅直向上。在坐标系中取一微元,上表面为潜水面,下表面为淡-盐水界面,底面边长分别为 dx、dy,铅直方向高为 h,如图 5.1 所示。

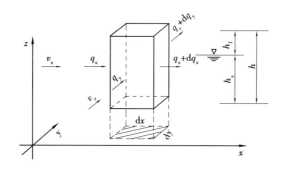

图 5.1　淡水透镜体微元示意图

图 5.1 中,h_f、h_s 分别为海平面上、下的淡水厚度;q_x、q_y 分别为沿 x、y 方向流入微元体的体积流量;q_x+dq_x、q_y+dq_y 分别为沿 x、y 方向流出微元体的体积流量。若 V_x、V_y 分别为沿 x、y 方向流入微元体的渗流速度,则沿 x、y 方向流入与流出微元体的体积流量为:

$$\left.\begin{array}{l} q_x = V_x h \mathrm{d}y \\ q_y = V_y h \mathrm{d}x \end{array}\right\} \tag{5.1}$$

$$\left.\begin{array}{l} q_x + \mathrm{d}q_x = V_x h \mathrm{d}y + \dfrac{\partial(V_x h)}{\partial x}\mathrm{d}x\mathrm{d}y \\[2mm] q_y + \mathrm{d}q_y = V_y h \mathrm{d}x + \dfrac{\partial(V_y h)}{\partial y}\mathrm{d}y\mathrm{d}x \end{array}\right\} \tag{5.2}$$

设降水、蒸发和地下径流流失对透镜体形成的补给率为 ε(量纲 $\mathrm{L}^3/(\mathrm{T}\cdot\mathrm{L}^2)$),即单位时间内、单位潜水面积流入的流体体积为 ε,且规定水量流入为正,流出为负,则 dt

时段内通过补给,微元体获得的水量为 $\varepsilon\mathrm{d}x\mathrm{d}y\mathrm{d}t$。如果流入的微元体的水量多于流出水量,微元体内水量将会增加,引起 h 增大,由此而增加的流体体积为 $n\dfrac{\partial h}{\partial t}\mathrm{d}x\mathrm{d}y\mathrm{d}t$。由质量守恒,得到如下关系:

$$\left[q_x-(q_x+\mathrm{d}q_x)\right]\mathrm{d}t+\left[q_y-(q_y+\mathrm{d}q_y)\right]\mathrm{d}t+\varepsilon\mathrm{d}x\mathrm{d}y\mathrm{d}t=n\frac{\partial h}{\partial t}\mathrm{d}x\mathrm{d}y\mathrm{d}t \quad(5.3)$$

式中,n 为有效孔隙率。将式(5.1)、式(5.2)代入式(5.3),有:

$$-\frac{\partial(V_xh)}{\partial x}\mathrm{d}x\mathrm{d}y\mathrm{d}t-\frac{\partial(V_yh)}{\partial y}\mathrm{d}x\mathrm{d}y\mathrm{d}t+\varepsilon\mathrm{d}x\mathrm{d}y\mathrm{d}t=n\frac{\partial h}{\partial t}\mathrm{d}x\mathrm{d}y\mathrm{d}t \quad(5.4)$$

$$-\frac{\partial(V_xh)}{\partial x}-\frac{\partial(V_yh)}{\partial y}+\varepsilon=n\frac{\partial h}{\partial t} \quad(5.5)$$

应用 Ghyben-Herzberg 近似,h_s 为 h_f 的 α 倍:

$$h_s=\alpha h_f \quad(5.6)$$

而
$$h=h_s+h_f \quad(5.7)$$

则
$$h=(\alpha+1)h_f \quad(5.8)$$

式中,α 为 Ghyben-Herzberg 比率。由 Darcy 定律:

$$\left.\begin{aligned}V_x&=-K\frac{\partial h_f}{\partial x}\\V_y&=-K\frac{\partial h_f}{\partial y}\end{aligned}\right\} \quad(5.9)$$

式中,K 为水力传导系数。将式(5.8)、式(5.9)代入式(5.5),得:

$$\frac{\partial}{\partial x}\left[K(\alpha+1)h_f\frac{\partial h_f}{\partial x}\right]+\frac{\partial}{\partial y}\left[K(\alpha+1)h_f\frac{\partial h_f}{\partial y}\right]+\varepsilon=n(\alpha+1)\frac{\partial h_f}{\partial t} \quad(5.10)$$

为书写方便,以下用 h 代替 h_f,表示淡水透镜体在海平面以上的厚度,经整理,得:

$$\frac{\partial}{\partial x}\left(h\frac{\partial h}{\partial x}\right)+\frac{\partial}{\partial y}\left(h\frac{\partial h}{\partial y}\right)+\frac{\varepsilon}{K(\alpha+1)}=\frac{n}{K}\frac{\partial h}{\partial t} \quad(5.11)$$

或
$$\frac{\partial h^2}{\partial x^2}+\frac{\partial h^2}{\partial y^2}=\frac{2n}{K}\frac{\partial h}{\partial t}-\frac{2\varepsilon}{K(\alpha+1)} \quad(5.12)$$

式(5.11)或式(5.12)就是淡水透镜体二维数学模型的主管方程。

5.3 定解条件

淡水透镜体二维数学模型的主管方程是一个二阶非线性偏微分方程,为了获得确定解,需要在求解域内提出适当的定解条件,包括初始条件和边界条件。所谓边界条件,就是在求解域边界上给出 $t \geqslant 0$ 时未知函数的值,而初始条件则是在求解的起始时刻给出未知函数在全求解域上之值。通常在地下渗流问题的求解中,可提出两类边界条件:第一类边界条件是给定边界上的压力,称"定水头边界条件",即在边界上给定淡水水头的值,当淡水层与河流、湖泊、海洋相通时,这些地表水位可作第一类边界条件;第二类边界条件是在边界上给定流量,称为"定流量边界条件",典型的第二类边界条件是"不渗水层"边界和地下分水岭所确定的零流量边界,以及抽水井或潜水面回补构成的定流量边界。因为 $h = h(x, y, t)$,求解域是一个平面域。对珊瑚岛礁淡水透镜体而言,求解域是透镜体与海平面的截面,也就是珊瑚岛与海平面的截面,边界是珊瑚岛与海平面的交线。由于淡水透镜体在边界上与海水相通,所以,应取第一类边界条件。如取海平面为 x-y 平面,那么在边界上任何时候淡水水头为零。考虑到淡水透镜体是在长期地质年代中形成的,在初始时刻,淡水头 $h(x, y, 0)$ 为何值应该无关紧要,因此,不妨取初始值也为零。

5.4 二维数学模型的应用

以西沙群岛中永兴岛淡水透镜体的数值模拟来介绍二维数学模型的运用。

5.4.1 西沙群岛的组成

西沙群岛位于海南岛东南,由 32 个岛屿和一些礁、沙洲组成,海域面积约 5×10^5 km^2 ,岛屿陆地总面积约 8 km^2 ,是我国岛礁较多、分布最广的群岛之一。西沙的岛礁分为东西两群,西为永乐群岛,东为宣德群岛。永乐群岛由琛航、珊瑚、甘泉、盘石屿、中建、广金、晋乡、金银等岛屿和礁滩组成。宣德群岛由赵述岛、西沙洲、北岛、中岛、南岛、南沙洲、永兴岛、石岛、东岛和高尖石等岛屿组成。其中,永兴岛面积最大,是西沙的主岛;南沙洲和西沙洲,由珊瑚贝壳沙组成,是岛屿的雏形;永兴、东岛、北岛、中岛和南岛等岛屿,由珊瑚碎屑和贝壳沙砾组成,高出海平面 $3\sim5$ m,岛屿四周高、中部低。

5.4.2　永兴岛区位气象水文与地质地貌

(1)区位

2007 年 11 月,我国国务院批准设立县级三沙市,隶属海南省,管辖位于中国南海的西沙、南沙、中沙三个群岛及周围海洋,面积 260 万 km^2,市行政中心设在永兴岛。永兴岛位于西沙群岛东北部宣德群岛的一个礁盘上,是质地松散的新灰沙岛,距海南岛榆林港约 300 km。永兴岛呈不规则椭圆形,长轴 NNW-SSE 向为 1 928 m,短轴 NNE-SSW 向为 1 284 m,面积 1.8 km^2,最高点位于西北部,最高海拔 8.2 ℃。

(2)气象水文

永兴岛属热带海洋季风气候,冬季盛行偏北风,夏季盛行偏南风,日照时间长,太阳辐射量大,终年高温,多年平均气温达 26.3 ℃;由于地处热带,雨量充沛,根据西沙气象台的资料,1989—2006 年,平均降雨量 1 495 mm;1997—2006 年,平均降雨量 1 400 mm,最高(丰水)和最低(枯水)年降雨量分别为 1 940 mm 和 517 mm。年雨量季节分配不均匀,有明显旱季和雨季,雨季集中在 6—11 月,是台风、暴雨等灾害性气候的多发期,雨量为 1 200 mm 左右,约占全年雨量的 80%;12 月至次年 5 月为旱季,盛行东北季风,降水稀少,雨量在 300 mm 左右,这种降水特征和区域内生态环境特征形成了其独有的水文地质环境。潮汐作用属不正规全日潮,平均潮差为 0.9 m。表层海水平均温度为 26.8 ℃,海水透明度达 $20\sim30$ m。海浪以风浪为主,平均波高 1.5 m,最大为 11.0 m。岛上地势低平,土质孔隙度高,渗透性强,无地表径流,地下水与海水沟通,色度高,不能直接作为生活饮用水。

(3)地质构造

1973 年底到 1974 年初,南海石油指挥部在永兴岛东北角开凿了"西永一井",井深 1 384.68 m,1 279 m 见基底片麻状花岗岩,钻穿了 1 251 m 的珊瑚礁。1983 年 11 月至 1984 年 10 月,地质矿产部海洋地质研究所在永兴岛上开凿了"西永二井"进行全取心,此次钻探未穿透礁体。20 世纪 90 年代,海军为解决西沙供水问题,在西沙诸岛开凿了一些探测孔,钻孔深度 20 多米。这些钻探资料揭示了永兴岛的地质构造,如图 1.13 所示:

①井深 0~22 m,珊瑚贝壳沙层,较松散,属于第四系。顶部含腐烂的有机质、鸟粪等,颜色多呈浅黄色至棕褐色。

②井深 22~169 m,为灰白色珊瑚礁,由珊瑚及贝壳碎屑组成,钙质胶结,呈块状、多孔洞,仍属于第四系。

③井深 169~370.5 m,为灰白色珊瑚、贝壳碎屑灰岩,中部和下部各夹一层有孔虫灰岩。此地层属第三系上新统。

④井深 370.5~1 251 m,也由灰白色珊瑚灰岩或珊瑚灰岩及贝壳灰岩、有孔虫化石等构成,分别属于第三系的上中新统、中中新统和下中新统。

由地层分布情况可看出,整个地质变化过程中缺少更新统时期的地层。这是由于更新世时期海平面降低,各珊瑚岛都遭受到不同程度的剥蚀而削平,永兴岛在此时期为削平岛,剥蚀了更新世间冰期生长或上新世的一部分珊瑚礁。而全新世成为西沙地区上升时期,在岛上堆积了厚度不一的浪积沙,由此可推测全新世沉积物假整合于上新统之上,整个第四系厚度不大,不整合面在 22 m 深处。

(4)地貌特点

永兴灰沙岛地形为一碟形洼地,周围高,中间低,等高线环布。在地貌上从礁缘向岛中央依次可分为礁坪、海滩、沙堤、沙席和洼地,呈环带状分布,如图 1.14 所示。

礁坪是珊瑚礁顶处于低潮面时原生礁生长的上限,也是生物碎屑堆积的平台。礁坪基本上由石珊瑚、贝类、钙质藻和有孔虫的残体组成的砾、沙堆积而成,以砾石为主,涨潮被淹没,低潮时出露。永兴岛东北和西南的水动力条件相差较大,东、西礁坪不对称,西部宽 250~500 m,东部宽 400~1 000 m。礁坪前水下斜坡,一般坡度为十几度,是珊瑚丛林和原生礁带。斜坡上往复流作用和造礁生物生长的结果,形成坡脊-槽沟系,礁缘一圈成为波浪破碎带,常有浪花。大浪把礁前礁块(直径 0.2~3.0 m)和生物碎屑掷上礁缘,堆积成宽 100~200 m 的浅滩,地势较低潮面略高,比礁坪其他部位高出 0.2~0.5 m,呈堤状。

海滩是礁坪上沙屑被抛掷在潮间带上堆积而成,不长植物。永兴岛海滩宽 20~40 m,前缘和后缘坡角介于 3°~9°。海滩上冲流的尽头停积较粗的沙砾,与滨线平行呈带状分布。海滩沉积物以中沙为主,高潮线上粗沙和砾含量较高。海滩沙以珊瑚屑为主,其次为钙藻屑、有孔虫和软体动物外壳,以及少量甲壳类外壳。

沙堤是海风将海滩沙吹扬、搬运、堆积于高潮线以上形成的,来自各方向的风堆成的沙堤围成圈状。永兴岛西北至东北部沙堤较高,达 6~8 m,宽可达 100~150 m;东至南部沙堤由 3 道组合而成,每道沙堤高达 4~6 m,总宽 80~100 m。沙堤沉积为粗中沙,砾石含量极少。风暴潮时,上冲流将部分沙砾推上沙堤堆积。珊瑚屑、钙藻屑、有孔虫和软体动物壳仍是沙堤沙的主要组分。

沙席处于沙堤背风坡与潟湖或洼地的过渡地带,是风驱动海滩沙、沙堤沙越过沙堤顶后在背风坡沉积形成的,坡度较小。永兴岛沙席环沙堤背风坡分布,宽 500 m 以上。海拔一般在 2 m 以上,是永兴岛陆地的主要地貌单元,西北沙席沉积以粗沙为主,分选差。

洼地是沙堤围圈的浅水礁塘,随着沙席的扩展,风沙落入礁塘渐多会萎缩消亡。1974 年时永兴岛中的礁塘自然淤积已几乎干涸,可涉水而过。现为洼地,高程最低,比较潮湿,生长莎草科等植物。洼地沉积物以中、细沙为主。有孔虫壳、珊瑚屑、钙藻、软体动物壳为洼地沙的主要组分。

总的来看,浅水石珊瑚、钙藻、有孔虫和软体动物壳屑为组成永兴灰沙岛沉积物的主要组分,占全部沉积物的 90%~95%,苔藓虫、棘皮动物碎屑、八射珊瑚和海绵骨针含量极少。

5.4.3 求解域和定解条件

求解域为西沙永兴岛与海平面相交的截平面,岛形近似为椭圆。根据数值计算对求解域网格的要求,求解域的边界作适当处理,边界用一系列折线近似,处理后的求解域如图 5.2 所示,东西长 1 900 m,南北宽 1 300 m。

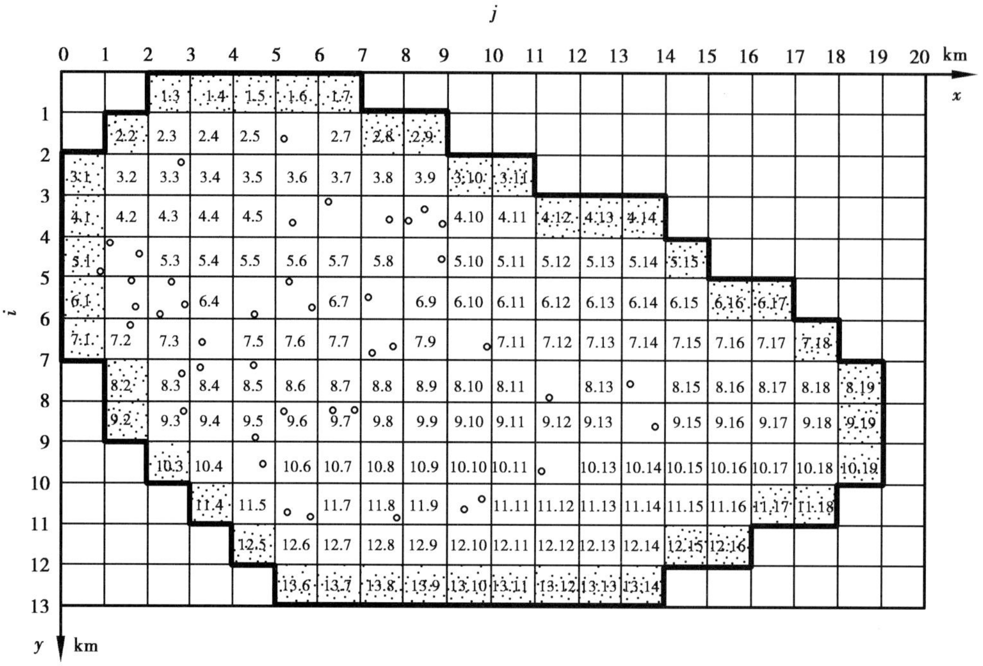

图 5.2　永兴岛外形及网格

定解条件为初始条件和边界条件。根据永兴岛四周的海洋环境,取零水头的边界条件,即

$$h(x,y,t) = 0 \quad x,y \in 边界上,t \geq 0 \tag{5.13}$$

初始条件为:

$$h(x,y,0) = 0 \quad x,y \in 求解域上 \tag{5.14}$$

5.4.4　参数确定

为了确定永兴岛含水层介质的孔隙率和渗透系数,从岛上取回珊瑚沙土,在实验室中用分样筛对珊瑚沙进行筛分,而后根据各个筛分沙样的相对密度求出珊瑚沙的平均粒径(见表 5.1),再根据经验值(见表 5.2 和表 5.3)确定渗透系数和孔隙率。

表 5.1　珊瑚沙筛分实验数据

分样筛孔径 /mm	分样沙质量 /g	总沙质量 /g	所占比例 /%	平均粒径 /mm
0.2	35.085		11.47	
0.4	43.55		14.24	
0.8	90.975		29.74	
1	42.7	305.91	13.96	1.069
2	46.4		15.17	
>2	47.2		15.43	

表 5.2　渗透系数经验值

地　　层	地层粒径		渗透系数 K /(m·d^{-1})
	粒径/mm	所占质量/%	
粉土质沙			0.5~1
粉沙	0.1~0.25	<75	1~5
细沙	0.1~0.25	>75	5~10
中沙	0.25~0.5	>50	10~25
粗沙	0.5~1.0	>50	25~50
极粗的沙	1~2	>50	50~100
砾石夹沙			75~100

表 5.3　土壤孔隙率

土壤种类	黏　土	粉　沙	中、粗混合沙	均匀沙
孔隙率	0.45~0.55	0.40~0.50	0.35~0.40	0.30~0.40
土壤种类	细、中混合沙	砾石	砾石和沙	沙岩
孔隙率	0.30~0.35	0.30~0.40	0.20~0.35	0.10~0.20

　　根据筛分结果,永兴岛含水介质属粗沙,由表 5.2 和表 5.3,取渗透系数 $K=$ 50 m/d,孔隙率 $n=0.28$。

Chyben-Herzherg 比率取：$\alpha = 30$。

5.4.5　数学模型的求解与结果

淡水透镜体的数学模型,由于主管方程的非线性和边界的复杂性,通常不能求得解析解,工程上更多地依赖于数值解法。常用的数值解法有有限差分法、有限元法和有限体积法等。以下介绍有限差分法。

有限差分法的基本思想是将求解域格网化,按网格的分布用折线取代不规则的边界线,以差商代替微商,将偏微分方程离散化,从而把求解域上连续的水头分布值离散成全部网格上的有限个水头值,得到离散的只有有限个未知数的差分方程及对应的边界值,并将差分方程的解作为微分方程的数值形式的近似解。这样,用有限差分法求解淡水透镜体数学模型时,就需要将求解域网格化,选择时间、空间步长,构造差分方程,确定解法。

（1）求解域的格网化

根据永兴岛的平面图,建立直角坐标系 xOy, Ox 轴由西向东, Oy 轴由北向南,然后用二簇分别平行于 Ox 和 Oy 的线段将永兴岛划分成许多网格, x 和 y 方向上的网格间距 Δx 和 Δy 可以不同,但通常为简化计算,均取等间距网格即正方形网格如图 5.3 所示。

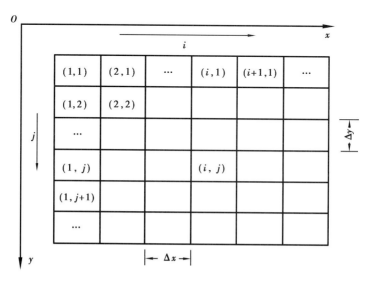

图 5.3　计算用网格与编号

差分网格划分后,需要对每个网格进行编号,每个网格的编号以其在 x,y 方向上网格数来表示,记为 (i,j)。其中 i 为 x 方向的编号数,自西向东排列,j 为 y 方向编号数,自北向南排列(图 5.3)。

(2)时间、空间步长的选取

淡水透镜体的主管方程中包含有对时间的偏微分项。因此,在对空间坐标进行离散的同时,也要对时间进行离散。然而对时间和空间步长的选取,除在显式差分格式中由稳定性的要求可以确定时间和空间步长的相对大小外,目前尚无严格选取时间和空间步长的理论和方法,通常靠试算和经验加以确定。本应用中,时间步长取 $\Delta t = 1$ d,空间步长取 $\Delta x = \Delta y = 100$ m。

(3)差分方程的构造

由主管方程(5.12)

$$\frac{\partial^2 h^2}{\partial x^2} + \frac{\partial^2 h^2}{\partial y^2} = \frac{2n}{K} \frac{\partial h}{\partial t} - \frac{2\varepsilon}{K(\alpha + 1)}$$

令

$$H = h^2 \tag{5.15}$$

则

$$\frac{\partial h}{\partial t} = \frac{\partial \sqrt{H}}{\partial t} = \frac{1}{2\sqrt{H}} \frac{\partial H}{\partial t} \tag{5.16}$$

于是主管方程(5.12)转换为:

$$\frac{\partial^2 H}{\partial x^2} + \frac{\partial^2 H}{\partial Y^2} = \frac{n}{k\sqrt{H}} \frac{\partial H}{\partial t} - \frac{2\varepsilon}{k(\alpha + 1)} \tag{5.17}$$

对方程(5.17)进行离散。为避免离散方程中多孔介质孔隙率 n 与表示时间层的 n 混淆,将方程(5.18)中 n 用 μ 替换。方程的离散有两种格式:一种是显式,另一种是隐式。

显式:

$$\frac{H_{i+1,j}^n - 2H_{i,j}^n + H_{i-1,j}^n}{(\Delta x)^2} + \frac{H_{i,j+1}^n - 2H_{i,j}^n + H_{i,j-1}^n}{(\Delta y)^2} =$$

$$\frac{\mu}{k\sqrt{H_{i,j}^n}} \frac{H_{i,j}^{n+1} - H_{i,j}^n}{\Delta t} - \frac{2\varepsilon_{i,j}}{k(1 + \alpha)} \tag{5.18}$$

隐式:

$$\frac{H_{i+1,j}^{n+1} - 2H_{i,j}^{n+1} + H_{i-1,j}^{n+1}}{(\Delta x)^2} + \frac{H_{i,j+1}^{n+1} - 2H_{i,j}^{n+1} + H_{i,j-1}^{n+1}}{(\Delta y)^2} =$$

$$\frac{\mu}{k\sqrt{H_{i,j}^n}} \frac{H_{i,j}^{n+1} - H_{i,j}^n}{\Delta t} - \frac{2\varepsilon_{i,j}}{k(1+\alpha)} \quad\quad (5.19)$$

式中,下标 i,j 表示第 i 行第 j 列网格之值,上标 n 和 $n+1$ 分别表示第 n 和第 $n+1$ 时间层之值。

比较显格式和隐格式可以发现,用显格式进行计算时,任一时间层各网格上的值可由前一时间层各网格上的值明显地表示出来。因此,由差分方程逐层求解网格值时,只需将已知网格之值(如初值和边值)代入差分方程,就可逐一地算出各时间层上各网格之值,而不必求解代数方程组,这是一种代数四则运算,求解过程就变得异常简单。但显格式是条件稳定的,时间和空间步长都会受到严格限制,如果取值不当,就有发散的危险。而对于隐式,任一时间层各网格上之值不仅与前一时间层上的网格值有关,而且也与同一时间层上相邻网格之值有关,这样各时间层上的网格值就不能像显式那样由前一时间层上之值明显表示。因而,用隐式差分方程求解,不能仅作代数四则运算来获得结果,必须逐层地求解代数方程组。这种求解方法比较麻烦,但隐格式是无条件稳定的,网格步长不像显式那样会受到严格限制,也有利于减少计算量和提高计算精度。

为了提高差分格式的精度,可以构造一种既有显式又有隐式形式的差分格式。即所谓"加权平均法",就是差分方程中的空间差商既不全在 n 时间层上取值,也不全在 $n+1$ 时间层上取值,而是在这两个时间层上取加权平均。首先,用正方形网格将方程(5.18)和(5.19)的求解域网格化。

取 $\Delta x = \Delta y = a$,并令

$$A = \frac{\mu}{k\sqrt{H_{i,j}^n}} \frac{H_{i,j}^{n+1} - H_{i,j}^n}{\Delta t} - \frac{2\varepsilon_{i,j}}{k(1+\alpha)} \quad\quad (5.20)$$

方程(5.18)为:

$$H_{i+1,j}^n - 2H_{i,j}^n + H_{i-1,j}^n + H_{i,j+1}^n - 2H_{i,j}^n + H_{i,j-1}^n = a^2 A \quad\quad (5.21)$$

设:

$$\overline{H}_{i,j}^n = \frac{H_{i+1,j}^n + H_{i-1,j}^n + H_{i,j+1}^n + H_{i,j-1}^n}{4} \quad\quad (5.22)$$

则式(5.21)为：

$$4\,\overline{H}_{i,j}^{\,n} - 4H_{i,j}^{\,n} = a^2 A$$

$$\overline{H}_{i,j}^{\,n} - H_{i,j}^{\,n} = \frac{a^2 A}{4} \tag{5.23}$$

同理,由方程(5.19)有

$$\overline{H}_{i,j}^{\,n+1} - H_{i,j}^{\,n+1} = \frac{a^2 A}{4} \tag{5.24}$$

式中,

$$\overline{H}_{i,j}^{\,n+1} = \frac{H_{i+1,j}^{\,n+1} + H_{i-1,j}^{\,n+1} + H_{i,j+1}^{\,n+1} + H_{i,j-1}^{\,n+1}}{4} \tag{5.25}$$

设 ω 为加权系数 $0 \le \omega \le 1$,由 $\omega \times$式(5.24)$+(1-\omega)\times$式(5.23)有：

$$\omega(\overline{H}_{i,j}^{\,n+1} - H_{i,j}^{\,n+1}) + (1-\omega)(\overline{H}_{i,j}^{\,n} - H_{i,j}^{\,n}) = \omega\frac{a^2 A}{4} + (1-\omega)\frac{a^2 A}{4} \tag{5.26}$$

整理得：

$$\omega(\overline{H}_{i,j}^{\,n+1} - H_{i,j}^{\,n+1}) + (1-\omega)(\overline{H}_{i,j}^{\,n} - H_{i,j}^{\,n}) = \frac{a^2 A}{4} \tag{5.27}$$

将式(5.20)代入式(5.27),得：

$$\omega(\overline{H}_{i,j}^{\,n+1} - H_{i,j}^{\,n+1}) + (1-\omega)(\overline{H}_{i,j}^{\,n} - H_{i,j}^{\,n}) =$$

$$\frac{a^2 \mu}{4k\sqrt{H_{i,j}^{\,n}}}\frac{H_{i,j}^{\,n+1} - H_{i,j}^{\,n}}{\Delta t} - \frac{a^2 \varepsilon_{i,j}}{2k(1+\alpha)} \tag{5.28}$$

由式(5.28)解出 $H_{i,j}^{\,n+1}$：

$$H_{i,j}^{\,n+1} = \frac{1}{\omega + \dfrac{a^2 \mu}{4k\Delta t\sqrt{H_{i,j}^{\,n}}}}\Big[\omega\,\overline{H}_{i,j}^{\,n+1} + (1-\omega)(\overline{H}_{i,j}^{\,n} - H_{i,j}^{\,n}) +$$

$$\frac{H_{i,j}^{\,n}}{4k\Delta t\sqrt{H_{i,j}^{\,n}}} + \frac{a^2 \varepsilon_{i,j}}{2k(1+\alpha)} \tag{5.29}$$

方程(5.29)即为加权平均的差分格式。当 $\omega = \dfrac{1}{2}$ 时,该差分格式是无条件稳定的,且有二阶精度。这个格式是 Crank-Nicolson 提出的,又称"Crank-Nicolson 格式"。

（4）差分方程的求解

方程(5.29)是一个线性方程组,有多种解法。本应用中采用 Gauss-Seidel 迭代法求解。Gauss-Seidel 迭代法比简单迭代法求解时收敛更快。

方程(5.29)中的 ε_{ij} 是 (i,j) 微元单位面积上的补给量,主要是降雨,植被蒸腾和渗漏损失则以负补给量包含其中。根据永兴岛的降雨,综合资料值,取垂直补给量为年均降雨量的40%。由该方程可求得 H_{ij}。

每一网格上淡水透镜体表面高出海平面的高程 $h_{f,i,j}$,由下式求得:

$$h_{f,i,j} = \sqrt{H_{i,j}} \qquad (5.30)$$

淡水盐水界面在海平面以下深度 $h_{s,i,j}$,则由下式求得:

$$h_{s,i,j} = \alpha h_{f,i,j} \qquad (5.31)$$

淡水透镜体的贮水量 V 则近似为:

$$V = \mu \sum_i \sum_j \Delta x_i \Delta y_j (1 + \alpha) h_{f,i,j} \qquad (5.32)$$

（5）计算结果

用上述淡水透镜体数学模型,通过数值解法对永兴岛淡水透镜体进行模拟,可得到永兴岛上淡水水头分布和淡水贮量。表5.4 和表5.5 分别是第7行和第9行各列节点处淡水透镜体的厚度 h。图5.4—图5.7 分别是第7行、第9行、第5列、第9列各节点处海平面以下淡水透镜体的模拟界面与部分节点处透镜体厚度 h 的值实测值。图5.8 淡水透镜体的等深图(以海平面为基准面)。

表5.4　第7行海平面以下淡水透镜体的厚度

（m）

j	1	2	3	4	5	6	7	8	9	10
h	0.0	7.64	11.29	13.62	15.18	16.18	16.75	17.00	16.88	16.54
j	11	12	13	14	15	16	17	18		
h	15.97	15.19	14.20	12.92	11.16	8.89	6.84	0.0		

表 5.5　第 9 行海平面以下淡水透镜体的厚度

（m）

j	1	2	3	4	5	6	7	8	9	10
h	0.0	0.0	7.93	11.28	13.40	14.95	15.87	16.38	16.56	16.47
j	11	12	13	14	15	16	17	18	19	
h	16.16	15.63	14.88	13.87	12.59	11.06	9.21	6.84	0.0	

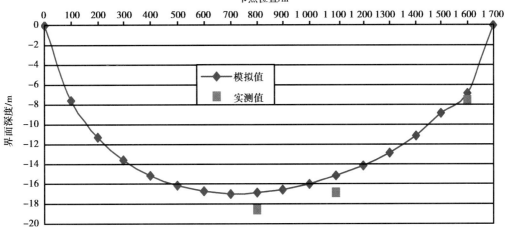

图 5.4　第 7 行模拟界面与部分节点处厚度的值实测值

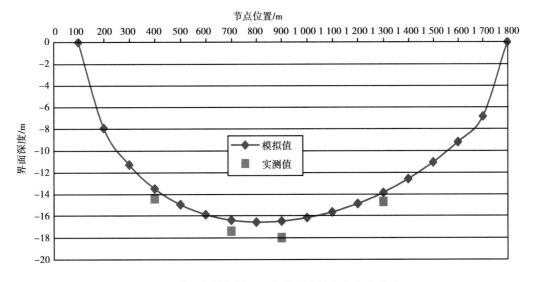

图 5.5　第 9 行模拟界面与部分节点处厚度的实测值

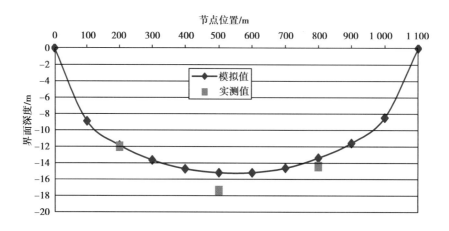

图 5.6 第 5 列模拟界面与部分节点处厚度的实测值

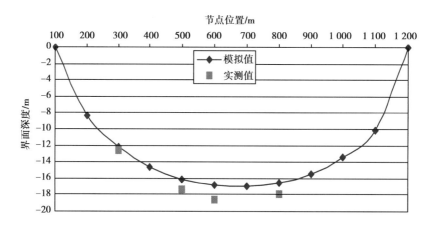

图 5.7 第 9 列模拟界面与部分节点处厚度的实测值

上述各图中的实测值是指:对部分西沙永兴岛水井中水面距地表距离,以及地表的海拔高程的测量值,求得的淡水水面在海平面以上的高程 h_f 推得的淡水界面在海平面以下的深度 h_s。各井 h_s 的计算值与实测值见表 5.6。计算值与实测值比较接近,大部分测点的误差为 3% ~ 10%。图 5.8 为淡水透镜体的等深线,其外形与岛的平面外形十分相似。这表明淡水透镜体的二维数学模型能较好地反映透镜体的动力学特性。

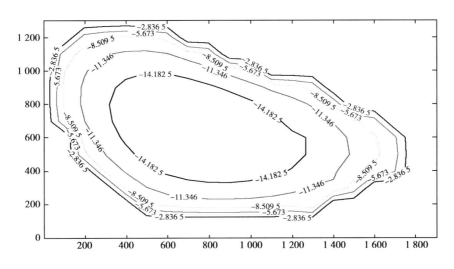

图 5.8　淡水透镜体等深图(单位:m)

表 5.6　h_s 的模拟值与实测值

井　　号	计算值/m	实测值/m	相对误差/%
2#	15.17	14.70	−3.2
4#	6.83	7.50	9.0
5#	16.88	18.60	9.2
6#	13.71	17.10	19.8
7#	16.13	17.40	7.3
17#	13.89	17.40	20.0
20#	15.83	17.10	7.4
22#	15.20	17.20	11.6
26#	13.49	14.40	6.3
30#	16.37	17.40	5.7
32#	16.73	18.00	7.1
39#	15.18	16.80	9.6
43#	12.26	12.60	2.4
45#	11.86	12.00	1.2

第 **6** 章

淡水透镜体的三维数学模型

　　淡水透镜体的二维数学模型,忽略了多孔介质中的弥散作用,仅有一个包含两个空间变量的主管方程,结构相对简单,边界条件也不复杂,容易求解。求得的水头分布、包络面和淡水贮藏量总体上反映了透镜体的存在状况。但是,二维模型不可避免地存在一些不足:一是淡-盐间采用了突变界面,而实际上两者间有一个过渡带。当过渡带较薄时,忽略其厚度,以突变界面替代过渡带是合适的。但有时过渡带的厚度超过了淡水层的厚度。二是 Ghyben-Herzberg 比率的理论值为 40,但受多孔介质的影响,真实值无法准确估算,实际取值为 25～40,取值靠经验成分大,客观性受到质疑。三是二维模型只考虑了零水头边界条件,且在一条线上取值,偏离了淡水透镜体真实的三维整体边界。四是突变界面假设将淡-盐水截然分开,不能模拟淡水透镜体内盐分的空间分布。因此,二维模型无法全面、客观反映淡水透镜体的动力学特征,模型有一定的局限性。为提高模拟的可靠性与准确性,如前所述,1997年 Larabi 等人采用固定网格的有限元法,求解了具有自由边界的三维地下水流动。此后,更多学者构建了三维模型来模拟珊瑚岛淡水透镜体。2010 年,我国周从直等人为准确模拟珊瑚岛礁淡水透镜体的动力学特性、雨量变化及抽吸对透镜体的影响,构建了西沙永兴岛淡水透镜体三维数学模型,根据实验和现场勘测获得的水文地质参数,运用有限差分法对模型进行数值求解,获得了透镜体内淡水流向、水头分

布、过渡带厚度、淡水贮量的季节变化和抽水倒锥的演变过程。三维模型的出现,为制订淡水透镜体的开采策略,实现珊瑚岛地下淡水资源的安全、科学与持续开发利用,提供了理论与技术支持。

淡水透镜体的三维数学模型摒弃了二维模型淡-盐水间突变界面的假设,将海水和淡水中的"水"视为同种连续流体介质,只不过其中溶有不同浓度的溶质——以氯离子 Cl⁻ 表示的盐类。海水中氯离子浓度最大,平均值为 19 000 mg/L。淡水中氯离子浓度通常取为零,或取为当地雨水中氯离子的浓度值。溶质浓度不同,水流密度也就不一样。由于弥散作用,海水和淡水间的密度差与浓度差,形成了从淡水、低矿化度水逐渐演变为高矿化度水,最终到海水的过渡带。过渡带内浓度变化导致的流体密度改变影响水头的分布,水头分布又影响流速和浓度的变化。因此,淡水透镜体内的流动是变密度流和溶质运移耦合的三维运动。这类流动问题由两个偏微分方程来描述:一个方程用以描述变密度流的流动,另一个方程描述流体中溶质的运移。这样,在建立淡水透镜体三维数学模型时需要对传统动力学方程进行改造,以考虑密度变化对水流运动的影响,并增添一个溶质运移方程。本章介绍淡水透镜体三维数学模型的构建与在西沙永兴岛上的应用。

6.1 数学模型的构建

构建三维数学模型的理论基础仍然是质量守恒与达西定律,与构建二维模型不同的是要考虑溶质产生的密度变化对水头的影响。

6.1.1 主管方程

(1)地下水流主管方程

在变密度流中,取直角坐标和介质微元六面体,如图 6.1 所示。微元六面体各边长分别为 Δx_1、Δx_2、Δx_3,与对应坐标轴平行。设流体密度为 ρ,流速为 v,在各坐标轴上的分量分别为 v_1、v_2、v_3。根据质量守恒,可导出变密度流的连续性方程;再运用 Darcy 定律,便可导出地下水流主管方程。

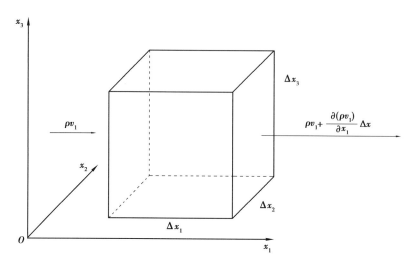

图 6.1 地下水流微元六面体示意图

考虑各方向上单位时间内进出微元六面体的流体质量:

x_1 方向:

$$进入的流体质量 = \rho v_1 \Delta x_2 \Delta x_3 \tag{6.1}$$

$$流出的流体质量 = \left(\rho v_1 + \frac{\partial(\rho v_1)}{\partial x_1} \Delta x_1 \right) \Delta x_2 \Delta x_3 \tag{6.2}$$

$$进入 - 流出 = -\frac{\partial(\rho v_1)}{\partial x_1} \Delta x_1 \Delta x_2 \Delta x_3 \tag{6.3}$$

类似地

$$x_2 \ 方向:进入 - 流出 = -\frac{\partial(\rho v_2)}{\partial x_2} \Delta x_1 \Delta x_2 \Delta x_3 \tag{6.4}$$

$$x_3 \ 方向:进入 - 流出 = -\frac{\partial(\rho v_3)}{\partial x_3} \Delta x_1 \Delta x_2 \Delta x_3 \tag{6.5}$$

因此,单位时间内进入与流出微元六面体的总质量差为:

$$-\left[\frac{\partial(\rho v_1)}{\partial x_1} + \frac{\partial(\rho v_2)}{\partial x_2} + \frac{\partial(\rho v_3)}{\partial x_3} \right] \Delta x_1 \Delta x_2 \Delta x_3 \tag{6.6}$$

设多孔介质孔隙率为 n,则微元六面体内单位时间内增加的质量为:

$$\frac{\partial}{\partial t}(\rho n \Delta x_1 \Delta x_2 \Delta x_3) \tag{6.7}$$

若微元六面体内存在源汇,强度为 q_s,则根据质量守恒,微元六面体内单位时间内增加的质量应等于单位时间内进入与流出微元六面体的总质量差,与单位时间内单位体积内源 q_s 产生的质量 $\rho q_s \Delta x_1 \Delta x_2 \Delta x_3$ 的和,即

$$\frac{\partial}{\partial t}(\rho n \Delta x_1 \Delta x_2 \Delta x_3) = -\left[\frac{\partial(\rho v_1)}{\partial x_1} + \frac{\partial(\rho v_2)}{\partial x_2} + \frac{\partial(\rho v_3)}{\partial x_3}\right]\Delta x_1 \Delta x_2 \Delta x_3 + \rho q_s \Delta x_1 \Delta x_2 \Delta x_3$$

(6.8)

整理得到变密度地下水流的连续性方程:

$$\left[-\frac{\partial(\rho v_i)}{\partial x_i} + \rho q_s\right]\Delta x_1 \Delta x_2 \Delta x_3 = \frac{\partial}{\partial t}(\rho n \Delta x_1 \Delta x_2 \Delta x_3) \quad (i = 1,2,3)$$

(6.9)

式中　$\dfrac{\partial(\rho v_i)}{\partial x_i}$——求和项,$\dfrac{\partial(\rho v_1)}{\partial x_1}+\dfrac{\partial(\rho v_2)}{\partial x_2}+\dfrac{\partial(\rho v_3)}{\partial x_3}$,下同;

　　　q_s——单位时间内、微元六面体单位体积多孔介质源产生的体积流量。q_s 正表示源,负表示汇,s^{-1};

　　　x_1,x_2,x_3——直角坐标,对应于通常所使用的 x,y,z 坐标,在下面的公式推导中,对此将不加区别;

　　　ρ——流体密度,kg/m^3;

　　　v_i——渗流速度,m/d,$i=1,2,3$。

多孔介质中渗流运动方程是由 Darcy 定律反映的流速与水力坡度间关系的方程,其数学表达式为:

$$\boldsymbol{q} = K \cdot \boldsymbol{J}$$

(6.10)

式中　$\boldsymbol{q}$——比流量向量,等于渗流速度 $\boldsymbol{v}$,m/d;

　　　K——渗透系数,又称"水力传导系数",是综合反映多孔介质、渗流流体力学特性的一个参数,与多孔介质结构、流体的密度有关,具有速度的量纲,m/d。在非均匀各向异性介质中,K 是一个二阶张量;

　　　$\boldsymbol{J}$——水力坡度,无量纲。

$$\boldsymbol{J} = -\nabla H$$

(6.11)

式中　H——测压管水头,$H = p + \dfrac{z}{\gamma}$,$m$;

　　　∇——哈密尔顿算子,$\nabla = \dfrac{\partial}{\partial x}\boldsymbol{i} + \dfrac{\partial}{\partial y}\boldsymbol{J} + \dfrac{\partial}{\partial z}\boldsymbol{k}$;

γ——容重，$\gamma = \rho g$，N/m^3。

由前所述，$\mathbf{q} = \mathbf{v}$，有：

$$\mathbf{v} = -K \cdot \nabla\left(z + \frac{p}{\gamma}\right) \tag{6.12}$$

在双组分流体（淡水+海水）的变密度流中，密度随空间变化，p，γ 均为 (x, y, z) 的函数：

$$\mathbf{v} = -K \cdot \nabla\left(z + \frac{p}{\gamma}\right) = -K \cdot \left(\nabla z + \frac{\gamma \nabla p - p \nabla\gamma}{\gamma^2}\right) \tag{6.13}$$

因为 $\nabla\gamma \ll \nabla p$，所以

$$\mathbf{v} = -K \cdot \left(\nabla z + \frac{1}{\gamma}\nabla p\right) \tag{6.14}$$

又

$$K = \frac{\gamma k}{\mu} \tag{6.15}$$

式中　k——渗透率，反映多孔介质传导流体的能力，m^2，在非均匀各向异性介质中，k 是一个二阶张量；

μ——水动力黏滞系数，kg/(m·s)。

所以

$$\mathbf{v} = -\frac{\gamma k}{\mu} \cdot \left(\nabla z + \frac{1}{\gamma}\nabla p\right)$$

不失普遍性，写为分量的形式：

$$v_i = -\frac{k_{ij}}{\mu}\left(\frac{\partial p}{\partial x_j} + \rho g \frac{\partial z}{\partial x_j}\right) \quad (i, j = 1, 2, 3) \tag{6.16}$$

当研究盐分弥散时，需用多孔介质中的真实平均流速 u_i。渗流速度 v_i 与 u_i 有如下关系：

$$v_i = n u_i \tag{6.17}$$

$$u_i = -\frac{k_{ij}}{n\mu}\left(\frac{\partial p}{\partial x_j} + \rho g \frac{\partial z}{\partial x_j}\right) \tag{6.18}$$

式中　u_i——流体在多孔介质孔隙中的平均流速，m/d；

n——多孔介质孔隙率。

将式（6.16）代入式（6.9）：

$$\frac{\partial}{\partial x_i}\left[\frac{\rho k_{ij}}{\mu}\left(\frac{\partial p}{\partial x_j}+\rho g\,\frac{\partial z}{\partial x_j}\right)\right]\Delta x_1\Delta x_2\Delta x_3=\frac{\partial}{\partial t}(\rho n\Delta x_1\Delta x_2\Delta x_3)-\rho q_s\Delta x_1\Delta x_2\Delta x_3$$

$$(6.19)$$

在等温条件下,变密度流中,流体密度 ρ 随压强 p 和浓度 c 改变,孔隙率 n 随压强改变,压强 p 随时间和空间位置而改变,即

$$\rho=\rho(p,c),n=n(p),p=p(t,x_1,x_2,x_3)$$

式中　c——混合流体浓度,kg/m^3;

$\quad\quad\ t$——时间,s。

另外,由于地表以下含水层介质受到上覆岩层、水以及地表建筑物等垂向荷载压力的作用,且与侧向范围广阔相比,垂向范围小,容易变形,所以,通常只考虑垂向压缩,忽略侧向粒间力的作用。因此,可将 Δx_1,Δx_2 设为常数,仅考虑垂向变形。这样,式(6.19)右边第一项可展开:

$$\frac{\partial}{\partial t}(\rho n\Delta x_1\Delta x_2\Delta x_3)=\left[\rho n\,\frac{\partial(\Delta x_3)}{\partial t}+\rho\Delta x_3\,\frac{\partial n}{\partial P}\,\frac{\partial P}{\partial t}+n\Delta x_3\,\frac{\partial\rho}{\partial P}\,\frac{\partial P}{\partial t}+n\Delta x_3\,\frac{\partial\rho}{\partial c}\,\frac{\partial c}{\partial t}\right]\Delta x_1\Delta x_2$$

$$(6.20)$$

设 α 为多孔介质压缩系数,β 为流体压缩系数。在等温条件下,根据压缩系数的定义,流体压缩系数为:

$$\beta=-\frac{1}{v}\,\frac{\mathrm{d}v}{\mathrm{d}p}$$

$$(6.21)$$

式中,v 为流体体积。

因为在温度 t 为常数时,$\rho v=\mathrm{const}$,$\mathrm{d}(\rho v)=0$,$-\dfrac{\mathrm{d}v}{v}=\dfrac{\mathrm{d}\rho}{\rho}$,则

$$\frac{\partial\rho}{\partial p}=\rho\beta$$

$$(6.22)$$

在仅考虑透镜体含水介质垂向压缩的条件下,设作用于饱和含水介质上的总应力为 σ,固体骨架承受的应力为 σ',介质孔隙中流体静压力为 p,则

$$\sigma=\sigma'+p$$

$$(6.23)$$

式中,σ' 也称有效应力。

同样,在等温条件下,多孔介质压缩系数可定义为:

$$\alpha = -\frac{1}{v_s}\frac{\mathrm{d}v_s}{\mathrm{d}\sigma'} \tag{6.24}$$

式中，v_s 为介质骨架体积。v_s 与介质孔隙体积 v_v 之和等于多孔介质总体积 v_b：

$$v_b = v_s + v_v = v_s + nv_b \tag{6.25}$$

于是：

$$v_s = (1-n)v_b \tag{6.26}$$

对于选定的微元六面体，$v_b = \Delta x_1 \Delta x_2 \Delta x_3$。由于假设 Δx_1，Δx_2 为常数，由式 (6.24)：

$$\begin{aligned}
\alpha &= -\frac{1}{(1-n)v_b}\frac{\mathrm{d}\left[(1-n)v_b\right]}{\mathrm{d}\sigma'}\\
&= -\frac{1}{v_b}\frac{\mathrm{d}v_b}{\mathrm{d}\sigma'}\\
&= -\frac{1}{\Delta x_1 \Delta x_2 \Delta x_3}\frac{\mathrm{d}(\Delta x_1 \Delta x_2 \Delta x_3)}{\mathrm{d}\sigma'}\\
&= -\frac{1}{\Delta x_3}\frac{\mathrm{d}(\Delta x_3)}{\mathrm{d}\sigma'}
\end{aligned} \tag{6.27}$$

则

$$\mathrm{d}(\Delta x_3) = -\alpha \Delta x_3 \mathrm{d}\sigma' \tag{6.28}$$

含水层埋藏于地表之下，作用于饱和含水介质上的总应力为 σ 可假设为常数，由式 (6.23)，得：

$$\mathrm{d}\sigma' = -\mathrm{d}p \tag{6.29}$$

将式 (6.29) 代入式 (6.28)，得：

$$\mathrm{d}(\Delta x_3) = \alpha \Delta x_3 \mathrm{d}p \tag{6.30}$$

由式 (6.27)：$\mathrm{d}\sigma' = -\dfrac{1}{v_b}\mathrm{d}v_b\dfrac{1}{\alpha}$，得到：

$$\alpha\frac{\partial \sigma'}{\partial t} = -\frac{1}{v_b}\frac{\partial v_b}{\partial t} \tag{6.31}$$

假设骨架的变形很小，可以忽略不计，即

$$v_s = (1-n)v_b = \mathrm{const} \tag{6.32}$$

则

$$\frac{\partial v_s}{\partial t} = 0 \tag{6.33}$$

由式(6.32)和式(6.33),得:

$$- v_\mathrm{b} \frac{\partial n}{\partial t} + (1 - n) \frac{\partial v_\mathrm{b}}{\partial t} = 0$$

$$\frac{\partial n}{\partial t} = \frac{1 - n}{v_\mathrm{b}} \frac{\partial v_\mathrm{b}}{\partial t} \tag{6.34}$$

由式(6.31)、式(6.34)和式(6.23),得:

$$\frac{\partial n}{\partial t} = - (1 - n) \alpha \frac{\partial \sigma'}{\partial t}$$

$$= - (1 - n) \alpha \left(\frac{\partial \sigma}{\partial t} - \frac{\partial P}{\partial t} \right) \tag{6.35}$$

因为 $\sigma = \mathrm{const}$,则

$$\frac{\partial n}{\partial t} = (1 - n) \alpha \frac{\partial P}{\partial t} \tag{6.36}$$

由此得到:

$$\frac{\partial n}{\partial p} = (1 - n) \alpha \tag{6.37}$$

根据贮水率的定义:

$$S_\mathrm{s} = \rho g (\alpha + n\beta) \tag{6.38}$$

将式(6.22)、式(6.28)、式(6.37)和式(6.38)代入式(6.20),得:

$$\frac{\partial}{\partial t} (\rho n \Delta x_1 \Delta x_2 \Delta x_3) = \left(\frac{S_\mathrm{s}}{g} \frac{\partial P}{\partial t} + n \frac{\partial \rho}{\partial c} \frac{\partial c}{\partial t} \right) \Delta x_1 \Delta x_2 \Delta x_3 \tag{6.39}$$

将式(6.39)代入式(6.19),得:

$$\frac{\partial}{\partial x_i} \left[\frac{\rho k_{ij}}{\mu} \left(\frac{\partial p}{\partial x_j} + \rho g \frac{\partial z}{\partial x_j} \right) \right] = \frac{S_\mathrm{s}}{g} \frac{\partial p}{\partial t} + n \frac{\partial \rho}{\partial c} \frac{\partial c}{\partial t} - \rho q_\mathrm{s} \tag{6.40}$$

分析上式中的流体动力黏性系数 μ 和密度 ρ。淡-海水混合流体在珊瑚沙砾中流动时,温度无明显变化,流体动力黏性系数 μ 可视为常数,其值取为淡水动力黏性系数;而密度 ρ 则可近似表示为溶质浓度 c 的线性函数:

$$\rho = \rho_0 \left(1 + \varepsilon \frac{c}{c_\mathrm{s}} \right) \tag{6.41}$$

式中　ρ——混合流体密度,$\mathrm{kg/m^3}$;

ρ_0——淡水密度,取作参考密度,$\rho_0 = 1\ 000\ \text{kg/m}^3$;

c——混合流体中的溶质浓度,常取为氯离子 Cl^{-1} 的浓度,kg/m^3;

c_s——与海水密度 ρ_s 对应的浓度,kg/m^3;

ε——密度差相对比率,$\varepsilon = \dfrac{\rho_s - \rho_0}{\rho_0}$。

由式(6.41)得:

$$\frac{\partial \rho}{\partial c} = \rho_0 \frac{\varepsilon}{c_s} = \rho_0 \eta \qquad (6.42)$$

式中 η——密度耦合系数。

$$\frac{\varepsilon}{c_s} = \eta, \text{m}^3/\text{kg} \qquad (6.43)$$

另外,对于淡水水头 H:

$$H = \frac{p}{\rho_0 g} + z$$

$$p = \rho_0 g H - \rho_0 g z \qquad (6.44)$$

对式(6.44)取导数:

$$\frac{\partial p}{\partial x_j} = \rho_0 g \frac{\partial H}{\partial x_j} - \rho_0 g \frac{\partial z}{\partial x_j} \qquad (6.45)$$

$$\frac{\partial P}{\partial t} = \rho_0 g \frac{\partial H}{\partial t} \qquad (6.46)$$

将式(6.42)、式(6.45)、式(6.46)代入式(6.40),得:

$$\frac{\partial}{\partial x_i}\left[\frac{\rho k_{ij}}{\mu}\left(\rho_0 g \frac{\partial H}{\partial x_j} - \rho_0 g \frac{\partial z}{\partial x_j} + \rho g \frac{\partial z}{\partial x_j}\right)\right] = \rho_0 g \frac{\partial H}{\partial t} \frac{S_s}{g} + n\rho_0 \eta \frac{\partial c}{\partial t} - \rho q_s \qquad (6.47)$$

整理上式,应用式(6.41)、式(6.43),得到:

$$\frac{\partial}{\partial x_i}\left[K_{ij}\left(\frac{\partial H}{\partial x_j} + \eta c \frac{\partial z}{\partial x_j}\right)\right] = S_s \frac{\partial H}{\partial t} + n\eta \frac{\partial c}{\partial t} - \frac{\rho}{\rho_0} q_s \qquad (6.48)$$

此即为三维变密度地下水流主管方程,式中的 K_{ij} 为水力传导系数张量 K 的分量,它与渗透率张量 k 的分量 k_{ij} 的关系由式(6.15)确定。k 和 K 均为二阶张量。如果取坐标轴的方向与水力传导系数张量 K 的主方向一致,则

$$K_{ij} = 0 \quad i \neq j, \quad i,j = 1,2,3 \qquad (6.49)$$

式(6.48)可以化简为:

$$\frac{\partial}{\partial x_i}\left[K_{ii}\left(\frac{\partial H}{\partial x_i} + \eta c\,\frac{\partial z}{\partial x_i}\right)\right] = S_s\,\frac{\partial H}{\partial t} + n\eta\,\frac{\partial c}{\partial t} - \frac{\rho}{\rho_0}q_s \tag{6.50}$$

特别地,对均匀各向同性含水介质,水力传导系数转化为一标量 K。式(6.50)可进一步简化:

$$K\left(\frac{\partial^2 H}{\partial x^2} + \frac{\partial^2 H}{\partial y^2} + \frac{\partial^2 H}{\partial z^2} + \eta\,\frac{\partial c}{\partial z}\right) = S_s\,\frac{\partial H}{\partial t} + n\eta\,\frac{\partial c}{\partial t} - \frac{\rho}{\rho_0}q_s \tag{6.51}$$

三维变密度地下水流主管方程反映了水头、密度和溶质浓度间的关系。方程中的 q_s 项代表了源汇的影响,在珊瑚岛礁淡水透镜体的动力学研究中,降雨补给为源,抽水、蒸腾等损失为汇。

(2)溶质运移主管方程

与构建地下水流的主管方程类似,运用质量守恒的原理,可以方便地导出溶质运移主管方程。

仍取直角坐标系和介质微元六面体,如图 6.2 所示。微元六面体各边长分别为 Δx_1、Δx_2、Δx_3,与对应坐标轴平行。研究溶质的运移,需要采用介质孔隙中的真实流速。设流体密度为 ρ,溶质浓度为 c,介质孔隙中真实平均流速为 $\boldsymbol{u}$,在各坐标轴上的分量分别为 u_1、u_2、u_3,弥散系数张量为 $D_{ij}(i,j=1,2,3)$,m^2/s,源产生的流体浓度为 c^*,介质孔隙率为 n。

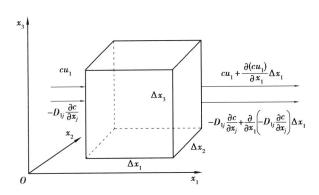

图 6.2　溶质运移微元六面体示意图

以下考虑单位时间内进出六面体的溶质之差:

在 x_1 方向上,单位时间内由于对流,进入微元六面体溶质质量为:$cu_1 n\Delta x_2 \Delta x_3$,

流出微元六面体的溶质质量为 $\left[cu_1 + \dfrac{\partial(cu_1)}{\partial x_1}\Delta x_1\right]n\Delta x_2\Delta x_3$；在 x_1 方向上，单位时间内

由于弥散，进入微元六面体溶质质量为 $-D_{1j}\dfrac{\partial c}{\partial x_j}n\Delta x_2\Delta x_3$，流出微元六面体的溶质质量

为 $\left[-D_{1j}\dfrac{\partial c}{\partial x_1}+\dfrac{\partial}{\partial x_1}\left(-D_{1j}\dfrac{\partial c}{\partial x_1}\right)\Delta x_1\right]n\Delta x_2\Delta x_3$。单位时间内，同时考虑对流和弥散，在 x_1 方

向上，净流入微元六面体的溶质质量为：

$$进入 - 流出 = -\left[\frac{\partial(cu_1)}{\partial x_1} - \frac{\partial}{\partial x_1}\left(D_{1j}\frac{\partial c}{\partial x_j}\right)\right]n\Delta x_1\Delta x_2\Delta x_3 \qquad (6.52)$$

同理，在 x_2 方向和 x_3 方向上，净流入微元六面体的溶质质量为：

$$x_2\ 方向：\qquad 进入-流出 = -\left[\frac{\partial(cu_2)}{\partial x_2} - \frac{\partial}{\partial x_2}\left(D_{2j}\frac{\partial c}{\partial x_j}\right)\right]n\Delta x_1\Delta x_2\Delta x_3 \qquad (6.53)$$

$$x_3\ 方向：\qquad 进入-流出 = -\left[\frac{\partial(cu_3)}{\partial x_3} - \frac{\partial}{\partial x_3}\left(D_{3j}\frac{\partial c}{\partial x_j}\right)\right]n\Delta x_1\Delta x_2\Delta x_3 \qquad (6.54)$$

单位时间内进入微元六面体的溶质质量为：

$$-\left[\frac{\partial(cu_i)}{\partial x_i} - \frac{\partial}{\partial x_i}\left(D_{ij}\frac{\partial c}{\partial x_j}\right)\right]n\Delta x_1\Delta x_2\Delta x_3 \quad (i,j = 1,2,3)$$

另一方面，单位时间内微元六面体中，由于溶质浓度变化而增加的溶质质量为：

$$\frac{\partial c}{\partial t}n\Delta x_1\Delta x_2\Delta x_3$$

考虑源汇的存在，根据质量守恒定律，单位时间内，下式成立：

六面体溶质的增量 = 进入六面体的溶质质量 + 源增加的溶质质量

$$\frac{\partial c}{\partial t}n\Delta x_1\Delta x_2\Delta x_3 = -\left[\frac{\partial(cu_i)}{\partial x_i} - \frac{\partial}{\partial x_i}\left(D_{ij}\frac{\partial c}{\partial x_j}\right)\right]n\Delta x_1\Delta x_2\Delta x_3 + c^*q_s\Delta x_1\Delta x_2\Delta x_3$$

$$(6.55)$$

整理上式，得到：

$$\frac{\partial c}{\partial t} = -\frac{\partial(cu_i)}{\partial x_i} + \frac{\partial}{\partial x_i}\left(D_{ij}\frac{\partial c}{\partial x_j}\right) + \frac{c^*}{n}q_s \qquad (6.56)$$

多孔介质中的流动通常为不可压缩层流，$\dfrac{\partial u_i}{\partial x_i}=0$。于是

$$\frac{\partial(cu_i)}{\partial x_i} = u_i\left(\frac{\partial c}{\partial x_i}\right) \tag{6.57}$$

式(6.56)转化为：

$$\frac{\partial c}{\partial t} + u_i\left(\frac{\partial c}{\partial x_i}\right) = \frac{\partial}{\partial x_i}\left(D_{ij}\frac{\partial c}{\partial x_j}\right) + \frac{c^*}{n}q_s \tag{6.58}$$

此即为三维变密度流溶质运移主管方程。如果流场坐标轴与弥散系数张量 D 主轴一致，则只有 D_{ii} 不为零，式(6.58)转化为：

$$\frac{\partial c}{\partial t} + u_i\left(\frac{\partial c}{\partial x_i}\right) = \frac{\partial}{\partial x_i}\left(D_{ii}\frac{\partial c}{\partial x_i}\right) + \frac{c^*}{n}q_s \tag{6.59}$$

在式(6.58)、式(6.59)中，左边第一项表示多孔介质控制单元中溶质质量随时间的变化率，第二项表示溶质随地下水流动的运移量；右端第一项表示由于水动力弥散引起的溶质变化量，第二项表示源项，也可以表示汇，q_s 为正表示源，否则表示汇，可分别用于表示由于注水、抽水和溶质吸附、解吸等作用造成的溶质增加与减少。在淡水透镜体的开发过程中，用得较多的是抽水，这时式(6.58)、式(6.59)中的 q_s 为汇，表示单位时间内，从单位体积的含水介质中抽取的水量，如果溶质的浓度为 c，式(6.58)、式(6.59)右边第二项要作改变，方程分别变为：

$$\frac{\partial c}{\partial t} + u_i\left(\frac{\partial c}{\partial x_i}\right) = \frac{\partial}{\partial x_i}\left(D_{ij}\frac{\partial c}{\partial x_j}\right) - \frac{c}{n}q_s \tag{6.60}$$

$$\frac{\partial c}{\partial t} + u_i\left(\frac{\partial c}{\partial x_i}\right) = \frac{\partial}{\partial x_i}\left(D_{ii}\frac{\partial c}{\partial x_i}\right) - \frac{c}{n}q_s \tag{6.61}$$

式中，$-\frac{c}{n}q_s$ 表示单位时间内，从单位体积的含水介质中流失的溶质。

三维变密度地下水流方程(6.48)和三维溶质运移对流—弥散方程(6.59)构成了淡水透镜体三维数学模型的主管方程。

6.1.2　定解条件

淡水透镜体三维数学模型的主管方程是二阶非定常偏微分方程，描述了渗流流动和溶质运移的一般规律，方程的解有无穷多组，称为"泛定方程"。要得到适合于所研究问题的唯一解，即要获得模拟区域上渗流流动和溶质运移的特定规律，必须提出适定的定解条件，使问题成为一个定解问题。因此，正确确定模拟区域的定解条件尤为重要。定解条件包括边界条件和初始条件。边界条件是指模拟区域几何边界上的目标函数必须满足的值;初始条件是指起始时刻目标函数的状态,以指明非稳定过程是从何种状态开始,通常取该时刻为零时刻,即 $t=0$。就淡水透镜体的三维数学模型而言,边界条件表达了水头或渗流量以及溶质在模拟区域边界上的水力特性和浓度分布。初始条件表达了水头和溶质在模拟区域各点上起始时刻的分布。边界条件和初始条件可根据现场勘测或实验研究得到,在一些情况下,也可根据经验人为给出某种假设,提出相应的数学关系式作为定解条件。

对于定常问题,运动过程与时间无关,定解条件只有边界条件。这种仅取决于边界条件的流动问题称为"边值问题"。而对于非定常问题,则边界条件和初始条件缺一不可,这类问题称为"初值问题"。淡水透镜体三维变密度地下水流属初值问题。

（1）边界条件

三维变密度地下水流的边界条件用于表述水头 H 或流量 q 在边界上的取值条件,反映了边界内模拟区流动与外部的联系与相互作用,边界因模拟区域的不同而有不同。如前所述,二维流动问题中的边界是平面域上的封闭边界线,或有限个孤立边界点及边界线;三维地下水流的边界则是空间区域的边界面,或有限个孤立边界点及边界面。通常,任何边界条件都包括两方面内容:确定边界的几何形状,确定边界上目标函数(因变量)或其导数满足的关系。对于三维区域,边界几何形状可以表达为:

$F(x,y,z)=0$,此为几何边界不随时间改变条件下的表达式;

$F(x,y,z,t)=0$,此为几何边界随时间改变条件下的表达式。

在地下水流研究中,很多情况下实际的几何边界较为复杂,难以找到一个准确的连续函数来描述,这时可对边界进行概化,用平面或简单的曲面来近似;或者在数值计算过程中,对边界进行离散,用一组边界上的点来表述。当研究珊瑚岛礁淡水透镜体时,因珊瑚岛由珊瑚从海底向上增长、经骨骼和各类生物碎屑堆积胶结而成,矗立于海洋之中,四周被海水包围,这种情况下的边界便可分为三个部分:岛上地表、侧向壁面、底部平面,如图6.3所示。前两部分是明确的界面,底部边界则具有一定的随意性,因为珊瑚岛底部深达千米以上,底部边界取在何处合适要依岛屿地质构造而定,好在全球的珊瑚岛集中分布在太平洋、印度洋热带海域和墨西哥湾有暖流经过的洋面,有着相同的地质形成过程和构造特点,即在上层全新世地层和潜伏其下的更新世地层之间存在不整合面,不整合面之下地层在漫长的地质年代中受到海水强烈侵蚀,孔隙溶洞极其发育饱含海水,底部边界就可取在不整合面下一定深度的地方。

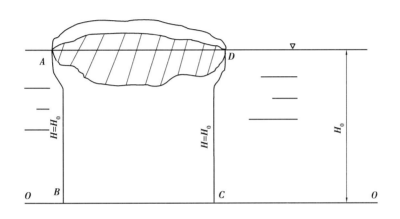

图 6.3　淡水透镜体边界示意图

三维变密度地下水流的边界条件包括水流边界条件和溶质运移边界条件。

1)水流边界条件

在淡水透镜体的地下水流研究中,在实际应用意义上,水流边界条件可分为三类:

①定水头边界

在边界上给定测压管水头 $H(x,y,z)$,对于三维的情况可写为:

$$H(x,y,z)=f(x,y,z)\quad x,y,z\in\varGamma_1=F_1(x,y,z)$$

或

$$H(x,y,z,t)=f(x,y,z,t)\quad x,y,z\in\varGamma_1=F_1(x,y,z)\tag{6.62}$$

式中,$\varGamma_1$ 为模拟区域边界,$f(x,y,z)$、$f(x,y,z,t)$ 为已知函数或已知值。流动区域流体与边界外流体连接时就是定水头边界。在地下水流动中,饱和多孔介质与河流、湖泊或海洋相连接的边界属于这类边界,边界上的测压管水位就是河流、湖泊或海洋的水位,如图 6.3 所示。图 6.3 中 AB 和 CD 段上所有点的侧压管水头都取为 H_0。给定水头的边界问题称为第一类边值问题,也称"Dirichlet 问题"。

②定流量边界

在这类边界 Γ_2 上,垂直于单位面积的流量 q_n 为已知值:

$$q_n = \boldsymbol{q} \cdot \boldsymbol{n} = q_0(x,y,z,t), x,y,z \in \Gamma_2 = F_2(x,y,z) \tag{6.63}$$

$$\boldsymbol{q} = K \cdot \boldsymbol{J} = -K \cdot \nabla H \tag{6.64}$$

$$\boldsymbol{n} = \frac{\nabla F}{|\nabla F|} \tag{6.65}$$

式中 $\boldsymbol{q}$——比流量矢量,m/d。由 Darcy 定律确定;

K——水力传导系数张量,m/d;

H——水头,m;

$\boldsymbol{n}$——边界曲面外法线单位矢量;

$q_0(x,y,z,t)$——已知函数或已知值,如地表单位面积上的补给量。

在定流量边界中,有一类边界,其上不存在流量交换,称为"隔水边界"。如图 6.3 中的 BC 段,该段在不整合面之下足够深的地方浸没于海水中,事实上不存在水量交换,因此可视为隔水边界。于是:

$$q_n = (-K \cdot \nabla H) \cdot \frac{\nabla F}{|\nabla F|} = 0$$

即

$$(K \cdot \nabla H) \cdot \nabla F = 0 \tag{6.66}$$

$$\left[(K_{xx}\boldsymbol{ii} + K_{yy}\boldsymbol{jj} + K_{zz}\boldsymbol{kk}) \cdot \left(\frac{\partial H}{\partial x}\boldsymbol{i} + \frac{\partial H}{\partial y}\boldsymbol{j} + \frac{\partial H}{\partial z}\boldsymbol{k} \right) \right] \cdot \left(\frac{\partial F}{\partial x}\boldsymbol{i} + \frac{\partial F}{\partial y}\boldsymbol{j} + \frac{\partial F}{\partial z}\boldsymbol{k} \right) = 0$$

$$K_{xx} \frac{\partial H}{\partial x} \frac{\partial F}{\partial x} + K_{yy} \frac{\partial H}{\partial y} \frac{\partial F}{\partial y} + K_{zz} \frac{\partial H}{\partial z} \frac{\partial F}{\partial z} = 0 \tag{6.67}$$

对于各向同性介质 $K_{xx} = K_{yy} = K_{zz} = K$

上式变为:

$$\frac{\partial H}{\partial x} \frac{\partial F}{\partial x} + \frac{\partial H}{\partial y} \frac{\partial F}{\partial y} + \frac{\partial H}{\partial z} \frac{\partial F}{\partial z} = 0 \tag{6.68}$$

或

$$q_n = 0 \tag{6.69}$$

定流量边界问题也称"第二类边值问题"或称"Neumann 问题"。

在淡水透镜体地下水运动研究中,还有一种特殊的边界——潜水面边界。它是多孔介质孔隙内水和空气的界面,如忽略毛细管带水的存在,潜水面为一突变界面,属于有入渗补给的非稳定界面。潜水面的位置是未知的,可通过模拟计算得到最终的稳定位置。

2）溶质运移边界条件

溶质运移边界条件包括三种类型:第一类边界,给定浓度的边界,这类边值问题也称"Dirichlet 问题";第二类边界,给定弥散通量的边界,这类边值问题也称"Neuman 问题";第三类边界,给定溶质通量的边界,这类边值问题也称"混合边界问题",即"Cauchy 问题"。

①第一类边界,在模拟期间沿边界 Γ_1 给定浓度值:

$$C(x,y,z,t) = C_1(x,y,z,t)(x,y,z \in \Gamma_1 = F_1(x,y,z), t \geq 0) \qquad (6.70)$$

式中, $C_1(x,y,z,t)$ 为沿着 Γ_1 的浓度值,可随时间变化。

②第二类边界,垂直于边界 Γ_2 方向上的弥散通量已知:

$$n_i D_{ij} \frac{\partial C}{\partial x_j} = f(x_i, t)(x_i \in \Gamma_2, i = 1, 2, 3, t \geq 0) \qquad (6.71)$$

式中, n_i 为界面 Γ_2 上外法线方向单位矢量 $\boldsymbol{n}$ 在 x_i 轴方向上的分量, $f(x_i, t)$ 为沿着 Γ_2 的已知函数,可随时间变化。

③第三类边界,在边界 Γ_3 上给定溶质通量:

$$n_i D_{ij} \frac{\partial C}{\partial x_j} - q_i C = g(x_i, t)(x_i \in \Gamma_3, i = 1, 2, 3, t \geq 0) \qquad (6.72)$$

式中, q_i 为比流量矢量 $\boldsymbol{q}$ 在 x_i 轴方向上的分量, g 为沿着 Γ_3 的总通量(弥散和对流)的已知函数,可随时间变化。

（2）初始条件

初始条件用以表示在选定的某一初始时刻,透镜体中的水头分布和浓度分布,这一时刻常取为 $t = 0$。

水流的初始条件为:

$$H(x,y,z,0) = H_0(x,y,z) \qquad (6.73)$$

式中, $H_0(x,y,z)$ 为研究区 $t = 0$ 时的已知水头值, $x_i \in \Omega, \Omega$ 为研究区域, $i = 1, 2, 3$。

浓度的初始条件为:

$$C(x,y,z,0) = C_0(x,y,z) \qquad (6.74)$$

式中, $C_0(x,y,z)$ 为研究区 $t = 0$ 时的浓度值。

需要指出,初始时刻并非淡水透镜体的生成时刻,因为透镜体的生成时刻既无法确定,也没有必要。事实上,初始时刻是可以根据需要在一定条件下任意选定的时刻。

6.2 永兴岛概化

仍选西沙永兴岛作为三维数学模型模拟的海岛。永兴岛的区位、气象、水文与地质地貌见第5章二维数学模型的应用一节,其地下水资源以"透镜体"的形式存在于土壤层中。与二维模型的模拟相比较,三维模型的数学模拟要复杂得多,不仅模型主管方程多了一个溶质运移方程,引入溶质浓度而使方程结构更为复杂,而且模拟区域也从平面扩展成空间,边界构成发生了变化,数值求解过程中单元的划分、水文地质参数的确定与地质构造联系更为紧密。因此,数学模拟的第一步需要对水文地质进行概化处理。

6.2.1 水文地质概化

水文地质概化是对研究区域的水文地质地貌进行科学的概括,根据现场勘测和收集的资料,从中提取"对模拟目标有用"的概念,按数值计算的要求组织数据,为实际地下水系统的模拟建立初始模型。永兴岛水文地质概化包括模拟范围的确定、地质构成的简化和单元划分与源汇的处理。

(1)模拟范围

在海平面上,永兴岛的外形近似于椭圆,如图6.4所示。岛屿东西长约1.928 km,南北宽约1.284 km,面积1.8 km²,坐落在前寒武纪晚期花岗片麻岩基底上,由厚达1 250 m的生物碎屑灰岩构成。位于表层以下22 m的不整合面将岛屿分为上下两部分,上部为松散的珊瑚和其他造礁生物碎屑沉积层,下部为在长期地质年代中经海水侵蚀,孔隙溶洞充分发育的灰岩。岛屿主要地貌特征则是较高的沙砾堤脊包围着较低的中央洼地,从外侧礁缘向岛中央依次可分为礁坪、海滩、沙堤、沙席和洼地等地貌,地貌带呈环带状分布。

(a)永兴岛全景，右上为石岛

(b)永兴岛部分区域

图 6.4　远眺永兴岛

　　根据上述的岛屿外形与地貌特征,可以确定求解区域。首先,由永兴岛的平面图和绘图比例选定直角坐标系,进行网格划分,逐点读出平面图形边界的坐标,得到用于数值计算的平面图形,如图 6.5 所示。其次,永兴岛含水层厚达千米以上,不可能将整座岛屿纳入计算范围,但又必须保证透镜体模拟系统的完整性,加之缺乏岛屿在海平面以下的具体形状,因此仅以图 6.5 所示的岛屿边界,即岛屿与海平面的交线为母线,向下越过不整合面作柱面,取深度为 25 m 的柱体,该柱体底部以上的部分为模拟范围,如图 6.6 所示。

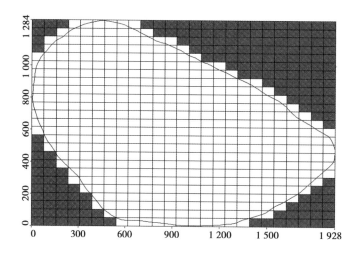

图 6.5　永兴岛平面图

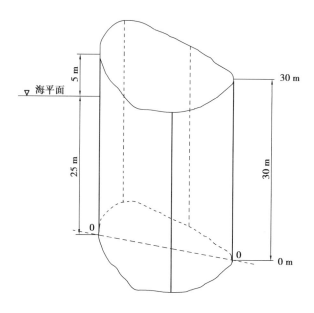

图 6.6　永兴岛平模拟范围示意图

按照这种方法确定的模拟范围,底面在不整合面之下 3 m 处。这一距离不是唯一的选择,只是一个合适的取值。对绝大多数珊瑚岛而言,不整合面是淡水透镜体的控制断面,很少有透镜体能延伸到不整合面以下而存在,像永兴岛这样大小和年降雨量的珊瑚岛,模拟区域的底面取在不整合面之下 3 m 处较为合适,模拟区的侧面简化为一柱面。根据考察资料,永兴岛海拔 4~6.3 m,所以,模拟区顶面取为高程

5 m 的地平面。

（2）地质概化

淡水透镜体赋存于未固结的珊瑚沙砾沉积层中。为了简化计算，由不整合面将模拟区域分为上下两个小区。设各区介质在垂向和水平面上都均质各向同性，但有不同的水文地质参数。因此，研究区概化为两个水文地质参数不尽相同的由均质各向同性介质构成的潜水含水系统。

由于淡水与海水之间存在一个由于水动力弥散构成的过渡带，过渡带内流体密度逐渐从透镜体内的淡水密度向海水密度过渡。考虑到水头、压强等动力学要素随时间变化，永兴岛淡水透镜体内流体的运动概化为三维变密度非恒定流运动。假设流体为不可压流，在多孔介质中的渗流符合达西定律。由于淡水透镜体悬浮在海水之上，潮汐不影响淡水透镜体内部的动力学特性，因此，不考虑潮汐作用的影响。

（3）源汇概化

研究区的源汇一般是指地下含水层的补给、径流和排泄，这几项与当地的气象、水文、地形地貌以及含水层的地质结构等因素密切相关。永兴岛地下含水层补给、径流是指降雨入渗补给、地表径流，排泄包括人工开采和蒸发蒸腾。

1）降雨入渗补给

大气降雨量是一种随季节变化的面状补给，降雨补给量受降雨强度、植被、地下水埋深、包气带岩性、土壤前期含水量、地形地貌等因素的影响。一些因素还带有随机性，逐项定量研究各因素的影响十分困难，也未必准确，因此，一些学者根据统计资料或运用类比的方法提出反映各因素综合影响的补给率。Ghassemi 等人对 Home 岛淡水透镜体进行三维数值模拟，补给量取降雨量的 44%；M.U.Jocson 等人研究了关岛淡水透镜的补给量，基于日均降雨量和日均蒸发量的差值，计算得出淡水透镜体年均补给量最多可达年均降雨量的 67%；J. Tronickel 等人对 Spiekeroog 珊瑚岛的地下水资源进行研究，补给量取降雨量的 50%；A.C. Falkland 等人对 Cocos（Keeling）珊瑚岛的水文气候进行研究，应用水均衡方程计算出该岛平均补给量为年均降雨量的 25%~50%。参考这些经验数据，并根据永兴岛的地形地貌和水文地质条件，取多年平均降雨量 1 505 mm 的 40%，用作淡水透镜体的补给量。

2）地表径流

径流排泄与地貌、含水层岩性结构有密切联系，永兴岛的地表土壤具有很高的渗透性，几乎没有地表径流，即使有也很小，因而不考虑地表径流。

3）人工开采和蒸发蒸腾

人工开采和蒸发蒸腾是排泄的主要途径。研究区域共有开采井 40 多口，主要分布在食堂和人员住地，用于生活用水；蒸发蒸腾量包括土壤水分蒸发量、植被截留水分的蒸发量以及植被的根系直接吸收地下水的蒸腾量。对于永兴岛上这两项排泄方式产生的损耗，目前还未见有研究而无法得到具体数据。因此，只能在计算降雨入渗量时考虑这两项的损耗。

6.2.2 定解条件

对于上述确定的模拟区域，根据永兴岛的地质构成和气候特点，给定如下的定解条件：

（1）边界条件

边界条件包括水流边界和浓度边界。

1）水流边界

①顶部边界 模拟区域顶部边界为地表，只有大气降雨入渗补给，无河流和农田灌溉补给，排泄方式主要是人工开采和蒸发蒸腾，采用定流量边界，如前所述补给量取多年平均降雨量 1 505 mm 的 40%，为 602 mm/a。

②侧向边界 海平面以下的模拟区域四周浸没于海水之中，假设海水为静止流体，则侧面边界上每个点的侧压管水头均为定值，因此，海平面以下的侧向边界为定水头边界，水头值为 25 m。海平面以上区域与外界不存在水量交换，因而海平面以上的侧向边界视为隔水边界。

③底部边界 模拟区域的底部边界在海平面以下 25 m 处，该深度范围的底部边界与海水相连，不存在水量交换，因此，底部可以视为隔水边界，采用零流量边界条件。

2）浓度边界

①顶部边界 顶部接受降雨入渗补给，其补给浓度近似取雨水的氯离子浓度为

0 mg/L,以下的浓度均为氯离子浓度。

②侧向边界　在侧向边界上,海平面以上部分的浓度设为 0 mg/L;海平面以下部分浸没于海水之中,浓度取为海水浓度 19 000 mg/L。

③底部边界　底部边界与海水相连,边界浓度也取为海水浓度 19 000 mg/L。

（2）初始条件

初始水头值取 25 m。以模拟区域底部边界为起算面,3 m 处出现了不整合面,不整合面以上和以下初始浓度均取 19 000 mg/L。

6.2.3　初始水文地质参数的选取

水文地质参数是水文地质模型成败的关键,它的正确性与合理性直接决定了地下水模型的准确性、可信度和地下水资源评价的精度,以及地下水资源开发利用的科学性。重要的水文地质参数包括渗透系数、给水度、弥散度、孔隙率等。水文地质参数的确定方法很多,除本书第 5 章中水文地质参数采用经验估值外,其他最常见的方法主要有三种:一是野外实地勘测,二是实验室模拟研究,三是利用地下水长期观测资料反求参数。根据室内实验和现场勘测,采用以下参数值为模型参数的初始值,经识别后的参数值取作模型最终取值。

（1）渗透系数

为了确定珊瑚沙的渗透系数,于 2007 年 10 月 31 日和 11 月 2 日在永兴岛上进行了 4 号(抽水试验点 1)和 23 号(抽水试验点 2)两口井带观测孔的抽水试验,试验井的位置如图 6.7 所示。由于试验是在原位进行,地层结构保持原始状态,因此,所测参数能反映实际情况。根据两次抽水试验得到的结果,不整合面之上,取渗透系数 $K_x=K_y=K_z=110$ m/d;不整合面以下的渗透系数参考相关文献,取 $K_x=K_y=K_z=500$ m/d。

（2）给水度

给水度是表征潜水含水层给水能力和储水能力的一个指标,在数值上等于单位面积的潜水含水层柱体,当潜水位下降一个单位深度时,在重力作用下自由排出的水的体积和相应的潜水含水层体积的比值。根据两次抽水试验得到的结果,取给水度初始值 $\mu=0.31$。

图6.7 抽水试验点位置图

（3）弥散度

水动力弥散主要由两部分组成:机械弥散和分子扩散。机械弥散是指流体通过多孔介质流动时,由于时均速度不均一所造成的溶质运移现象;分子扩散是流体中所含扩散质浓度不均一,由于分子无规则热运动而引起的一种物质运移现象。机械弥散和分子扩散都与多孔介质骨架有关,弥散度就是描述多孔介质骨架结构的特征长度,它反映了对弥散作用起决定性影响的多孔介质的性质,即孔隙率、颗粒形状和大小、孔隙连接性和弯曲性等。对于理想的均匀介质,弥散度为常数。由于弥散度现场测量受当地环境、时间等因素的限制,所以,采用一维连续注入示踪剂试验方法对珊瑚沙样进行测定,得到纵向弥散度=0.29 m。由于尺度效应和弥散度受含水层特性的影响,实验室数据会小于野外实测的数据,所以实验室模拟求得的弥散度仅为一个参考值。另一方面,尽管模拟区域的多孔介质概化为各向同性,但根据观测结果,纵向弥散度和横向弥散度是不同的,一般纵向弥散度大于横向弥散度,F. Ghassemi等人对Home岛淡水透镜体进行三维数值模拟时将介质概化为均质各向同性,参数取值时,纵向弥散度取5 m,横向弥散度取1 m,垂向弥散度取0.01 m。综合实验数据和相关文献,永兴岛含水介质弥散度的初始值,在纵向取5 m,横向取0.5 m,垂向取0.05 m。

（4）孔隙率

孔隙率是指岩土孔隙的体积与岩土总体积的比值,是表征岩土容水性能的一个重要指标。对于珊瑚沙而言,孔隙率不仅影响其连通状况,而且反映了介质松密实度和结构状况。珊瑚沙孔隙率 n 通过实验室试验并参考有关资料,取 $n = 0.40$。

6.3　数值解法

数学模型建立后,原则上可采用传统的解析法求解,即运用数学分析的方法,求出满足主管方程和定解条件的连续函数,用以确定透镜体内任一点、任一时刻的水头与氯离子浓度的值。解析法可以得到精度较高的计算结果,计算步骤简便,计算公式的物理概念清晰,且便于分析各种因素对透镜体的影响。但是,解析法只适用于方程结构简单、含水层形状规则,以及各向均质、同性的情况,实际应用中很少能满足这样的条件,因而大多数问题的解决应用数值方法。

数值解法的基本思想是:将连续求解区域划分成有限个网格或单元子区,单元中心点称为"节点";将求解区域中连续函数满足的偏微分方程,按照某种数学规则,转化为节点上函数值满足的代数方程;求解代数方程以获得待求函数在节点上的值,从而将一个连续区域上的精确数学模型转变成有限个离散点上的近似数值模型。这样,虽然会有一些精度损失,但借助现代电子计算机的强大计算能力与先进的计算机技术,可解决复杂区域边界及水文地质条件下的地下水计算问题,且误差可控,因而是目前求解复杂地下水问题的有效方法。数值方法中,应用比较广泛的是有限差分法、有限单元法、边界元法和有限体积法。本章采用有限差分法求解淡水透镜体三维数学模型。

有限差分法是数值求解偏微分方程最经典且最常用的方法,基本做法是按时间步长和空间步长将求解时间段和空间区域进行划分,用有限个离散节点的集合来代替连续的求解域,用未知函数在节点上的差商代替偏微分方程中的微商,从而将偏微分方程离散为有限个代数方程。同时,也将定解条件离散,根据离散化的定解条件,求解差分方程组,得到未知函数在各节点上的值,以此近似表示未知函数在时间和空间上的连续分布。以下是几个主要步骤：

6.3.1 求解域、时间与函数的离散

（1）求解域离散

求解域离散指用等间距或不等间距的网格将一个含水层系统划分为一个三维的网格系统，如图6.8所示。例如，用一系列垂直于x轴的平面将含水层沿x方向划分为若干等份，每一等份为一列，列号用j表示，列间距为Δx_j；再用一系列垂直于y轴的平面将含水层沿y方向划分为若干等份，每一等份为一行，行号用i表示，行距为Δx_i；最后用一系列垂直于z轴的平面将含水层沿z方向划分为若干等份，每一等份为一层，层号用k表示，层间距为Δz_k。这样整个含水层被剖分为若干个小长方体，每个小长方体称为"计算单元"。在理论上，同一层中的所有计算单元可以具有不同的尺度，以反映含水层性质在空间上的变化。但在实际工作中，由于单元网格分得足够细小，可以认为每个计算单元内各点有相同的水文地质特性，同时为了计算方便，常使每个同层计算单元具有相同的形状大小，一般为相同的立方体或长方体。每一个计算单元的位置由其行号i、列号j和层号k来表示，即(i,j,k)表示行号为i、列号为j、层号为k的计算单元。i称为"行下标"，沿y轴负方向编排；j称为"列下标"，沿x轴正方向编排；k称为"层下标"，沿z轴负方向编排，如图6.9所示。每个计算单元的体积可以表示为$\Delta x_j \Delta y_i \Delta z_k$。上述$i,j,k = 1,2,3,\cdots$。每个计算单元的水头、溶质浓度和其他参数以该节点处的值表示。边界上节点的值为已知值，由边界条件确定，边界以内的节点称为"内节点"。内节点上的函数值是待求值。

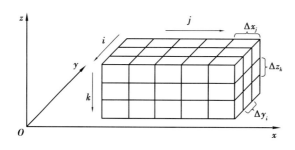

图6.8　含水层空间离散

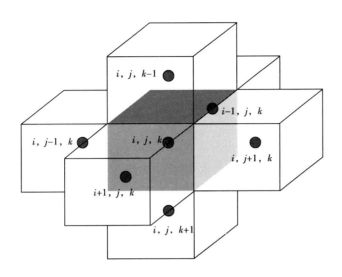

图 6.9　计算单元 (i, j, k) 和其相邻的六个单元

（2）时间离散

从初始时刻起，用一系列时间间隔，即时间步长 Δt_n 将模拟时长分成有限时段，每一时段称为"一时层"，时层的编号以 n 标记，$n = 1, 2, 3 \cdots$。同一时层内流动参数不变。

（3）函数离散

空间离散后，就可将未知函数在节点处对坐标的偏微分用差分表示，称为"函数的离散"。函数离散的基础是 Taylor 展式。设有水头分布函数 $h = f(x, y, z)$，只要 $f(x, y, z)$ 连续可微（在实际问题中，这个条件常常是满足的），就可以沿着某一方向，如 x 轴的正向或负向，用 Taylor 级数展开：

$$f(x + \Delta x) = f(x) + \frac{\mathrm{d}f}{\mathrm{d}x} \frac{\Delta x}{1!} + \frac{\mathrm{d}^2 f}{\mathrm{d}x^2} \frac{(\Delta x)^2}{2!} + \frac{\mathrm{d}^3 f}{\mathrm{d}x^3} \frac{(\Delta x)^3}{3!} + \cdots \tag{6.75}$$

$$f(x - \Delta x) = f(x) - \frac{\mathrm{d}f}{\mathrm{d}x} \frac{\Delta x}{1!} + \frac{\mathrm{d}^2 f}{\mathrm{d}x^2} \frac{(\Delta x)^2}{2!} - \frac{\mathrm{d}^3 f}{\mathrm{d}x^3} \frac{(\Delta x)^3}{3!} + \cdots \tag{6.76}$$

由式（6.75）和式（6.76）得：

$$\frac{\mathrm{d}f}{\mathrm{d}x} = \frac{f(x + \Delta x) - f(x)}{\Delta x} - \frac{\mathrm{d}^2 f}{\mathrm{d}x^2} \frac{\Delta x}{2!} - \frac{\mathrm{d}^3 f}{\mathrm{d}x^3} \frac{(\Delta x)^2}{3!} - \cdots$$

$$= \frac{f(x + \Delta x) - f(x)}{\Delta x} + o(\Delta x)$$

$$\frac{\mathrm{d}f}{\mathrm{d}x} = \frac{f(x) - f(x - \Delta x)}{\Delta x} + \frac{\mathrm{d}^2 f}{\mathrm{d}x^2}\frac{\Delta x}{2!} - \frac{\mathrm{d}^3 f}{\mathrm{d}x^3}\frac{(\Delta x)^2}{3!} + \cdots$$

$$= \frac{f(x) - f(x - \Delta x)}{\Delta x} + o(\Delta x)$$

略去一阶无穷小,分别得到一阶导数的近似表达式:

$$\frac{\mathrm{d}f}{\mathrm{d}x} \approx \frac{f(x + \Delta x) - f(x)}{\Delta x} \tag{6.77}$$

$$\frac{\mathrm{d}f}{\mathrm{d}x} \approx \frac{f(x) - f(x - \Delta x)}{\Delta x} \tag{6.78}$$

这两式实现了用差分来表示微分。式(6.77)用 x 和前面一点 $x+\Delta x$ 的函数值之差构成的差分来表示微分,称为"前差分";式(6.78)用 x 和后面一点 $x-\Delta x$ 的函数值之差构成的差分来表示微分,称为"后差分"。在差分表达式中,由于省略了一些小项,与真值比较会有误差,称为"截断误差",可以用截去的级数项中最大的一项 $\pm\frac{\mathrm{d}^2 f}{\mathrm{d}x^2}\frac{\Delta x}{2!}$ 来表示。这项与 Δx 同量级,只要 Δx 足够小,产生的误差便会任意小,从而保证了差分替代微分的正确性和可靠性。

除了前差分和后差分这两种格式外,还有一种差分,称为"中心差分",可由式(6.75)减去式(6.76)得到:

$$\frac{\mathrm{d}f}{\mathrm{d}x} \approx \frac{f(x + \Delta x) - f(x - \Delta x)}{2\Delta x} \tag{6.79}$$

构造中心差分时,截去的级数项中最大的一项为 $\frac{\mathrm{d}^3 f}{\mathrm{d}x^3}\frac{(\Delta x)^2}{6}$,截断误差与 $(\Delta x)^2$ 同量级。与前、后差分比较,精度提高了一级,达到二级精度。这不难理解,构造中心差分时,用了 $x-\Delta x$、x 和 $x+\Delta x$ 三个点的函数值。

上述是一阶导数的差分表达式,还可以构造二阶导数的差分表达式。将式(6.75)与式(6.76)相加,得到:

$$\frac{\mathrm{d}^2 f}{\mathrm{d}x^2} \approx \frac{f(x + \Delta x) - 2f(x) + f(x - \Delta x)}{(\Delta x)^2} \tag{6.80}$$

不难看出,二阶导数的差分表达式的截断误差也与 $(\Delta x)^2$ 同量级。

6.3.2　差分方程的构造

回到珊瑚岛礁淡水透镜体数值模拟的差分构造上。设珊瑚岛地下含水层系统已划分为若干个三维网格单元,空间任一点 (x,y,z) 处的水头为 $h=f(x,y,z)$。取其中任意一个单元 (i,j,k),与其相邻的六个单元分别为 $(i-1,j,k)$,$(i+1,j,k)$,$(i,j-1,k)$,$(i,j+1,k)$,$(i,j,k-1)$ 和 $(i,j,k+1)$,如图 6.9 所示。按照上述差分的构造方法,某一时间层,如 n 层上水头 h 对 x、y、z 偏微分的差分为:

向前差分:

$$
\begin{cases}
\left(\dfrac{\partial h}{\partial x}\right)^n_{i,j,k} = \left(\dfrac{\Delta h}{\Delta x}\right)^n_{i,j,k} \approx \dfrac{h^n_{i+1,j,k} - h^n_{i,j,k}}{\Delta x} \\[3mm]
\left(\dfrac{\partial h}{\partial y}\right)^n_{i,j,k} = \left(\dfrac{\Delta h}{\Delta y}\right)^n_{i,j,k} \approx \dfrac{h^n_{i,j+1,k} - h^n_{i,j,k}}{\Delta y} \\[3mm]
\left(\dfrac{\partial h}{\partial z}\right)^n_{i,j,k} = \left(\dfrac{\Delta h}{\Delta z}\right)^n_{i,j,k} \approx \dfrac{h^n_{i,j,k+1} - h^n_{i,j,k}}{\Delta z}
\end{cases}
\tag{6.81}
$$

向后差分:

$$
\begin{cases}
\left(\dfrac{\partial h}{\partial x}\right)^n_{i,j,k} = \left(\dfrac{\Delta h}{\Delta x}\right)^n_{i,j,k} \approx \dfrac{h^n_{i,j,k} - h^n_{i-1,j,k}}{\Delta x} \\[3mm]
\left(\dfrac{\partial h}{\partial y}\right)^n_{i,j,k} = \left(\dfrac{\Delta h}{\Delta y}\right)^n_{i,j,k} \approx \dfrac{h^n_{i,j,k} - h^n_{i,j-1,k}}{\Delta y} \\[3mm]
\left(\dfrac{\partial h}{\partial z}\right)^n_{i,j,k} = \left(\dfrac{\Delta h}{\Delta z}\right)^n_{i,j,k} \approx \dfrac{h^n_{i,j,k} - h^n_{i,j,k-1}}{\Delta z}
\end{cases}
\tag{6.82}
$$

中心差分:

$$
\begin{cases}
\left(\dfrac{\partial h}{\partial x}\right)^n_{i,j,k} = \left(\dfrac{\Delta h}{\Delta x}\right)^n_{i,j,k} \approx \dfrac{h^n_{i+1,j,k} - h^n_{i-1,j,k}}{2\Delta x} \\[3mm]
\left(\dfrac{\partial h}{\partial y}\right)^n_{i,j,k} = \left(\dfrac{\Delta h}{\Delta y}\right)^n_{i,j,k} \approx \dfrac{h^n_{i,j+1,k} - h^n_{i,j-1,k}}{2\Delta y} \\[3mm]
\left(\dfrac{\partial h}{\partial z}\right)^n_{i,j,k} = \left(\dfrac{\Delta h}{\Delta z}\right)^n_{i,j,k} \approx \dfrac{h^n_{i,j,k+1} - h^n_{i,j,k-1}}{2\Delta z}
\end{cases}
\tag{6.83}
$$

二阶偏导数的差分：

$$\begin{cases} \left(\dfrac{\partial^2 h}{\partial x^2}\right)^n_{i,j,k} \approx \dfrac{h^n_{i+1,j,k} - 2h^n_{i,j,k} + h^n_{i-1,j,k}}{(\Delta x)^2} \\[3ex] \left(\dfrac{\partial h}{\partial y^2}\right)^n_{i,j,k} \approx \dfrac{h^n_{i,j+1,k} - 2h^n_{i,j,k} + h^n_{i,j-1,k}}{(\Delta y)^2} \\[3ex] \left(\dfrac{\partial h}{\partial z^2}\right)^n_{i,j,k} \approx \dfrac{h^n_{i,j,k+1} - 2h^n_{i,j,k} + h^n_{i,j,k-1}}{(\Delta z)^2} \end{cases} \tag{6.84}$$

式中　上标表示时间层；下标表示计算单元的位置；

$h^n_{i,j,k}$——计算单元(i,j,k)在 n 时层的水头值；

$h^n_{i+1,j,k}$——计算单元$(i+1,j,k)$在 n 时层的水头值；

$h^n_{i,j+1,k}$——计算单元$(i,j+1,k)$在 n 时层的水头值；

$h^n_{i,j,k+1}$——计算单元$(i,j,k+1)$在 n 时层的水头值；

$h^n_{i-1,j,k}$——计算单元$(i-1,j,k)$在 n 时层的水头值；

$h^n_{i,j-1,k}$——计算单元$(i,j-1,k)$在 n 时层的水头值；

$h^n_{i,j,k-1}$——计算单元$(i,j,k-1)$在 n 时层的水头值。

类似地，n 时层计算单元(i,j,k)水头 h 对时间 t 偏微分的差分也可表示为：

向前差分：

$$\left(\frac{\partial h}{\partial t}\right)^n_{i,j,k} = \left(\frac{\Delta h}{\Delta t}\right)^n_{i,j,k} \approx \frac{h^{n+1}_{i,j,k} - h^n_{i,j,k}}{\Delta t} \tag{6.85}$$

向后差分：

$$\left(\frac{\partial h}{\partial t}\right)^n_{i,j,k} = \left(\frac{\Delta h}{\Delta t}\right)^n_{i,j,k} \approx \frac{h^n_{i,j,k} - h^{n-1}_{i,j,k}}{\Delta t} \tag{6.86}$$

中心差分：

$$\left(\frac{\partial h}{\partial t}\right)^n_{i,j,k} = \left(\frac{\Delta h}{\Delta t}\right)^n_{i,j,k} \approx \frac{h^{n+1}_{i,j,k} - h^{n-1}_{i,j,k}}{2\Delta t} \tag{6.87}$$

式中　$h^n_{i,j,k}$——计算单元(i,j,k) n 时层水头值；

$h^{n-1}_{i,j,k}$——计算单元(i,j,k) $n-1$ 时层水头值；

$h^{n+1}_{i,j,k}$——计算单元(i,j,k) $n+1$ 时层水头值。

　　应用上述差分公式，就可以用差分代替微分，将偏微分方程改造成差分方程。偏微分方程定义在连续的求解域上，差分方程定义在网格上。将定解条件也离散为网格上的函数关系或函数值后，差分方程加上离散化的定解条件就构成了差分格式。由于用以近似微分的差分有前差分、后差分和中心差分之分，加上在网格节点上构成差分的函数可以在 n 时间层上取值，也可在 $n+1$ 时层上取值，这就导致了各种不同的差分格，其中显格式和隐格式是广泛使用的两种格式。

　　（1）**显式差分格式**

　　显式差分格式是指任一时间层上的节点值可由前一时间层上的已知值表示出来，不需要求解任何代数方程组，只需由初值开始，将已知时间层上的节点值代入差分方程，就可逐一地计算出各时间层上各节点之值，仅需要代数四则运算，数值计算过程简单。

　　由水流方程式（6.51）：

$$K\left(\frac{\partial^2 H}{\partial x^2} + \frac{\partial^2 H}{\partial y^2} + \frac{\partial^2 H}{\partial z^2} + \eta\frac{\partial c}{\partial z}\right) = S_s\frac{\partial H}{\partial t} + n\eta\frac{\partial c}{\partial t} - \frac{\rho}{\rho_0}q_s$$

式中，水头 H 和浓度 c 对空间坐标偏导数的差分在 n 时层上取值，对时间 t 偏导数的差分在 $n+1$ 和 n 时层上取值，根据式（6.83）、式（6.84）和式（6.85），改造方程式（6.51），得到水流方程显格式形式的差分方程：

$$K\left(\frac{H^n_{i+1,j,k} - 2H^n_{i,j,k} + H^n_{i-1,j,k}}{(\Delta x)^2} + \frac{H^n_{i,j+1,k} - 2H^n_{i,j,k} + H^n_{i,j-1,k}}{(\Delta y)^2} + \right.$$

$$\left.\frac{H^n_{i,j,k+1} - 2H^n_{i,j,k} + H^n_{i,j,k-1}}{(\Delta z)^2}\right) + K\eta\frac{C^n_{i,j,k+1} - C^n_{i,j,k-1}}{2\Delta z} =$$

$$S_s\frac{H^{n+1}_{i,j,k} - H^n_{i,j,k}}{\Delta t} + n\eta\frac{C^{n+1}_{i,j,k} - C^n_{i,j,k}}{\Delta t} - \frac{\rho}{\rho_0}q_s \tag{6.88}$$

　　对溶质方程式（6.61）：

$$\frac{\partial c}{\partial t} + u_i\left(\frac{\partial c}{\partial x_i}\right) = \frac{\partial}{\partial x_i}\left(D_{ii}\frac{\partial c}{\partial x_i}\right) - \frac{c}{n}q_s$$

　　在分区计算的条件下，若将 D_{ii} 视作常数，用与改造方程式（6.51）相同的方法，得到溶质方程显格式形式的差分方程：

$$\frac{C^{n+1}_{i,j,k} - C^n_{i,j,k}}{\Delta t} + \left(u^n_{x(i,j,k)}\frac{C^n_{i+1,j,k} - C^n_{i-1,j,k}}{2\Delta x} + \right.$$

$$u_{y(i,j,k)}^n \frac{C_{i,j+1,k}^n - C_{i,j-1,k}^n}{2\Delta y} + u_{z(i,j,k)}^n \frac{C_{i,j,k+1}^n - C_{i,j,k-1}^n}{2\Delta z}\Bigg) =$$

$$D_{ii}\Bigg(\frac{C_{i+1,j,k}^n - 2C_{i,j,k}^n + C_{i-1,j,k}^n}{(\Delta x)^2} + \frac{C_{i,j+1,k}^n - 2C_{i,j,k}^n + C_{i,j-1,k}^n}{(\Delta y)^2} +$$

$$\frac{C_{i,j,k+1}^n - 2C_{i,j,k}^n + C_{i,j,k-1}^n}{(\Delta z)^2}\Bigg) - \frac{C}{n}q_s \tag{6.89}$$

式中,u_x、u_y、u_z 是水头的函数,由式(6.17)、式(6.10)和式(6.11)确定。因此,若将 n 时层上求解域中各点的函数值作为已知值,那么式(6.88)和式(6.89)中仅有 $H_{i,j,k}^{n+1}$、$C_{i,j,k}^{n+1}$ 为未知量,可以联立求解。$n+1$ 时层上各点的函数值就由 n 时层上的值显式表出,即任意时间层节点上的函数值可以由前面时层上的函数值显式表现出来。这种差分格式称为"显格式"。式(6.88)和式(6.89)中,$n=0,1,2,3,\cdots$,$n=0$ 表示初值。

显格式计算从 $n=1$ 时层开始,这一时层上各点的值都由 $n=0$ 时层的值,即初值表示出来。求得第 1 时层各点的值后,再向第 2 时层推进,计算第 2 时层各点的值,依次计算第 3 时层、第 4 时层……,直到所需时层各点的值算出为止。

然而,差分方程的解是否是原微分方程定解问题的解? 或者说差分格式的解能否逼近原来微分方程定解问题的解? 这就涉及差分格式的收敛性和稳定性问题。因为用差分代替微分存在逼近误差,构建差分方程时便产生了截断误差;用差分式格式计算时,同一时层上每一节点处的计算值还受其他节点误差的影响,也受在该点计算过程中数值舍入误差的影响。因此,节点上微分方程定解问题的精确解与差分格式的解之间就存在误差,这一误差是由于微分方程和求解域离散化而带来的,称为"离散误差",又称"全局误差"。如果空间步长趋于零、计算时层 n 趋于无穷时,全局误差趋于零,那么差分方程的解逼近原微分方程的解,差分格式便是收敛的,否则是不收敛的。此外,差分方程的求解是按时层顺序一层一层地向前推进的,某一步上产生的误差,会逐层传递下去。对于一个差分格式,如果在计算过程中误差传递的趋势是越来越小,或者始终控制在一个有限的范围之内,则称差分方程是稳定的;相反,如果误差不断积累,使差分计算解与精确解之间的差异越来越大,将精确解湮没,这样的差分格式就是不稳定的。只有收敛、稳定的差分格式才是有价值的。对于一个确定的定解问题,差分格式的收敛性与时间、空间步长和格式本身的类型有关,但通常要直接证明差分格式的收敛性确是十分困难的。普片采用的办法:一是有些问题可以较为容易求得差分格式收敛的必要条件,便可使计算在满足这样的条件下进行,但要注意,这样的条件并不一定是收敛的充分条件;二是通过证明与差分有关的其他一些性质来间接证明差分格式的收敛性,如腊克斯(Lax)等价定理,便是通过证明差分格式的稳定性来间接证明它的收敛性的。在数值计算领域,讨论差分格式稳定性的方法很多,读者可以参阅相关的书籍。

（2）**隐式差分格式**

上述显格式的求解过程十分简单。但显格式是条件稳定的,因而差分格式的网格步长受到严格限制。这就意味着要加大计算工作量,同时也难以提高计算精度。而隐式差分格式一般是无条件稳定的,网格步长不像显格式那样受到严格限制,有利于减少计算工作量和提高计算精度。

隐式差分格式是指任一时间层上各节点的值,既与前一时间层上的节点值有关,也与同一时间层上相邻节点的值有关,这样各时间层上的节点值就不能由前一时间层上的节点值显式表示,而需要求解一个线性代数方程组。

根据式（6.83）、式（6.84）和式（6.85）,对空间坐标的差分在 $n+1$ 时层上取值,改造方程式（6.51）,得到隐格式的水流差分方程:

$$K\left(\frac{H_{i+1,j,k}^{n+1} - 2H_{i,j,k}^{n+1} + H_{i-1,j,k}^{n+1}}{(\Delta x)^2} + \frac{H_{i,j+1,k}^{n+1} - 2H_{i,j,k}^{n+1} + H_{i,j-1,k}^{n+1}}{(\Delta y)^2} + \right.$$

$$\left. \frac{H_{i,j,k+1}^{n+1} - 2H_{i,j,k}^{n+1} + H_{i,j,k-1}^{n+1}}{(\Delta z)^2}\right) + K\eta \frac{C_{i,j,k+1}^{n+1} - C_{i,j,k-1}^{n+1}}{2\Delta z} =$$

$$S_s \frac{H_{i,j,k}^{n+1} - H_{i,j,k}^n}{\Delta t} + n\eta \frac{C_{i,j,k}^{n+1} - C_{i,j,k}^n}{\Delta t} - \frac{\rho}{\rho_0}q_s \tag{6.90}$$

同理,对溶质方程式（6.59）亦采用隐格式:

$$\frac{C_{i,j,k}^{n+1} - C_{i,j,k}^n}{\Delta t} + \left(u_{x(i,j,k)}^{n+1} \frac{C_{i+1,j,k}^{n+1} - C_{i-1,j,k}^{n+1}}{2\Delta x} + \right.$$

$$\left. u_{y(i,j,k)}^{n+1} \frac{C_{i,j+1,k}^{n+1} - C_{i,j-1,k}^{n+1}}{2\Delta y} + u_{z(i,j,k)}^{n+1} \frac{C_{i,j,k+1}^{n+1} - C_{i,j,k-1}^{n+1}}{2\Delta z}\right) =$$

$$D_{ii}\left(\frac{C_{i+1,j,k}^{n+1} - 2C_{i,j,k}^{n+1} + C_{i-1,j,k}^{n+1}}{(\Delta x)^2} + \frac{C_{i,j+1,k}^{n+1} - 2C_{i,j,k}^{n+1} + C_{i,j-1,k}^{n+1}}{(\Delta y)^2} + \right.$$

$$\left. \frac{C_{i,j,k+1}^{n+1} - 2C_{i,j,k}^{n+1} + C_{i,j,k-1}^{n+1}}{(\Delta z)^2} \right) - \frac{C}{n}q_s \qquad (6.91)$$

由上两式可以看出,每一节点第 $n+1$ 时间层的值是由第 n 时间层的值和 $n+1$ 时间层相邻节点的值一起来表示的。因此,每一时层每一节点上的值,都必须求解一个以该时层上的节点值为未知量的代数方程组,这样逐层求解,最终获得所需时层上各节点的目标函数值。

比较显式差分格式与隐式差分格式,由于隐式无条件稳定、网格步长不受严格限制,又可减少工作量和提高精度,因而是更常使用的一种格式。下述永兴岛淡水透镜体的三维数值模拟即采用隐式差分格式。

6.3.3 差分方程的求解

隐式差分格式建立后,就可在每个节点上生成一个差分方程,构建与求解域中内节点数目相同的差分方程,组成一个线性方程组。接下来就是求解方程组,获得所需结果。求解方法一般可以分为直接求解法和迭代求解法。直接求解法通过消元直接求得线性方程组的解,常用的直接求解法有高斯消元法、逆矩阵法、主元素法等。该法需要大量内存,因而工程计算中较少采用;迭代求解法就是通过一系列迭代运算,使每次迭代得到的近似解逐渐逼近于真实解,当解的变化量(有时为残差变化量)小于某个设定的指标时,则称迭代已经收敛,此时得到的结果即为原线性方程组的解。迭代法是数值求解中最常用的方法,许多成熟的计算软件,如地下水流三维有限差分模拟软件 Visual Modflow 便采用了迭代法求解线性方程组。Visual Modflow 中的"Modflow"是 Visual Modular Three-Dimensional Finite-difference Ground-water Flow Model 的简称,是目前广泛应用的地下水流和溶质运移计算软件。永兴岛淡水透镜体的数值模拟要处理大量的网格单元,加之边界情况远比二维复杂,若用人工编程处理,必然耗费大量的时间和精力。因此,永兴岛淡水透镜体的数值模拟也采用 Visual Modflow 计算软件。

（1）Visual Modflow **软件简介**

Visual Modflow 软件是加拿大 Waterloo 水文地质公司在美国地质调查局发布的 Modflow 软件基础上,运用可视化技术开发研制的一款功能强大的三维地下水流和溶质运移计算软件,于 1994 年公开发行,是目前国际上最为流行且被各国同行一致认可的标准专业软件,已在全世界几十个国家使用。根据操作界面与版本更新程度,Visual Modflow 可分为 4.0、4.1 以及 4.2 等多个版本,最新一个版本为 Visual Modflow Flex 2014.1。永兴岛淡水透镜体的数值模拟采用 Visual Modflow 4.1。

Visual Modflow 由一系列的软件包组成,包括:

①MODFLOW(三维地下水流动模拟);

②SEAWAT 2000(三维变密度地下水流动模拟);

③MT3D(多组分溶质运移模拟);

④MODPATH(溶质质点示踪分析);

⑤Zone Budget(区域水均衡分析);

⑥Win PEST(自动校正和预测分析);

⑦MGO(抽水井优化);

⑧3D-ExPlorer(三维显示和动画)。

其中,MODFLOW 和 MT3D 是 Visual Modflow 软件中求解数学模型的两个重要解算器。Modflow 解算器包括:预处理共轭梯度法程序包(PCG, Preconditioned Conjugate Gradient)、强隐式处理程序包(SIP, Strongly Implicit Procedure)和 WHS 解算器(WHS)等。MT3D 解算器有隐式共轭梯度(GCG)解算器。

PCG 也称为"预处理共轭斜量法",它是一种对大型线性和非线性方程组迭代求解的方法。PCG 通过建立预优矩阵,达到简化计算提高收敛速度的目的。根据建立预优矩阵方法的不同及在不同类型计算机上的适应情况,PCG 法包含两种不同的修正 PCG 的算法:MICCG 法和 POLCG 法,这两种方法各有其优缺点,MICCG 法较适用于标量型计算机,而 POLCG 较适用于向量型计算机。

SIP 亦称强隐式迭代法,是一种通过迭代求解一组大型联立线性方程组的方法。其原理是通过引入多余的两个未知量,如水头(变量),将原有的五对角系数矩阵改造成七对角系数矩阵,从而实现原系数矩阵的 LU 分解,再通过逐步迭代来求解有限差分方程组。SIP 的优点是迭代的收敛速度对结点数目及待解问题的性质不敏感,只需要较少的内存就可计算出最终结果,但是求解速度慢,不如 PCG 方法快。

WHS 解算器运用双共轭梯度稳定(Bi-CGSTAB)加速度程序。这种解算器通过一个近似解,反复迭代使其接近一组大型偏微分方程的解。WHS 解算器在同一个时间步长内使用内外部双重迭代求解,外部迭代用于改变因式分解的水文地质参数(渗透系数、弥散度、贮水率)矩阵,内部迭代用于迭代求解外部迭代中建立的矩阵。

GCG 又称"广义共轭梯度法",是软件中溶质运移通用的迭代法。GCG 法有两个迭代循环:一个内循环和一个外循环。在内循环过程中,当达到用户指定的收敛精度或达到用户指定的最大循环次数时,停止运算;当新的外部迭代开始时,利用最近计算的浓度将这些系数更新,再次循环计算。

Visual Modflow 软件可进行三维水流模拟、溶质运移模拟和反应运移模拟。三维水流模拟包括饱和常密度、饱和变密度、变饱和度和水汽流模拟。流动类型有稳定流和非稳定流。溶质运移模拟包括非吸附模拟、线性等温吸附、Freundlich 等温吸附、Langmuir 等温吸附、一阶动力吸附模拟等;反应类型包括无反应项和一阶不可逆衰变。Visual Modflow 特别适用于多孔介质中地下水流的三维有限差分数值计算。程序设计包括一个主程序和若干相对独立的子程序包,每个子程序包中有数个模块,每个模块完成数值模拟的一部分。Visual Modflow 引入应力期(Stress Period)的概念。应力期是指用户根据模拟目标的不同自己定义的模拟周期。在每个应力期内,所有外部源汇项强度(如补给量、抽水量、蒸发量等)视为不变。整个模拟时间按计算要求可以分成若干个应力期,每个应力期又分为若干个时间段(Time Step),同一应力期,各时间段既可以等步长,也可以按一个规定的几何序列逐渐增长,每个应力期长度、时段数目以及时段增加因子可以根据计算需要自行设定。如由于季节降雨量不同,而将一个季节作为一个应力期,将天的若干倍数作为计算时段。整个模拟过程就是在一系列应力期的若干个时间段内,通过对有限差分方程组的迭代求解,得到每个时间段结束时的节点值,每次模拟包括三大循环:应力期循环、时间段循环以及迭代求解循环,程序计算流程图如图 6.10 所示。

Visual Modflow 的界面设计包括三大相对独立又相互联系的模块,即前处理模块、运行模块和后处理模块。前处理模块允许用户直接在计算机上赋值所有必要的参数,以便构建一个新的三维模型。用户可以直接在计算机上定义和剖分模拟区域,任意增减剖分网格和模拟层数,确定边界几何形态和边界性质,定义抽水井的空间位置和出水层位,以及非稳定抽排水量。参数菜单允许用户直接圈定各个水文地

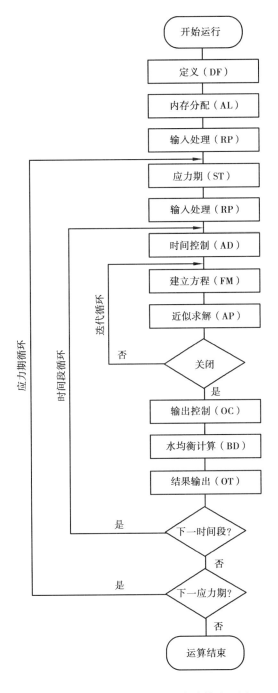

图 6.10　Visual Modflow 程序计算流程图

质参数的分区范围并赋值相应参数,同时,上下层所有参数可相互拷贝。用户还可预先定义水位校正观测孔的空间位置和观测层位,并输入其观测数据,以便在后续的模型识别工作中模拟使用。

运行模块允许用户修改程序包中的各类参数与数值,包括初始估计值、运行时间、各种计算方法的控制参数、激活干湿交替软件包和设计输出控制参数等。用户可以单独或共同执行水流模型(MODFLOW)、流线示踪模型(MODPATH)和溶质运移模型(MT3D)进行计算。各部分均设计了模型识别和校正的菜单。模型校正既可用手工进行,也可用 WinPEST 自动进行。

后处理模块可自动地阅读每次模拟结果,输出等值线图、流速矢量图、水流路径图,并可借助软件组合的绘图功能模块 Visual Groundwater 进行三维显示和输出(如三维等值面图的输出等)。后处理模块允许用户以三种方式展示模拟结果。第一种方式,是在屏幕上直接彩色立体显示所有模拟结果;第二种方式,是在打印机上输出模拟评价的成果表格和成果图件;第三种方式,是以图形或文本文件格式输出模拟结果。输出和显示的图形包括可以标记显示水头、降深、浓度、含水层顶底板标高、含水层厚度、渗流速度矢量等的平面、剖面等值线图和平面、剖面示踪流线图,以及局部区域水均衡图等。

Visual Modflow 软件的主要特点是:

①具有合理新颖的菜单结构、友好的界面和功能强大的图形可视化特征,用户可方便地建立新模型和修改已有的模型。

②能以平面和剖面两种方式彩色立体显示模型的剖分网格、输入参数、输出结果。

③将数值模拟过程中各个步骤有机地结合在一起,从开始建模、各类水文地质参数的输入与修改,到运行模型、参数的识别,再到输出结果,整个过程非常系统化、规范化。

④Visual Modflow 采用可视化数据处理手段并支持 TXT、DAT、EXCEL、MAPINFO 及 CAD 等数据格式,能够克服各种数值计算产生的许多弊端,确保数据的安全性、通用性和标准化。

(2)SEAWAT **软件包的数学模型**

永兴岛淡水透镜体的数学模型为变密度三维地下水流模型,所以,采用 Visual MODFLOW 中美国地质调查局的 SEAWAT 2000 程序。SEAWAT 合并了 MODFLOW 水流模型和 MT3DMS 溶质运移模型,形成了一个能解决耦合水流和溶质运移方程组的程序。

SEAWAT 程序中采用的三维变密度水流主管方程为：

$$\frac{\partial}{\partial \alpha}\left(\rho K_{f\alpha}\left[\frac{\partial h_f}{\partial \alpha}+\frac{\rho-\rho_f}{\rho_f}\frac{\partial z}{\partial \alpha}\right]\right)+\frac{\partial}{\partial \beta}\left(\rho K_{f\beta}\left[\frac{\partial h_f}{\partial \beta}+\frac{\rho-\rho_f}{\rho_f}\frac{\partial z}{\partial \beta}\right]\right)+$$

$$\frac{\partial}{\partial \gamma}\left(\rho K_{f\gamma}\left[\frac{\partial h_f}{\partial \gamma}+\frac{\rho-\rho_f}{\rho_f}\frac{\partial z}{\partial \gamma}\right]\right)=\rho S_f\frac{\partial h_f}{\partial t}+\theta\frac{\partial \rho}{\partial C}\frac{\partial C}{\partial t}-\bar{\rho}q_s \qquad (6.92)$$

式(6.92)中,α,β,γ 为直角坐标系,分别对应 x,y,z,与渗透系数的主轴同向;h_f 为淡水当量水头,即测压管水头;K_f 为渗透系数(以淡水为参考);S_f 为贮水率(以淡水为参考);θ 为有效孔隙度;ρ 是混合流体的密度;ρ_f 是淡水的密度;q_s 是单位体积多孔介质源(或汇)的流量;$\bar{\rho}$ 为源(或汇)的密度。

比较式(6.92)与式(6.50):将式(6.92)中的 α,β,γ 换为 x,y,z,并将式(6.92)中的 K_f、S_f 转化为以混合流体 ρ 参考条件下的 K、S_s,则式(6.92)与式(6.50)相同。

SEAWAT 程序中采用的溶质运移主管方程：

$$\frac{\partial C}{\partial t}=\nabla\cdot(D\cdot\nabla C)-\nabla\cdot(vC)-\frac{q_s}{\theta}C_s+\sum_{k=1}^{N}R_k \qquad (6.93)$$

式中,D 为水动力弥散系数张量,v 为地下水平均流速,C_s 为源(或汇)流体的浓度,R_k 为化学反应项。

将式(6.93)与式(6.59)进行比较:若式(6.93)不考虑化学反应项,则式(6.93)与式(6.59)相同。

经过以上分析,前面导出的三维变密度地下水流和溶质运移的主管方程与SEAWAT 程序包采用的主管方程形式一致,可以采用 Visual Modflow 软件对淡水透镜体进行数值模拟。

6.3.4　永兴岛淡水透镜体数值模拟

根据建立的淡水透镜体变密度地下水流和溶质运移三维数学模型,运用三维可视化软件 Visual Modflow 建立数值模型,对求解区域网格、边界、参数、源汇项等进行定义,然后调用解算器进行数值运算,由输出模块得到三维可视化结果。Visual Modflow软件求解数学模型的过程为依次调用三个独立的模块:输入模块、运行模块和输出模块,实现模型输入、求解运算和结果输出。

（1）模型输入

1）模型定义

永兴岛淡水透镜体水流模拟采用饱和变密度非稳定流,溶质运移模拟为非吸附模拟,不考虑化学反应。鉴于氯离子是水体中一种常见组分,也是海水的表征性元素,采样简单,分析方法成熟且精度高;氯离子又是地下水中必然出现的化学成分,在地下水环境中比较稳定,在研究区内有明显的变化趋势和规律;国内外许多较成功的水质模拟实例中,多数都选择氯离子作为模拟因子。因此,在永兴岛淡水透镜体水流模拟计算中,选择氯离子作为溶质运移模拟计算因子。

2）坐标系的选取

以概念模型底部平面作为基准面,取直角坐标系:x 轴正向向东,坐标范围为 $0 \sim 1\,928$ m;y 轴正向向北,坐标范围为 $0 \sim 1\,284$ m;z 轴正向向上,坐标范围为 $0 \sim 30$ m,原点位于基准面上。坐标选取如图 6.11 和图 6.12 所示。

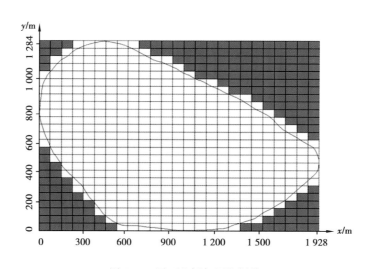

图 6.11　平面坐标与网格剖分

3）研究区域的空间离散

研究区域的空间离散就是根据含水层水文地质特征(岩性、孔隙率和给水度等),将所研究的区域剖分成相互联系的有限个小的水力水质均衡区(即计算单元),在满足一定精度条件下,确定计算单元的形状和大小。每个单元中含水层水力水质参数视为常数。

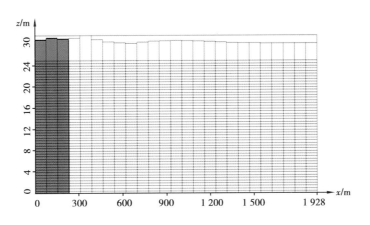

图 6.12　垂直平面坐标与网格剖分

按照这一思路,将永兴岛的外形图导入软件,作为模型剖分的底图。软件将根据模拟区域的几何形状大小和用户要求自动完成三维剖分,再根据模拟范围定义有效单元网格(计算区域以内)和无效单元网格(计算区域以外),剖分范围如图 6.6 所示。剖分包括平面上的网格剖分和垂向上的分层剖分。平面上剖分为 50 行、50 列,在垂向上分为 51 层,其中海平面以上的范围(5 m)为一层,海平面以下的范围(25 m)剖分为 50 层,剖分结果如图 6.11(图上按每 2 行×2 列给出)和图 6.12 所示。另外,地表高程以 ASCII 形式输入到模型中,地表测点以外的高程采用 Kriging 插值法求出。

4)时间离散

水流模拟周期 36 500 d,初始时间步长 Δt 为 0.001 d,增加因子为 2,最大时间步长 Δt 为 2 d。

5)边界条件

将 6.2.2 节提出的边界条件输入到软件中,如图 6.13 和图 6.14 所示。求解区域上边界为定流量边界和降雨补给浓度边界;下边界为隔水边界和定浓度边界;侧向边界海平面以上区域为隔水边界和定浓度边界,侧向边界海平面以下区域为定水头边界和定浓度边界。

6)初始条件

初始水头采用统一赋值的方式输入,即模型中各点的初始水头均赋值 25 m。初始浓度进行了分区处理,如图 6.15 所示。

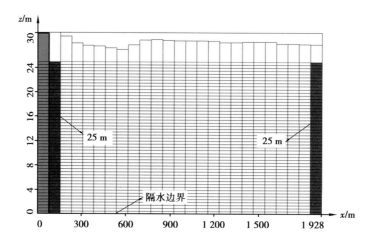

图 6.13　水流边界

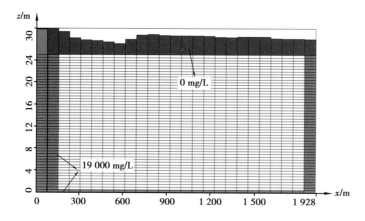

图 6.14　浓度边界

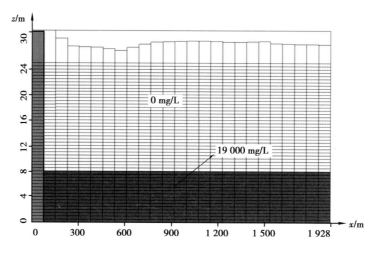

图 6.15　初始浓度分布

7）参数赋值

①渗透系数 结合地质勘测资料和实验室研究结果,不整合深度以上的渗透系数 $K_x = K_y = K_z = 110$ m/d,不整合深度以下的渗透系数参考文献取 $K_x = K_y = K_z = 500$ m/d。

②弥散度 采用一维连续注入示踪剂试验方法,测得珊瑚沙样本的纵向弥散度为 0.29 m。如前所述,弥散具有尺度效应,实验室数据会小于野外实际的数据,因此,实验室求得的弥散度仅为一个参考值。结合野外渗流区域的实际情况,取纵向弥散度 $D_1 = 5$ m,横向/纵向弥散度比率取 0.5,垂向/纵向弥散度比率取 0.05。

③其他参数 其他参数均由实验室试验获得,实验室无法完全模拟实际的水文地质条件,而且存在随机性的误差,所以,其数据只能作为参考,根据试验结果,并参阅其他文献,取弹性贮水率为 $1×10^{-5}$,重力给水度为 0.31,孔隙率为 0.40。

此外,海水密度 ρ_s 取 1 025 kg/m³,盐浓度 c_s 取 35 g/L;淡水密度 ρ_0 取 1 000 kg/m³,盐浓度 c_0 取 0 g/L。模型选用氯离子作为模拟因子,SEAWAT 程序可自动完成氯离子浓度与海水盐浓度间的转换。

（2）求解运算

模型的数值求解调用 SEAWAT 2000 程序包。程序包运行设置包括模拟进程、SEAWAT Flow 和 SEAWAT 运移设置。运行设置是模型模拟的开始,为模拟地下水流动、溶质运移以及参数估算所选择的数值程序进行参数设置。根据不同的计算需要,设置内容包括水流和运移计算器种类的选择,设置内外最大迭代次数、运移计算的初始步长和最大步长等。

1）模拟进程设置

进程设置包括变密度流 VDF（Variable-Density Flow Process 变密度流计算）设置、水流设置和运移设置。对于既有水流又有溶质运移的变密度流,在 VDF 和溶质运移 IMT（Integrated MT3DMS Transport Process 溶质运移计算）模拟中,隐式耦合计算比显式耦合计算稳定且精确度更高,因而采用隐式耦合。在变密度流模拟中,节点间的密度计算采用 Central-in-space 法,这是一个根据相邻单元长度对密度进行加权计算的方法。模拟计算的起始时间步长取 0.001 d,为软件系统默认设置。在水流设置中,水流计算采用预处理共轭梯度法（PCG）来求解模型产生的联立方程组,能模拟线性和非线性地下水流条件。该方法计算收敛速度快,结果可靠。收敛性取决于水头变化标准和残差标准(计算单元间的流量差),对于 SEAWAT 水流模拟,水头变化标准默认值为 10^{-6},残差标准默认值为 10。在运移设置中,运移计算采用隐式共轭梯度(GCG)解算器,选择 GCG 解法,弥散项和汇源项都默认采用中心有限差分隐式求解,从而没有任何稳定性约束。对流计算采用中心有限差分法,孔隙率采用有效孔隙率,Courant 数取 0.75。Courant 数是表示一个示踪粒子在同一运移时间内从各个方向,允许进入网格单元的所有单元数目,通常为 0.5~1。

2)SEAWAT Flow 设置

在这一设置中,除设置时间步长、初始水头、各向异性、输出控制和列表文件选择外,还需进行补给、干湿设置和模拟层设置。补给设置是指地表补给赋予的模型分层,可以是顶层、指定层和最上有效层;干湿设置是指疏干单元重新湿润的选择。在非稳定模拟过程中,如果水头下降低于网格单元底部的水位时,潜水含水层中的单元就变为干枯单元,在余下的模拟中这些单元将不参与计算;若调用干湿交替选项,可以使这些干枯单元重新赋水,这样使计算更准确。在永兴岛淡水透镜体的模拟计算中,补给赋予最上有效层,模拟层设置为潜水含水层,疏干单元可以重新湿润,由计算程序自动判别。

3)SEAWAT 运移设置

设定输出时间步长,给初始浓度赋值,设定浓度转化与查看功能,实现浓度单位的转换与预览。设定输出时间步长,就是将溶质运移的结果按时间段输出,控制不同时刻浓度输出数据的精细化程度,有利于查看浓度参数随时间的变化情况。

(3)**结果输出**

在 Visual Modflow 4.1 中,按输出控制进行设置,可将不同时刻的水头、降深、流量、浓度、流线、速度等信息以等值线(面)的形式显示出来,或直接导出数据。在 3D 模式下,还可输出这些参数的动态视频。

设置输出控制信息后,便可进行模型的编译和运行,并输出计算结果。永兴岛淡水透镜体的模拟计算结果的输出,包括以氯离子浓度为 600 mg/L 界定的淡水透镜体外形、水头和浓度分布、透镜体的最大厚度和贮水量等。其中,淡水透镜体贮水量按下式计算：

$$V = \mu \times v = \mu \sum_i \sum_j s h_{\mathrm{f},i,j} \tag{6.94}$$

式中，V 为贮水量；μ 为给水度；v 为淡水含水层总体积；s 为 x、y 平面上差分网格的面积；$h_{\mathrm{f},i,j}$ 为差分网格 i,j 对应的淡水水头；面积 s 的计算利用 AutoCAD 里的"创建面域"——"属性查询"功能得到。

6.4　数值试验与计算结果

从建立水文地质概念模型、三维数学模型，到最后用 Visual Modflow 软件进行数值模拟得出计算结果，在这一系列数学处理过程中，虽然每一步都有较为严密的理论依据，但最终得出的结果要能全面、客观地反映研究区域的实际水文地质特征和实际流场特点，还需要进行必要的数值试验。数值试验包括模型识别和模拟试验。

6.4.1　模型识别

模型识别又称"水文地质条件识别"（或"调参"），就是根据抽水试验或开采地下水时所提供的水位动态信息来检验数学模型是否正确，即在给定参数、定解条件和源汇项的条件下，利用建立的数学模型来计算观测井所在单元的水头，并与实测的水头进行对比，反复调整有关的水文地质参数，直到计算值和实测值吻合较好为止。

调参可分为自动调参和人工调参。永兴岛淡水透镜体的数值模拟采用人工调参，即先给定参数初值，代入已离散的有限差分方程求解水头值，然后比较水头的计算值与实测值之间的拟合程度，通过不断调整参数值，使计算曲线与实测曲线达到拟合要求，从而得到拟合度最好、误差最小的参数值。调参流程图如图 6.16 所示。

参数识别的准则：

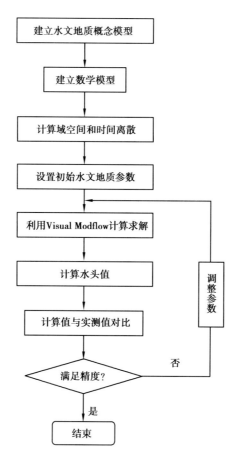

图 6.16　调参流程图

①地下水流场的计算结果应与实际结果基本一致,即两者的水头等值线应基本吻合;

②模拟期地下水位分布的计算结果应与实际过程线变化趋势一致,即要求两者的动态变化过程基本吻合;

③从均衡的角度出发,模拟的地下水均衡变化与实际基本相符;

④识别后的水文地质参数、含水层结构和边界条件符合实际水文地质条件。

按照调参流程图的基本步骤,以模型识别准则为依据,用 6.2.3 节给定的参数值作为初始参数,输入模型运行计算,将得到的水头值与实测水头值进行对比,若误差在设定范围在以内,则满足精度要求;否则,继续调整参数。经调参后,获得用于永兴岛淡水透镜体数值模拟的水文地质参数,见表 6.1。

表 6.1　识别前后水文地质参数

序　号	参　数		赋　值	
			识别前	识别后
1	渗透系数/(m·d^{-1}) $K_x = K_y = K_z$	不整合面以上	110	100
		不整合面以下	500	500
2	弥散度/m	纵向	5	3
		横向	0.5	0.3
		垂向	0.05	0.03
3	孔隙率		0.40	0.36
4	给水度		0.31	0.32
5	弹性贮水率/m^{-1}	1	1×10^{-5}	1×10^{-5}

6.4.2　模拟试验

淡水透镜体的数值模拟,除了要有正确的数学模型和水文地质参数外,模拟时间、网格划分和初始浓度的设置对计算结果也可能会造成影响。在水文地质参数给定的条件下,如何对这些人为性较强的参数进行设置,需要通过数值模拟试验来确定。

(1)时间模拟试验

平面按 50 行×50 列、垂向按 51 层进行剖分;氯离子初始浓度取 19 000 mg/L,即假设初始时刻,海水充满全岛,模拟时间 100 a。输入水文地质参数,进行模拟计算,得到永兴岛透镜体演变过程中,不同模拟时刻透镜体的最大厚度和淡水贮量,见表 6.2 并如图 3.17、图 3.18 所示。表 6.2 中,V_{100} 指透镜体模拟时间取 100 a 时的淡水贮量。

表 6.2　透镜体最大厚度和贮量随模拟时间的变化

模拟时间/a	透镜体最大厚度/m	贮水量 V_{100}/%
3	0.76	2.67
4	1.29	8.64
5	1.77	14.54
10	4.85	44.17
14	6.56	61.69
20	9.48	79.85
25	10.94	87.61
27	11.82	90.7
33	13.62	94.99
41	14.91	98.26
49	15.00	99.42
52	15.00	99.59
55	15.00	99.66
60	15.00	99.81
68	15.00	99.97
74	14.99	99.96
82	14.99	99.99
100	14.99	100

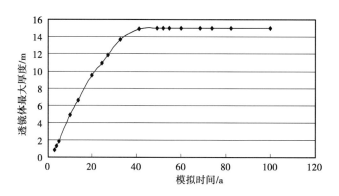

图 6.17　淡水透镜体最大厚度随模拟时间的变化

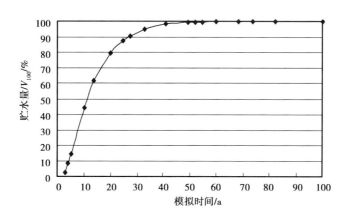

图 6.18　淡水透镜体贮量随模拟时间的变化

由表 6.2 和图 3.17、图 3.18 可知,起初淡水透镜体的最大厚度与贮量随模拟时间的增加而增加,经过 40~50 a 的模拟时期后,最大厚度与贮量趋于一定值:最大厚度 15.0 m。因此,在进行永兴岛淡水透镜体模拟时,可将模拟时间设定为 50 a。

（2）网格划分模拟试验

平面网格划分按行×列分别为:$50×50$、$60×60$、$70×70$、$80×80$、$90×90$、$100×100$,垂向均为 51 层,模拟时间为 50 a,初始浓度取 19 000 mg/L。不同网格划分条件下淡水透镜体的最大厚度和贮量的结果见表 6.3,表中 V_{50} 为模拟时间取 50 a 时的贮水量。

表 6.3　不同网格划分的计算结果

剖　分 \ 计算结果	最大厚度 /m	贮水量 V_{50}/V_{100} /%
50×50×51	15	1
60×60×51	15.07	1.009 3
70×70×51	14.2	1.014 5
80×80×51	14.8	1.017 5
90×90×51	14.63	1.019 7
100×100×51	15.2	1.021 2

245

由计算结果可知,模拟时间 50 a 后,随着网格的细化,在淡水透镜体的最大厚度基本保持不变时,贮水量稍有增加,主要是因为网格越细,用折线模拟曲线边界越准确,透镜体在海平面上的截面越大,但是经过一定长时间的模拟后,差别甚微。因此,可认为 50 行×50 列×51 层的网格划分用于永兴岛淡水透镜体的模拟是可行的。

（3）初始浓度模拟试验

模拟时间为 50 a,网格划分取 50 行×50 列×51 层,初始 Cl^- 浓度分别取 19 000 mg/L 和 0 mg/L,考察初始浓度设置的不同对模拟计算得到结果的影响。前者表示模拟开始时,珊瑚岛地表以下完全被海水饱和,而后者表示未进行模拟之前模拟区域内部即被淡水充满,计算结果见表 6.4。

表 6.4 不同 Cl^- 初始浓度的计算结果

Cl^-初始浓度 /($mg \cdot L^{-1}$)	透镜体最大厚度 /m	贮水量 V_{50}/V_{100} /%
19 000	15.0	1
0	15.1	1.007 4

由表 6.4 知,Cl^- 初始浓度分别取 19 000 mg/L 和 0 mg/L,模拟时间 50 a,计算得到的透镜体最大厚度分别为 15.0 m 和 15.1 m。两种不同 Cl^- 初始浓度条件下最大厚度和贮水量之差均不到 1%。因此,初始浓度的取值对计算结果没有明显的影响。分析原因,是因为在水文地质条件恒定的条件下,无论初态为淡水还是海水,经过长达 50 a 的透镜体回补与流失等水文过程,得到的是同一稳定状态的淡水透镜体。

通过数值模拟试验,可以得到的结论是:永兴岛平面网格划分取 50 行×50 列×51 层,模拟时间取 50 a 时,初始浓度无论取海水还是淡水浓度,最终都可以得到一个相对稳定的淡水透镜体的解。

6.4.3　计算结果

将永兴岛模拟区域按 50 行×50 列×51 层进行剖分,模拟时间取 50 a,Cl⁻初始浓度值取 19 000 mg/L,输入表 6.1 中识别后的水文地质参数,运行 Visual Modflow 4.1,即可得到永兴岛淡水透镜体模拟计算的结果。

(1)透镜体的流向分布

淡水透镜体内水的流向用流速方向表示,它能从整体上直观地反映透镜体内部水流运动的方向。降雨补给的水流由上往下流动,到达透镜体的几何边界时,部分水流继续往下流动,部分水流则往两侧流动,在侧缘甚至有向上的分量,如图 6.19 所示。

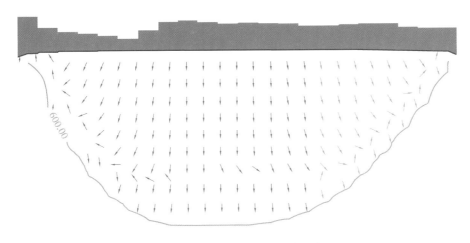

图 6.19　第 32 行剖面流向分布示意图

图中的流向是第 32 行所在的 x-z 平面内,由各计算单元求得的 x、z 方向上的速度分量 u、w,用 Visual Modflow 软件绘制并输出的。由于岛屿在 x 轴向上长 1 928 m,而在 z 方向上求得的透镜体厚度最大仅 15 m,为便于观察,绘图时纵向和垂向坐标比尺大小不同,相当于垂向上有局部放大。在下文中,有关永兴岛水头、Cl⁻浓度分布的示图均采用同样的方法绘制。

(2)透镜体的水头分布

永兴岛淡水透镜体的水头分布如图 6.20 至图 6.22 所示。图 6.20 为淡水透镜体潜水面的三维图形,图 6.21 为淡水透镜体的水头分布平面图,图 6.22 为淡水透镜体的水头分布剖面图。图中的线条为水头等值线,所有水头的单位均为 m。

从淡水透镜体水头分布图 6.20 至图 6.22 可以看出,淡水透镜体的潜水面是一张中央往上突起的曲面,基本外形是中央厚、边缘薄,中央水头最大值为 25.25 m,边沿最小,为 25 m,由此形成了从中央指向边沿的水力坡降,使淡水持续不断地流向海洋,从而保证了淡水透镜体的存在。

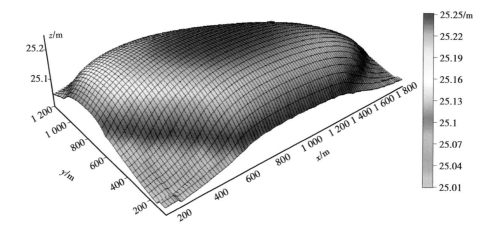

图 6.20　潜水面的三维视图

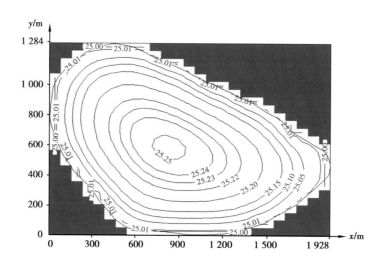

图 6.21　第 22 层水头的平面分布

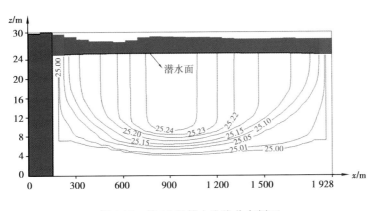

图 6.22   第 34 行等水头线分布剖面

（3）透镜体的 Cl^- 浓度分布

永兴岛模拟区域 Cl^- 浓度分布如图 6.23 至图 6.29 所示。其中,图 6.23、图 6.24 为浓度分布平面图,图 6.25 至图 6.28 为模拟区在行、列剖面上的浓度分布图,图中所有浓度的单位均为 mg/L。图 6.29 为 Cl^- 浓度 600 mg/L 的等值面图。Cl^- 浓度 600 mg/L 的等值面定义为淡水透镜体的几何边界。

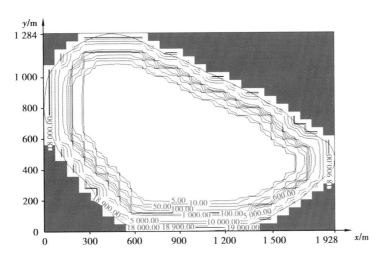

图 6.23   第 6 层浓度分布平面图($z = 22.75$ m)

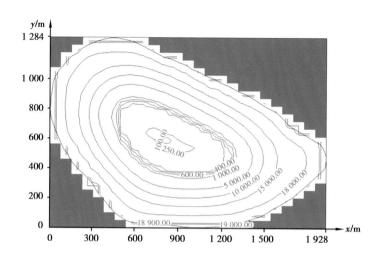

图 6.24 第 31 层浓度分布平面(z = 10.25 m)

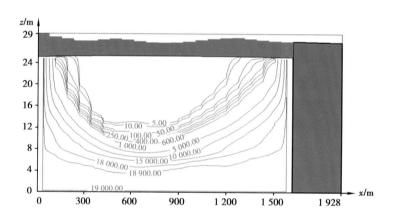

图 6.25 第 20 行浓度分布剖面图

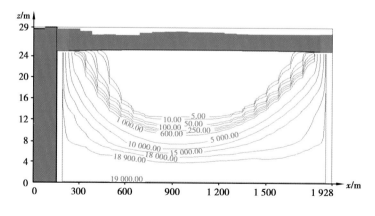

图 6.26 第 36 行浓度分布剖面图

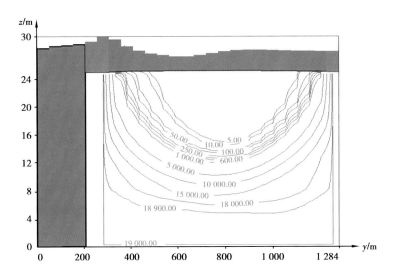

图 6.27　第 10 列浓度分布剖面图

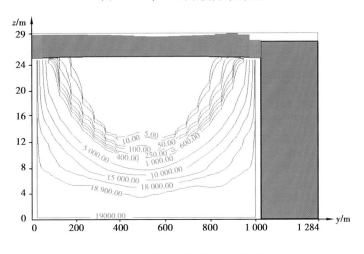

图 6.28　第 32 列浓度分布剖面图

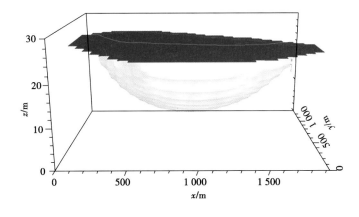

图 6.29　Cl⁻浓度 600 mg/L 的等值面图

Cl⁻浓度分布图表明:总体上,在求解域中,从下到上、从边缘到中央,Cl⁻浓度逐渐降低,使中央保存了一部分淡水;600 mg/L等Cl⁻浓度面构成了透镜体的外包络面,包络面围成的透镜体外形特征为中央厚、边缘薄,宛如一枚透镜。在各剖面浓度等值线中,600 mg/L Cl⁻浓度等值线厚度最大点对应了该剖面上淡水透镜体的最大厚度。由此可得到整个透镜体最大厚度为15 m。透镜体东西不对称,最大厚度向西偏移,这是由于永兴岛东边较为狭长,而西边南北宽度较大的缘故。Cl⁻浓度在600~19 000 mg/L的区域为过渡带。过渡带有由两边至中央呈现逐渐变薄的趋势,过渡带的最小厚度约为6.5 m,位于透镜体最大厚度处。

（4）模拟结果的验证分析

1）水头分布比较

模拟计算得到的结果,需要与实测资料进行比较,以验证其可靠性。为此,在永兴岛上选择21口观测井,用做井水水头与氯离子浓度测量,水井位置如图6.30所示。由于现场勘测受时间、气象等因素的制约,未能获得一个完整水文年的水头资料,所以,仅将模型最终稳定状态的水头值与2007年11月2日监测得到的水井水位值进行了比较,其结果见表6.5。

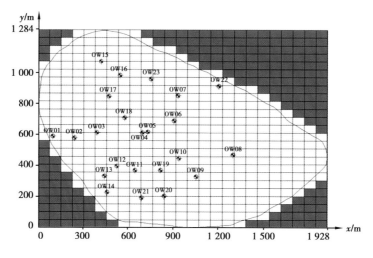

图6.30　观测井分布图

表 6.5　淡水透镜体水头模拟值与实测值比较

井号	模拟值 h/m	实测值 h/m	相对误差 /%	井号	模拟值 h/m	实测值 h/m	相对误差 /%
1	25.052	26.078	3.9	12	25.258	26.011	2.89
2	25.173	25.321	0.6	13	25.165	25.962	3.07
3	25.225	26.102	3.36	14	25.159	25.883	2.80
4	25.257	26.131	3.34	15	25.181	25.996	3.13
5	25.252	26.171	3.51	16	25.219	25.838	2.39
6	25.258	25.848	2.28	17	25.235	25.996	2.93
7	25.216	26.165	3.63	18	25.255	26.204	3.62
8	25.198	26.017	3.15	19	25.309	26.070	2.95
9	25.230	26.010	3.00	20	25.301	26.064	2.93
10	25.250	26.013	2.93	21	25.225	25.985	2.92
11	25.235	25.915	2.62	—	—	—	—

由表 6.5 可以看出,淡水水头模拟值与实测值的误差范围为 0.6%~3.9%,模拟值与实测值基本吻合。

2)浓度分布比较

实测了 21 口井表层水体的 Cl^- 浓度,见表 6.6。计算得到的模型第一层 Cl^- 浓度为 0~10 mg/L,模拟计算值与实测值相差较大,分析原因如下:

①模拟值是在持续补给 Cl^- 浓度为 0 mg/L 的雨水的条件下计算得到的,所以,表层 Cl^- 浓度很低。但是,淡水透镜体所处环境的实际情况是,降雨补给间断发生,并且强度不一,当没有降雨补给时,下部的 Cl^- 有可能会扩散至抽水井内部,使得实测值高于计算值。

②现场勘测期间和之前的一段时间里,岛上因修建排水管网而频繁抽水,且强度较大,透镜体受到严重的人为干扰,而这种干扰又无法计及,致使测量得到的表层水体 Cl^- 浓度较大,其中 1、2、11、14 和 17 号等 5 口井的 Cl^- 浓度超过了 600 mg/L。

这 5 口井中前 4 口井靠近透镜体边缘,抽水时易受海水的影响,17 号井则是抽水强度过大所致。

表 6.6　水井表层氯离子浓度值

井　号	氯离子浓度/(mg·L⁻¹)	井　号	氯离子浓度/(mg·L⁻¹)
1	620.56	12	335.01
2	758.96	13	25.15
3	115.59	14	1 385.80
4	104.89	15	350.78
5	298.85	16	305.85
6	298.89	17	705.32
7	50.05	18	169.89
8	300.17	19	368.78
9	486.37	20	130.89
10	229.85	21	300.05
11	778.05	—	—

3)透镜体最大厚度比较

第 3 章介绍了在永兴岛上用高密度电阻率法对淡水透镜体进行了测量,得到的淡水透镜体的最大厚度为 13.5 m,而由模拟计算得到的淡水透镜体最大厚度为 15 m,计算值与实测值有 11.1% 的误差。分析原因:计算得到的厚度是生成的稳定透镜体的厚度,未考虑岛上的大量抽水的干扰,致使两者之间有较大的误差。同时,在进行数值模拟时,仅将降雨补给、流失和蒸发蒸腾等自然因素的影响归结为对降雨补给率大小的选取,这就与实测时的具体补给情况有一定差异,对于实际厚度测量时的特殊环境更是不能完全模拟,从而导致最大厚度的模拟值与实测值之间出现了较大的误差。

需要指出的是,影响淡水透镜体的因素多而复杂,且处于不断变化之中。数值模拟无法考虑全部因素的影响,特别是模拟计算涉及的透镜体补给与流失,是仅就过去一段时期的平均值而言,难以做到实时模拟。因此,模拟值与实测值之间必然出现误差,有时甚至较大。另外,水文地质参数的取值、网格的划分、计算方法的选择,也都会对计算结果带来影响,致使不同计算方案的计算结果不尽相同,因而模拟计算得到的透镜体只能是实际存在透镜体的近似淡水水体。随着计算方法的改进、模型参数取值准确性的提高和水文地质资料的齐全与完善,这种近似程度会更高。

第 7 章
淡水透镜体开采策略

　　珊瑚岛礁淡水透镜体是赋存于珊瑚岛内十分宝贵的淡水资源。受多种因素的影响，淡水透镜体不仅贮量非常有限，而且极其脆弱，过量开采会使透镜体萎缩，过大的抽水速率会产生倒锥，有可能击穿透镜体，使淡水贮量减少。因此，在开发淡水资源的同时，还必须充分保护淡水透镜体，实现这一目标的关键就是制订正确的开采策略。正确的开采策略是科学、安全开发利用淡水透镜体的首要条件。实际上，淡水透镜体的存在过程也是透镜体内淡水流失的过程。一方面，海水中的盐分通过弥散作用向透镜体输运；另一方面，淡水流失又将渗入的盐分带走，使透镜体处于相对稳定的状态。对于一个确定的岛屿处于相对稳定状态的淡水透镜体来说，如不对其进行开发利用，每年降雨回补的淡水就将全部流失于海洋之中。因此，开发利用淡水透镜体，其实就是截留部分流失的淡水加以利用。如何做到既能最大限度满足用水需求，又不造成对淡水透镜体不可恢复的破坏，这就是制订开采策略应该解决的问题。

　　开采策略主要包括以下内容：确定可持续开采量、最大抽水速率、一定经济技术条件下的开采方式等。可持续开采量依赖于透镜体的贮量和补给，为此，需要研究透镜体贮量的年内变化、年际变化、开采量对透镜体的影响。最大抽水速率取决于抽水时淡-海水界面上升速率，即倒锥的演变过程。开采方式包括取水点的布置和取水构筑物的类型。第 6 章已模拟得到了淡水透镜体的外形、水头、最大厚度、贮水量等参量,本章将在模拟这些参量随月份、季节与年际变化规律的基础上,求出永兴岛淡水透镜体的可持续开采量和开采速率,并提出科学的开采方式。本章计算中的降雨量取自 1997—2006 年西沙永兴岛的记录值。

7.1　雨量变化对永兴岛淡水透镜体的影响

7.1.1　永兴岛十年降雨量的变化

1997—2006 年永兴岛降雨量变化见表 7.1 和图 7.1、图 7.2。从表 7.1 可以看出,十年间,1999 年为丰水年,降雨量最大,达到 1 940 mm;2004 年为枯水年,降雨量最小,仅有 517 mm,平水年降雨量取十年平均值,为 1 399 mm。西沙降雨量在一年内也有着明显的丰枯分布规律,1—4 月为西沙的旱季,雨量稀少;5—12 月为西沙的雨季,雨量充沛。就十年间各月平均而言,2 月份月均降雨量最少,仅有 10.4 mm;8 月份的降雨量最充沛,可达 235.1 mm。

表 7.1　西沙 1997—2006 年降雨量　　　　　　　　　　　（mm）

年 月	1997	1998	1999	2000	2001	2002	2003	2004	2005	2006	月均
1	31	11	42.7	14.3	10.2	3.3	13.7	6.2	7.3	44.2	18.4
2	2.8	22.5	5.3	8.4	38	3.6	1.6	12.9	7.2	1.8	10.4
3	45.4	0.3	4.9	1	129.8	0.6	101.8	0.8	4	24	31.3
4	132.6	33.8	282.8	72	1.4	4.6	0	20.7	39.6	18	60.6
5	51.4	146.8	45.2	168.1	150	205	90.1	71.6	1.2	175.6	110.5
6	7.9	115.5	149.5	43.9	105.9	67.1	93.4	93.2	50.8	23.8	75.1
7	214.6	83.4	336	294.1	126.2	295.8	341.2	46.3	158.7	132.1	202.8
8	349.5	220.1	151.1	124.8	289.1	176.2	166.1	25.4	362.1	486.7	235.1

续表

年 月	1997	1998	1999	2000	2001	2002	2003	2004	2005	2006	月均
9	414	387.4	211.8	126.3	157.3	201.3	205	145.1	156.1	161.6	216.6
10	115.6	169.9	416.7	193.8	170.7	346.8	215.6	41.5	312.6	35.3	201.9
11	17.1	164.4	137.1	319.2	97.9	39.1	109.3	32.5	117	114	114.8
12	52.5	258.5	157.2	50.9	222.5	116.5	25.3	20.8	85.3	229	121.9
合计	1 434.4	1 613.6	1 940.3	1 416.8	1 499	1 459.9	1 363.1	517	1 301.9	1 446.1	1 399.4

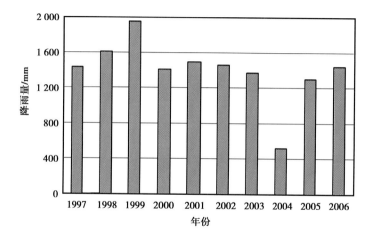

图 7.1　西沙 1997—2006 年降雨量

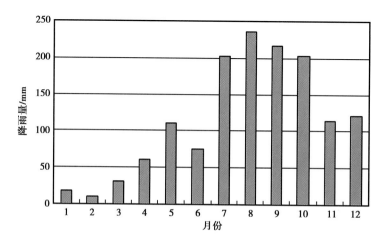

图 7.2　西沙 1997—2006 年月平均降雨量

7.1.2　年降雨量变化的影响

在淡水透镜体已经形成并处于稳定状态的基础上,模拟丰、枯两种典型年份降雨量的变化对淡水透镜体的影响。计算模拟时间设为 18 615 d(51 a),其中前 18 250 d(50 a)用来模拟透镜体的生成,后 365 d 用来模拟年降雨量的变化对淡水透镜体的影响。整个模拟时间共划分为 2 个应力期,第 1 个应力期为 0~18 250 d,第 2 个应力期为 18 251~18 615 d。分别将上述丰水年和枯水年的年降雨量作为第 2 个应力期稳定补给量输入模型中,计算一年后淡水透镜体的最大厚度和贮水量。将第 6 章计算得到的淡水透镜体稳定后的最大厚度和贮水量作为平水年的数据,与模拟得到的十年中的丰水年和枯水年的数据进行比较,从而得到年降雨量的变化对淡水透镜体的影响。模拟计算结果见表 7.2 和图 7.3。在表 7.2 中,将平水年的贮水量作为 1 以进行比较。为直观反映淡水透镜体的厚度变化,在图 7.3 中已进行了坐标转换,将原点取在海平面上,并且在深度和水平 x 向取了不同的比例尺。

表 7.2　典型年份透镜体的最大厚度和贮水量

年　份	降雨量 /(mm·a^{-1})	补给量 /(mm·a^{-1})	最大厚度 /m	贮水量 /%
平水年	1 495	598	15.0	1
丰水年	1 940	776	15.4	1.027 13
枯水年	517	206.8	13.8	0.907 4

从图 7.3 可以看出,淡水透镜体随年降雨量的不同而发生变化,丰水年淡水透镜体的最大厚度为 15.4 m,贮水量为平水年的 1.027 13 倍,枯水年淡水透镜体的最大厚度为 13.8 m,贮水量为平水年的 90.74%。丰水年淡水透镜体的最大厚度比平水年多 2.7%;而枯水年淡水透镜体的最大厚度为平水年的 92%。

由此可见,丰水年的到来对于淡水透镜体最大厚度与贮水量增加的贡献并不是很明显,而枯水年时淡水透镜体最大厚度与贮水量将会显著减少。这是因为 1997—

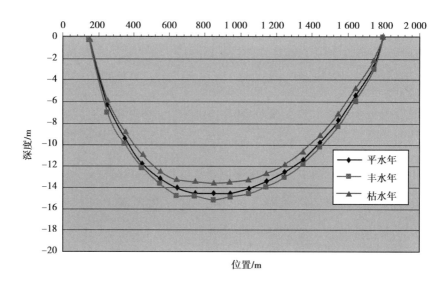

图 7.3　淡水透镜体海平面以下的剖面随年降雨量的变化($Y = 545.5$ m 剖面)

2006 年十年间,丰水年的降雨量增加不多,仅较平水年增加 445 mm;而枯水年雨量骤减,较平水年减少 978 mm。

7.1.3　月雨量变化的影响

模拟月雨量变化对淡水透镜体的影响,与模拟年雨量变化对淡水透镜体的影响的方法相似,也是在透镜体已经形成并处于稳定状态的基础上进行的。模拟时间也设为 18 615 d(51 a),其中前 18 250 d(50 a)用来模拟透镜体的形成,后 365 d 用来模拟不同月降雨量变化对淡水透镜体的影响。由于各月的补给强度均不相同,故将整个模拟时间划分为 13 个应力期,第 1 个应力期为 0~18 250 d,后 365 d 划分为 12 个应力期,分别对应一年中的 12 个月。后 12 个应力期的天数为对应月的天数。计算时,将表 7.1 中十年间的月均降雨量转化为补给量输入模型,对应分配到第 2~13 个应力期,运行计算完成后,每个应力期最后一天淡水透镜体的几何边界和贮水量即为要求的模拟计算值。

运用 Visual Modflow 软件进行模拟计算,结果见表 7.3 和图 7.4。从计算结果可以看出,淡水透镜体贮量和最大厚度随月降雨量而变化。4 月淡水透镜体最薄,最大厚度为 14.2 m,贮量也最小。此后随着雨季的到来,透镜体贮量和厚度逐月增加,到

10 月淡水透镜体的贮量和最大厚度达到最大值,最大厚度为 15.3 m,贮量为 4 月贮量的 1.055 倍。雨季结束,旱季来临,淡水透镜体最大厚度和贮水量又从 10 月到次年的 4 月逐月减少。最大厚度的最大值与最小值相差约 7.7%,而最大和最小贮量相差约 5.5%。

表 7.3　透镜体不同月份的贮水量

月　份	1	2	3	4	5	6	7	8	9	10	11	12
降雨量/mm	18.4	10.4	31.3	60.6	110.5	75.1	202.8	235.1	216.6	201.9	114.8	121.9
贮量/%	1.031	1.019	1.008	1	1.012	1.026	1.033	1.037	1.049	1.055	1.044	1.041
最大厚度/m	14.7	14.6	14.4	14.2	14.3	14.4	14.6	14.9	15.0	15.3	15.0	14.8

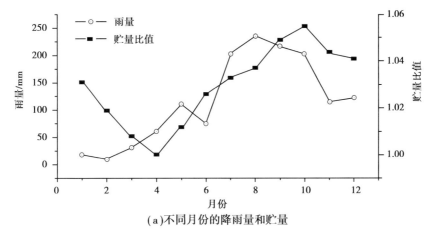

(a)不同月份的降雨量和贮量

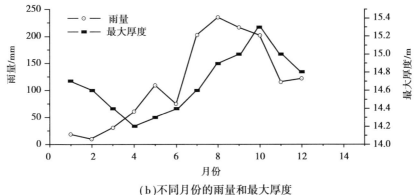

(b)不同月份的雨量和最大厚度

图 7.4　一年内不同月份淡水透镜体的最大厚度和贮量

从计算结果还可以看出,淡水透镜体最大厚度和贮水量的最大与最小值并非出现在降雨量最大的8月和雨量最小的2月,而是分别出现在10月和4月,滞后了2个月。这是因为降雨入渗对透镜体进行补给,植被的蒸发蒸腾、侧面出流以及与海水的掺混又会造成透镜体内淡水不断流失,由于雨量较多的几个月补给量远远大于流失量,透镜体的贮水量不断积累,当补给、流失逐渐达到动态平衡时,透镜体的体积才会逐渐达到最大值,所以,透镜体的体积最大不是立即出现在雨量最大的月份;当雨量逐渐减少时,透镜体的体积不断减小,但由于透镜体内部贮存有大量的淡水,透镜体贮水量的自然损耗是一个渐变过程,所以,透镜体的体积最小不是出现在雨量最小的月份。

西沙年际和年内降雨量分布不均,有较明显的丰、枯规律,随着降雨补给量的改变,淡水透镜体的最大厚度和贮量也随之呈现波动。因此,开采地下水时要考虑降雨量的变化。不过从降雨资料可以看出,如果某年的降雨量较少,来年的降雨量就较大,在制订开采计划时,降雨量较少的年份可以不必大幅度减少开采量,只要在允许范围内适当开采,来年便可以回补。

7.2 开采量对永兴岛淡水透镜体的影响

在永兴岛上,降雨是地下淡水的主要回补方式,人工开采引起淡水透镜体贮量减少,其效应相当于负补给,因此,可以将开采量以负补给的形式计入透镜体的补给量中,以模拟开采量的影响。如年开采为$13.5\times10^4 \text{m}^3$时,相当于年负补给$13.5\times10^4\text{m}^3/(1.8\times10^6\text{m}^2)=75\text{ mm}$($1.8\times10^6\text{m}^2$为永兴岛的面积),此值正好是年降雨量的5%。因此,将补给量按照一定比值减少,进行赋值模拟,即可看出开采量的变化淡水对透镜体的影响。模拟开采时间分短期和长期两种,短期指开采期为1 a,长期为50 a。

7.2.1 短期开采的影响

以永兴岛稳定后的淡水透镜体作为初始条件(第一应力期),将补给量从年降雨量的 40% 始,按年降雨量 5% 的差值依次减少,分别进行赋值,模拟一年后(第二应力期)淡水透镜体贮量和最大厚度的变化,研究开采量的变化对淡水透镜体的影响,计算结果见表 7.4 和图 7.5,表 7.4 中 V_{40} 是年补给量为年降雨量 40% 时透镜体的贮水量。

表 7.4　不同补给量对应的透镜体最大厚度与贮水量

年入渗量/年降雨量/%	年入渗量/mm	最大厚度/m	贮水量/V_{40}/%
40	598	15	1
35	523	14.8	0.984
30	449	14.6	0.966
25	374	14.3	0.948
20	299	14.0	0.929
15	224	13.6	0.908
10	150	13.1	0.887

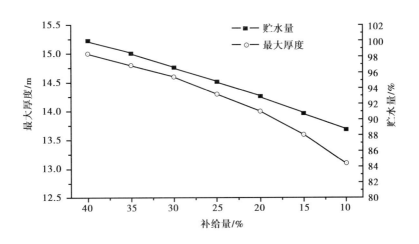

图 7.5　不同补给量的透镜体最大厚度和贮水量

由图 7.5 可以看出,将开采量等效于负补给量,短期内随着开采量的增加,即相应于淡水透镜体补给量的减少,透镜体的最大厚度和贮水量近似呈抛物线型减少,但非常接近线性变化,且变化的数值不大。当年入渗补给量从年降雨量的40%下降至30%时,淡水贮量减少量仅占年入渗量为年降雨量40%时透镜体贮水量的3.4%。可见,短期内可利用的开采量远大于开采时引起的淡水透镜体贮量的减少量,这一差值主要来自淡水流失量的减少。

7.2.2 长期开采的影响

上述模拟是取年降雨量的40%为补给量,先生成稳定的透镜体,然后以此为初始条件,计算按某一取水量开采一年后透镜体的最大厚度与贮水量。以下将某一取水量值作为负补给条件,模拟长期开采后透镜体的最大厚度与贮水量。

与7.2.1节计算时的设置相似,将某一开采量以负补给的形式进行长时期模拟计算,直到新的稳定的透镜体生成,以此反映按某一开采量长期开采后淡水透镜体的状态。计算结果见表7.5和图7.6。

表 7.5   长期开采透镜体的最大厚度与贮水量

补给量/年均降雨量 /%	补给量 /mm	开采量* /%	最大厚度 /m	贮水量/V_{40} /%
40	598	0	15.0	1
35	523	5	14.9	0.931
30	449	10	13.3	0.849
25	374	15	12.1	0.761
20	299	20	11.0	0.685
15	224	25	9.0	0.564
10	150	30	7.0	0.422
5	75	35	4.6	0.270

*:以负补给形式计的开采量,如以年均降雨量的10%形式计的开采量为:$1.8×10^6 \ m^2×1.495 \ m×10\% ≈ 27.0×10^4 \ m^3$。

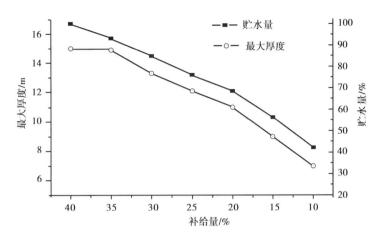

图 7.6　长期开采后透镜体的最大厚度与贮水量

由表 7.5 和图 7.6 可知,如年入渗补给量长期为年均降雨量的 30%,即长期以 27.0×10⁴ m³ 开采淡水,则透镜体贮量将减少到补给量为年降雨量 40% 时透镜体贮水量的 15.0%。

7.3　淡水透镜体可持续开采量

7.3.1　地下水可持续开采量

地下水的可持续开采量是由允许开采量演变而来的。允许开采量是指在经济、合法、不破坏原有水质、不产生不良环境后果的前提下,可以从地下水系统中抽取的水量。在过去相对长一段时间里,允许开采量这一概念为世界各国所接受和使用,成为制定地下水资源开发管理政策的重要依据。

然而,在全球范围内,地下水资逐渐源减少、地下水环境不断恶化,使人们越来越清晰地认识到允许开采量提法并不完善。因为它忽视了依赖于地下水的生态系统,忽视了自然排泄的作用,忽视了变化的环境条件对它的反作用,等等。因此,以 Sophocleous 等人为代表的学者提出,为摆脱长期以来允许开采量所面临的困境,同时为充分反映可持续发展理论的作用,应该用可持续开采量来代替允许开采量,因为可持续开采量能够更准确、科学地反映地下水资源的客观实际。可持续开采量的特点是将用水约束扩展到维持与地下水相关系统的正常运行。其主要含义是:地下水的可持续开采量,是一个含水系统在环境承载能力允许的条件下可以持续开采的水量,它的最终目标是既要设法满足当代的生存需求,又不危及后代的发展需要。由此可见,地下水可持续开采量应该突出环境因素,同时应强调地下水资源的可更新和可持续利用性。综上所述,可持续开采量可概括为:在优先满足环境需水及经济、合法、不破坏原有水质、不产生不良环境后果的前提下,以地下水及其环境系统达到新的平衡为标志,可以从地下水系统中抽取的水量,它具有动态性和系统性的特点。它同允许开采量的最大区别是:允许开采量注重的是技术、经济和法律因素,而可持续开采量突出了生态与环境因素,强调了可持续开采资源的可更新能力和可持续利用性。对于陆地的地下含水层,地下水的可持续开采量近似等于补给量,而对于近海含水层和孤岛上的淡水透镜体,一般情况下地下水的可持续开采量仅占补给量的小部分,因为保证淡水透镜体的存在需要流失大部分补给量。

7.3.2 永兴岛淡水透镜体的可持续开采量

前面的计算结果表明,随着开采量的增加,淡水透镜体的贮量单调减少,没有突变现象发生。因此,分析曲线走势,可以定义一个开采量作为可持续开采量,即以此开采量长期开采时,淡水透镜体的稳定贮量与不开采时稳定贮量的比值不小于某一个特定比值。根据上述对可持续开采量内涵的分析,建议将这一比值定为85%,也就是对淡水透镜体进行长期开采后引起透镜体贮量的减少量仅为不开采时透镜体贮量的15%,这一减少值在工程上应该是可以接受的。

对于永兴岛,这一开采量约为 $26.8 \times 10^4 \ m^3/a$,相当于年入渗补给量的25%,这与一些文献报道的淡水透镜体可持续开采量不超过补给量的30%非常一致。考虑到安全余量,推荐永兴岛的常年可持续开采量为 $24 \times 10^4 \ m^3/a$,月开采量约为 $2.0 \times$

10^4 m^3。由于西沙一年内雨量分布不均,透镜体贮水量会随之变化,理论上月开采量也应逐月改变;但是,由于耗水量一般不会因雨量改变而变化,并且永兴岛淡水透镜体月贮量最大和最小值之差仅为 5.5%,波动范围不大,因此,永兴岛的月供水量不必按雨量变化调整。不过,西沙夏季炎热时正值雨季,用水量大,降雨也多,月开采量可适当多些;而冬季正值旱季,雨量少,气温不高,用水量少,月开采量可适当少些,建议月开采量在 $1.8 \times 10^4 \sim 2.2 \times 10^4 \text{ m}^3$ 变化。丰水年和枯水年可按此比例进行适当调整。

7.4　倒锥的模拟计算

井是常用的取水构筑物。由于珊瑚岛上地下水埋深浅,地表下 1.5~3.0 m 就有淡水,因此,在珊瑚岛上打井取水十分容易,并且水井结构简单。但是,用井抽水时,井下方的淡-咸水界面会抬升,形成倒锥(upconing),有的文献称为"升锥"。当抽水流量过大时,倒锥抬升过高,会击穿透镜体进入井内,引起淡水水质恶化,透镜体分裂,贮量减少,并可能产生局部性的生态灾难。因此,有必要对倒锥的动力学特性进行模拟研究,确定倒锥上升的高度和影响范围等特征,控制抽水速率。

7.4.1　倒锥的形成

倒锥是由抽水引起的。抽水时井内水位下降,井底流速增大,引起抽汲点水压降低,透镜体底部过渡带抬升,淡-咸水界面形成一倒立的锥面,俗称"倒锥"。倒锥的演变是渐进的,与抽水速率的大小密切相关,也与含水介质的水力特性、透镜体厚度、水井穿透深度有关。图 7.7 定性地反映了用井抽水时井下倒锥的形成与变化过程:抽水量较小时,抽水对过渡带的影响小,透镜体中淡水可经由过渡带持续流向海洋,淡-海水的混合水不会到达抽水点,进入井中的水流为过渡带界面以上的淡水,井水便没有盐化现象。这时倒锥的顶部离水井底部有一段足够的安全距离,倒锥能够保持稳定的形状;但随着抽水速率的增加,倒锥会逐渐抬升。当达到某

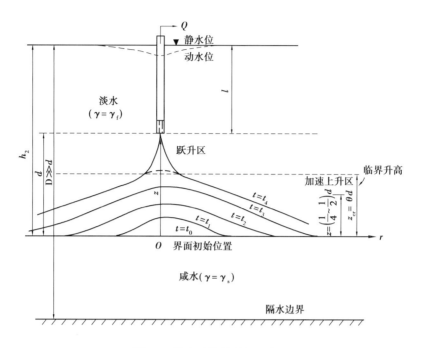

图 7.7 淡水透镜体倒锥示意图

一抽水速率时,倒锥的顶点虽仍在井底以下,但倒锥锥体已处于能保持稳定的最高位置上,这时的状态称为"临界状态",对应的抽水速率称为"临界抽水率",此时锥顶距初始界面的距离称为"临界升高",临界升高大约为井底到初始界面距离的 2/5~3/5,有的研究认为,此值约为 3/5~3/4;若井的抽水速率稍再增加,锥顶突破临界升高,锥体界面将失去稳定而迅速上升,直达水井,海水流入。倒锥上升的程度正比于抽水速率,而反比于水平渗透系数和井底到初始界面的距离。倒锥上升速度则随垂向渗透系数的增加而增加。水平低渗透层的存在会延缓盐水倒锥的形成和发展。

很早人们就注意到了抽水倒锥现象,早在 1946 年,Muskat 研究了咸水浸入油井时的倒锥。其后,Bear 和 Dagan 于 1964、1966 和 1968 年研究了海岸水井抽水倒锥,为简单起见,他们假设淡-海水间有一突变界面,并用小扰动法求得了突变界面的解析解。在含水层比较厚时,这一假设是合理的。但实际上,淡-海水间由于弥散而存在一过渡带,出现 Cl^- 浓度分层。在倒锥发展过程中,过渡带的宽度会增加,这种情况下,可把 Cl^- 浓度为 600 mg/L 的等值面作为淡-海水界面,并由此定义倒锥的锥面。

由于浓度的分层、变化必然带来流体密度的改变,因此,在考虑过渡带的存在时,倒锥的位置要通过求解变密度流动力学方程和溶质输移方程来确定。下面就淡-海水间为突变界面和过渡带两种不同情况对倒锥的演变过程进行定量模拟,并以永兴岛为例,求得淡水透镜体的临界抽水速率。

7.4.2　突变界面倒锥

突变界面倒锥的近似计算方法是 Dagan 和 Bear 提出的。他们假设:含水层多孔介质均匀各向同性;淡水和海水两种流体为不可压流体,由一突变的几何界面分隔;流动服从 Darcy 定律。在每一流体流动区域中,流动速度势满足 Laplace 方程,在这些假设条件下,由小扰动法求得了倒锥的近似解,它是时间和距离的函数。取坐标如图 7.7 所示,锥面到初始界面的距离,即锥面方程 $Z(r,t)$ 为:

$$Z(r,t) = \frac{Q}{2\pi(\Delta\rho/\rho_f)K_x d}\left[\frac{1}{(1+R'^2)^{\frac{1}{2}}} - \frac{1}{[(1+t')^2 + R'^2]^{\frac{1}{2}}}\right] \tag{7.1}$$

式中,R' 和 t' 为无量纲径向距离和无量纲时间:

$$R' = \frac{r}{d}\left(\frac{K_z}{K_x}\right)^{\frac{1}{2}} \tag{7.2}$$

$$t' = \frac{(\Delta\rho/\rho_f)K_z}{2nd}t \tag{7.3}$$

式中　Z——锥面到初始界面的距离,L;

Q——抽水速率,L^3T^{-1};

$\Delta\rho/\rho_f$——两种流体的无量纲密度差。$\Delta\rho = \rho_s - \rho_f$,$\rho_s$ 为海水密度,ρ_f 为淡水密度,取 $\rho_s = 1\,025$ kg/m^3,$\rho_f = 1\,000$ kg/m^3;

d——井底与 $t=0$ 时界面的距离,L;

r——距井的距离,L;

n——孔隙率;

K_z, K_x——垂直和水平方向上含水层对淡水的渗透系数,LT^{-1};

t——抽水开始起算的时间,T。

在抽水井正下方,$r=0$,式(7.1)简化为:

$$Z(t) = \frac{Q}{2\pi(\Delta\rho/\rho_f)K_x d}\left[1 - \frac{1}{1 + t'}\right] \tag{7.4}$$

将式(7.3)代入式(7.4),并对时间 t 求导数,得到抽水井下方锥的上升速率 $\frac{\partial Z}{\partial t}$:

$$\frac{\partial Z}{\partial t} = AQ - BZ \tag{7.5}$$

式中, A 和 B 是由几何关系以及含水层和流体决定的常数:

$$A = \frac{1}{4\pi d^2 n}\left(\frac{K_z}{K_x}\right)$$

$$B = \frac{(\Delta\rho/\rho_f)K_z}{2nd}$$

式(7.5)表明抽水井下方倒锥界面上升速率随抽水速率增加而增大。对一个给定的抽水速率,倒锥界面上升速率与锥面升高 Z 呈线性关系,直线斜率为 $-B$,即锥的升速随升高高度而减少。

在一定抽水速率下,当 $t \to \infty$ 时,得到最终升高 $Z(r)_{max}$、Z_{max},由方程式(7.1)和式(7.4):

$$Z(r)_{max} = \frac{Q}{2\pi d(\Delta\rho/\rho_f)K_x}\frac{1}{\left(1 + \left(\frac{r}{d}\right)^2 \frac{K_z}{K_x}\right)^{\frac{1}{2}}} \tag{7.6}$$

$$Z_{max} = \frac{Q}{2\pi d(\Delta\rho/\rho_f)K_x} \tag{7.7}$$

式(7.6)和式(7.7)中, Z_{max} 为在新平衡位置,锥面的最终升高。 Z_{max} 正比于抽水速率 Q。 Z_{max} 和 Q 的这一线性关系在临界升高 Z_{cr} 之下成立。Bear 和 Dagan 1964 年所作的模拟试验表明:当 $Z/d > 1/3 \sim 1/2$ 时,锥面会加速上升,在临界升高 Z_{cr} 之上时,锥面会突然跃升到抽水井底部。Dagan 指出 Z_{max} 和 Q 的线性关系实际上在 $Z/d < 1/2$ 成立。Bear 和 Dagan 推介使用 $(Z/d)_{max} < 1/4$ 以保证抽水的安全,并避免受到海水咸化影响。

临界升高 Z_{cr} 有一个取值范围,Falkland 给出这一范围为 $Z_{cr}/d < 0.4 \sim 0.6$,并认为计算临界抽水率时,可取 $Z_{cr} = d/4 \sim d/3$,且这一取值范围偏于保守。井的抽水速率

小于临界抽水速率时,不会抽吸到海水,却在一定程度上会受到咸水弥散的影响。但另有学者给出了 Z_{cr} 的不同取值,Muskat 1964 年定义不稳定上升或加速上升区为 $Z/d>0.48$,临界升高在 $Z_{cr}/d \cong 0.60 \sim 0.75$。

另外,S.Schmorak 和 A.Mercado 在地中海沿岸的 Ashqelon 地区进行过现场实验。实验场含水层总厚度达 70 m,由沙、沙粒与黏土、有机土构成。在实验场开凿一个抽水井,距该井不同距离再开凿 5 口观测井,在每口观测井的不同深度安装有开孔网。观测井中放入传感器,测量不同深度的电阻率,以获得盐分的分布剖面,监测抽水引起的界面上升和停止抽水后的倒锥消退情况。实验进行了 2 年多的时间,分别作了两套不同抽水速率和持续时间的实验。实验结果表明:临界升高值 Z_{cr}/d 的值为 0.4 至 0.6;当 $Z/D = 1/4 \sim 1/3$ 时,倒锥会加速上升。$Z_{cr}/d = 0.4 \sim 0.6$ 的这一实验值稍高于 Bear 和 Dagan 根据海滨取水井建议的 $1/4 \sim 1/3$。Z_{cr} 表示界面中心的最大允许升高,这一高度上对应了海水与淡水盐分差的50%,此值约为 17 500 mg/L 的总溶解固体。$Z_{cr} = d/3$ 可以作为抽水速率一个合理的设计标准。实验还表明,计算结果与抽水试验结果吻合相当好,并且伴随着界面上升,过渡带增宽。根据现场实验结果,S.Schmorak 和 A.Mercado 建议临界升高计算公式 $Z_{cr} = \Theta d$ 中的 Θ 取 0.5,该值是现场测得的 $Z_{cr}/d = 0.4 \sim 0.6$ 的平均值。

另外,抽水形成的倒锥在抽水停止后会消退,锥面下降。这是由于淡水透镜体中的淡水重新经过过渡带流向海洋的结果。消退期的锥面高度 $Z(r,t)$,可在抽水结束后将抽水井想象成回补井而求得:

$$Z(r,t) = \frac{Q}{2\pi(\Delta\rho/\rho_f)K_x d}\left[\frac{1}{[(1+t_1')^2+R'^2]^{\frac{1}{2}}} - \frac{1}{[(1+t')^2+R'^2]^{\frac{1}{2}}}\right] \quad (t>t^*)$$

$$(7.8)$$

在井的下方,$r=0$,式(7.8)简化为:

$$Z(t) = \frac{Q}{2\pi(\Delta\rho/\rho_f)K_x d}\left[\frac{1}{1+t_1'} - \frac{1}{1+t'}\right] \quad (t>t^*) \qquad (7.9)$$

式中,t^* 为抽水停止的时间。R' 和 t' 分别由式(7.2)和式(7.3)确定;t_1' 由式(7.3)用 $t-t^*$ 替代 t 计算确定。

7.4.3 过渡带倒锥

（1）数学模型

上述倒锥的计算方法基于突变界面的假设。实际上在海水、淡水这两种相互溶混的流体之间存在有过渡带，过渡带内由下到上溶质从海水的浓度逐渐过渡到淡水的浓度。通常海水中盐的浓度约为 35 000 mg/L，淡水中盐浓度在 1 000 mg/L 以下。浓度的这种渐进变化由水动力弥散产生。水动力弥散则是速度扰动、分子扩散和相间质量传递的综合过程。

过渡带的存在涉及溶质输移，因此，在考虑过渡带的条件下，倒锥的求解问题仍应归结为求解流体流动和溶质输运的耦合问题。第 6 章导出了流体动力学方程式（6.48）和溶质运移方程式（6.59），这两个方程都含有 q_s 的源汇项。q_s 是源汇强度，用以模拟源汇的作用，既可以表征外界对控制体中水流的补充，也可以用来表征水体的流失。由于抽水使控制体的水体流失，故可以将抽水作为一个汇来处理。因此，由式（6.48）和式（6.59）构成的数学模型能全面反映抽水条件下透镜体的动力学过程，可作为存在过渡带时倒锥运动的数学模型。

（2）求解方法

由于抽水是在淡水透镜体已经存在的条件下进行的，所以，用上述模型求解倒锥时，应先生成一个稳定的淡水透镜体，在这一过程中，不考虑抽水的作用，待稳定的淡水透镜体生成后，再将模拟抽水的汇加入，以模拟抽水条件下透镜体的动力学过程。在数学处理上，定解条件和水文地质参数仍和第 6 章模拟淡水透镜体生成的条件与参数相同，仅以不同强度的点汇置于透镜体的不同位置，模拟不同抽水速率的水井，进行抽水模拟计算，求得不同浓度的等值面。其中，Cl⁻浓度为 600 mg/L 的等值面定义为淡-海水的交界面，即淡水透镜体的包络面。

由于 Visual Modflow 软件包含有水井抽水的模拟模块，故仍可应用 Visual Modflow 软件进行倒锥的数值求解。计算倒锥时，生成稳定的淡水透镜体计算过程为第一应力期，第二应力期模拟倒锥。由于第 6 章已经求得了稳定的淡水透镜体，故在进行抽水模拟时，为了节约计算时间，直接将第 6 章模拟得到的透镜体水头和浓度分布值作为抽水模拟的初始条件，调用抽水模块，进行第二应力期的抽水倒锥模拟。

（3）Visual Modflow 4.1 **软件的水井模块**

Visual Modflow 软件将抽水井视为流量边界条件,有关水井的设置均在软件的输入模块中完成。通过输入模块顶部菜单栏的井条目,可以添加、导入、复制、删除、移

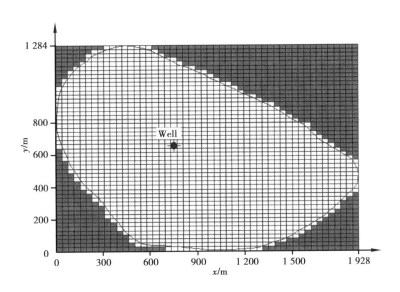

图 7.8 抽水井的添加平面图(第 1 层)

动和编辑不同类型的井,图 7.8 至图 7.11 给出了抽水井的设置过程。图 7.8 为抽水井的添加界面,表明抽水井的位置;图 7.9 为对抽水井进行编辑的工具条,通过条目中"添加井"按钮,可以在模型中任意位置单击鼠标,进入图 7.10 所示的抽水(注水)井的设置窗口。在该窗口下,可以设定井的名称、坐标、滤管顶高和底高、抽水进程等。Visual Modflow 4.1 限定水井位置添加于表层,故水井的坐标仅有两个:x 和 y,水井的深度可通过设置

图 7.9 抽水井编辑工具栏

滤管的顶部和底部高程来进行限定。这些信息设置过后,即完成了对一口水井的添加。水井建立后,若需对其某些属性进行修改,可随时通过"编辑"—"点击水井"来得以实现。

图 7.11 所示的窗口用于设置抽水方案。抽水过程中每个时间段都要求设置有效的起始时间、终止时间和抽水流量。负的抽水流量用于抽水,正的抽水流量用于

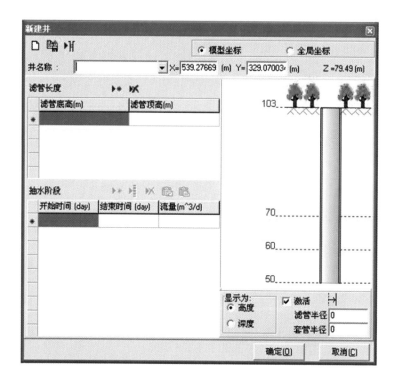

图 7.10   新建水井的设置

抽水阶段		
开始时间 (day)	结束时间 (day)	流量(m^3/d)
0	1	-120
1	2	-360
2	3	-480
3	4	-500
4	5	0

图 7.11   抽水方案的设置界面

注水,这和源、汇的定义一致。该窗口的右上侧有时间段的添加、插入、删除,以及抽水方案的导入和粘贴等控件可供使用。在进行抽水方案的设置时,仍需用到关于应力期的概念。由于在 Visual Modflow 4.1 中,将边界条件(水头、浓度、补给强度、抽水速率等)恒定的时间段作为一个应力期,故设定几个抽水时间段,相应地就要添加几个应力期。应力期的个数原则上不受限制,但增加应力期后需要更长的计算运行时间,输出数据文件所占磁盘空间的大小也就相当大。另外,通过图 7.9 所示的其他控件按钮还可进行水井的移动、复制与删除等操作。

7.4.4　永兴岛过渡带倒锥的模拟

以 100 行×100 列×51 层网格剖分永兴岛求解域,用模拟计算 50 a 得到的永兴岛稳定的淡水透镜体作为初始条件,按照模拟试验需要添加并编辑抽水试验用井后,进行第二应力期模拟抽水时间、流量、透镜体厚度等因素对倒锥的影响。为直观表达倒锥上升后距海平面距离的大小,将图 7.8 中的坐标系原点取在海平面上,并使 z 轴与井轴重合,向上为正,倒锥计算所有结果均在此坐标系中表达。

(1)抽水时间和流量对倒锥的影响

根据第 6 章模拟计算的结果,永兴岛透镜体最大厚度近似在岛的中央位置,故将试验井设于靠近岛屿中部,坐标位置为(858.15,545.5),抽水前当地透镜体的厚度为 15 m。滤管的顶部和底部高程即 Z 值分别为 −1 m 和 −1.5 m(水面下 1 m 到水面下 1.5 m),滤管长 $l=0.5$ m。抽水流量 Q 分别取 5、10、15 和 20 m³/h,模拟时间为 10 d。模拟计算抽水倒锥在过该井中心线和 x 轴的竖直剖面内锥面高度随时间的变化。此外,另将抽水流量分别设为 1、2、3、4 和 5 m³/h,模拟小流量长时间抽水稳定(连续抽水 1 a = 8 760 h)后的锥面位置。计算结果如图7.12 至图 7.14 所示。图 7.12 为以不同流量抽水时倒锥锥面随时间的上升曲线,图 7.13 为锥顶高度随时间变化的曲线,图 7.14 为小流量长时间抽水稳定后的倒锥锥面曲线。

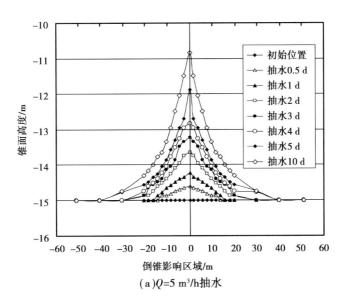

(a)Q=5 m³/h抽水

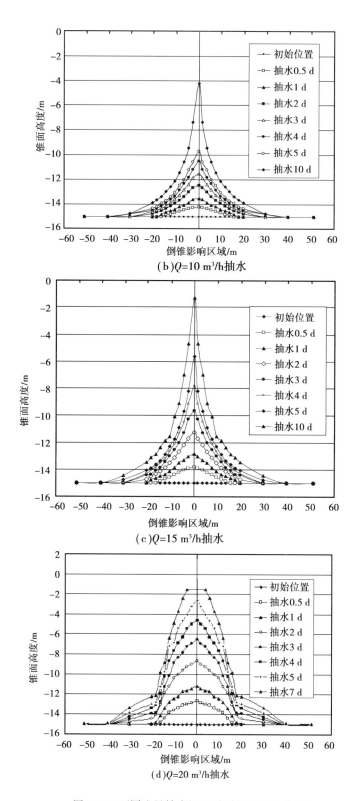

图 7.12 不同流量抽水锥面随时间的上升曲线

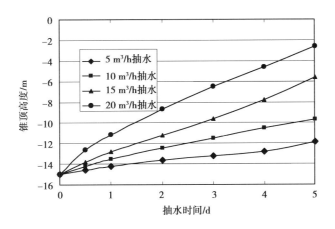

图 7.13　不同流量抽水锥顶高度随时间的变化曲线

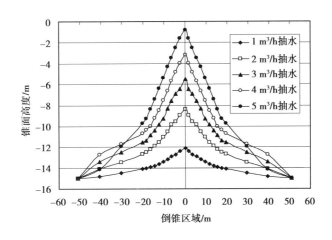

图 7.14　小流量长时间(一年)抽水稳定后的锥面

　　从图 7.12 至图 7.14 可以看出:在含水介质均匀各向同性的条件下,倒锥锥面以水井中心线为轴,呈对称分布;随抽水时间、流量的增加,抽水影响范围也逐渐扩大;在相同的抽水时间内,抽水流量越大,倒锥锥面上升的高度越高,如连续抽水 5 d,以5、10、15 和 20 m³/h 的流量抽水时,锥顶上升的高度分别为 3.12、5.30、9.37 和12.39 m;以相同流量抽水,抽水时间越长,锥面上升的高度也越高;当抽水流量达到一定值后,随着抽水时间的增加,咸水会到达水井底部并进入井中,井水咸化,透镜体被击穿,这与突变界面假设的模拟结果是一致的。如果以小流量抽水,即便连续抽水时间较长,锥面上升的高度也小,如图 7.14 所示。

（2）抽水流量对水井击穿时间的影响

用上述试验井,将抽水流量分别设为 6、7、8、9、10、11、12、13、14、15、16、17、18、19、20、25、30、35 m³/h,模拟抽水试验,考察连续抽水击穿透镜体所历经的时间。计算结果见表 7.6 和图 7.15。

表 7.6　不同流量抽水的击穿时间

抽水流量 Q /(m³·h⁻¹)	6	7	8	9	10	11	12	13	14	15	16	17	18	19	20	25	30	35
击穿时间 t /d	250	95	50	36	24	19	16	13	11	10	9	8.5	8	7	6.8	4.8	3.8	3.25

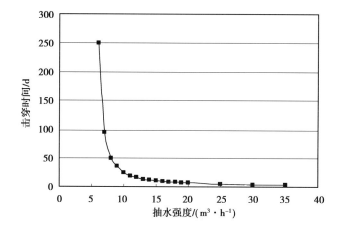

图 7.15　岛中心附近抽水倒锥击穿时间 t 与抽水流量 Q 的关系

模拟结果表明,随着抽水流量的增大,倒锥击穿透镜体所需要的时间迅速减少。在岛上淡水透镜体的最大厚度处,当抽水流量为 10 m³/h 时,连续抽 24 d,透镜体被击穿,而当将抽水流量增大为 30 m³/h 时,连续抽水不到 4 d,透镜体就会被击穿。图 7.15 为倒锥击穿时间 t 与抽水流量 Q 之间的关系,可以看出,倒锥是一种对抽水流量十分敏感的水力现象,工程实践中应该严格控制抽水流量。

（3）透镜体不同厚度处抽水对倒锥锥面变化的影响

水井运行时,主要引起水井下方水体竖直方向的对流运动,其次才是水井附近水体在水平方向上的运动。竖向对流运动引起的锥面上升和井水的咸化作用与透镜体厚度有关,因此,在考察抽水引起的倒锥锥面变化规律时,应考虑抽水井位置淡水透镜体厚度的影响。永兴岛上抽水井大多都为浅井(井深不超过 5 m),设想在透镜体不同厚度的地方凿井,仍设滤管长 $l = 0.5$ m,滤管在水面下 1 m,模拟计算透镜体厚度对倒锥以及击穿时间的影响。为叙述简便,将水井位置透镜体厚度记为 $L(m)$。

1)对锥顶上升高度的影响

设抽水流量 $Q = 20$ m^3/h,模拟计算不同厚度处的水井,抽水 6 h 后锥顶高度的上升值,结果见表 7.7 和图 7.16。

表 7.7　透镜体不同厚度 $L(m)$ 处抽水锥顶高度的上升值 $H(m)$

透镜体厚度 L/m	5.1	6.2	7.1	8.0	9.2	10.1	11.1	12.0	13.1	14.1	15.0
锥顶上升高度 H/m	4.1	3.7	3.4	3.1	2.8	2.6	2.4	2.2	2.1	2.0	2.0

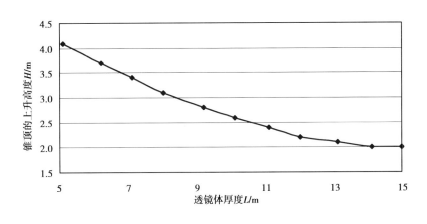

图 7.16　不同厚度 L 处抽水 6 h 后锥顶抬升的高度

模拟结果表明,锥顶抬升高度与水井所在位置透镜体的厚度成负相关的关系。在透镜体厚度为 5.1 m 处抽水 6 h,锥顶上升了 4.1 m,而在透镜体厚度为 15 m 处也连续抽水 6 h,锥顶高度仅上升了 2.0 m。可见,井底到透镜体底部边界的距离越大,在相同的抽水流量和抽水时间条件下,锥顶上升的高度越小。

2)对水井击穿时间的影响

将抽水流量分别设置为 $Q = 10$、15、20 和 25 m^3/h,考察不同厚度处抽水倒锥击穿淡水透镜体所需要的时间。计算结果见表 7.8 和图 7.17。

表7.8 不同厚度 L 处以不同抽水流量 Q 抽水的击穿时间 t(h)

$Q/(m^3 \cdot h^{-1})$ ＼ L/m	14.1	13.2	11.5	10.1	8.5	7.2	6.6	5.1	2.9
10	312	264	186	134	88	66	54	33	13
15	168	142	102	78	51	39	33.6	21	9
20	118	108	77	55	35	20	18	12	—
25	91	80	57	45	33	18	19	9	—

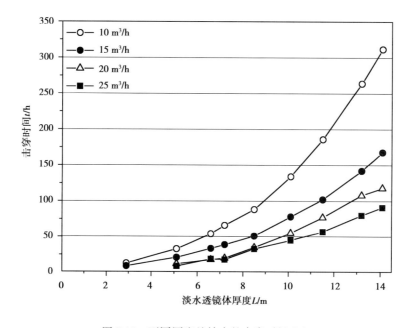

图 7.17 不同厚度处抽水的击穿时间(h)

计算结果表明,抽水井所在位置透镜体厚度不同,倒锥击穿透镜体所需的时间也不同。同样以 15 m^3/h 抽水,在透镜体厚度为 14.1 m 处,连续抽水 168 h 倒锥击穿透镜体;而当透镜体厚度为 5.1 m 时,连续抽水 21 h 透镜体便被击穿。同样,以 Q = 20 m^3/h 连续抽吸 12 h,倒锥便在 5.1 m 厚的透镜体处将其击穿,但如果将透镜体厚度增加到 14.1 m,则需 118 h 才能击穿。可见,透镜体越厚,在相同的抽水流量下,透镜体越不容易被击穿,或者说,击穿透镜体需要的抽水时间越长;反之,透镜体越容易被击穿,特别在岛屿边缘,透镜体薄,极易导致透镜体在短时间内被击穿。

另外,抽水流量不同,即使水井所处位置透镜体的厚度相同,倒锥击穿透镜体所需要的时间差别亦很显著。如在厚 5.1 m 的位置,以 $Q = 10$ m³/h 连续抽水 33 h,倒锥才能击穿淡水透镜体,而当将抽水流量增加到 $Q = 25$ m³/h 时,连续抽水 9 h 倒锥便可将淡水透镜体击穿。

经过以上分析,无论以多大的流量抽水,随着厚度的增大,倒锥击穿透镜体所需要的时间增加。永兴岛上的淡水透镜体呈中央厚、边缘薄,因此,用水井从透镜体汲水时,为保安全,应将井开凿在靠近岛屿中部的位置,尽量避免在边缘打井,且宜用小流量的浅井抽水。

(4)长期开采引起的锥顶高度的变化

为探索长期开采对透镜体的影响,选择坐标为(738.9,621.3)的水井进行模拟,当地透镜体厚度为 14.6 m,水井滤管长为 0.5 m,滤管在水面下 1 m,每天抽水 6 h,结合用水高峰,安排三个时段,分别为 7:30—9:30、13:30—15:30、19:30—21:30,抽水流量为 1、2、3、4、5、6、7、8、9 m³/h,连续运行 1 a,分别模拟计算得到倒锥的锥顶高度随时间的变化,其结果见表 7.9 和图 7.18。

表 7.9　不同抽水流量 Q(m³/h)、不同抽水时间 t(d)的锥顶高度 H(m)

Q \ t	0	30	60	90	120	150	180	210	240	270	300	330	360	365
1	−14.6	−13.88	−13.01	−12.32	−11.82	−11.41	−11.1	−10.82	−10.59	−10.4	−10.25	−10.11	−9.99	−9.97
2	−14.6	−12.82	−11.61	−10.78	−10.19	−9.74	−9.4	−9.12	−8.89	−8.7	−8.55	−8.4	−8.29	−8.27
3	−14.6	−12.12	−10.68	−9.68	−9.02	−8.51	−8.06	−7.74	−7.47	−7.25	−7.05	−6.89	−6.76	−6.73
4	−14.6	−11.46	−9.78	−8.69	−7.88	−7.26	−6.79	−6.39	−6.09	−5.82	−5.59	−5.42	−5.25	−5.22
5	−14.6	−10.91	−9.01	−7.76	−6.86	−6.15	−5.6	−5.14	−4.8	−4.51	−4.28	−4.1	−3.93	−3.9
6	−14.6	−10.42	−8.29	−6.9	−5.91	−5.09	−4.46	−3.99	−3.6	−3.32	−3.1	−2.95	−2.76	−2.74
7	−14.6	−9.91	−7.61	−6.07	−4.9	−4.02	−3.37	−2.88	−2.54	−2.26	−2.05	−1.88	−1.73	−1.7
8	−14.6	−9.5	−7.02	−5.3	−4.02	−3.05	−2.4	−1.93	−1.62	−1.38	−1.2	−1.07	−0.91	−0.89
9	−14.6	−9.06	−6.31	−4.42	−3.1	−2.08	−1.47	−1.06	−0.74	−0.53	−0.4	−0.28	−0.15	−0.12

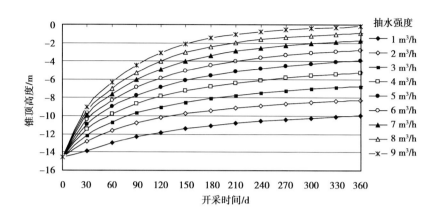

图 7.18　不同抽水流量下长期开采锥顶高度与抽水时间的关系

　　模拟结果表明,按上述开采模式开采一年后,锥顶高度将分别趋于定值,抽水流量越小,锥顶稳定后的高度也越低。由表 7.9 最后一列的数据,还可绘出以不同开采流量抽汲一年后锥顶的高度,如图 7.19 所示。由图 7.18 与图 7.19 可知,若抽水流量 Q 超过 7 m^3/h,一年后倒锥锥顶可到达水井底部。

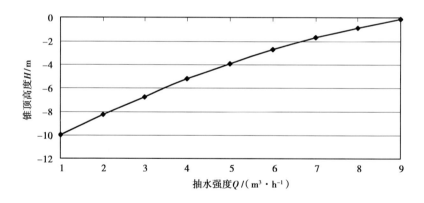

图 7.19　小流量抽汲一年后锥顶高度 H 与抽水流量 Q 的关系

　　以上讨论的是较靠近岛屿中央位置的水井,若水井离海岸较近,则经过较长时间抽水后,倒锥更容易将淡水透镜体击穿,因此,对于长期开采的水井,建议抽水流量不要超过 5 m^3/h,为保安全,最好在 5 m^3/h 以下。

　　永兴岛上淡水透镜体中央厚、边缘薄,应该根据岛上淡水透镜体厚度的分布,对不同位置的水井实行限流量抽水。中心位置水井的流量可以大些,越靠近边缘抽水流量应越小。此外,为了充分、合理地对淡水透镜体进行开采和利用,建议在距离岛屿边缘超过 200 m 的岛中部抽水。

7.5　淡水透镜体的开采方式

淡水透镜体的开采广泛使用井、井群和渗滤廊道;但无论使用何种方式,都需遵循一定的原则,进行精心设计,正确确定取水流量,合理安排取水构筑物的布置,使之既能获得足够的淡水,又能实现淡水透镜体安全、科学、持续地开发利用。

7.5.1　开采的一般原则

在开发淡水透镜体之前,首先要根据现场勘测或模拟计算确定透镜体的可持续采量。在此基础上才能进行透镜体开采的设计,确定开采量和取水构筑物。如果一时尚不能确定可持续开采量,可以根据降雨量和岛屿面积大小及类似岛屿的情况确定一开采量,并选用一定的安全系数,注意总计抽水量不能超过透镜体可持续开采量。第二,根据开采量与选用的取水构筑物设定抽水深度和流量,避免引起过大的水位降深,诱发下伏盐水倒锥的形成。第三,透镜体开采系统应远离可能的地下水污染源,如化粪池、公厕、深坑、动物饲养地、燃料库和垃圾场,具体距离应视当地条件而定。另外,透镜体开采系统最好设置设在较高水位的地方。第四,珊瑚岛高程低,淡水透镜体中央厚、边沿薄,一般应使透镜体的开采位置靠近岛屿中央,在一圆周线上开采。如果淡水透镜体不对称,如许多环礁上的情形那样,透镜体最深处靠近潟湖,抽水系统应设在中部或靠近潟湖一侧而不是靠海洋一侧。

7.5.2　井和井群

井是最常用的取水构筑物,它构造简单,易于开挖,特别在低矮的珊瑚岛上,透镜体埋深浅,井的深度不大,一般2~3 m,井底在地下水位下约1 m,凿井工程量也小。凿井时应注意以下几点:第一,在珊瑚等生物碎屑松散沉积层中凿井,需要衬里,以防井壁坍塌,所用材料可以是珊瑚灰岩或水泥珊瑚砂浆混凝土。一般不用钢管做里衬,因为钢管锈蚀会导致井壁倒塌或井水变色、味觉等方面的问题。第二,靠近海边的井应有足够的深度,确保在低潮时不被抽干,但也不能太深,以免咸水进入。井深取决于凿井处地下水对潮汐的响应,典型的深度是潜水面下 0.5~1 m。第三,井应有高出地表的边沿,并加盖以防表面污染;第四,从井中取水,可用桶提水,或手摇泵、小型电动潜水泵抽取,但无论是人工还是机械抽水,流量都应尽量低,以限制水位降深,防止海水入侵。从含水层中取水的典型安全抽水流量为 0.1~1.0 L/s。在地质条件好的地方,可以在井的底部建造水平管道构成复合井,以增加单井的产水量。从单井中取水,这种方式的取水量不大,特别适合家用或零星分散用水。

对于用水量较大的公共供水,若采用单井抽水,井中水位降深大,容易产生倒锥,咸水上涌进入水井,使水质恶化,因而风险很大。一种改进方法是使用井群供水。在珊瑚岛中央部分,开凿多口水井,在井中安装电动水泵,用水时各井以小流量同时抽水。由于各井流量小,井中水位降深不大,避免了倒锥的过度上升,而总的抽水流量又能满足要求。这种供水模式相当于将原本一口井中的水位降深分配到各个井中,减少了单井的水位降深。

7.5.3　渗水廊道

井和井群属于垂直取水系统,进入井中的水流速度具有明显的自下而上的分量,抽水不当很容易导致过渡带上升,咸化井水,使泵出的水失去饮用功能。采用渗水廊道就可很好解决这一问题。渗水廊道也称"透镜体井"(lens well)或"撇水井"(skimming well),用于低矮海岛和较高岛屿的海滨。与井比较,渗水廊道在一个较宽的面上取水,从而减少了水位降深。适当地设计、建造和运行渗水廊道,是在由松散沉积物形成的小岛淡水透镜体中相对地大量取水的最好方法,特别适用于珊瑚岛。

渗水廊道通常是由某种形式的可透水的水平管道系统构成。管道铺设于平均海平面或接近于海平面的地方,并将入渗水导向中央泵坑。廊道的建造通常从地表挖沟,沟内铺设管道,然后回填。也可以开挖明渠至潜水面之下,用以开采透镜体淡水。

在大西洋和太平洋许多小海岛上,当地居民广泛使用不同形式的渗水廊道获取地下水。在大西洋,巴哈马群岛(Bahamas)的新普罗维登斯(New Providence)用明渠大范围收集地下水。收集到的地下水由单独泵站提取或通过重力流至泵站再提取。重力流系统包括一系列地下腔室,每个腔室从一组网状的明渠中收集淡水,排入水坑,再泵入蓄水池或水处理厂;在西太平洋马里亚纳群岛的 Tinian 岛上,1945 年建立了渗水廊道。管道系统由两排开孔钢管,放置在开挖的明渠中潜水面以下深约 1 m 处构成,用珊瑚沙粒做衬垫和回填,再用一层黏土封顶;在北大西洋的百慕大(Bermuda),1932 年建成了渗水廊道,该廊道由直径 150 mm 的陶土管与中央水坑构成,置于海平面下 100 mm 的地方,一度由于过量抽取,每天达 3 500 m³,引起海水入侵,水质变坏,抽出的水只能用于非饮用水,如冲洗厕所,或供给淡化厂处理为饮用水。到 20 世纪 80 年代,共有 10 个廊道用于开采地下水。

在太平洋一些海岛上,如马绍尔群岛(Marshall Islands)的夸贾林环礁(Kwajalein),基里巴斯共和国的主岛塔拉瓦岛(Tarawa),20 世纪 70—80 年代也建成了渗水廊道。夸贾林环礁上的渗水廊道由开孔 PVC 管和与管道相连的泵井构成,管壁四周覆盖珊瑚沙粒,泵井间距约 60 m,1979 年从 7 条总长 2 120 m 的廊道中抽水流量约为每天 340 m³,低于测算的每天可持续产水量 520 m³。塔拉瓦岛上的渗水廊道有两种类型:最早一种由两排空心混凝土块铺就,导向一中央抽水泵坑;后来一种由直径 100 mm 的开缝 PVC 管连接而成,也通向一泵井,和夸贾林环礁渗水廊道一样,滤水管也铺设于平均海平面以下。在塔拉瓦岛上,从淡水透镜体抽取的流量相当于 365 mm 的降雨量或 18% 的年均降雨量(年均降雨 1 980 mm)。

为充分发挥渗水廊道撷取优质地下淡水的功能并节省工程投资,在设计和建造渗水廊道时,应注意下述重要因素:廊道应建于淡水层最厚的地方,对于不很规则的小岛,透镜体最大厚度可能不在岛中央,而是偏向岛的一侧;廊道的布置应避免从淡水层厚度大的地方指向薄的方向。因为这一方向是在水力坡度作用下地下水的流动方向,如果渗水廊道沿这一方向布置,将不利于地下水进入廊道。最好将廊道沿淡水厚度等值线布置,既有利于淡水进入廊道,又可减少地下水从高水头区域向低水头区域排泄而流入海洋。对于横向长度有限的海岛,淡水区域相对较小,可采用条形系统。在较宽的岛上,可采用条形或十字形状的系统,如图 7.20 所示。这种十字形和条形廊道在基里巴斯都有使用。廊道的布置还应考虑下述因素:地表到潜水面的距离,这将决定廊道开挖的深度;非饱和层介质的性质,避免硬质地层以减少工程量,节省经费;植被分布情况,植被茂密的地方,大量淡水被深根植物蒸腾,因而要避开这类区域,或清除地表植被;避开污染源,查明岛上的污染源分布,铺设廊道不要靠近这些地方;大面积不透水面的位置。靠近这些不透水面(如机场跑道)的地方,因为局部回补增加,透镜体相对较厚,有利于廊道取水。

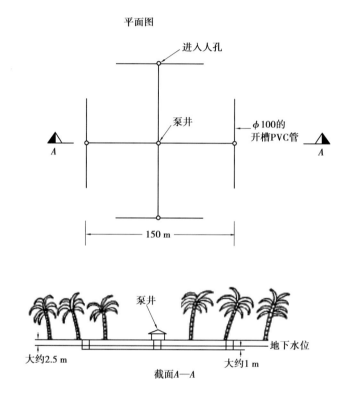

图 7.20　廊道布置示意图

渗水廊道的管道用材通常为开缝 PVC 管、由粒料制成的多孔管(粒料不能太细)、无接缝的空心混凝土块。过去也曾用钢管作廊道的管材,但钢管容易锈蚀,不适合用做廊道。同样,明渠易受污染,所以也最好不用。为避免细小沙土颗粒进入廊道,管道四周最好用分选过的卵石回填,顶上盖以不渗透的塑料护板。滤管外不必再缠绕其他纤维,以免造成孔隙堵塞。

为便于检查和管道清淤,应在廊道中设置人孔。人孔间距一般不超过 100 m,用不易生锈的材料(如混凝土、矿渣水泥、玻璃纤维)或岛上易获得的珊瑚混凝土板等制成。抽水井或泵站也可用上述材料建造。在管道与管道、管道与人孔和泵站之间应用砂浆封闭,防止地下水从滤管之外的地方进入廊道。同样,人孔和泵站也应封闭。通常，每一廊道仅需一口泵井。

滤管埋设应有适当的高程，既不可太高，也不可太低。太高易造成断水，即地下水不能渗入廊道，太低海水容易入侵。为了减少开挖量，滤管只需埋设在低潮时也不会断水的高程上。在珊瑚岛上，这一高程通常是滤管底部在潜水面之下 300 mm 的地方。在大型岛屿上，潜水面较高，滤管底部则可适当抬高，安置在较高的平面上；铺设滤管时，可以用人工或机械的方法开沟。沟内排水所用的水泵只需抽出足够水量方便铺管为宜，过量排水会引起咸水入侵，同时还延长了透镜体的恢复时间。为此，要定时检测排出水的含盐量，避免过量排水。

从渗水廊道中抽水的速率与廊道的长度有关，有多种方法确定从廊道中抽水的速率。在大西洋巴哈马的新普罗维登斯岛上，廊道安全抽水总量的上限大约是每天每千米 600 m³。对于太平洋群岛的 Trust 地区（the Trust Territory of the Pacific Islands），Mink 建议每米廊道的抽水速率为 0.02 L/s。马绍尔群岛（Marshall Islands）的夸贾林环礁（Kwajalein）上，一些廊道的平均抽水速率为每米廊道 0.003 L/s。更为保守的抽水速率是基里巴斯共和国的主岛塔拉瓦岛（Tarawa）上每米廊道 0.001 L/s 的抽水速率，因为该岛的回补率仅有夸贾林环礁（Kwajalein）的 50%。确定抽水率的主要考虑之点是减少水泵处的水位降深，防止海水入侵。Mather 建议除了非常厚的透镜体外，最大的水位降深值为 30 mm。

抽水速率的最终选择和廊道长度的确定需要专业的计算与论证，并与当地的条件相适应。如果还不了解长期抽水的影响，最好将泵的抽水速率设定为低于计算的抽水速率。泵的吸水口应稍高于平均海平面，并在井中设置浮控开关，当水位下降到稍高于海平面时，浮控开关关掉水泵。为了节省能源，还可构建一个重力系统，每一渗滤廊道中的水以一定的速率流入重力管道，再流向设于靠近岛屿边沿的中央泵站而被泵出。

作为珊瑚岛上实际应用的一种典型渗水廊道，其工作原理与结构如图 7.21 所示。廊道主要由位于潜水面下、接近于平均海平面的水平渗滤管和中央水井组成。中央水井直径约 1.5 m，底部有一厚 150 mm 的底座，井壁与底座用混凝土制成，井中安置抽水管或潜水泵便于抽水。水平渗滤管接至中央水井，管长 200~300 m、管径 100~225 mm，用开孔 PVC 管制成，水平铺设在含水层中。为便于观察检修，可在水

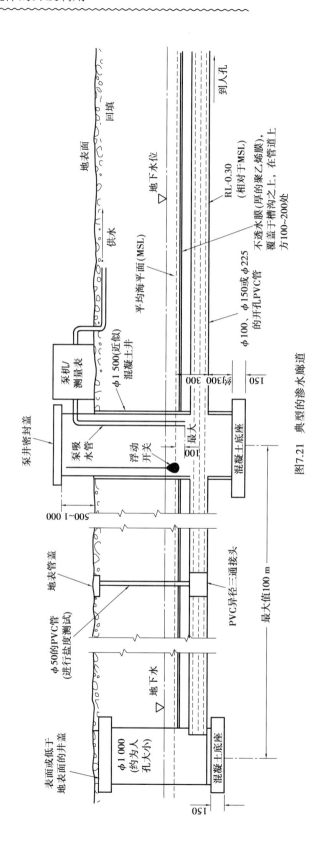

图7.21 典型的渗水廊道

平滤管端头设置人孔,方便人员进出检查。若要监测滤管中的盐分,还可开凿监测孔,用直径 50 mm 的 PVC 管作为监测管,由监测孔伸入滤管,在管中安装监测设施。渗水廊道抽水时,透镜体表层淡水通过渗滤管进入井中。这种取水方式实质上是在透镜体表层一个很宽的面上撇取淡水,从而最大限度地减少了抽水引起的水位降深,避免了抽水倒锥的形成。由于珊瑚岛集中分布于热带海域,这里干湿季节分明,在旱季特别是在经受厄尔尼诺-南方涛动影响的干旱期间,淡水透镜体萎缩变薄,用渗水廊道取水,极大地减少了对透镜体扰动,对保证泵出水的水质,更具有重要意义。太平洋上的一些岛国的珊瑚岛,如基里巴斯的塔拉瓦岛(Tarawa),马歇尔群岛(Marshall Islands)的马加罗(Majuro)、夸贾林环礁(Kwajalein Atolls),库克群岛(Cook Islands)的爱图塔基岛(Aitutaki),汤加(Tonga)的丽芙卡岛(Lifuka)都广泛使用渗水廊道取水。

　　渗水廊道在透镜体表面撇水,引起的水位降深十分有限,这已被现场实测证明。在基里巴斯塔拉瓦岛(Tarawa)环礁上,White 对 25 座渗滤廊道进行过抽水降深测量,结果表明:在平均抽水流量为 88 m^3/d 时,廊道中平均水位降深为 33 mm,这一降深值小于当地潮汐引起的透镜体上下 70~80 mm 的波动值,更远小于异常干旱与潮湿时地下水大约 450 mm 的上下波动值。因此,用渗水廊道取水特别适合具有薄透镜体的珊瑚岛。

第 **8** 章

淡水透镜体的近似计算模型

　　淡水透镜体的三维数值模拟运用质量守恒和达西定律,构建了由变密度地下水流运动方程和溶质运移主管方程组成的数学模型,用以模拟气象条件,主要是降雨和蒸腾蒸发,以及水文地质结构,主要是水力传导系数、弥散度、孔隙率、不整合面深度、岛屿形状大小等,对透镜体厚度与容积演变过程和淡-海水间相互作用,以及盐分在地下水系统中输运的影响,追踪其随季节的变化、持续干旱的影响与恢复,为珊瑚岛地下淡水资源的开发与保护、经济发展规划的制订提供重要的基础数据。但是,数值模拟工作量大,构建、校正、运行模型和分析计算结果要耗费较多的时间与精力。而且,这些工作都针对特定的岛屿或一个岛屿的特定区域,计算结果不具有普遍实用的意义。尤其在缺乏特定岛屿的水文地质资料时,精确估算地下水资源变得十分困难。好在珊瑚岛集中分布在大洋赤道两侧的热带海域,在漫长而相同的地质年代中形成,水文地质结构具有相当的一致性,可以进行一定的概括,得到足以信赖的解析模型。Bailey 等根据数值模型结果,通过曲线拟合,总结出了计及雨量变化、岛屿宽度、不整合面深度、水力传导系数和礁盘影响的代数模型,用于在缺乏岛屿资料的情况下通过参数化方程、因子数值图和降雨曲线估算地下水资源。该模型突出了简单实用的特点,既使问题的分析变得更加容易,又能抓住影响透镜体的主要因素,因而能得到与数值模拟类似的结果,同时省去了大量的计算时间和计算资源。

此外,使用这一模型不像数值模拟那样要进行大量的培训,也不需要大容量的计算机,非常适合于海岛水资源管理使用,模型已成功用于西太平洋密克罗尼西亚环礁岛淡水透镜体厚度的估算。此前,有研究者还根据一些简化假设和淡水透镜体的观测值,提出了简单的解析模型和经验模型,用于透镜体厚度的估算。本章主要介绍这类模型,为没有足够资料进行数值模拟的珊瑚岛水资源管理提供一种实用的工具。

8.1　解析模型

Fetter 曾采用 Ghyben-Herzberg-Dupuit（GHD）假设:认为淡-海水界面为一突变界面;无竖直方向的流动;多层含水层用平均水力传导系数处理为单一均质含水层。这样,淡-海水界面就可用一偏微分方程描述,对于几何形状规则的岛屿,可以求得解析解;而对于不规则形状的岛屿,则可以数值求解。

若将直角坐标系的 xOy 平面取在平均海平面上,z 轴垂直向上,根据质量守恒和达西定律,Fetter 导得下述方程:

$$\frac{\partial^2 h^2}{\partial^2 x^2} + \frac{\partial^2 h^2}{\partial^2 y^2} = \frac{-2R}{K(1+G)} \tag{8.1}$$

式中　h——潜水面上一点到平均海平面的距离,即潜水面水头,L;

　　　R——回补率,LT^{-1};

　　　K——含水层水力传导系数,LT^{-1};

　　　$G=\rho_f/(\rho_s-\rho_f)$,ρ_f 为淡水密度,ρ_s 为海水密度,如取 $\rho_f = 1\,000\ \text{kg/m}^3$,$\rho_s = 1\,025\ \text{kg/m}^3$,则 $G=40$,由于地质结构的影响,通常 G 在 25~40 取值;

　　　x,y——水平面上的直角坐标。

如果透镜体处于双含水层的地质结构中,那么使用平均水力传导系数 K_{avg} 替代式(8.1)中的 K,该方程仍然有效。

$$K_{\text{avg}} = \frac{K_1(b_1 + h) + K_2(Gh - b_1)}{h(1+G)} \tag{8.2}$$

式中,K_1、K_2分别是从地表向下第一和第二含水层的水力传导系数;b_1为第一含水层在海平面以下的厚度。

8.1.1 无限长岛屿

对于无限长岛屿,地下水流由岛屿中央沿宽度方向流向海洋。设 y 轴位于岛屿中央指向长度方向,x 轴沿宽度指向海洋,则地下水流为一维流,仅为 x 的函数,式(8.1)简化为:

$$\frac{\mathrm{d}}{\mathrm{d}x}\left(h\frac{\mathrm{d}h}{\mathrm{d}x}\right) = \frac{-R}{K(1+G)} \tag{8.3}$$

对应边界条件为:

$$x = 0 \text{ 时}, \quad \frac{\mathrm{d}h}{\mathrm{d}x} = 0$$

$$x = \frac{w}{2} \text{ 时}, \quad h = 0 \tag{8.4}$$

式中　w——岛屿宽度,L。

积分方程式(8.3),根据边界条件可求得 x 处潜水面水头 h 与回补率 R 及水力传导系数 K 的函数关系:

$$h^2 = \frac{R\left[\left(\frac{w}{2}\right)^2 - x^2\right]}{K(1+G)} \tag{8.5}$$

淡-海水交界面在海平面以下的位置 z 则由 h 乘以 G 获得,淡水透镜体最大厚度 H 由岛屿中心($x=0$)的 h 求得,为:

$$z(x) = -Gh(x) \tag{8.6}$$

$$H = (1+G)h \tag{8.7}$$

另有学者 Chapman 也对无限长条形岛屿导出了一个类似的表达式。所有这些公式都考虑了岛宽、平均年降雨量、含水层水力传导系数,以及淡水和海水的密度差的影响。

8.1.2 圆形岛屿

许多珊瑚小岛都近似圆形。对于一个外形近似为圆形的岛屿,采用极坐标,则

式(8.1)可表示为:

$$\frac{\partial^2 h^2}{\partial^2 r^2} + \frac{\partial h^2}{r\partial r} + \frac{\partial^2 h^2}{r^2\partial^2\theta} = \frac{-2R}{K(1+G)} \tag{8.8}$$

式中,r 为径向坐标;θ 为辐角。若岛屿含水层可以简化为中心对称的圆形,则式(8.8)转化为关于 r 的常微分方程:

$$\frac{\mathrm{d}^2 h^2}{\mathrm{d}^2 r^2} + \frac{\mathrm{d} h^2}{r\mathrm{d}r} = \frac{-2R}{K(1+G)} \tag{8.9}$$

将坐标原点取在圆形岛屿中心,设岛屿半径为 r_0,则边界条件为:

$$r = 0 \text{ 时,} \quad \frac{\mathrm{d}h}{\mathrm{d}r} = 0$$
$$\tag{8.10}$$
$$r = r_0 \text{ 时,} \quad h = 0$$

式(8.9)和式(8.10)的解为:

$$h^2 = \frac{R[r_0^2 - r^2]}{2K(1+G)} \tag{8.11}$$

求得潜水面的水头 h 后,即可求得淡-海水交界面在海平面以下的位置 z 和淡水透镜体的最大厚度 H:

$$z(r) = -Gh(r) \tag{8.12}$$

$$H = (1+G)h \tag{8.13}$$

能近似为无限长条形或圆形的岛屿毕竟是不多的,大多数珊瑚岛都具有不规则外形,这种情况下难以解析求解方程式(8.1),只能借助数值求解。Fetter 用该方程数值求解了纽约长岛南叉(The South Fork of Long Island)地区地下淡-海水界面,并与区内 8 口井中观测值进行了比较,除一口井在夏季由于抽水量过大而使过渡带上移外,其余井的观测值与计算值之差在 6% 以内。

不过无限长条形岛屿的解析解,在某些特定条件下,仍有其实用价值。Vacher 运用一个矩形岛屿的水头解,计算了过矩形岛屿中心沿宽度的水头分布和对应的具有相同回补率 R、水力传导系数 K 和宽度的无限长岛屿沿宽度方向的水头分布,并将两结果进行了比较,发现两岛屿中心处水头之差大于宽度方向上其他对应点处水头差。如果矩形岛屿长宽比大于 2.9,那么沿宽度方向上,矩形岛屿水头与无限长岛屿水头相比,偏差值不超过 1%;如果长宽比大于 4.4,那么这一水头差将在 0.1% 以内,如图 8.1 所示。

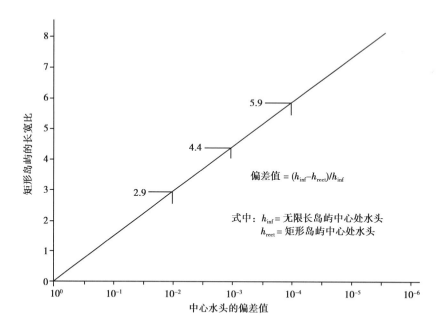

图 8.1　矩形岛屿和对应的无限长岛屿中心水头偏差值随矩形岛屿长宽比值的变化

图中偏差值的定义是无限长岛屿中心处水头 h_{inf} 与矩形岛屿中心处水头 h_{rect} 之差与 h_{inf} 之比 :$(h_{\text{inf}}-h_{\text{rect}})/h_{\text{inf}}$。

8.2　经验模型

　　Oberdorfer 和 Buddemeier 分析了一些小珊瑚岛上淡水透镜体厚度的观测值,发现在透镜体厚度和年降雨量与岛宽的对数之间存在一种关系,从而提出了一个计算小珊瑚岛礁淡水透镜体厚度的经验模型:

$$H = P(6.94 \lg w - 14.38) \tag{8.14}$$

式中　H——淡水透镜体厚度,m;

　　　P——年降雨量,m/a;

　　　w——岛宽,m。

但这一经验模型没有考虑含水层的水力传导系数。

Bailey 等用上述解析模型和经验模型,计算了一些环礁上不同宽度的背风岛和迎风岛单层含水层淡水透镜体的最大厚度,并与观测值进行了比较,如图 8.2 所示。计算使用的年回补率为 2 m/a,水力传导系数为 50 m/d,这是典型的环礁岛宽度范围内的参数值。

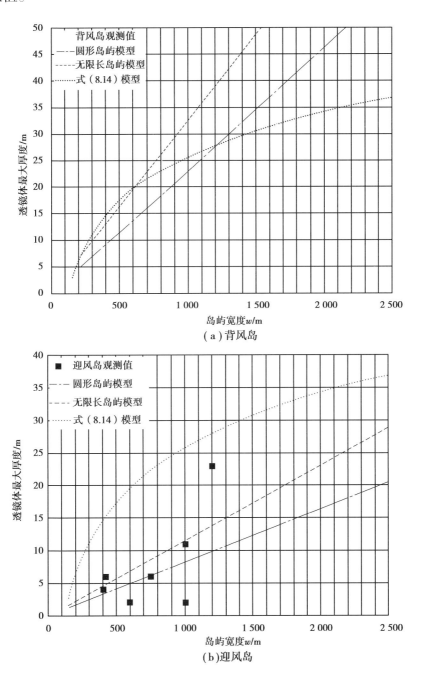

（a）背风岛

（b）迎风岛

图 8.2   单层含水层水文地质模型计算值与透镜体厚度观测值的比较

由图 8.2 可见,单层模型用于背风岛时明显地高估了透镜体的厚度,因为该模型没有考虑水力传导系数的垂向分层,还有一个原因是 GHD 假设透镜体的边界在 50% 而不是测量时规定的 2.5% 海水含盐量的地方。然而,对于迎风岛,这些模型的确提供了合理的结果,因为迎风环礁岛上层含水层具有较高的水力传导系数,透镜体底部达不到不整合面。这样,迎风岛就可按均质含水层处理,计算结果就和实测结果比较一致。Oberdorfer 和 Buddemeier 的经验模型因为不考虑水力传导系数,所以,当用于具有较高水力传导系数的迎风岛时,这一模型明显地高估了透镜体的厚度;当用于背风岛时,也高估了透镜体的厚度,仅反映了背风岛透镜体厚度变化的一般趋势。

上述解析模型和经验模型具有明显局限性,主要是这些模型未能全面考虑水文地质特征(水力传导系数、水力传导系数的竖直分层、岛宽、礁盘)和流动过程(竖直流、混合、上下含水层间的接触面),这些都是控制珊瑚岛礁淡水透镜体厚度的重要因素。

8.3　代数模型

Bailey 等用变密度、溶质输运有限元软件 SUTRA 对岛宽从 150~1 100 m 的 8 个不同环礁宽度的岛屿、8 种不同的网格划分进行了数值模拟。以此为基础构建了代数模型。

8.3.1　模型开发

(1)参数设置与模拟
构建代数模型的第一步是量化降雨及珊瑚岛主要的水文地质特征如岛屿宽度、水力传导系数、不整合面深度、礁盘的存在等对淡水透镜体厚度的影响。方法是利用计算软件对每一参数,在保持其他参数值不变的条件下,对其变化范围内的一系列值进行模拟计算。在模型开发中,降雨变化范围为 2.5~5.5 m/a,但对于改变其他参数进行模拟计算时,降雨量保持常数为 4 m/a。上层含水层水力传导系数的变化范围为 25~500 m/d,但对于改变其他参数进行模拟计算时,上层含水层水力传导系数保持常数为 50 m/d。不整合面深度的变化范围为 8~16.5 m,但对于改变其他参数进行模拟计算时,不整合面深度保持常数为 16.5 m。对每一岛屿宽度在具有和不具有礁盘的条件下进行模拟计算,礁盘用一层厚 1 m 的低水力传导系数($K=0.05$ m/d)的地质单元来表示,并从岛屿的海洋一侧延伸到岛屿的中部。

每一系列的模拟计算均在岛屿的宽度范围(150~1 100 m)内进行,以定量研究岛屿宽度的影响,年回补量取年降雨量的 50%。在所有模拟计算中,下层含水层的水力传导系数均取 500 m/d。透镜体的底部边界取为 500 mg/L 氯离子等浓度面(2.5%海水浓度)。

为了定量研究在平均季节气候条件下和严重干旱条件下透镜体的水力特性,Bailey 等还进行了时变模拟计算,计算中使用的回补率随时间变化,由西太平洋密克罗尼西亚东西 Caroline 地区的气象数据获得。和恒态模拟系列计算类似,时变模拟计算也分背风岛和迎风岛,并都在设定的岛屿宽的范围内进行。

(2)降雨量、岛宽和不整合面深度数值计算结果拟合

Bailey 等人选择 5 个不同宽度的岛屿在 7 种不同降雨量回补条件下进行恒态模拟计算,将计算获得的透镜体中央厚度 Z_{max} 作为年降雨量和岛屿宽度的函数绘图,如图 8.3(a)所示,图中 L 后括号内的数值为岛屿宽度。由图可见,对于每一宽度的岛屿,随着年降雨量的增加,透镜体中央厚度 Z_{max} 按指数增加,但趋于一定值 L。这表明当透镜体的厚度趋于 L 时,降雨量增加对 Z_{max} 增加的影响逐渐降低。因此,数值计算结果可用一趋于极限的指数衰减函数来拟合,方程为:

$$Z_{max} = L(1 - e^{-bR}) \tag{8.15}$$

式中　Z_{max}——透镜体中央厚度,m;

　　　L——Z_{max} 的最大值,m;

　　　R——年降雨量,m/a;

　　　b——由岛屿宽度确定的拟合参数,如图 8.3(b)所示。

式(8.15)中,Z_{max} 的最大值 L 是岛屿宽度和不整合面深度的函数,如图 8.4 所示。当岛屿宽度较小时,随宽度增加,L 快速增加;当岛屿宽度较大时,随宽度增加,L 增速减缓,趋于不整合面的深度。一个宽度为 800 m、年降雨量较大的岛屿,透镜体的

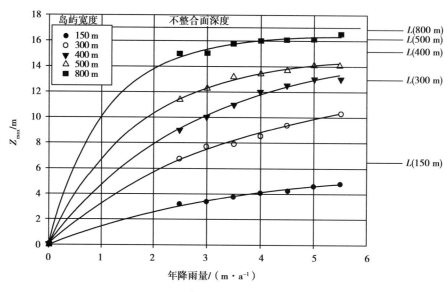

（a）Z_{max} 随年降雨量和岛屿宽度的变化

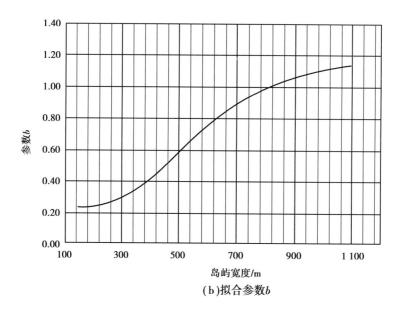

（b）拟合参数 b

图 8.3　透镜体最大厚度 Z_{max} 的拟合曲线

底部可能向下延伸至不整合面，L 的值与不整合面的深度相同，为 16.5 m。然而，对于小岛，无论年降雨量为多少，透镜体的底部都不会达到不整合面的深度。如宽度为 300 m 的小岛，最大透镜体厚度 L 值为 13.0 m，宽度为 200 m 的小岛，L 为 9.3 m，均小于不整合面深度。因此，大岛（如 800 m 以上宽度岛屿）的透镜体厚度受不整合面深度的限制；而对于小岛，如 200 m 宽度岛屿的透镜体厚度，则受其宽度的限制。

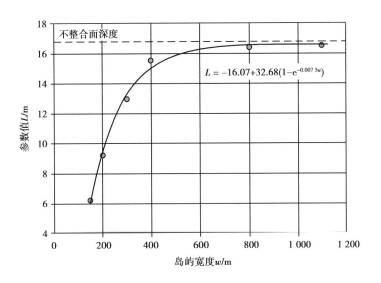

图 8.4　不同宽度岛屿的 L 值

图 8.4 所示的透镜体中央厚度的最大值 L 随宽度变化的曲线可用下面指数关系式拟合：

$$L = y_0 + a(1 - e^{-dw})$$ (8.16)

式中　L——Z_{max} 的最大值，m；

　　　w——岛宽，m；

　　　y_0, a, d——拟合参数。

由于不整合面深度是大岛透镜体厚度的限制因素，根据式(8.16)，当岛屿宽度趋于无穷时，L 的极限是 $y_0 + a$，等于不整合面的深度 Z_{TD}，即

$$Z_{TD} = y_0 + a$$ (8.17)

由上式解出 a，并代入式(8.16)，得：

$$L = y_0 + (Z_{TD} - y_0)(1 - e^{-dw})$$ (8.18)

式中　L——Z_{max} 的最大值，m；

　　　w——岛宽，m；

　　　Z_{TD}——不整合面深度，m；

　　　y_0——拟合参数，$y_0 = -16.07$；

　　　d——拟合参数，$d = 0.0075$。

这样，对于给定岛屿宽度和不整合面深度，用式(8.18)就可以计算最大可能的

淡水透镜体厚度 L，再将这一值代入式(8.15)，就可求得在给定的回补率、岛宽、不整合面深度条件下淡水透镜体的最大厚度。不同岛屿宽度、不同不整合面深度时的 L 值也可由图 8.5 确定。

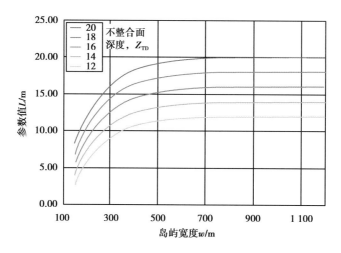

图 8.5　透镜体最大厚度 L 值曲线

（3）水力传导系数与礁盘影响

含水层水力传导系数对透镜体厚度有明显影响。选取不同宽度的岛屿，在不同水力传导系数条件下，对淡水透镜体的演变进行恒态数值模拟，计算结果如图 8.6 所示。

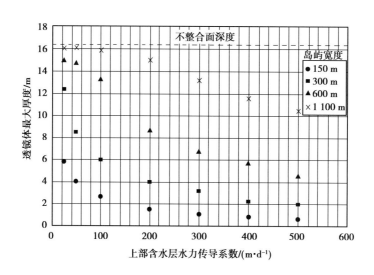

图 8.6　水力传导系数对透镜体最大厚度的影响

模拟结果表明,透镜体厚度随水力传导系数的增加显著地减小。还可看到,透镜体厚度随含水层水力传导系数的增加而减小的速率受岛屿宽度的影响,岛屿越小,影响越显著。这是由于小岛上透镜体更强烈地受到水力梯度变化的影响。

水力传导系数对透镜体厚度的影响,可以在式(8.15)中引入一个水力传导系数参数 S 来表示。式(8.15)是根据水力传导系数为 50 m/d 的模拟计算结果得到的,可将这一水力传导系数条件下算得的透镜体最大厚度对应的水力传导系数参数 S 作为 1,根据图 8.6 的数据,计算其他水力传导系数条件下不同宽度岛屿透镜体最大厚度的水力传导系数参数 S 值,绘成如图 8.7 的关系曲线,方便使用。这样,对应于不同的水力传导系数,透镜体最大厚度 Z_{max} 可按下式计算:

$$Z_{max} = L(1 - e^{-bR})S \tag{8.19}$$

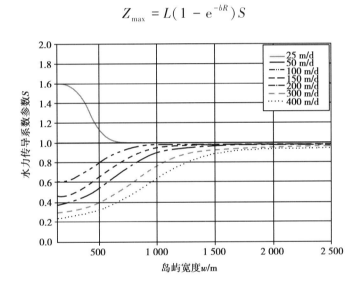

图 8.7　不同岛宽时的水力传导系数参数 S

图 8.7 表明,S 是含水层水力传导系数和岛屿宽度的函数。对于一定的水力传导系数和不同的岛屿宽度,S 按比例决定了淡水透镜体的厚度。高水力传导系数的参数 S 值小,对应了一个薄的淡水透镜体。

根据一系列不同宽度的岛屿,在有无礁盘时的数值模拟计算结果,用类似的方法可得到礁盘参数 C,如图 8.8 所示。

礁盘参数 C 表示具有礁盘岛屿的透镜体厚度与没有礁盘岛屿透镜体厚度之比。礁盘的影响是随岛屿宽度的增加,透镜体厚度的增值减小。由图查得礁盘参数 C 后,在式(8.19)中再乘上一个因子 C,即可表征礁盘对透镜体厚度的影响:

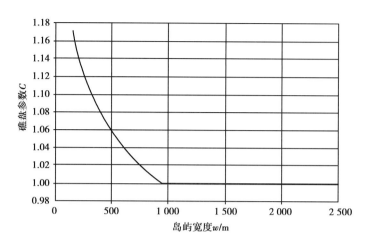

图 8.8 礁盘参数 C 变化曲线

$$Z_{max} = L(1 - e^{-bR})SC \qquad (8.20)$$

珊瑚岛若无礁盘,C 值等于 1.0。如图 8.8 所示,礁盘使小岛的透镜体增厚,一个宽 200 m 的小岛,C 值为 1.14,代入式(8.20)将增大淡水透镜体的厚度。但对宽度大于 1 000 m 的岛屿,礁盘对透镜体厚度的影响可以忽略。

这样,式(8.20)连同式(8.18)便考虑到了所有相关的水文地质特征:年降雨量 R、岛宽和不整合面深度(通过 L 表达)、水力传导系数(通过水力传导系数参数 S 表达)、礁盘(通过礁盘参数 C 表达)对透镜体厚度的影响。如果不知道含水层水力传导系数,那么对于环礁上的岛屿,水力传导系数可以分别用背风岛 50 m/d 和迎风岛 400 m/d 的水力传导系数的值来计算。对于侧向岛,无论处于环礁岛的迎风还是背风部分,都可以用 50 m/d 和 400 m/d 间的值来计算。模拟计算表明,淡水透镜体对不整合面的深度和含水层的水力传导系数最为敏感,其次是岛宽和年降雨量。礁盘对透镜体厚度的影响较小。

(4)干旱影响

季节变化特别是偶发的干旱事件对透镜体的厚度及几何外形有重要影响,这种影响可以在式(8.20)中引入一个无量纲干旱因子 D 来表达。干旱因子 D 的定义是:在某一时段内,按月均或按日降雨量进行时变模拟计算,将算得的月透镜体厚度除以恒态模拟计算得到的透镜体厚度,便得到无量纲的干旱因子。这样,干旱因子实际上表示了在特定月份透镜体厚度占恒态条件下透镜体厚度的分数。根据干旱因

子的含义,考虑干旱影响的代数模型就可用下式表示:

$$Z_{\max} = L(1 - e^{-bR})SCD \qquad (8.21)$$

式中,D 为干旱因子。

Bailey 等人应用西太平洋密克罗尼西亚西 Caroline 的 Yap 和东 Caroline 的 Pohnpei 两地区,1977—1999 年间的日降雨量进行时变模拟计算,确定了这一期间的干旱因子。选择这一时段主要是为了考察该区域 1977 年强烈的 EI Niño 现象,以及随之而来的 1988 年后半年剧烈的干旱期间透镜体的损耗。他们给出了东、西 Caroline 地区 5 个典型时期:1 个月(干旱开始),6 个月(干旱峰值),12 个月(6 个月恢复期),18 个月(12 个月恢复期),24 个月(18 个月恢复期),背风岛和迎风岛的干旱因子,见表 8.1。

表 8.1　东西 Caroline 区域不同大小的背风岛和迎风岛的干旱因子

岛屿宽度/m			1 个月 干旱出现	6 个月 干旱顶峰	12 个月 恢复	18 个月 恢复	24 个月 恢复
			干旱的因子 D				
加罗林 西部地区	背风面	200	0.451	0.000	0.421	0.488	0.711
		400	0.698	0.317	0.475	0.507	0.733
		600	0.899	0.621	0.608	0.679	0.909
	迎风面	200	0.000	0.000	0.000	0.000	0.000
		400	0.122	0.000	0.262	0.269	0.342
		600	0.293	0.000	0.278	0.392	0.475
加罗林 东部地区	背风面	200	0.735	0.119	0.486	0.953	0.643
		400	1.068	0.492	0.590	0.917	0.788
		600	0.924	0.635	0.785	0.912	0.875
	迎风面	200	0.000	0.000	0.064	0.289	0.000
		400	0.420	0.000	0.359	0.875	0.551
		600	0.802	0.223	0.511	0.957	0.690

由表中的干旱因子,可看出透镜体厚度的变化,如西 Caroline 区域一个宽 600 m 的背风环礁岛,6 个月的干旱因子为 0.621,也就是透镜体的厚度为恒态时透镜体厚度的 62.1%,而到第 24 个月,干旱因子是 0.909,表示此时透镜体的厚度为恒态时透镜体厚度的 90.9%。这说明在干旱期间透镜体变薄,出现干旱峰值后,要恢复到干旱前的状态,需要 1.5 a 的时间。

引入干旱因子 D 后,就可以计算干旱和后干旱恢复期的 Z_{max}。由于上述 D 值的确定依赖于 1997—1999 年密克罗尼西亚环礁岛屿的数值模拟结果,与岛宽、岛屿位置和 1997—1999 年 El Niño 及后 El Niño 期间的雨量分布有关,因此,上述 D 值只能用来表示 1997 年 El Niño 对密克罗尼西亚环礁岛屿淡水透镜体厚度的影响。不过,因为 1998 年密克罗尼西亚的干旱与有记录的其他干旱相比极为严重,所以对类似的严重干旱事件在干旱峰值月份,式(8.21)依然能给出 Z_{max} 的近似值。这样,对于未来的 El Niño 事件,要评估密克罗尼西亚和类似的环礁岛屿的水资源,式(8.21)也是有用的。

8.3.2 模型测试

为考察代数模型的实用性,以便有效评估环礁岛的水资源,Bailey 等人用密克罗尼西亚 5 个环礁岛在平均降雨量和干旱条件下现场测得的淡水透镜体数据,对代数模型进行了测试。5 个环礁岛的相关资料及其淡水透镜体的观测值见表 8.2。

表 8.2 密克罗尼西亚 5 个环礁岛屿观测值

岛	环 礁	岛宽/m	环礁上位置	年均降雨量 $R/(\text{m} \cdot \text{a}^{-1})$	Z_{TD}/m	Z_{max}/m
Falalop	Ulithi	700	迎风	2.8	15	5
Deke	Pingelap	350	迎风	4.0	16	4
Pingelap	Pingelap	700	背风	4.0	16	16
Kalap	Mwoakilloa	450	迎风	4.0	16	4.6
Ngatik	Sapwuahfik	1 000	背风	4.0	20	20

在平均降雨量条件下,用上表列出的岛屿降雨量,由代数模型计算对应岛屿的 $Z_{\max}$,并与观测数据进行比较。计算时,背风岛的平均水力传导系数 K 取为 50 m/d,迎风岛的平均 K 值取为 400 m/d。5 个岛屿 Pingelap、Ngatik、Falalop、Deke 和 Kalap 的 C 值依其宽度分别取 1.03、1.00、1.03、1.09 和 1.07。因为难以获得所有环礁岛屿准确的 R、Z_{TD}、K 值,所以,Bailey 采用计算机随机模拟计算的方法(Monte Carlo scheme),将代数模型用于每个岛上,使 R、Z_{TD}、K 值具有绕平均值的高斯扰动,扰动用一个变差系数 Cv 的值来表示。R、K 和 Z_{TD} 的 Cv 值分别取 0.05、0.10 和 0.075。5 个岛屿 $Z_{\max}$ 的代数模型计算值与观测值如图 8.9 所示。

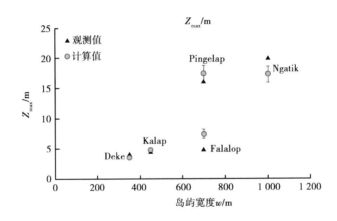

图 8.9　5 个岛屿 $Z_{\max}$ 的代数模型计算值与观测值

由图可见,无论对背风岛还是迎风岛,计算值与观测值的一致性都很好。由于模型参数具有的不确定性,所以每个岛屿 $Z_{\max}$ 的计算值还按随机模拟计算结果标出了误差范围。

在干旱条件下,Bailey 将代数模型计算结果与 Laura 岛 1988 年干旱期间岛上 4 个监测井中观测到的 $Z_{\max}$ 进行了比较。Laura 岛是马绍尔共和国 Majuro 环礁西侧最大的一个珊瑚岛,如图 8.10 所示。根据记录的资料,常年条件下 Laura 岛上淡水透镜体底部伸至地表下 14 m。透镜体受不整合面的影响,不整合面为 16.5~24.0 m,从海洋一侧向潟湖一侧倾斜。透镜体的最大厚度位于潟湖一侧,此处 Z_{TD} 值最大。在 1998 年干旱时期,Presley 用监测井观测了淡水透镜体的厚度,监测井沿岛屿横截面宽度方向分布,透镜体的边界定义为 Cl⁻浓度 500 mg/L。4 个横截面 A-A'、B-B'、D-D' 和 E-E'的位置,以及每个截面上淡水透镜体最大厚度处的监测井 1、2、7a 和 9 的位置 标于图 8.10 中。每个横截面的宽度和每个监测井在不同监测时间测得的 Z_{max} 见表 8.3。

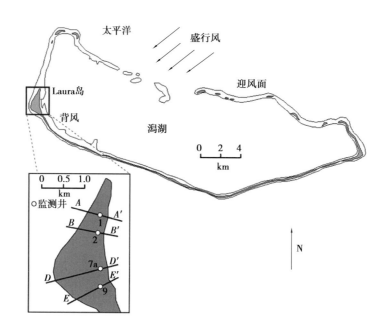

图 8.10　Majuro 环礁及位于礁盘西侧放大的 Laura 岛图

表 8.3　Laura 岛横截面宽度及淡水透镜体厚度 Z_{max} 的观测值

截面			A-A'	B-B'	D-D'	E-E'
宽度/m			450	750	1 200	750
井位			1	2	7a	9
淡水透镜体厚度 Z_{max}/m	时间	1998.1.1	15.2	—	—	—
		1998.6.8	7.9	11.3	14.6	11.3
		1998.8.28	8.2	11.9	15.8	13.7
		1999.1.14	9.8	12.5	17.1	13.7

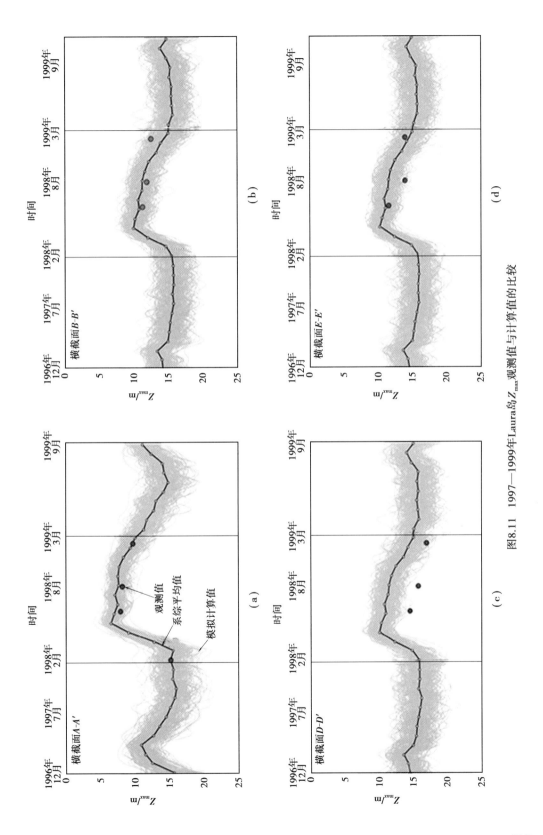

图8.11　1997—1999年Laura岛 Z_{max} 观测值与计算值的比较

Laura 岛的年均降雨量为 3.38 m,处于 Majuro 环礁的背风向,水力传导系数 K 值取为 50 m/d。如同平均气候条件的计算一样,Z_{TD} 取平均值为 17.5 m。根据各截面的宽度,礁盘参数 C 值分别取 1.07、1.02、1.00 和 1.02。截面 D-D' 宽度 1 200 m,C 值取 1.00 表明礁盘对该截面没有影响。用这些参数进行模拟计算时,Bailey 仍采用计算机随机模拟计算的方法,计算时 R、K 和 Z_{TD} 变差系数的取值与平均气候条件下的取值相同,干旱因子变差系数 Cv 取值 0.075。

代数模型计算的 Z_{max} 的系综平均值与观测值的比较,如图 8.11 所示。观测值取自上述 4 个截面上的观测井,系综平均值由 200 个模拟计算值给出。比较结果表明,模型可以模拟透镜体的变化过程。除 D-D' 截面外,模拟值的系综平均值与观测值之间都吻合很好。在 D-D' 截面上,由于 Z_{TD} 取为 17.5 m,但观测值是 22.0 m,因而低估了 Z_{max} 值。如果 Z_{TD} 取为 22.0 m,那么系综平均值也将非常接近观测值。

需要指出的是,Bailey 等人在进行数值模拟计算时,用二维网格来表示岛屿铅直剖面,以此为观测基础构建的代数模型一般适用于狭长岛屿。这点由 A-A' 和 B-B' 两剖面模拟计算值与值接近程度好于 D-D' 和 E-E' 就可证实,因为后两剖面处的岛屿外形更接近圆形。在使用代数模型时应该注意这一限制条件,不过,只要一个岛屿的大部分是狭长的或半狭长的,就不会有明显的限制。

8.3.3 模型应用

(1)应用方法

代数模型有不同的应用方法,第一种就是用方程和相关图表确定每一种参数的值,然后计算透镜体的最大厚度。第二种更直接的方法是得出一套如图 8.12 所示的曲线,用以求不同岛屿和年降雨时岛屿中轴线上的淡水透镜体厚度。曲线由代数模型计算结果绘制,计算时不整合面深度取为 17.5 m,水力传导系数因子的值取与背风岛和迎风岛(水力传导系数分别为 50 m/d 和 400 m/d)相对应的值。类似的图表也能在任意的年降雨量、水力传导系数和不整合面深度条件下通过计算绘制。在许多情况下,特别是那些珊瑚岛含水层的水力传导系数和不整合面深度都未知时,可以使用如图 8.12 这样的曲线,由岛宽和年降雨量求得最大透镜体厚度,岛宽和年降雨率资料是很容易获得或测量的。这类曲线对环礁岛屿水资源管理是十分有用的。

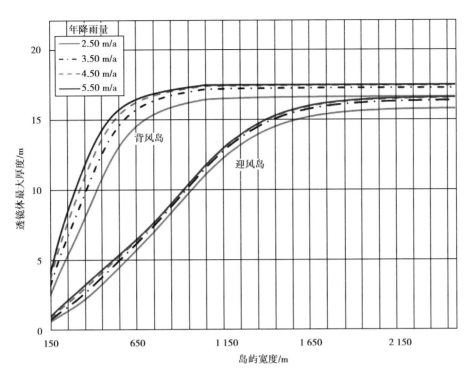

图 8.12 最大透镜体厚度 Z_{max} 曲线

（2）密克罗尼西亚珊瑚岛礁淡水透镜体厚度估算

密克罗尼西亚是西太平洋上的一个岛国,由分布在超过 2×10^6 km^2 洋面上的 32 个环礁构成,行政上分为 4 个州,每个州政治中心位于一个较高的火山岛上,并以此岛名为州名,分别是 Yap、Chuuk、Pohnpei 和 Kosrae。除 Kosrae 州外,每个州包括环礁和当地称为"外岛"或"低岛"的低矮珊瑚岛。

32 个环礁中大多有永久性居民,他们常年遭受水资源短缺的困扰。由于岛屿陆地面积小,地表渗透性高,没有地表水,居民用水箱收集雨水,但干旱期间被耗尽后,岛上居民就只能依靠地下淡水满足日常需要。然而,贮存于淡水透镜体中的淡水遭受干旱时期损耗的威胁,因此,淡水透镜体本质上是不稳定的水资源。为保证每个环礁岛有可持续供应的淡水,需要估算淡水透镜体的贮量,制订正确的使用计划。20 世纪 80 年代,密克罗尼西亚曾进行过现场勘测,描绘了在平均气候条件下几个礁岛上淡水透镜体的轮廓,估算了可用的地下淡水,但仍然缺少不同季节和干旱条件下可用地下水量的水文资料,而大多数礁岛上也一样缺乏这些资料。

在缺乏详细的现场水文地质资料的情况下,Bailey 等人应用代数模型,按照随机模拟计算法,计算了密克罗尼西亚每个环礁岛屿在平均气候条件和干旱条件下最大淡水透镜体的厚度 Z_{max}。总共计算了 105 个岛屿的透镜体最大厚度 Z_{max}。计算中背风岛和迎风岛的 K 值分别取 50 m/d 和 400 m/d,在背风岛和迎风岛之间侧向岛屿的 K 值取为 200 m/d。所有岛屿 Z_{TD} 的平均值取为 17.5 m。平均气候条件下的模拟结果如图 8.13 所示,图中同时标绘了系综平均值的 $1-\sigma$ 标准误差线。

图 8.13 的(a)、(b)(c)三个分图中,数据点明显分为上下两部分。下面部分 Z_{max} 随岛屿宽度呈线性变化,透镜体较薄,大多小于 5 m,这表示迎风岛 Z_{max} 之值;上面部分数据点的 Z_{max} 值较大,为背风岛之值。另外,对于宽度大于 700 m 的岛屿,最大厚度 Z_{max} 不随宽度变化,由 Z_{TD} 控制,如图 8.13(c)所示。

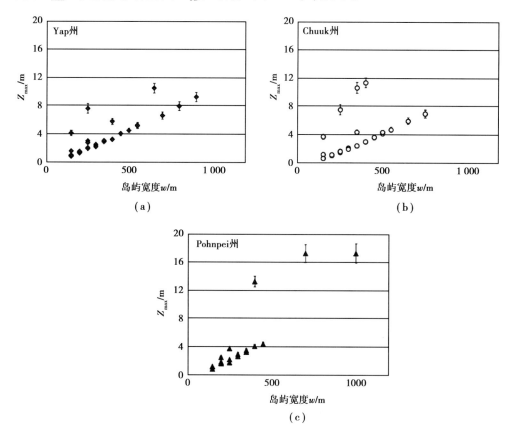

图 8.13　平均气候条件下淡水透镜体最大厚度 Z_{max} 的模拟值

根据计算机随机模拟计算得到的结果,分析 Z_{max} 与年降雨量 R,水力传递系数 K 和不整合面深度 Z_{TD} 的关系,还可以得到这样的结论:小岛的 Z_{max} 主要取决于 K,其次是 R。对于大的迎风岛,Z_{max} 几乎唯一取决于 K,而对大的背风岛,Z_{max} 几乎唯一取决于 Z_{TD}。这些结论有助于了解环礁上不同大小、不同位置的岛上淡水透镜体的特征,为环礁岛屿水资源的管理提供了一种重要的具有普遍意义的定性认识,并进一步提供研究淡水透镜体的重点,即为更准确、全面地评估环礁地下水资源,对于那些小岛(宽度在 300 m 左右或更小),准确测量 R 和 K 值对于准确预测 Z_{max} 最为有效;对于大的迎风岛,应优先关注 K 值的测量,而对于大的背风岛应优先考虑 Z_{TD} 的测量。

1997—1999 年 3 年干旱和干旱恢复期间的模拟结果绘于图 8.14 中。由图 8.14(a)可以看到,在模拟计算的 105 个岛屿中,严重干旱时期仅有 4 个岛屿淡水透镜体的厚度可维持在大于 5 m 的水平,其他大多数岛屿(97 个)的透镜体将耗尽。这是由于大多数岛屿处于环礁的迎风位置,K 值高,淡水很快流到岛屿的边缘,在干旱期间回补量小时,透镜体被迅速耗尽;再就是大多数的岛屿位于密克罗尼西亚的西半部,透镜体接受的降雨量少于东半部。图 8.14(b)则表明:在严重干旱 1 年后岛屿透镜体 Z_{max} 的恢复状况,可以看出,经过一年恢复,许多岛屿(38 个)透镜体的厚度大于 2 m。

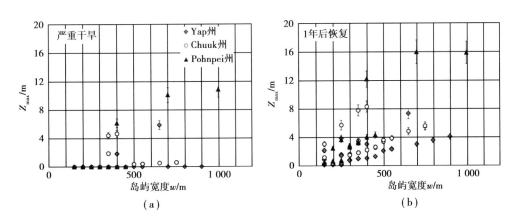

图 8.14　严重干旱及 1 年恢复后淡水透镜体最大厚度 Z_{max} 的模拟值

上述代数模型的应用突显了使用简单模型的效果,这种简单模型能抓住复杂的数值模型的基本要点,还有下述优点:第一,使用代数模型,使问题的分析变得更加容易,并且能得到和数值模拟类似的结果,而又省去了大量的计算时间和计算资源;

第二,如果不使用简单的代数模型,要想了解随机模拟计算和引入参数不确定性的影响,特别是系统变量波动对各种不同岛屿 Z_{max} 的影响,将是不现实的;第三,这一简便的工具不像数值方法那样要进行大量的培训,也不需要大容量的计算机,非常适合边远海岛地方水资源管理者使用。

8.4　近似计算模型的比较

对迎风岛,水力传导系数取 400 m/d,用代数模型和 Fetter 无限长岛屿及圆形岛屿淡水透镜体估算模型式(8.5)、式(8.11)计算透镜最大厚度 Z_{max} 的计算值与观测值的比较如图 8.15 所示。由图可以看到,代数模型、Fetter 模型的模拟结果与透镜体的观测值吻合较好。然而,应注意到,对于较大的岛屿宽度,当透镜体底部趋于不整合面时,代数模型计算的透镜体厚度增加值逐渐减小。还应该注意,在迎风岛上透镜体厚度的观测值随岛屿宽度变化呈现高度的不确定性。这是因为迎风岛水力传导系数具有高度不确定性。因此,要准确把握迎风岛淡水透镜体的真正性质,必须要有详细的岛屿水文地质参数。

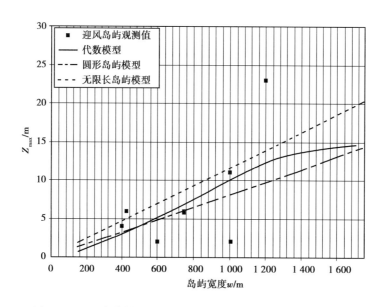

图 8.15　迎风岛代数模型和 Fetter 模型计算结果与观测值的比较

　　背风岛代数模型的计算结果与观测值的比较如图 8.16 所示。结果表明，代数模型能提供一种精确计算环礁背风岛透镜体最大厚度的方法。

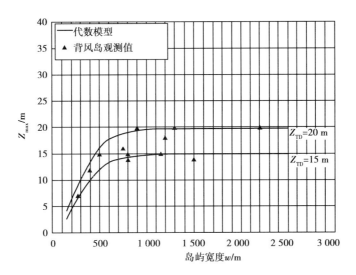

图 8.16　背风岛代数模型和观测值的比较

第9章

淡水透镜体的水质净化

珊瑚岛淡水透镜体,受特殊的地质构造、植被和人类活动的影响,其中的淡水不能直接饮用,必须进行适当的处理。

9.1 淡水透镜体的原水水质

掌握淡水透镜体的原水水质状况,是进行淡水透镜体水质处理的前提,而GJB 651—1989《军队战时饮用水卫生标准》是进行水处理的依据。

9.1.1 淡水透镜体的水质调查

以西沙某岛为例,对经常使用的取水井进行了现场取样分析,其中具有代表性的 5 口井水检测分析结果见表 9.1。

表 9.1 具有代表性的 5 口井水水质检测报告

项目 \ 水井编号	5 号	4 号	19 号	36 号	44 号
色度/度	49	33	47	17	72
浑浊度/NTU	4.2	5.9	4.0	3.3	5.0

水井编号\\ 项目	5 号	4 号	19 号	36 号	44 号
异臭味	有	有	有	无	汽油味
pH	7.72	7.7	7.61	7.70	7.48
总硬度(mg·L^{-1}以 CaCO$_3$计)	311	301	505	37.9	621
铁/(mg·L^{-1})	0.092	0.053	<0.05	<0.05	0.104
锰/(mg·L^{-1})	<0.05	<0.05	<0.05	<0.05	<0.05
砷/(mg·L^{-1})	<0.01	<0.01	<0.01	<0.015	0.014
铬(6 价)/(mg·L^{-1})	<0.004	<0.004	<0.004	<0.004	<0.004
锌/(mg·L^{-1})	<0.04	<0.04	<0.04	<0.04	<0.04
铜/(mg·L^{-1})	0.002 8	0.000 8	0.001 2	0.001 3	0.000 26
铅/(mg·L^{-1})	0.001 2	<0.001	<0.001	0.001 2	<0.001
镉/(mg·L^{-1})	<0.000 2	<0.000 2	<0.000 2	<0.000 2	<0.000 2
汞/(mg·L^{-1})	<0.000 2	<0.000 2	<0.000 2	<0.000 2	<0.000 2
硒/(mg·L^{-1})	<0.002 5	<0.002 5	<0.002 5	<0.002 5	<0.002 5
银/(mg·L^{-1})	<0.000 2	<0.000 2	<0.000 2	0.000 21	<0.000 2
硫酸盐/(mg·L^{-1})	36	76	120	100	116
氯化物/(mg·L^{-1})	27.0	72.1	261.8	132.5	779.6
氟化物/(mg·L^{-1})	0.24	0.88	0.56	0.60	0.53
阴离子合成洗涤剂/(mg·L^{-1})	<0.2	<0.2	<0.2	<0.2	<0.2
总磷(以 P 计)/(mg·L^{-1})	0.437	0.016	0.604	0.244	0.983
硝酸盐(以 N 计)/(mg·L^{-1})	0.4	0.3	0.3	0.4	0.2
重碳酸盐/(mg·L^{-1})	344.1	344.1	516.1	393.2	565.3
硼/(mg·L^{-1})	0.112	0.175	0.15	0.15	0.125
溶解氧/(mg·L^{-1})	8.0	6.52	5.4	6.20	0.88
耗氧量/(mg·L^{-1})	0.58	4.32	1.12	0.68	0.60
溶解性固体/(mg·L^{-1})	296	430	1 010	579	1 540
二氧化硅/(mg·L^{-1})	18.0	22.0	16.8	22.0	16.0
总有机碳/(mg·L^{-1})	9.41	5.57	4.92	4.07	14.76

水质分析结果表明:

(1)色度超标

5口井水均有明显异色,主要是黄色,各井水颜色深浅不同。色度一般为20~50度,最高达72度。形成色度的原因是水中存在致色有机物(主要是腐殖质)和藻类。天然水体中的色度一方面给人以厌恶感,另一方面表明水体受到污染,存在对人体有害的物质。

(2)有异臭味

4口井水有异臭味,主要是挥发性有机物造成的。淡水透镜体水中有机物的分解、水中含有酚类物质或有藻类繁殖都会产生某些具有异臭味的挥发性有机物。异臭味对人体的呼吸系统、神经系统和精神状态都有一定的影响。

(3)浑浊度超标

井水浑浊度超标。浑浊度超标表明水中存在悬浮物和胶体物质,如泥土、动植物碎片分解产生的有机颗粒和无机颗粒等。浑浊度主要影响人们饮水时的感官要求,同时也说明淡水透镜体的水受到污染。

(4)部分井水总硬度超标

硬度主要由钙、镁物质组成。由于形成珊瑚礁的主要成分是碳酸钙,在与水的接触过程中有大量的钙、镁等阳离子溶入其中,使淡水透镜体的水总硬度升高。在检测的井水中,有2口井水的总硬度超标,最高达621 mg/L。从掌握的资料来看,没有确凿的证据表明水的硬度对健康产生危害。相反,却有一些研究结果暗示,水的硬度对某些疾病有一定的预防作用。不过硬度太高会产生水垢。

(5)部分水样氯化物超标

从水质分析结果来看,有2口井水氯化物超标,最高达779.6 mg/L。氯化物来自盐类沉积物的溶解,或者由于淡水透镜体水的过量开采或曾经过量开采,海水上涌而致。氯离子是人体内最丰富的阴离子,正常人对氯离子可以全部吸收,并随尿液排出体外。但氯化物影响水的感官指标(如水味)。

(6)少部分井水溶解性固体超标

在检测的水样中,有2口井的溶解性固体超标,最高为1 540 mg/L。溶解性固体主要与地质构造有关,其主要成分是:硫酸盐、碳酸氢盐、氯化物,以及钙、镁等离子。

根据世界卫生组织提供的资料,尚无证据表明溶解性固体稍高于 1 000 mg/L 的水对饮用者产生有害的生理反应。而某些流行病学研究的结果却显示饮水中的溶解性固体可能对健康有益,但溶解性固体过高会影响水的味道。

除上述检测指标存在问题外,其他检测指标均在《军队战时饮用水卫生标准》(GJB 651—1989)的范围之内。

9.1.2　淡水透镜体水污染物质分析

(1)污染物的来源和种类

西沙岛屿远离大陆,地下淡水由降雨形成的,属于天然水体。通过对岛上植被及环境的考察分析,发现水体中的污染物质来源有两种:一种是驻岛军民生活污水渗入地下,造成淡水透镜体水的污染;另一种来源是雨水在渗入地下的过程中,溶解、携带地面和珊瑚沙中的无机与有机物质。岛上植被非常茂盛,一年四季枝叶葱翠,而且气候炎热潮湿,植物的枯枝落叶极易腐烂。这些腐烂生成的腐殖质类物质随着雨水渗入地下淡水水体,成为淡水透镜体水的主要污染源。

渗入地下的有机物一般可以分为两类:一类为非腐殖质,另一类为腐殖质。非腐殖质包括可以辨认化学特征的化合物,有碳水化合物、蛋白质、氨基酸、脂肪和色素等有机物质。一般来说,这类化合物易被微生物分解,其残留量很低。淡水透镜体水中存在的腐殖质是微生物在一定的环境条件下,将植物的枯枝落叶等有机物分解形成的一类新物质。腐殖质还可以被微生物再分解,但其速度十分缓慢。根据腐殖质在酸碱盐溶液中的溶解度,可划分为四类:富里酸类、腐殖酸类、胡敏酸类和腐黑土等。

由于地下水的来源与所处环境不同,各类物质的含量也不同。一般认为,在木本植物群落之下,主要微生物是真菌,在其作用下,形成的腐殖质是富里酸和腐殖酸;在草本植物群落之下,主要微生物是兼氧性细菌和好氧性细菌,其形成的腐殖质为胡敏酸。珊瑚岛上的椰树、麻枫桐、枇杷树和羊角树等均为木本植物,淡水透镜体水中的腐殖质类物质当以富里酸和腐殖酸为主。

淡水透镜体水中的污染物质除了受岛上植被的影响外,井周围的环境状况对水质影响也很大。实地考察发现,井周围环境清洁、没有其他杂物时,水质较好,反之,水质较差。由于珊瑚岛礁独特的地质构造,淡水透镜体一般埋深浅,珊瑚沙土又具有很强的渗透性,所以,地面的状况直接影响地下水水质。珊瑚岛礁一般不大,一处的污染很可能会造成大面积淡水透镜体水的污染。

（2）有机污染物的特征和性质

淡水透镜体水中的有机污染物腐殖质是由多种化合物混合组成的,这些化合物无单一固定的结构式,每一种成分都是由一系列不同结构的分子组成,很少有完全相同的结构式或反应基。其分子是稳定的多聚结构,具有很大的比表面积和较多的功能团,可以吸附和固着水中的有机物。腐殖质分子量范围为 $10^2 \sim 10^6$,大部分是胶体颗粒,部分呈溶解分散状态,部分呈悬浮物状态。腐殖酸的分子量为 5 000 ~ 100 000,功能团主要为羧基。富里酸的分子量较小,为 500 ~ 5 000,其功能团主要为羟基,具有较强的表面活性。富里酸的部分酚羟基和苯羧基由氢键结合在一起,形成相当稳定的多聚结构。结构体中遍布着不同直径的空间和洞穴,它能容许分子量低的有机化合物进入这些洞穴。

腐殖质污染水体的直接表现是使水体呈现明显的色度。在某些高色度的水源中,腐殖质的比例可高达 90% 以上。有机分子中产生颜色的部分称为"发色团"或"发色功能团"。

腐殖质性质有多种,其中与水处理有关的主要有:①腐殖质在水中电离形成带负电荷的阴离子聚合电解质;②腐殖质能与金属离子发生反应;③腐殖质能够吸附在黏土颗粒表面;④腐殖质与氯发生反应生成有机氯化物。

前三种与水处理混凝工艺过程中的凝聚与絮凝密切相关,后一种则影响消毒工艺的选择。由于腐殖质(富里酸或腐殖酸)溶解于水时形成带负电荷的阴离子聚合电解质,所以腐殖质的水解过程受水中 pH 值的影响。

腐殖质等胶体有机物所含功能团可与水分子形成氢键,吸附大量的水分子,形成高分子溶液(亲水胶体)。它与黏土胶体不同,黏土等胶体的稳定性来源于胶体表面的双电层结构,而对于高分子溶液,其稳定性则取决于它所吸附水分子构成的水膜。因此,高分子溶液的去除机理也不同于胶体的压缩双电层机理,而是一种盐析作用。

（3）有机污染物的危害

有机污染物都有一定的毒性,由于其种类繁多,其毒性影响远比无机物复杂。

一般说来,在烃系列中,碳原子数越多,毒性越大;不饱和程度越高,毒性越大。而且,有机化合物根据其组成元素的种类和结合状态(即不同的化学结构)表现出不同的毒性。植物的根、茎、叶和种子中,存在着含氮结构的复杂生物碱,它们的毒性多样。这些物质在水中的存在会给驻岛军民的健康带来极大的危害。即使饮用烧开的未经处理的淡水透镜体水,仍会发生腹泻。有研究表明,长期摄入腐殖质偏高的水是大骨节病发生的主要原因。另外,由于腐殖质的离子交换及络合,它们成为大多数有毒物质的载体。

腐殖质的存在还给水的净化带来许多困难。腐殖酸和富里酸是形成卤化物的主要前趋物质。腐殖酸的结构很容易与氯反应,其键位上的两个氢氧基为氯仿的活性点。腐殖质能够吸附在胶体和悬浮物(黏土、细菌、病毒、藻类等)的表面,增大了它的稳定性,使去除溶解性的富里酸、腐殖酸较之去除无机的胶体及悬浮物更为困难。未能有效去除的腐殖质,又可慢慢转化成可生物降解的物质,为细菌的滋生提供了条件;或者当富里酸分子的功能团与金属离子络合或因为氧化作用而导致结构破裂后,吸附和络合在其中的有机物将被释放,导致水质恶化。

(4)有机物的处理技术

目前,水中有机物去除技术沿着两个方向发展:一是强化传统工艺,通过将现代化的材料和技术引入传统工艺,使这些工艺更完善、更有效。如使用新型混凝剂、斜板斜管沉淀、纤维球过滤、多层过滤等。二是在常规水处理工艺基础上,发展预处理和深度处理,如预臭氧氧化、膜处理、光催化氧化和生物陶粒预处理等。这两个发展方向都取得了一定的成果,有的工艺已经应用于生产实践。然而,水处理工艺中最基础而又广泛应用的仍然是混凝、沉淀、过滤。活性炭吸附和膜分离也是主要的深度水处理工艺。

1)混凝分离技术

混凝分离技术是向水中投加一定量的混凝剂,使水中胶体、悬浮颗粒或其他污染物脱稳并凝聚成大颗粒,从水中分离出来,以达到水质净化的一种水处理方法。

国内外在采用混凝分离技术去除天然水体中引起色度的腐殖质方面做了大量工作,研究了影响混凝效果的因素以及各因素之间的关系。影响混凝过程的因素主要有原水水质(腐殖质的种类、分子量等)、混凝剂的种类、凝聚的物理化学条件(pH

值、混凝剂投加量、原水的硬度和碳酸氢盐碱度等），以及后续的分离过程。

原水水质是影响混凝过程的重要因素。一般说来，水体中腐殖质的去除效率随腐殖质分子量的大小而变化。相对于含浊水而言，含有腐殖酸的水处理要复杂得多，而且腐殖酸与所用混凝剂中铝的状态之间存在着密切关系。

不同混凝剂对同一种水质有不同的混凝效果，必须根据具体的水质采用不同性质的混凝剂、助凝剂。

此外，混凝时的水力条件、pH 值、混凝剂的投加方式和投加量等对混凝效果都有很大的影响。为提高混凝效果，可以改变加药和搅拌方式，改进混凝设备或构筑物，采用强化混凝技术的新技术、新工艺，例如：电凝聚和微絮凝技术。近年来，微涡旋混凝动力学理论渐渐引起了人们的关注。

2）吸附过滤技术

吸附是在两相介面上，一相中的物质向另一相转移或积聚，使两相中物质浓度发生变化的过程。吸附剂的吸附性能与其比表面积、表面能和表面化学性质有关。表面积提供了吸附剂与被吸附物之间的接触机会，表面能则从能量的角度提供了吸附过程发生的动力。吸附剂的表面化学性质在各种特性吸附中起着重要的作用。目前研究和使用较多的吸附剂是活性炭和沸石。

3）膜分离技术

膜分离技术是 20 世纪后半叶发展起来的新兴水处理技术。1993 年 10 月在匈牙利布达佩斯第十九届国际水协会议上较系统地公开发表了《膜技术在饮用水处理中的最佳应用》论文，宣告了这一当代重大的技术突破。21 世纪以来，人们在膜技术的开发和应用方面取得了很大进展。

9.2 电凝聚法处理淡水透镜体水

电凝聚法即电化学凝聚法，主要利用电解原理对水进行电化学处理，最早应用于废水处理领域。在 19 世纪 80 年代末，英国首先提出用铁电极处理污水，并在城市污水处理中作了尝试。随后美国用电化学方法处理含油污水并取得了相应的专利。

但该方法由于成本偏高,一直未能得到普遍应用。后来,由于电力工业和电化学科学的发展,电极材料的性能改进和制作成本下降,各种高效电化学反应器相继出现,使处理成本大大降低,从而使电凝聚法的应用得到大力推广。在处理高浓度表面活性剂废水、电镀含铬废水、印染废水、含油乳化废水等领域,前人已做过许多工作,并应用于实际生产中。目前,电凝聚法在造纸、食品、印染、皮革、乳化油等多种行业废水处理中有广泛应用。

电凝聚法在给水处理中的应用也较多。苏联、美国、英国、日本、波兰、荷兰等国家都进行过电凝聚法净化饮用水的研究,其中以苏联研究得最早。

9.2.1　电凝聚法去除有机污染物机理

电凝聚是电化学在水处理中的一种应用。具有一定活性的金属在直流电场的作用下,会在水中会发生一系列电化学反应,用以去除水中有机污染物。电凝聚去除有机污染物机理主要有:

(1)凝聚作用

珊瑚岛礁淡水透镜体水中的有机物主要是腐殖质。腐殖质大多以胶体状态存在,在水中电离形成带负电荷的阴离子聚合电解质。各胶体颗粒由于其表面存在 ζ 电位,难以凝聚。

在电解质溶液中放入两个电极,通入直流电流,在电场作用下,溶液中的正离子向阴极迁移,负离子向阳极迁移;同时,在电极与溶液界面上发生电化学反应,阳极上发生物质失去电子的氧化反应,阴极上发生物质得到电子的还原反应。电凝聚常采用铝板作为阳极,钢板或其他惰性材料作为阴极。其电极反应主要有:

水电解:
$$H_2O \rightleftharpoons OH^- + H^+ \tag{9.1}$$

阳极:
$$Al - 3e = Al^{3+} \tag{9.2}$$

$$2OH^- - 2e = H_2O + [O] \tag{9.3}$$

阴极:
$$2H^+ + 2e = H_2 \tag{9.4}$$

从反应式可知,阳极电解产生了 Al^{3+},在一定条件下,Al^{3+} 经过聚合或配合反应可形成多种形态的配合物或聚合物以及氢氧化铝 $Al(OH)_3$。各种物质组分的含量,取决于反应时的条件,包括水温、pH 值、电解铝量等。根据相关研究结果,聚合反应有以下几种：

$$Al^{3+}+H_2O \rightleftharpoons [Al(OH)]^{2+}+H^+ \qquad (9.5)$$

$$Al^{3+}+2H_2O \rightleftharpoons [Al(OH)_2]^++2H^+ \qquad (9.6)$$

$$Al^{3+}+3H_2O \rightleftharpoons Al(OH)_3+3H^+ \qquad (9.7)$$

$$Al^{3+}+4H_2O \rightleftharpoons [Al(OH)_4]^-+4H^+ \qquad (9.8)$$

$$2Al^{3+}+2H_2O \rightleftharpoons [Al_2(OH)_2]^{4+}+2H^+ \qquad (9.9)$$

$$3Al^{3+}+4H_2O \rightleftharpoons [Al_3(OH)_4]^{5+}+4H^+ \qquad (9.10)$$

$$Al(OH)_3(无定形) \rightleftharpoons Al^{3+}+3OH^- \qquad (9.11)$$

铝离子的水解产物除了以上几种外，还可能存在其他形态。随着研究的不断深入，检测手段的不断提高，有可能发现新的水解和聚合产物。

对于水中的负电荷胶粒而言，电凝聚产生的正电荷离子或聚合离子能与其相互吸引，中和胶体上所带电荷，降低胶体的ζ电位，使胶粒间失去静电斥力而脱稳，相互凝聚在一起，并在碰撞中凝聚成较大的絮体而下沉。而且电凝聚反应器所形成的电场，使水中的悬浮粒子、胶体的双电层发生改变，出现正、负电荷各在颗粒一侧的状态，使颗粒间由原来的相互排斥变为吸引与聚合。

同时，在电解过程中，Al^{3+}水解还能生成$Al(OH)_3$沉淀，这些沉淀物在沉淀过程中也能对水中的悬浮物和胶体起网捕与卷扫作用，并裹挟下沉。

（2）氧化反应

在电解过程中，一般水溶液在阳极发生OH^-放电而生成新生态的$[O]$，反应式为：

$$2OH^--2e=H_2O+[O] \qquad (9.12)$$

新生态的$[O]$有很强的氧化作用，能将水中大分子有机物氧化分解成小分子有机物，小分子有机物氧化分解成简单的无机分子（CO_2和H_2O），从而降低水中有机物的含量。

（3）还原作用

电解时在阴极有H^+放电而产生氢，在其作用下，某些有机物还可以发生还原反应，处于氧化态的某些色素可在电解中还原而生成无色物质，从而降低水的色度。

此外,电解过程中还可以产生温度效应、气体扰动效应,使水中一些挥发性的有机物挥发去除,发挥除臭味的作用。

9.2.2　影响电凝聚处理效果的主要因素

用电凝聚处理水时,水的物理化学指标、水在电极表面的流动速度、在电极间的反应时间以及电极的间距、电流密度、电压等因素对水质净化都有很大的影响。

(1)水的物理化学指标

水的物理化学指标对处理效果有明显影响,主要的影响因素有水的 pH 值、温度和水中悬浮物及有机物浓度等。

水的 pH 值直接影响铝离子的水解聚合反应,在不同的 pH 值条件下,电解产生的铝离子在水中形成不同的配合物,各种配合物对水中杂质的去除效果各不相同。当 pH<3 时,水中的铝以 $[Al(H_2O)_6]^{3+}$ 形态存在,即不发生水解反应;当 pH 为 4~5 时,水中将产生较多的多核羟基配合物,如 $[Al_2(OH)_2]^{4+}$、$[Al_3(OH)_4]^{5+}$ 等;当 pH 为 6.5~7.5 的中性范围内,水解产物以 $Al(OH)_3$ 沉淀物为主;仅在碱性条件下(pH>8.5)聚合产物以负离子形态 $[Al(OH)_4]^-$ 出现。研究表明,在 pH 为 6~7 时脱色效果最佳。

温度也是影响混凝效果的一个重要因素,对药剂混凝而言,水温对其有明显影响。在寒冷地区,当水温较低时,即使投加大量的混凝剂也难以获得良好的混凝效果。在采用电凝聚工艺时,电解过程是放热过程,能给铝离子水解提供一定的热量,而且电解产生离子态的铝 Al^{3+},不需要溶解过程,从而使电凝聚在很大的温度变化范围内对水中杂质有良好的去除性能,但在水温 20 ℃以上时去除效果更佳。

(2)电极表面的水流动速度

电极表面的水流速度对混凝效果影响较大,较大的水流速度有利于电解产生的铝离子更快地水解、聚合并快速均匀地分散于水体,水中的胶体等杂质更容易发生相互碰撞,凝聚去除。同时,较大的水流速度可以保证从电解槽中带走电解产生的 $Al(OH)_3$,防止在电极表面引起沉淀,一般电极板中水的流动速度不应小于 10 m/h。

(3)电流密度

随着电流密度的增大,电解产生的铝离子增加,在一定范围内能提高处理效果。

当电流密度过大时,去色效果虽好,但混凝效果变差。同时,增大电流密度会使能耗迅速增加,而能耗在电凝聚运行费用中占有较高比例,有时可达 50%以上。因此,在保证处理效果的前提下,应适当降低电流密度,以降低电凝聚水处理成本。

9.2.3 电凝聚法的主要优点

电凝聚法与药剂凝聚法相比具有以下主要优点:

①电凝聚法产生的氢氧化物比化学混凝法产生的氢氧化物有更大和更强的吸附能力。在同一条件下,电凝聚所需的铝剂量为药剂法的 1/10~1/3。

②在电凝聚过程中,阳极上发生氧化作用,使有机物氧化分解,氯化物氧化成氯气或次氯酸盐,有一定的杀菌作用。在阴极上发生还原反应,使氧化型的色素还原成无色物质,对有机物有很高的去除效率。

③电凝聚法不需要投加药剂,可省去混凝剂的运输、储存、溶解、配置、计量、投加等一系列程序和相应设备,整体设施简单,操作简便,易于实现自动化操作。

④电凝聚法受水温的影响较小,适应性广,克服了药剂法在处理低温水时需加大药量还不能取得良好处理效果的弊端。

⑤电凝聚法因所需铝剂量少,因而产生的沉渣较药剂法少,且出水的残余铝剂量也少,减小了 Al^{3+} 对人体的有害影响;同时,投加铝盐混凝剂($Al_2(SO_4)_3$、$AlCl_3$ 等)会使被处理水中增加额外的阴离子(SO_4^{2-}、Cl^- 等),也会将其中夹带的其他重金属等杂质带入水中,造成二次污染,而电凝聚法则可避免此类污染。

9.2.4 电凝聚法处理淡水透镜体水的试验研究

试验在西沙某岛进行,试验采用的处理工艺:淡水透镜体水—电凝聚—沉淀—过滤—消毒—饮用水。以下用电凝聚来代替加药混凝,研究其处理淡水透镜体水的实际效果。

(1)凝聚器的设计计算

1)电凝聚过程所需铝量的计算

电凝聚法通过电凝聚器电解产生铝离子,铝离子在水中水解、聚合成各种配合物,对原水中的悬浮物、胶体等杂质脱稳、凝聚。因此,电解产生的铝离子量对处理效果有着重要影响。对于某一特定原水,为达到处理要求,需要电解产生多少铝量,是电凝聚器设计的基础。

去除淡水透镜体水中的有机物,色度是主要的控制指标,设计计算以去除色度为基础。

电凝聚过程中处理单位体积水所需要的铝量 D_{Al}(mg/L)为:

$$D_{Al} = \alpha\sqrt{H} \tag{9.13}$$

式中　H——原水的色度,度;珊瑚岛淡水透镜体水取 $H = 70$ 度;

　　　　α——系数;对于铝电极,$\alpha = 0.15 \sim 0.3$,对于铁电极,$\alpha = 0.5 \sim 1.0$;此处,系数 α 取为 0.3,则 $D_{Al} = 0.3\sqrt{70}$ mg/L = 2.51 mg/L。

2)电凝聚器结构计算

电解过程中产生的铝离子的浓度 c:

$$c = K \cdot nI_F t \tag{9.14}$$

式中　K——计算参数,$K = \dfrac{MA_i}{LA_F v_e F}$;

　　　　M——铝的摩尔质量,g/mol;

　　　　A_i——电极板的有效面积,m²;

　　　　L——电极板的有效长度,m;

　　　　A_F——电极板截面积,m²;

　　　　v_e——离子价数;

　　　　F——法拉弟常数;

　　　　n——电极板数量;

　　　　I_F——电流密度,A/m²;

　　　　t——停留时间,s。

一般电凝聚器的结构设计时,n、I_F、t 均为定值,设计时使 $D_{Al} = c$,从而计算确定其他参数。试验装置的设计中,n、I_F、T 均是试验的相关因素,需要试验不同的水平。

试验中电极板采用锯齿式的曲折板,考虑到加工状况,阳极采用厚 2 mm 铝板,阴极采用厚 0.8 mm 不锈钢板。试验中弯折角度采用 90°、弯折边长 20 mm,总共弯折 14 次,加上固定电极板的连接螺栓所需长度为 20 mm,选取电极板有效长度为 580 mm。

电极板采用折板时,折板电极组的布置形式有两种:波峰对波谷安装,称为"同波折板";波峰相对安装,称为"异波折板"。采用异波折板电极时,由于水流通道的不断缩放,水流扰动更大,但由于试验装置考虑的电极板间距较小,异波折板电极的加工难以达到要求,因而采用同波折板电极组。具体形式如图 9.1 所示。

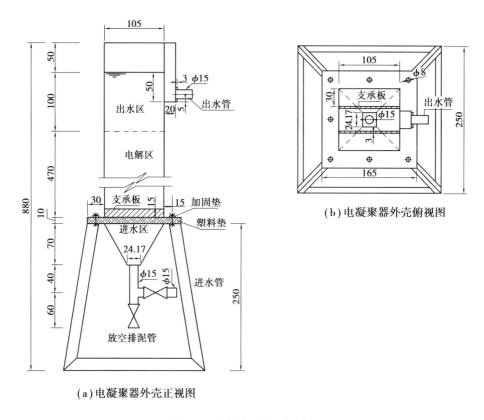

(a)电凝聚器外壳正视图

(b)电凝聚器外壳俯视图

图 9.1　电凝聚器结构简图

试验中电极板间距分别取为 5、10、15 mm,电极板间采用塑料垫圈隔开。由于电凝聚器的外壳尺寸一定,所以设计中当间距为 5 mm 时,采用 6 块铝板、7 块不锈钢板连接成电极组;当间距为 10 mm 时,采用 3 块铝板、4 块不锈钢板连接成电极组;当间距为 15 mm 时,采用 2 块铝板、3 块不锈钢板连接成电极组。这样三种情况下电极组的厚度为 86~99 mm。考虑适量的间隙,并考虑加工方便,取电凝聚器为正方形,截面尺寸为 105 mm×105 mm,电极板宽度 b 取为 100 mm。每块电极板的有效面积为 0.058 m^2。

为保证水在电凝聚器间均匀分布,在电极空间的进水和出水处分别设有一定的自由段 l_1 和 l_2,取 $l_1 = 70$ mm、$l_2 = 100$ mm。为了观察方便,电凝聚器外壳材料采用透明有机玻璃,但由于下部进水区为圆锥形,有机玻璃难以制作,在试验中主要观察电解区的情况,因而电凝聚器分上下两部分制作,下部改用不锈钢材料,两部分之间用螺栓连接。

3)电解产铝量的核算

在试验中为需调整电极板间距 d、电流密度 I_F、停留时间 t 的取值范围,寻求更好的处理工况。根据铝离子浓度的计算公式,当 d、I_F、t 三个因素取值不同时,电解过程中产生的铝离子的浓度也不同。同时,要使淡水透镜体水中的有机物能有效去除,出水色度达到生活饮用水水质标准要求,必须使电解过程中产生的铝离子满足处理水量的需要。

制作电凝聚器装置。每块电极板的有效面积 $A_i = 0.058$ m^2,截面面积 $A_F = 0.011\ 025$ m^2,$M = 27$ g/mol,$L = 0.580$ m,$v_e = 3$,$F = 96\ 485.338$ c/mol。

$$K = \frac{MA_i}{LA_F v_e F} = \frac{27 \times 0.058}{0.580 \times 0.011\ 025 \times 3 \times 96\ 485.338} = 0.000\ 85$$

因而,铝离子浓度 $C = K \cdot nI_F t = 0.00085 \cdot nI_F t$ g/m^3

试验中电极板间距分别为 5、10、15 mm,电解槽边长取 105 mm,电极板数量分别取 6 块、3 块、2 块;设计电流密度分别为 10、20、30 A/m^2;设计停留时间分别为 60、75、90 s。三个因素、每一因素的三个水平可任意选取一个,则 $nI_F t$ 的取值范围为:2×10×60 ~ 6×30×90,即 1 200 ~ 16 200,将 $nI_F t$ 的取值范围代入式(9.14)可得试验时电解过程中产生的铝离子的浓度 C 为 1.02 ~ 13.77 g/m^3,能够满足处理要求。

(2)电凝聚净化工艺试验

1)试验装置及参数

试验装置主要由一体化净水装置和电凝聚装置组成。一体化净水装置中,包括了絮凝器、沉淀器、过滤器和消毒工艺。为了适应岛上的具体情况,一体化净水装置将絮凝器、沉淀器、过滤器等巧妙地结合在一起,组成一个有机的整体,使结构紧凑,操作维护方便。

电凝聚装置设计成筒形,采用的电极板为曲折板,考虑到电极板装卸和清洗方便,设计板间距为 7 mm。装置结构简如图 9.2 所示,试验现场布置如图 9.3 所示。电极板阳极采用纯铝板,共 12 块,每块有效面积为 0.3 m^2,电极板总有效面积为 3.6 m^2。试验中通过调节电流强度 I 来改变电流密度 I_F。

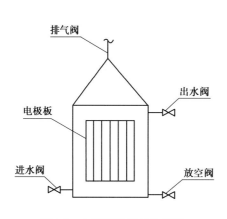

图 9.2　电凝聚装置结构简图

图 9.3　现场试验装置布置

2)试验过程及结果分析

①试验过程及控制参数

电凝聚采用了两种不同大小的电流,共进行了 3 个工况的试验,其试验参数见表 9.2。原水浊度为 4 NTU 左右,色度为 50 度左右。试验中分别检测了沉淀室出水浊度、过滤室出水浊度和色度,当沉淀室出水浊度超过 5 NTU 时便对一体化净水装置进行排泥,排泥时间为 5 min。当过滤室出水浊度超过设定的 3 NTU 时,认为运行周期结束,反冲洗滤池。

表 9.2　电凝聚试验方案参数

工　况	电流 /A	电流密度 /(A·m⁻²)	电凝聚电压 /V	处理水量 /(m³·h⁻¹)	停留时间 /s
1	60	16.67	6~7	0.72	126
2	60	16.67	6~7	1.02	89
3	40	11.11	4.5~5	1.02	89

②试验结果与分析

试验结果表明,电凝聚法可以有效处理淡水透镜体的水,出水浊度都在 3 NTU 以内,绝大多数在 1 NTU 以内,出水色度一般在 10 度以下。当减小电流时,运行周期有明显增加,但出水色度略有提高。

在电凝聚电流为 40 A、处理水量为 1.02 m³/h 时,取净化水样,经国家城市供水水质监测网重庆监测站检测,除硫酸盐外,其他检测指标均满足生活饮用水水质标准,其部分指标见表 9.3、表 9.4。从表中可以看出,色度、浊度、氯化物和溶解性总固体含量大大减小,去除效果明显。硫酸盐含量虽有减小,但仍不能达到国家生活饮用水水质标准。说明电凝聚工艺去除硫酸盐的效率有限,去除率为 56.9%。

表 9.3　电凝聚净化水主要水质指标报告表

项　目	色度 /度	浊度 /NTU	硫酸盐 /(mg·L⁻¹)	氯化物 /(mg·L⁻¹)	溶解性总固体 /(mg·L⁻¹)
原水	55	6.19	879	1 260	3 103
净化水	<5	0.264	179	133	593
国家标准	≤15(无异色)	≤1(特殊情况≤3)	≤250	≤250	≤1 000

表 9.4　电凝聚净化水水质检验报告表

感官性状指标		一般化学指标	
项　目	结果/(mg·L⁻¹)	项　目	结果/(mg·L⁻¹)
色度	<5	pH	7.85
浑浊度	0.264 NTU	总硬度(以 $CaCO_3$ 计)	216
臭和味	无	铁	<0.05
肉眼可见物	无	锰	<0.05
毒理学指标		铜	<0.001
项　目	检测结果/(mg·L⁻¹)	锌	<0.04
氟化物	0.30	挥发酚类(以苯酚计)	<0.002
氰化物	<0.002	阴离子合成洗涤剂	<0.025
砷	<0.01	硫酸盐	379
硒	<0.000 5	氯化物	133
汞	<0.000 05	溶解性总固体	593
镉	<0.000 2	氯仿	$4.20×10^{-3}$
铬(六价)	0.005 66	四氯化碳	$<0.03×10^{-3}$
铅	<0.005	苯并(a)芘	$<0.003×10^{-3}$
银	<0.001	滴滴涕	$<0.05×10^{-3}$
硝酸盐(以氮计)	4.76	六六六	$<0.06×10^{-3}$

通过电凝聚净水工艺试验可知,"电凝聚—沉淀—过滤—消毒"工艺处理淡水透镜体水是可行的,出水浊度和色度均能满足国家生活饮用水水质标准。色度为 55 度左右、浊度为 6.19 NTU 左右的淡水透镜体水经处理后,出水色度降为 10 度以下、浊度为 1 NTU 以下,无异味。电凝聚净水工艺操作简单,对色度和浊度的去除效果均较好。

9.3　膜法处理淡水透镜体水

9.3.1　概述

(1)常规处理工艺的局限性

国内外的试验研究和实际生产结果表明,受污染水源水经常规的混凝、沉淀及过滤工艺只能去除水中有机物20%~30%,且由于溶解性有机物存在,不利于破坏胶体的稳定性而使常规工艺对原水浊度去除效果也明显下降(仅为50%~60%)。用增加混凝剂投量的方式来改善处理效果,不仅使水处理成本上升,而且可能使水中金属离子浓度增加,也不利于居民的身体健康。

对常规工艺进出水进行气相色谱和质谱(GC/MS)联机分析结果表明:常规工艺对水中微量有机污染物没有明显的去除效果,水中有机物数量,尤其是毒性有机污染物的数量,在处理前后变化不大;有预氯化的常规工艺不仅出水中卤代物增多,而且优先控制污染物及毒性污染物数量也明显上升,出水的致突变活性较处理前增加了50%~60%。

随着人们生活水平的不断提高,对饮用水水质要求也越来越高。但我国的水源污染日趋严重,常规饮用水处理工艺已难以适应现有饮用水标准要求,需要开发新的水处理技术。膜技术作为饮用水处理的一个新工艺,是水处理技术的突破,应用越来越广泛。

(2)膜分离技术

膜技术被称为"21世纪的水处理技术"。随着膜工艺日渐成熟,膜价格逐年降低,膜工艺在饮用水处理中具有广阔的应用前景。据报道,世界膜产品市场年销售额已超过100亿美元,且以14%~30%的增长速度在发展,膜产业是21世纪新型十大高科技产业之一。

应用于水处理领域的膜工艺主要有以下几种:电渗析、反渗透、纳滤、超滤和微滤等。膜分离工艺的种类和性质见表9.5。

表 9.5　膜分离工艺的种类和性质

工　艺	膜种类	驱动力	分离对象
电渗析	离子交换膜	膜的离子选择透过性电位差	无机离子
扩散渗析	渗析膜	膜的选择透过性浓度差	无机酸、碱
微滤	微孔滤膜	膜的孔径和粒子径筛分压力差（0.01~0.2 MPa）	悬浮物质、胶体粒子
超滤	超滤膜	膜的孔径和溶质分子筛分压力差（0.1~0.5 MPa）	分子量大于 1 000 的大分子和胶体粒子、细菌
反渗透	反渗透膜	水的选择透过压力（2.0~7.0 MPa）	低分子量的溶质与无机离子

膜分离技术作为饮用水处理的一个独立工艺,不依赖原水水质,而是依据膜的截留尺寸,选择合适的截面尺寸便可提供稳定可靠的出水水质,这是由于膜分离水中杂质的主要原理是机械筛分,因而出水水质仅仅取决于膜孔径的大小,与原水水质以及运行条件关系不大。与常规水处理技术相比,膜分离技术具有少投甚至不投加化学药剂,占地面积小,操作简单,易于实现自动化,节能高效,经济性较好,以及可在常温下连续操作等特点。

（3）超滤膜分离技术

1）技术特点

超滤是介于微滤和纳滤之间的一种膜处理过程。同反渗透（RO）、纳滤（NF）、微滤（MF）一样,属于压力驱动型膜分离技术。膜孔径范围为 0.05 μm（接近微滤）至 1 nm（接近纳滤）。超滤的典型应用是从溶液中分离大分子物质和胶体,所能分离的溶质分子量为 $10^3 \sim 10^6$。所用膜常为不对称膜,膜表面有效截留层厚度为 0.1~10 μm,操作压力一般为 0.1~0.5 MPa,膜的透过速率为 0.5~5 $m^3/(d \cdot m^2)$。超滤不仅能截留绝大部分的悬浮物、胶体、藻类、细菌等,还能截留病毒以及部分高分子有机物。

在饮用水处理中,超滤方法由于操作压力低、透水通量大、能耗低,因而在国外作为常规处理的替代方法或深度处理方法用得越来越多。其中超滤在有效去除原水中对人体健康有害物质的同时,适量保留了其中对人体健康有益的矿物质。

2)超滤的基本工艺流程

超滤的基本操作有两种:一种是死端过滤(Dead-end filtration),另一种是错流(Cross flow)过滤,如图9.4所示。

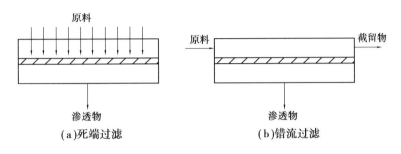

图 9.4 两种基本操作模式

死端过滤常用于大小分子的分离。此时,溶剂和小于膜孔的溶质在压力驱动下被强制通过膜,大于膜孔的颗粒被截留,堆积在膜上,从而实现大小分子的分离。这种方式具有设备简单、能耗低的优点,以及可克服高浓度料液渗透流率低的缺点,能更好地去除渗透组分。但浓差极化和膜污染严重,因此,死端过滤只能是间歇的,必须周期性地清除膜表面的污染层或更换膜。

错流过滤是指主体流动方向平行于过滤表面的压力驱动过滤过程。与死端过滤相比,它具有以下几个优点:

①便于连续化操作过程中控制循环比。

②由于流体流动平行于过滤表面,产生的表面剪切力可以带走膜表面的沉积物,防止滤饼的不断积累,从而有效地改善液体分离过程,使过滤操作可以在较长的时间内连续进行,且单位面积滤膜处理能力大。

③错流过滤所产生的流体剪切力能促进膜表面被截留物质向流体主体的反向运动,从而提高过滤速度。

9.3.2 超滤膜净水试验研究

(1)试验方法

试验原水采用池塘水添加天然黏土配制而成。为便于定量分析,原水浊度可控制在 1 000 NTU 以内。

(2)试验装置

试验装置如图9.5所示。

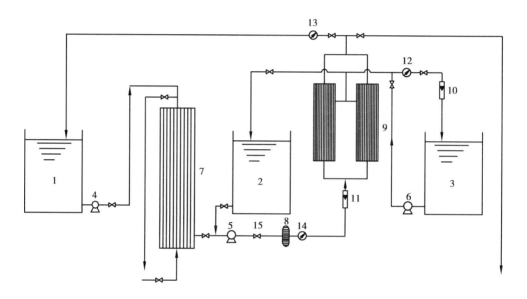

图9.5 试验装置简图

1—原水箱;2—化学清洗箱;3—渗透液水箱;4—纤维过滤器加压泵;5—超滤加压泵;

6—水力反洗泵;7—纤维过滤器;8—盘片式过滤器;9—超滤膜组件;10—出水流量计;

11—进水流量计;12—出水压力表;13—浓缩口压力表;14—进水口压力表;15—阀门

超滤膜组件采用截留分子量为 10^5 的国产中空纤维膜,深圳立升科技有限公司生产,超滤膜的基本技术参数见表9.6。

表9.6 超滤膜的基本技术参数

参数名称	参数值	参数名称	参数值
有效膜面积	2.8 m²	过滤方式	内压式
初始膜通量*	800 L/h;0.28 m³/(m²·h)	膜的材质	聚丙烯腈(PAN)

续表

参数名称	参数值	参数名称	参数值
截留分子量	10^5	操作压力条件	水压不大于 300 kPa
标准产水量	0.25 m³/h	pH 值	2~11
膜管内径/外径	0.8 mm/1.32 mm	水温	5~45 ℃

注:初始膜通量为 25 ℃、100 kPa 时,纯水的过滤通量。

(3)试验结果与分析

1)除浊

超滤出水的平均浊度仅为 0.06 NTU,接近国内外同类研究的超滤出水浊度水平,且优于微滤膜出水浊度水平。

超滤具有良好的除浊功能可用筛分机理进行解释。这种物理筛分作用只与膜的孔径大小、膜表面的化学特性有关,而与原水浊度、操作压力、膜面流速、运行时间等条件无关。

不同原水浊度水平下,出水流量都随浓度增加而降低。当原水浊度从 50 NTU 增加到 1 000 NTU 时,平均出水流量和产水量都下降了 26% 左右,如图 9.6 和图 9.7 所示。因此,采用错流过滤时原水浊度的变化对超滤出水流量有比较明显的影响,降低原水浊度有利于提高产水量。

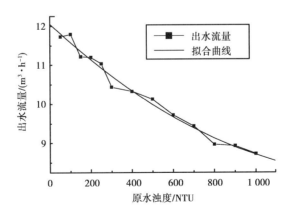

图 9.6 出水流量随原水浊度变化

不同原水浊度水平下的膜通量都随过滤时间不断降低,且随原水浊度的升高,

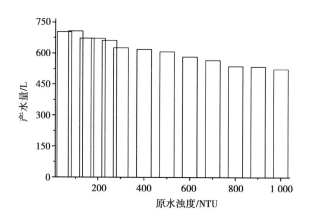

图9.7　产水量随原水浊度变化

膜通量降低的幅度更为明显。因为原水浊度升高,加重膜孔和膜表面上的污染程度,膜过滤的阻力增加,从而造成膜通量下降。对试验数据进行拟合分析,得到二次多项式拟合曲线方程:

$$y = 115.220\ 9 - 0.065\ 72x + 2.731\ 58 \times 10^{-5}x^2 \tag{9.15}$$

式中　y——平均膜通量,$L \cdot h^{-1} \cdot m^{-2}$;

　　　x——浓度,NTU。

确定系数 $R^2 = 0.951\ 36$,试验数据与拟合曲线的吻合程度较好。因此,可认为超滤的膜通量随原水浊度增加成二次曲线衰减,最后趋向于一定值,其结果如图9.8所示。

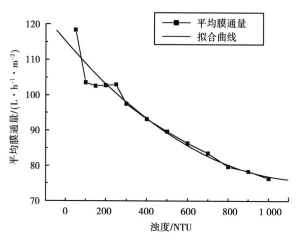

图9.8　平均膜通量随浊度的变化

综上所述,采用错流方式直接过滤浊度较高的原水时,膜通量近似指数关系衰减,最后趋向于一稳定值,膜通量与膜面流速之间为二次曲线关系。同时,膜阻力增大成指数关系增长,因而膜污染并不会无限制增加,浓差极化边界层和沉积层的厚度最后趋向于一稳定值,从而保证了膜的通量。

2)除菌

对以池塘水其细菌总数 770 cfu/mL 的原水进行超滤试验,每隔 1 小时取 1 个水样进行检测,其结果超滤渗透液的细菌总数达到饮用水标准的细菌学指标要求,见表 9.7。

表 9.7　中空纤维超滤对细菌总数的去除

细菌总数/(cfu·mL^{-1})	取样次数	渗透液/(cfu·mL^{-1})	去除率/%
770	1	0	100
	2	0	100
	3	0	100
	4	0	100
	5	0	100
	6	0	100
	7	0	100

3)去除有机物

总有机碳(TOC)是代表水中有机物含量的重要指标。以池塘水为试验原水,进行超滤试验,原水中的有机物主要是腐殖类(腐殖酸和富里酸)有机物。对原水和渗透液中的 TOC 进行检测,其结果如图 9.9 所示。

试验结果表明,超滤对水中有机物具有一定的去除作用。

对处理天然有机物含量较高的淡水透镜体的水时,应采用综合的水处理工艺,即采用:①强化常规"混凝—沉淀—超滤—消毒处理"工艺;或②"电凝聚—沉淀过滤—消毒处理"工艺。这样才能将淡水透镜体的水处理成合格的饮用水。

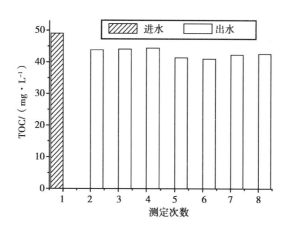

图 9.9　进出水 TOC 的变化

（4）冲洗方式的选择

由于原水中的物质绝大部分为悬浮物，又由于膜管中水流流速较低，悬浮物容易在膜管中沉积。因此，超滤膜的冲洗采用正冲洗与反冲洗相结合的方式，即"原水正冲洗 30 s+滤后水反冲洗 120 s+原水正冲洗 60 s"。

采用正冲与反冲相结合的冲洗方式，不仅对膜通量的恢复是有效的，并可节约滤后水，定时冲洗是稳定其产水量的必要手段。对浊度较高的原水进行超滤过滤时，增加冲洗强度和历时，提高冲洗次数，对系统保持高渗透通量运行也是非常重要的。

9.4　淡水透镜体水质净化设备设计与试验

9.4.1　一体化净水装置的设计

一体化净水装置的设计原则：①净水工艺流程简洁，有利于净水装置的整体布局；②装置整体性强，方便安装；③装置整体质量不能太大，便于运输；④装置总体尺寸小，以便置于室内和运输；⑤装置耐盐雾腐蚀，利于珊瑚岛上使用，因此宜采用不锈钢材料制作。

根据设计原则和水处理工艺流程的特点，设计一体化净水装置来处理淡水透镜体水。工艺流程为:混凝—沉淀—过滤—消毒。

(1)涡流式絮凝室的设计计算

涡流式絮凝室设计为一倒置的圆锥体与一段圆柱体组合成一体。水从锥底处流入形成涡流扩散后,逐渐上升,随着锥体截面积不断增大,絮凝流速也逐步由大变小,速度梯度 G 值也由大逐渐变小,以便于絮体的形成。

1)主要设计参数

①设计流量 $Q = 1.70$ m³/h;

②底部入口处流速采用 $v_2 = 0.7$ m/s,锥顶部流速采用 $v_1 = 3.5$ mm/s;

③底部锥角采用 $\theta = 30°$。

2)设计计算

①锥顶部面积

$$f_1 = \frac{Q}{3.6v_1} = \frac{1.70}{3.6 \times 3.5} \text{ m}^2 = 0.135 \text{ m}^2$$

②锥顶部直径

$$D_1 = \sqrt{\frac{4f_1}{\pi}} = \sqrt{\frac{4 \times 0.135}{\pi}} \text{ m} = 410 \text{ mm}$$

③圆锥底部面积

$$f_2 = \frac{Q}{3\,600v_2} = \frac{1.70}{3\,600 \times 0.70} \text{ m}^2 = 0.000\,67 \text{ m}^2$$

④圆锥底部直径

$$D_2 = \sqrt{\frac{4f_2}{\pi}} = \sqrt{\frac{4 \times 0.000\,67}{\pi}} \text{ m} \approx 0.03 \text{ m} = 30 \text{ mm}$$

⑤圆锥部分高度

$$H_1 = \frac{D_1 - D_2}{2}\cot\frac{\theta}{2} = \frac{410 - 30}{2}\cot\frac{30°}{2} \text{ mm} = 709 \text{ mm} \quad \text{取 } H_1 = 750 \text{ mm}$$

⑥锥顶部高度

取 $H_2 = 200$ mm。

⑦絮凝池体积

$$V = \frac{\pi}{4}D_1^2 H_2 + \frac{1}{3}H_1(f_1 + f_2 + \sqrt{f_1 f_2})$$

$$= \frac{\pi}{4} \times 0.41^2 \times 0.2 + \frac{1}{3} \times 0.75 \times (0.135 + 0.000\ 67 + \sqrt{0.135 \times 0.000\ 67})$$

$$= 0.026\ 4 + 0.25 \times 0.145\ 18$$

$$= 0.062\ 7\ \text{m}^3$$

⑧絮凝时间

$$T = \frac{60V}{Q} = \frac{60 \times 0.062\ 7}{1.70} = 2.213\ \text{min} = 133\ \text{s}$$

（2）沉淀部分设计计算

根据西沙岛上的实际情况和人员的管理水平,选用沉淀分离效率高、运行稳定、性能可靠的逆向流斜管沉淀单元。

1）主要设计参数

①设计流量仍为 $Q = 1.70\ \text{m}^3/\text{h}$；

②斜管倾角采用 $\theta = 45°$,长度采用 $L = 1\ 000\ \text{mm}$；

③管内流速取 $v = 2.5\ \text{mm/s}$；

④管材结构系数 β 取 3%。

2）设计计算

①有效沉淀面积

$$F = \frac{Q}{V} = \frac{1.70}{2.5 \times 3.6}\ \text{m}^2 = 0.188\ 89\ \text{m}^2$$

②实际需要沉淀单元面积

$$F' = (1 + \beta)F = 1.03F = 0.194\ 56\ \text{m}^2$$

③沉淀单元尺寸

考虑沉淀单元与絮凝单元尺寸相匹配,并留有余地,取其边长为 500 mm,正方形。

④沉淀单元集水系统

设两根 DN32 不锈钢管,每根开 20 个 $\Phi 8$ 集水孔,孔距 15 mm,孔眼流速 0.24 m/s。

⑤沉淀单元高度

a.集水管上水深取 30 mm；

b.集水区高度取 135 mm；

c.斜管区高度取 707 mm；

d.总高度为：（30+135+707）mm＝872 mm。

⑥沉淀时间

$$t = \frac{L}{V} = \frac{1\,000}{2.5}\ \text{s} = 400\ \text{s} \approx 6.7\ \text{min}$$

沉淀单元的泥渣进入涡流絮凝室，增加絮凝室中的颗粒碰撞机会，提高絮凝效果，老化和多余的泥渣在强制集水管的作用下进入浓缩室，通过定期开闭不锈钢球阀 DN25 由不锈钢管排出。

（3）过滤单元设计计算

为了使过滤单元运行管理简便，尽量减少操作阀门，同时考虑过滤介质化学性质稳定、不产生对人体有毒有害物质、机械强度高、经久耐用等，确定采用单阀压力滤池，其尺寸与前述处理单元形成一体。滤池中滤料采用陶粒—石英砂双层滤料，其中：陶粒粒径为 0.8~1.8 mm，厚 200 mm；石英砂粒径为 0.5~1.2 mm，厚 400 mm。垫料层采用卵石，粒径为 2~10 mm，厚 50 mm。

1）主要设计参数

①过滤流量：$Q = 1.7\ \text{m}^3/\text{h}$；

②设计滤速：$v = 7.7\ \text{m/h}$；

③平均冲洗强度：$q = 15\ \text{L}/(\text{s}\cdot\text{m}^2)$；

④冲洗历时采用 4 min。

2）设计计算

①过滤面积

滤池设两格，每格面积 F：

$$F = \frac{Q}{V} = \frac{1.7}{2 \times 7.7}\ \text{m}^2 = 0.11\ \text{m}^2$$

②每格尺寸设计为 390 mm×280 mm。

③滤池高度

a.集水区高度：50 mm；

b.配水滤板厚度：3 mm；

c.垫料层高度：50 mm；

d.滤料层高度:600 mm;

e.净室高度:250 mm;

f.锥顶盖高度:50 mm;

g.冲洗水箱高度:740 mm;

h.水箱保护高度:27 mm;

故滤池总高度为 1 770 mm。

(4)滤池冲洗

在滤池进水管上设压力表,以反映滤层的污染情况,即水流阻力变化情况。当水流阻力达到设定值时,便对滤池进行反冲洗,反冲洗由特制的四通阀控制,分格依次冲洗,即将一格滤池的四通阀逆时针旋转90°,便进行冲洗,达到设定的冲洗历时时自动停止。此时将四通阀顺时针旋转90°,该格过滤单元即恢复过滤。待冲洗水箱充满,净化装置出水时,再按相同方法冲洗另一格过滤单元。

考虑到海岛远离大陆,技术依托条件差,一体化净水装置将混凝室、斜管沉淀室、过滤室等结合在一起,组成一个有机的整体,结构紧凑,操作维护方便。装置结构简图如图9.10所示。

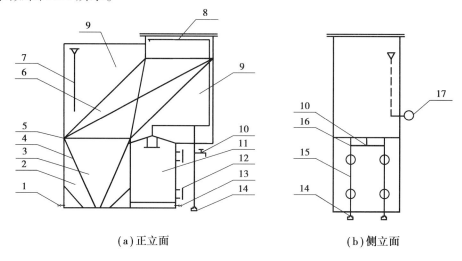

(a)正立面　　　　　(b)侧立面

图9.10　一体化净水装置结构简图

1—进水阀门;2—污泥浓缩室;3—混凝室;4—污泥浓缩室挡板;5—回流集水管;6—斜管沉淀室;

7—水箱出水管;8—沉淀室集水管;9—水箱;10—化验龙头;11—过滤室;12—检查孔;

13—排污放空阀;14—反冲强度调节器;15—反冲洗管;16—三通阀;17—紫外线消毒器

（5）**加药设备**

加药混凝方案中的加药装置采用外购设备,该设备计量精确、操作方便。装置结构简图如图9.11所示。

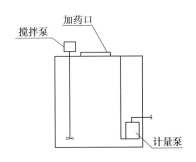

图 9.11　自动加药装置

电凝聚工艺方案中的电凝聚装置自行设计,设计处理水量为 1.7 m^3/h。装置结构简图见图9.2。

9.4.2　一体化净水装置的现场试验

（1）**方案设计**

1）水源及水质

现场试验水源为西沙某岛办公楼后的大口井,经国家城市供水水质监测网重庆监测站检测,原水浊度为 0.619 NTU,色度为 55 度。无异味,但含有黑色颗粒。硫酸盐、氯化物和溶解性总固体含量超标,其他一般化学指标和毒理学指标满足国家生活饮用水水质标准的要求,细菌学指标和放射性指标未检测。

2）试验方案

根据水源及水质的特点,确定了两种净水方案:一种为加药凝聚处理方案,另一种为电凝聚处理方案。

3）仪器设备

试验的仪器设备有:一体化净水装置、加药装置、电凝聚器、电器柜、浊度仪、比色管、电导仪等。

（2）加药方案

1）试验参数

加药方案采用了两种不同的混凝剂,分别是聚合氯化铝铁(PAFC)和聚合氯化铝(PAC)。共进行了3个周期的试验,试验参数见表9.8。

表9.8 加药方案试验参数

序　号	药剂名称	药剂浓度 /%	药剂加入量 /(mL·s^{-1})	处理水量 /(m^3·h^{-1})
1	PAFC	10	0.7	1.02
2	PAC	10	0.7	1.02
3	PAC	10	0.9	1.02

2）试验结果与分析

试验结果见表9.9。

表9.9 加药方案水处理结果

序　号	运行历时/h	过滤出水浊度小于3度的时间/h	出水色度/度	备　注
1	23	17.5	8	排泥2次
2	23.5	16	13	未排泥
3	6	14.5	10	未排泥

试验结果表明,两种混凝剂均能有效处理淡水透镜体的水,对浊度的去除效果相差不大。增大药剂投加量时,色度去除效果则明显提高,而装置的运行周期变短。定期排泥能使过滤出水的浊度明显下降,延长运行周期。

在药剂为PAC,投加量0.9 mL/s时,取净化水样,经国家城市供水水质监测网重庆监测站检测,所有检测指标均满足生活饮用水水质标准(注:细菌学指标和放射性指标未检测),其主要指标见表9.10。从表中可以看出,色度、硫酸盐、氯化物和溶解性总固体含量大大减小,去除效果明显。

表 9.10　加药净化水水质检验结果

项目 结果	色度/度	总硬度(以 CaCO₃ 计) /(mg · L⁻¹)	硫酸盐 /(mg · L⁻¹)	氯化物 /(mg · L⁻¹)	溶解性总固体 /(mg · L⁻¹)
原水	55	440	879	1 260	3 103
净化水	<5	296	100	184	690

(3)电凝聚方案

1)试验参数

电凝聚方案采用了两种电流,进行了 3 个运行周期的试验,其试验参数见表 9.11。

表 9.11　电凝聚方案试验参数

序　号	电凝聚电流/A	电凝聚电压/V	处理水量/(m³ · h⁻¹)
1	60	6~7	1.72
2	60	6~7	1.62
3	40	4.5~5	1.62

2)试验结果与分析

试验结果见表 9.12。

表 9.12　电凝聚方案水处理结果

序　号	运行历时/h	过滤出水浊度小于 3 度的时间/h	过滤出水色度小于 15 度的时间/h
1	10.5	9.5	8.5
2	9	7.5	7.5
3	22	19	17

试验结果表明,电凝聚法能有效处理淡水透镜体的水,对色度的去除效果比药剂法好,出水色度一般在 10 度以下。当减小电流时,运行历时明显增加,但出水色

度略有增加。电凝聚器极板在使用较长时间后有结垢现象,清洗不太方便。

在电凝聚电流 40 A、处理水量为 1.62 m³/h 时,取净化水样,经国家城市供水水质监测网重庆监测站检测,除硫酸盐外,其他检测指标均满足国家生活饮用水水质标准(注:细菌学指标和放射性指标未检测),其主要指标见表 9.13。从表中可以看出,所检测项目水处理效果明显,均达到国家生活饮用水卫生标准的要求,也满足《军队战时饮用水卫生标准》。

表 9.13　电凝聚净化水水质检验报告表

项　　目	浑浊度 /NTU	色度 /度	总硬度(以 $CaCO_3$ 计) /(mg · L^{-1})	硫酸盐 /(mg · L^{-1})	氯化物 /(mg · L^{-1})	溶解性总固体 /(mg · L^{-1})
原水	0.619	55	440	879	1 260	3 103
净化水	0.264	<5	216	179	133	593

第 **10** 章

淡水透镜体的管理与保护

　　淡水透镜体是珊瑚岛上除雨水外唯一的天然淡水资源,它的水质和水量直接关系到岛上居民生活、社会经济和旅游业的发展,以及国防建设与海洋安全。淡水透镜体的水质取决于海水的入侵、海水与淡水的混合,当然也取决于人类的活动。对于一个岛屿而言,可获得的淡水透镜体水量取决于消费使用与气候、水文地质、地形地貌等因素之间的平衡,特别受限于岛屿的面积。珊瑚岛的陆地面积常常仅几平方千米,不少岛屿面积小于 1 km²,它们的特征宽度一般不足 1 km。我国西沙群岛由 32 个岛屿组成,除高尖石为火山岛外,均为珊瑚岛,最大岛屿永兴岛的天然陆地面积约 1.84 km²,宽 1.4 km。由于珊瑚沙岛面积狭小,加之表层土壤渗透性好,缺乏地表水,地下水仅以"透镜体"的形式存在。透镜体承托在高渗透性含水层中的海水之上,四周与海水衔接,顶部覆盖一薄层珊瑚沙土,淡水透镜体所处的这一特殊的水文地质环境,加上频繁受到的自然灾害和人类活动的威胁,使得珊瑚岛淡水透镜体是世界上最容易受到损害的含水层系统。为使淡水透镜体成为珊瑚岛上可持续供给的淡水资源,需要对其严格监管、保护和合理使用。本章介绍淡水透镜体管理与保护的概念和内容,珊瑚岛上水的利用,淡水透镜体的影响因素与承受的威胁,透镜体的监测与评估,以及淡水透镜体管理与保护措施。

10.1 淡水透镜体管理与保护的概念内容与原则

淡水透镜体管理与保护的内涵非常宽泛,而且珊瑚岛与岛之间的外形大小、人居环境、植被覆盖和行政管理又可能差别很大,所以难以全面讨论所包含的各种问题。由于供水在珊瑚岛水资源管理、保护中所处的中心地位,并且考虑到珊瑚岛上水资源非常有限而对水的需求又很高,因此,关注点集中在与供水相关的内容上。

10.1.1 淡水透镜体管理与保护的概念

淡水透镜体管理与保护是为了满足珊瑚岛地下淡水资源可持续利用的需要,采用法律、法规、经济、行政和科学的手段,合理开发淡水透镜体,对影响淡水透镜体的经济属性和生态功能的各种人类行为进行干预的活动,以维持淡水透镜体的正常使用功能与生态功能。

淡水透镜体管理与保护实际是对地下水资源的管理与保护,包括水质与水量两个方面。水量方面主要是针对淡水透镜体的回补与流失统筹规划用水,雨水、咸水多水源联合使用、节约用水,建立节水型的海岛用水模式;水质方面要求制订水质监管计划,提出透镜体污染防治措施,确保用水安全。

根据太平洋一些岛国的经验,淡水透镜体水资源的管理可分为不同层次:岛的管理、村的管理和家庭管理或用户管理。岛的管理属最高层级的管理,通常由岛的最高行政一级授权的部门执行。因为它关系到全岛居民的生活、全岛的经济发展和国防建设的方方面面,也涉及多个部门的联系,所以,必须在最高层级进行。岛的最高行政一级授权的部门常常是岛与大陆政府有关部门相联系的下属机构;村级管理由一组经选举的或指定的人员组成的机构,通常是得到政府支持的村委会执行;家庭或用户管理主要是私人水井的使用维护,或者从水源到用水点的输水管道以及可能的贮水箱的维护管理。在我国珊瑚岛都不大,岛上没有行政村的划分,因此,透镜体水资源的管理也仅是岛一级和用户一级的管理。

10.1.2　淡水透镜体管理与保护的主要内容

淡水透镜体的管理与保护,作为确保淡水透镜体可持续和安全利用而开展的一项有组织的广泛社会活动,其根本目标是使珊瑚岛地下淡水资源的开发利用获得最大的经济、社会和环境效益,满足岛上居民生活、经济发展和国防建设对水质水量的需求;同时,在维护地下淡水资源的水文、生物和化学等方面的自然功能,以及维护或改善岛屿生态环境的前提下,实现水资源的合理开发与保护同步发展。

淡水透镜体管理与保护的主要内容如下:

①岛上透镜体淡水资源管理体制的建立、改革和能力建设,切实落实水资源的分级管理,有效合理地分配与使用。

②制订淡水透镜体开发利用规划,对透镜体淡水资源的使用、保护和供水系统的运行全面立法,建立合适的规章制度,确保规划确立的水资源开发利用与相应的管理有序进行。

③水污染控制与污水资源化。

④淡水透镜体水质水量的保护。

⑤气候变化对透镜体淡水的影响与应对战略,水资源和供水系统的救灾计划与管理。

⑥透镜体淡水资源评估与监测,供水系统的公共卫生监督与采取应对措施。

⑦宣传教育与公众参与:宣传水资源和供水方面的有关议题,如科学用水、水资源保护与贮存;在规划和水资源活动调控方面的公众参与。

⑧培训水资源和供水部门的工作人员,为他们提供更好的从业技能与资格。

⑨收集和保存气候、水文地质、供水等方面的水资源评估与监测资料。

要强调指出,透镜体淡水资源管理策略需要针对每个珊瑚岛屿或每个群岛来制订,以考虑当地的各种因素,如自然条件、行政机构设置和社会经济状况。

10.1.3　淡水透镜体管理与保护的原则

透镜体淡水资源的管理与保护应遵循以下原则:

(1)开发利用与保护并重的原则

淡水是珊瑚岛驻岛军民赖以生存、经济发展和国防建设必不可少的物质基础。

除收集雨水外,岛上居民主要通过水井和其他取水构筑物开发透镜体获取淡水。淡水一经消费转变为污废水,如果对污废水的处理处置不当,就会对淡水透镜体的水质带来严重污染,岛上居民的其他活动也都可能对透镜体的水质水量带来负面影响。为了保证淡水的持续供给和符合卫生标准,必须在开发淡水透镜体的同时对其进行保护,即开发与保护并举。实践证明,只注重开发利用而忽视保护,最终会付出沉重代价。一个典型例子就是印度洋岛国马尔代夫的马累,当地地下淡水一度开发过度,保护不力,开采超过了淡水透镜体的可持续开采量,导致透镜体贮量耗竭,水质也受到严重污染,致使马累一些水井中,检测到氨的含量达 0.4~0.6 mg/L,大肠杆菌数超过 50/100 mL;同时,水质咸化,甚至不适合用于洗涤。因此,在开发利用淡水透镜体时,注意对其保护,就可以避免一些珊瑚岛国曾经或正面临的透镜体淡水资源遭受破坏的问题。

(2)维护水资源多功能性的原则

透镜体的淡水具有多种功能,除供给人们饮用外,还可用于沐浴、洗涤、浇灌等。珊瑚岛上淡水极其匮乏,从资源和经济角度来看,都应充分利用透镜体淡水的最大使用价值。开发一种功能应注意保护其他功能。这样就可以确定淡水资源开发利用的顺序、途径和优先保护对象。

(3)水资源保护的经济原则

透镜体水资源是一种公共资源,公众共同享用、共同保护。保护水资源所需的经费应遵循"谁开发,谁保护""谁利用,谁补偿"以及"污染付费"的原则。这一原则既是公平性的体现,指明了在水资源利用与保护中受益者与污染者不同主体承担的不同责任,又可以达到节水的目的。

(4)产水、用水、排水的全过程管理原则

一个完整的用水过程,包含产水(取水、净化、输水)、用水、排水三大过程。这三个过程彼此联系,相互影响。产水是为了用,用后必然要排,排出的污废水势必影响透镜体的水质水量,从而对产水、用水起着制约作用。为了最大限度获得可用水量和最佳水质,对"产、用、排"三个过程实施统一管理,并最好归口于一个部门负责。这是珊瑚岛上开发利用淡水透镜体最经济、最有效、最适宜的办法与措施。

(5)因地制宜的原则

珊瑚岛远离经济、科技水平发达的大陆,技术依托条件差,物质设备运输困难,高温、高湿、高盐的环境又使许多设备材料易于锈蚀报废。因此,对淡水透镜体的管理与保护都应坚持因地制宜的原则:选用的工艺要简单实用,简化操作与维修,使之适合当地的技术水平;尽可能使用当地原材料,以减少购买与运输费用;使用耐腐蚀的材料,以尽量延长使用寿命;使用标准的设备和方法,以减少配件的种类;尽可能使用新能源,包括人力、太阳能和风能。新能源的使用不仅可以降低运行费用、燃料购买运输费用,实现节能减排,而且在恶劣气象条件或战争期间运输中断而燃料供应不上的情况下,也能依靠岛上的新能源坚持供水。因此,因地制宜,具有经济效益、环境效益以及重大的军事战略意义。

10.2　珊瑚岛上水的利用

通常,水的利用是指水的用途及其来源,当然也涉及相应的水质与水量。由于珊瑚岛面积狭小,缺乏需要灌溉的土地,也没有大型的工业,因而用水主要是生活用水,包括家庭供水、旅游用水、办公商业和团体等其他用水。

10.2.1　水质需求

水质的需求取决于不同的供水目的。对于饮用水而言,水质应符合饮用水水质标准。世界卫生组织 WHO 先后发布了《饮用水水质准则》四个不同的版本,最近的两个版本分别于 2004(第三版)和 2011(第四版)年发布。世界各国参照《饮用水水质准则》,结合自己的国情制定各自的饮用水水质标准。我国现行的饮用水水质标准是 2007 年 7 月 1 日起执行的 GB 5749—2006《生活饮用水卫生标准》。原则上,我国珊瑚岛上的饮用水质应该遵行新的《生活饮用水卫生标准》。然而,由于岛上可利用的水资源有限,有的水质指标常常超过标准,所以,有必要根据当地条件重新评估和放宽某些指标。例如,WHO 发布的《饮用水水质准则》第二版(WHO 1984 年发布)、第三版和第四版三个版本中,规定氯离子浓度 250 mg/L,我国 GB 5749—2006《生活饮用水卫生标准》中,氯离子浓度限值也为 250 mg/L,但是在珊瑚岛上,地下水的含盐量常常超过氯离子浓度这一限值,甚至超过最大值 600 mg/L(WHO《饮用水水质准则》第一版,1971 年发布)的标准。尽管这样,国外许多珊瑚岛上居民仍旧饮用这样的地下水,未见有明显的有害影响。因此,建议在小岛上适当修改含盐量指标,采用氯离子浓度 600 mg/L 为淡水含盐量的限值。但是,建议不要修改微生物学、生物学和放射性指标。其他非饮用的生活用水(如冲厕、消防、冲洗和渔业制冰等),对水质无特定要求,则可采用地下咸水或海水。如用经处理的生活污水于浇灌(如家庭花园、公园和草地和庄稼),则水质应符合污水回用的有关标准。

珊瑚岛上淡水需求量没有一个统一的标准,因用途、当地条件的不同而有差异,如家庭用水、旅游用水和其他用水的水量就相差很大。

10.2.2　家庭用水量

家庭用水量取决于用水人口和每人每日用水量。每人每日用水量指每人每日用多少升(L)水,单位为 L/(c·d)。在不同的岛屿之间,每人每日用水量差别很大,少的有 20~40 L,多的达 1 000 L,通常 100~200 L,主要取决于供水系统的渗漏、消费者的节水意识和用水器具。有学者分析过马尔代夫首都马累人均每天用水量的情况,得到用水量(L/(c·d))如下:

饮用　　　　　　　4

烹调　　　　　　　3

洗浴　　　　　　　41

洗衣　　　　　　　4.5

餐具清洗及其他　　6.5

冲厕　　　　　　　29

按照上述用水分布,不考虑冲厕,每人每日用水量为 59 L,考虑冲厕则为 88 L。冲厕用水占每日用水相当大一部分。而在基里巴斯(Kiribati)的 Tarawa 岛上的调查表明,居民家中安装厕所冲水设备后,冲厕水量占全部用水量的 20% ~ 40%。另在密克罗尼西亚的 Caroline 群岛的调查发现,每人每日的用水量(L/(c·d))为:

饮用	2~4
烹调	9~23
洗浴	75~340*（340*中包含部分海水浴用海水）
洗衣	36~125
餐具清洗	11~80

可见,不同岛屿间用水量的差别是很大的,起因于各种不同的影响因素,包括可获得的水源、社会经济状况,还有就是发达地方人均日用水量就比欠发达地区高。铺设管网输水,水在输配过程中的漏失亦会使总用水量增加。除仅将雨水用作饮用水的地方外,上述各种用水均可用雨水、井水或者两者都用。

尽管不同岛屿用水量可能不同,但在能精确地确定用水量之前,考虑每人每日50 L 是比较合适的。如果咸水或海水可以用于其他用途,如洗衣、冲洗等,则少于50 L/（c·d）应该是可行的。如果安装排水系统和用水设备（如洗衣机）,水的需求量就会更大。另外,在紧急情况下,或者短时仅满足个人基本需求（如饮用、烹饪和个人卫生）,则最少需要 10 L/（c·d）。若要精确地确定每人每日的供水需,那就要考虑可获得的非饮用水供给量、准确的供水量和卫生系统设施。

10.2.3 旅游用水量

珊瑚岛上旅客日用水量会比居民日用水量高。增加量取决于旅客类型。设施齐全良好的宾馆用水量较大,可达 300 ～ 500 L/（c·d）。岛上的旅游用水量可能是季节性的（如冬季）大量旅客流向南方,珊瑚岛上旅客人数增加,用水量也随之增加;而在夏季就相反。近年随着旅游业的发展,旅游人数和每日用水量增加,旅游用水也呈增加趋势。

上述用水量一部分来自雨水收集,相当一部分来自地下淡水,还有一部分来自海水、咸水和经过处理的生活污水等非饮用水。后一部分用水有逐渐增加的趋势,这是因为近些年来,在一些珊瑚岛上,淡水资源已接近完全开发或过量开发（如马尔代夫的马累）,这就需要在一些项目上使用非饮用水,仅将高质量的淡水资源用于日常生活。珊瑚岛上使用非饮用水的典型项目如冲厕、消防、洗浴、娱乐（如海水游泳池）、制冷（特别是发电机和空调制冷、冷冻）等。

10.3 淡水透镜体的影响因素与威胁

如前所述,淡水透镜体赋存于低矮的珊瑚岛上,岛屿上层未固结的生物碎屑沙粒,沉积在下层古喀斯特石灰石暗礁上,两者之间有一明显的分界面,称为"不整合面"。淡水透镜体的下边界,即淡水与其下伏的海水之间并非如经典的"Ghyben-Herzberg"模型所想象的那样是一突变界面,而是有一个较宽的过渡带或混合带。过渡带中,由于机械混合和弥散,下伏海水中的盐分向淡水输运,使地下水中的盐分随深度增加,从淡水过渡到海水,透镜体淡水区域底部边界则由人们可接受的地下水含盐量确定,通常取氯离子浓度 600 mg /L,或者对应的电导率(用例行的方法现场测量,单位 μS/cm)的等值面为边界面。内嵌于珊瑚岛含水层的淡水透镜体由雨水下渗生成,四周及底部被海水包围,不断流失,又受不整合面的制约,加上人们的活动,这样,淡水透镜体便受到各种因素的影响与威胁。

10.3.1 理论分析

White 和 Falkland 借用一些简单的公式来分析影响珊瑚岛礁淡水透镜体的水量和含盐量的各种因素。简单公式计算结果和数值模拟及近似计算模型的结果相比会有一些差异,但它需要的参数少,易获得,且计算过程简单,又能突出主要因素的影响,因此在缺乏数值模拟或近似计算的条件下,简单公式计算仍是分析淡水透镜体影响因素的有用工具。以下介绍 White 和 Falkland 的分析方法。

为突出主要因素,假设淡-咸水间存在突变界面,Volker 等给出一个圆形均质岛屿中央,淡水透镜体的最大厚度 H_u(单位:m)的表达式:

$$H_u = \frac{W}{2}\left[(1+\alpha)\frac{R}{2K_0}\right]^{\frac{1}{2}}$$ (10.1)

式中 W——岛宽,也即圆形均质岛屿直径,m;

$\alpha = (\rho_s-\rho_0)/\rho_0$,$\rho_s$ 和 ρ_0——海水和淡水的密度,kg/m³;

R——年均地下水回补率,m/a;

K_0——均质含水层的水平水力传导系数,m/a。

式(10.1)表明,较宽的岛屿比较窄岛屿具有更厚的淡水透镜体,较高回补率的岛屿也比较低回补率的岛屿拥有更厚的透镜体。式(10.1)还表明,含水层饱和水力传导系数 K_0 较高的岛屿淡水透镜体较薄。

在突变界面的模型中,潜水面在海平面以上的高程 $h_0(\text{m})$ 由淡水与海水间的密度差确定:

$$h_0 = \frac{1}{\alpha + 1} H_u \tag{10.2}$$

水面高程通常在海平面之上 0.2~0.5 m 随回补量而变化。

事实上,岛屿既非圆形也不均质。位于台风或称"飓风"带的岛屿还有非常粗糙、松散的沉积层,具有较大的水力传导系数。尽管如此,在这些岛上,有限的甚至难以持续存在的淡水透镜体,与式(10.1)的计算结果也都较为一致。

另外,太平洋上有许多珊瑚岛经常遭受长期厄尔尼诺-南方涛动和相关联的长达 40 多个月的干旱影响。作为 1 级近似,式(10.1)还可用于计算长期干旱引起的透镜体厚度变化。如果 $H_d(\text{m})$ 和 $R_d(\text{m/d})$ 分别为长期干旱条件下的透镜体厚度和年回补率,那么 $H_d/H_u = (R_d/R)^{\frac{1}{2}}$。显然,在长期干旱期间,如果回补率降到平均年回补率的 25%,那么淡水透镜体厚度将减少约 50%。

Volker 等人基于 Wooding 所作的覆盖于海水之上的淡水二维流的研究工作,还提出了一种恒态条件下估算淡水透镜体下方过渡带宽度的近似方法。在低矮珊瑚岛上,不抽水时过渡带平均厚度 $\delta_u(\text{m})$ 与岛屿中心平均最大淡水透镜体厚度之比可以表示为:

$$\frac{\delta_u}{H_u} = \frac{K_0}{R}\left(\frac{D}{\alpha W K_0}\right)^{\frac{1}{2}} \tag{10.3}$$

式中　D——弥散系数,m^2/a。

式(10.3)表明,过渡带的相对厚度随 K_0 的增加而增加,而随岛屿宽度和回补率的增加而减少。在低回补率的条件下,过渡带厚度可能与淡水厚度近似相等。如果将透镜体用做淡水水源,那么实际可用的淡水区厚度 H_{wu} 就会明显减小,可近似表示为 $H_{wu} = H_u - \delta_u/2$,其值为 5 ~ 20 m,与过渡带有类似的厚度。在淡水厚度小于 5 m 的地方,过渡带通常比淡水区还厚。当 $\delta_u < 2H_u$ 或 $R/K_0 > (1/2)(D/[\alpha W K_0])^{\frac{1}{2}}$ 时,就存在可供使用的淡水透镜体。

用式(10.1)和式(10.3)可以考察长期干旱对过渡带厚度 $\delta_d(\mathrm{m})$ 的影响。干旱期间的厚度与平均气候条件下厚度之比为 $\delta_d/\delta_u = (R/R_d)^{\frac{1}{2}}$。如果长期干旱回补率降到平均回补率的25%,那么过渡带的厚度可能会翻倍。干旱期实际可用淡水的厚度 H_{wd} 将减少,可用式 $H_{wd} = (R_d/R)^{\frac{1}{2}}(H_u - \delta_u[R/\{2R_d\}])$ 表示。可以预见,在干旱期间从透镜体中抽出的水,其含盐量也会增加,并且如果 $H_{wd} > 0$,即 $\delta_u < (2R_d/R)H_u$,就仍然存在可用的淡水透镜体。

式(10.1)和式(10.3)是恒定状态下的近似关系。淡水透镜体的厚度、过渡带厚度都是动态的,会随着降雨回补的波动、土地利用的改变以及地下水抽吸的变化而改变。

同样地,也可分析抽水对淡水透镜体的影响。从陆地面积为 $A(\mathrm{m}^2)$ 的淡水透镜体中以恒定的速率 $Q(\mathrm{m}^3/\mathrm{s})$ 抽水,恒态分析表明,在淡-咸水间为突变界面的假设下,岛屿中心透镜体的最大厚度 $H_p(\mathrm{m})$ 由下式给出:

$$H_p = \frac{(1-q)^{\frac{1}{2}}W}{2}\left((1+\alpha)\frac{R}{2K_0}\right)^{\frac{1}{2}} = (1-q)^{\frac{1}{2}}H_u \tag{10.4}$$

式中,q 为比抽水率与回补率的比,$q = (Q/A)/R$。式(10.4)表明,当比抽水率为平均回补率的50%时,淡水透镜体的最大厚度大约是不抽水透镜体平均厚度的71%。

抽水过程中,过渡带的厚度 $\delta_p(\mathrm{m})$ 会增加,由下式计算:

$$\frac{\delta_p}{H_p} = \frac{1}{1-q}\left(\frac{K_0}{R}\right)\left(\frac{D}{\alpha W K_0}\right)^{\frac{1}{2}} = \frac{\delta_u}{(1-q)H_u} \tag{10.5}$$

或
$$\delta_p = \delta_u/(1-q)^{\frac{1}{2}}$$

可以看到,增加抽水速率,就如干旱期间一样,过渡带厚度会增加,透镜体中的含盐量也会增加。由式(10.4)和式(10.5)可以得到抽水条件下透镜体的可用淡水厚度 H_{wp}:

$$H_{wp} = H_p - \frac{\delta_p}{2} = (1-q)^{\frac{1}{2}}\left(H_u - \frac{\delta_u}{2(1-q)}\right) \tag{10.6}$$

式（10.5）表明：当比抽水率为平均回补率的 50% 时，$\delta_p = 1.41\delta_u$，过渡带厚度比不抽水透镜体过渡带厚度增加 41%。因此，抽水的影响是减小透镜体厚度，而增大过渡带厚度。这意味着抽水使实际可用淡水的厚度进一步减少。由式（10.6），如果$\delta_u < 2(1-q)H_u$，一个可用的淡水透镜体就会持续存在。

上述恒态近似分析表明透镜体的厚度和透镜体底部过渡带的厚度如何随各种因素变化而改变。这些因素是：气候，由回补率 R 反映；岛屿大小，由岛屿宽度 W 反映；含水层水文地质，由饱和水力传导系数 K_0 反映；抽水，由一维比抽水率 q 反映；淡-咸水相互作用，由密度比参数 α 反映；淡-咸水的混合，由弥散系数 D 反映。除参数 α 外，出现了几个无量纲数：R/K_0，$q = (Q/A)/R$ 和岛礁 Peclet 数 $\alpha WK_0/D$。这些因素确定了淡水透镜体回补的速率、抽水损失的速率和淡水与海水混合的速率。这些因素间的平衡决定了淡水透镜体作为饮用水源的存在性，也说明了在珊瑚岛的水文条件下，为什么精确地评估回补率、水力传导系数以及抽水速率是非常重要的。这一分析能洞察各种变化对淡水透镜体的影响，但不能详细描述非均质不规则珊瑚岛礁淡水透镜体的动力学过程，所以，也需要如数值解那样的动力学模型。

上述简单恒态模型假设含水层深厚且均一。事实上，在珊瑚岛上，全新世的生物碎屑沙砾不整合地沉积在更新世喀斯特石灰石岩层上，不整合面的深度常常决定了淡水透镜体的最大厚度，这是由于喀斯特石灰岩具有的高渗透性造成的。

10.3.2　自然因素影响

影响珊瑚岛礁淡水透镜体贮量的主要因素是降雨对地下水系统的回补和含水层中淡水的损失，包括土壤水分蒸发和植被引起的蒸腾损失、淡水透镜体的水力损失，以及淡水透镜体与下伏海水混合的损失。

（1）气候变化

气候特别是降雨和蒸发蒸腾是回补的关键性驱动因素。整个太平洋珊瑚岛上，年均降雨量和雨量变化都相当可观。如在基里巴斯东部干旱的赤道带环礁上，年均降雨量不足 1 000 mm，变差系数 $C_v > 0.7$。在西太平洋图瓦卢首都富纳富提环礁（Tuvalu Funafuti Atoll）上，年均降雨量超过 3 500 mm，变差系数 C_v 很低，接近 0.2。太平洋珊瑚岛上，年、月的雨量变化强烈地受到太平洋暖池从东太平洋移向西太平洋产生的年间厄尔尼诺-拉尼娜循环的影响。在许多太平洋岛上,在海面温度(SST)或者说南方涛动指数(SOI,海面温差的大气压差指示参数)与降雨模式之间有强烈的相关性。这种相关性同样也表现在回补上。地下水的含盐量和淡水透镜体的厚度也与 SST 或 SOI 相关。

(2)岛屿地形

岛屿的大小、外形和地形,特别是岛屿的宽度和在海平面以上的高度对海岛水资源的贮量起着非常重要的作用。大、高、宽的岛屿拥有比小、狭窄岛屿更大的淡水贮量。

(3)水文地质特性

珊瑚岛含水层介质的水文地质性质直接决定了淡水透镜体的大小、含盐量和存在的持续性。在太平洋中有一种隆起的小石灰岩岛,通常是喀斯特化的石灰石。由于海面升降,成岛的石灰石时而浸没于海水中,时而暴露于大气下得以风化,致使空隙、溶洞在岸边和岛内比比皆是。风化石灰石的水力传导系数通常大于 1 000 m/d,因此,淡水透镜体的厚度一般不大,即使在较宽的岛上也是如此。而在珊瑚岛上,含水层由两层有重要意义的介质构成:上面一层为全新世的沉积物,主要是珊瑚沙砾与生物碎屑,下面一层为古老的喀斯特化的石灰岩沉积物,两层间的不整合面是淡水透镜体厚度的主要控制地质因素。因为,淡水区一般包含在相对低渗透率的珊瑚沉积层中,在不整合面之下高渗透率的喀斯特石灰岩层中,海水与淡水会迅速混合,不可能形成淡水聚集区。

还有一种由于气候引起的水文地质特性也值得指出:在飓风活动区的环礁及珊瑚岛与中太平洋不发生飓风区域的环礁及珊瑚岛两者之间,上层沉积层的水文地质性质有明显差别。在飓风活动带中的岛屿,如图瓦卢(Tuvalu)的 Funafuti 岛等岛屿,具有由珊瑚碎石沉积物和嵌入在沙砾的漂石组成的围堤,特别在海洋一侧尤为明显。比较而言,如基里巴斯以及印度洋的马尔代夫等不在飓风区内的岛屿,其沉积物中大部分为细小的沙和卵石,很少有漂石大小的颗粒。这些细小颗粒沉积物水力传导系数很低,因而具有较厚的淡水透镜体,就像大型岛屿一样,如基里巴斯西部区域非飓风带中的 Gilbert 群岛拥有的淡水透镜体就比附近飓风带中的 Tuvalu 岛屿上的淡水透镜体厚,尽管 Tuvalu 降雨量更大而且年变化小。

（4）潮汐影响

在珊瑚岛上，由于潮汐海面起伏引起淡水透镜体运动，促进淡水与海水的混合，增加了过渡带的厚度。在大陆海滨含水层中经典的潮汐信号传播理论认为，潮汐引起的地下水上下波动幅度与海面上下波动幅度之比称为"潮汐效率"，随距海岸距离的增加而减少。相应地，地下水对潮汐响应的滞后则随距海岸距离的增加而增加。但在环礁上却不是这样，环礁松散沉积层的井和监测孔中，潮汐滞后和效率与距海滨的水平距离关系不大，而极大地受井和监测孔深度的影响。这一显著差别的原因是潮汐压力信号能在高渗透率的喀斯特更新世石灰岩层中高速传播，潮汐信号在岛中垂向和水平方向上的传播都很明显，但垂向传播起主导作用。这点在开发淡水透镜体地下水流模型和地下水管理中都十分重要。

在具有细密沉积层的岛上，潮汐效率与滞后之值大约分别为5%和2.5 h，而在粗粒沉积物的岛上，这两者之值则可分别达到45%和2 h。与高渗透性的珊瑚岛相比，在喀斯特化的石灰石岛上，潮汐效率较高，接近50%，滞后时间更短，约为1.5 h。

（5）土壤和植被

土壤和植被通过蒸发蒸腾以及渗透对淡水透镜体的回补产生重要影响。土壤植被的蒸发蒸腾损失是珊瑚岛水文循环十分重要的组成部分。在干旱季节或干旱期间，该损失经常超过单月或连续几个月的降雨量，然而土壤植被蒸发蒸腾损失的变化却远低于降雨量的变化。在赤道太平洋区域，典型的年土壤植被蒸发蒸腾损失为1 600~1 800 mm。

珊瑚岛地表渗透性高，有助于雨水下渗，几乎没有地面径流。岛上薄薄的表层土壤覆盖在珊瑚沙砾之上，这些沙砾缺少有机质和营养成分，保水能力差，难以保护下伏淡水透镜体不受来自地表的污染。

珊瑚岛上的植被通常由各种树木，特别是椰子树和有限种类的灌木与杂草组成。椰子树有显著的耐盐能力，可以在含盐量较高的水土中生长。植被会截留部分雨水并从土壤中蒸腾水分。一些深根树种（如椰子树）根系深达潜水层，直接从薄薄的地下水蒸腾水分。截留和蒸腾都会减少回补量，也减少了可用的地下水。在干旱时期，直接从地下水蒸腾蒸发的水量十分可观，从而更大地减少了可用的地下水。在 Tarawa 环礁上，测量过单棵椰子树的蒸腾量，结果表明：每棵树每天的蒸腾水量为

150 L。对水资源短缺、供水量和抽水量都很大的海岛，椰子树和其他腾发量大的树种极具管理价值，有选择性地清除这些树种，可以增加回补率和可持续产水量。在一些小岛上，如清除部分天然植被，代之以农作物，会减少淡水的损失。

10.3.3　对淡水透镜体的威胁

珊瑚岛上的淡水透镜体有的可以长期持续存在，而有的又容易枯竭和消失，后者主要是突发自然灾害和人类不适当活动所造成的。自然灾害和人类不适当活动是对淡水透镜体的巨大威胁。自然灾害的威胁难以避免，人类活动的威胁则是可以防止的。人类活动的威胁主要是过量抽取和来自地表的各种污染。

（1）自然灾害的威胁

威胁小岛淡水透镜体的自然灾害主要是长期干旱，对海拔高程较低的小岛，还有风浪的冲刷淹没，尤其是剧烈的热带气旋带来的狂风巨浪的冲刷淹没。热带气旋对许多小岛都是一个严重的威胁，它们常常引起大范围的灾害，产生强烈的风浪，将部分或整个岛屿淹没，导致海水侵入淡水透镜体。厄尔尼诺与拉妮娜（El Niño and La Niña）引起的气候异常，对太平洋小岛的淡水透镜体更有严重的影响。主要是随着干旱频率增加、气旋活动增强、海面上升和岛屿漫顶的风险增加，气候异常会增加这些威胁的严重性和频度。

太平洋上的干旱与厄尔尼诺-拉妮娜紧密相关。在厄尔尼诺现象期间，太平洋南、北部分的岛屿受到干旱影响；而太平洋中部，则在拉妮娜期间受到干旱的影响。在干旱期间，淡水透镜体将收缩。

在一些平均降雨量相对较小而年均降雨量变差系数较大的岛上，只有大透镜体才能存续到大干旱末期。在严重的干旱时期，一些小岛的地下淡水极易耗尽。

狂风巨浪掀起的海水漫顶会引起地下淡水盐化。曾有一次暴风浪推动海水漫越了马绍尔群岛中 Enewetak 岛的部分区域，地下水中含盐量骤然升高，6 个月后，地下水的含盐量才降到风浪之后水中含盐量的 15%~25%。2005 年，一场暴风浪导致海水入侵北 Cook 群岛的三个岛屿，淡水透镜体的盐分迅速升高，12 个月后才得以消散。

尽管干旱和海水冲刷对透镜体有重要影响，但是影响是暂时的，在干旱或海水泛滥之后几个月或几年,降雨回补就会使淡水透镜体得以恢复。相比之下,海面上升产生的影响则具有持久性。不过已有学者用 SUTRA 二维模型模拟了海面上升和回补变化对透镜体的影响,发现只要岛屿边沿不丧失,即使海面上升 1 m,对透镜体也几乎没有影响。事实上,淡水层的厚度和容积预计还会稍微增加一些,因为淡水透镜体赋存在岛屿上部低渗透率的全新世沉积层中,海面上升增大了海面到不整合面之间的距离。然而,如果岛屿边沿的陆地丧失了,那么岛屿的面积就会减少,随之而来的就是淡水透镜体的容积减少。一些极端事件(如暴风浪)最能产生海岸的侵蚀,而使陆地面积减少。

除了干旱、海水冲刷和潜在的海面上升外,还有一些极端事件(如海啸、地震)也对珊瑚岛带来影响,破坏地下水资源。海啸会严重冲击许多岛屿,对海岸带来破坏。海底山崩也会产生灾难性的破坏,使许多岛屿的部分甚至全部丧失,淡水透镜体也就随之受到破坏。

(2)人类活动的威胁

人类活动对淡水透镜体的威胁主要是地下水的过量抽取和来自于地表的各种污染。其他威胁包括采集建筑材料而使沙土减少,以及海岸工程引起的海水侵蚀等。在一些太平洋岛国,由于人口自然增长,移居城市造成的人口膨胀增加了对供水的需求,淡水透镜体淡水大量被抽走,人口集中的地方尤为明显。供水管网存在种种问题,引起水的大量漏失。漏失主要是从管道、阀门、水龙头、贮水箱和其他盛水装置漏水产生的。造成漏失的因素很多,包括水压高、土壤特性与下沉、管道与设备锈蚀、原有设计与建造方法不合理等,特别是老旧管道老化锈蚀,漏失率很高,石棉水泥管的漏失率也高。还发现,雨量充沛地区的漏失率比雨量少的地方高,沙土中的漏失率比黏土的高,陡坡的漏失率比平地的高,低水费地区的漏失率比高水费的地方高。在一些珊瑚岛上供水系统的漏失可达到总供水量的50%以上,大量淡水的流失迫使人们从透镜体中抽取更多的淡水来满足供水需求,这又造成了对透镜体的过度抽取。

过度抽取可能是全岛范围内的,也可能是局部的。局部过量抽取常常是从井孔中因不适当抽取而造成的,这会产生过渡带倒锥而增加水中的含盐量。全岛范围内超过可持续开采量的过度抽取可能是由于缺乏对透镜体的了解、资料不足或者没有严格的监管,也可能是使用了不合适的抽水系统,或者供水需求压力太大不得不以超出可持续抽水率的流量抽水。在太平洋和印度洋岛国的许多珊瑚岛上,已出现地下淡水过量抽取,面临地下水资源枯竭的危险。尽管这通常是季节性的,也与干旱或大量旅客人流导致的高需求有关,但是,在一些人口密集的岛上,这已是一种永久性的问题,或正在浮现。在这些地方,水的消耗超过了雨水补给,需要寻求替代水源。另外,在一些岛上,抽取地下水几小时后井水抽干,停顿一段时间井水又得以恢复,但恢复时间往往比抽水时间要长。这种情形并非一定是缺乏淡水,而是在有限的面积上抽水率过高。

至于地表污染,则会严重破坏淡水透镜体的水质,造成健康风险,也减少了可用水量。淡水透镜体的污染是一个普遍而又复杂的问题,需要进行深入分析。

除了这些直接的威胁外,法律、法规不健全,不适当的规章制度,有限的财力以及管理人员缺乏专业培训等都会给淡水透镜体的水质和水量带来负面影响。

10.3.4 淡水透镜体的污染

淡水透镜体的污染是指外来物质进入到透镜体中,超过了透镜体水体的自净能力,损害了水质,而使透镜体淡水部分或全部失去了它的使用功能。损害水质的物质称为"污染物"。污染物分人工的和天然的,前者是由于人类活动产生的,后者与人类活动无关。如前所述,人类活动产生的污染可以通过严格管理防止,天然污染虽难以避免,但可以通过评估,采取技术措施加以控制或清除。

透镜体是否受到污染可由水中化学物质的变化来反映。在天然状态下,透镜体中的淡水有一定的化学组成。当新的成分出现或原有的某种物质浓度增加时,就可以认为地下水受到污染。例如,海水污染,表现为氯离子增加。来自人类、动物排泄物和化肥的污染,则表现为硝酸盐的增加或细菌指标超标。其他污染表征是重金属离子(如铁、锰等)的出现或浓度的增加,或者检测出有毒有害有机物等。

(1)**透镜体污染的特征**

透镜体淡水本质上是地下水,埋藏于珊瑚沙砾介质中,一旦受到污染不像地表水那样明显,难以发现,待到发现就很可能已较为严重,因此,透镜体的污染具有隐蔽性。其次,透镜体的污染具有一定的延缓性。因为地表污染物进入透镜体要经过表层土壤,经历各种可能的物理、化学和生物作用,在垂直方向上延缓了对透镜体的污染。在水平方向上,地下水在珊瑚沙砾介质孔隙中流动十分缓慢,水中污染物向附近输移也就相当缓慢,造成透镜体的污染具有一定的延缓性。透镜体受到污染后,水质恢复时间较为漫长。虽然透镜体处于不断的流失与回补更新之中,但渗流速度缓慢,通过降雨回补,更换透镜体贮水来消除污染,恢复水质,往往需要几个月甚至几年的时间。淡水透镜体埋深浅,上伏土层薄,以生物碎屑沙砾为主的土壤渗透性强,保护能力差,很难阻止污染物下渗,使得透镜体很容易遭受污染。很多污染是由于人类活动造成的,这种情形在以透镜体为供水水源的珊瑚岛上是十分危险的。

(2)污染源、污染物与污染途径

1)污染源

透镜体污染源多种多样,许多都与岛上居民和游客有关。通常,珊瑚岛上工业污染和农业污染都很少;但是,机场、燃料库和修理车间有时应是考虑的重点。

与居民和游客有关的污染源主要是生活污水,是岛上居民、旅客生活中各种污水的混合物,包括厨房菜蔬餐具洗涤水、洗衣和浴室排放的污水、厕所污水,还有一些家养动物排泄物和少量的化肥与农药。生活垃圾如不适当处置也是地下水的主要污染源,如垃圾堆。在许多珊瑚岛上,由于土壤渗透性强、地表面积小而与土地利用相冲突,难以找到合适的处置场地,加之缺乏合适的黏土材料做垃圾覆盖层,所以,在珊瑚岛上垃圾处理是一个重要却又难以解决的问题。焚烧是垃圾填埋的一个替代方案,但是首先要减量化,并且操作也不容易。不过,这仍是人口密度大、旅客多的岛屿解决垃圾问题的理想办法。焚烧垃圾产生的灰烬可以用于改良土壤。其他如土地平整、掘土、采集沙砾也会对透镜体带来污染,特别是在珊瑚岛上采集沙砾,不仅减少了潜水面以上的土壤厚度,增加了抗污染的难度,产生了另外的风险,在某些情况下,还增加了蒸发损失。

许多珊瑚岛上虽然没有工业,但来自修理车间、码头和木材加工厂的污染仍然存在。珊瑚岛上一般也没有大型农业,但是蔬菜大棚在许多岛上越来越普遍,如果管理不善,也会造成污染。

机场是碳氢化合污染物的主要来源,这些污染物来自燃油泄漏、飞机起飞时燃烧剩余物和未燃烧油料。航空燃油中还包含另外的有毒有害物质。另有一些碳氢化合物来自贮油罐、事故溢出、废弃的润滑油、家用和工业溶剂,以及水泵润滑系统故障溢出的润滑油。

珊瑚岛上常见的天然污染源主要是海鸟和茂密的丛林。珊瑚岛地处热带海域,为热带海洋性气候,雨量丰富,热量充足,全年皆夏,为岛上植被的形成发育提供了极为良好的条件。以我国西沙群岛为例,岛上盛产麻风桐、海岸桐,林高 8~10 m,林下草海桐、海拔戟等灌木丛生。林木生长茂盛,是海鸟栖息的理想之地。岛屿四周有大片海域和珊瑚浅滩,生长繁殖各种鱼类,为海鸟提高了丰富的食料。成千上万只各种鸟类栖息树上,树下大量鸟粪和鱼类残骸堆积,形成淡水透镜体的一大天然污染源。另外,岛上丛林郁闭度高,林中潮湿,有厚厚的一层枯枝落叶聚集,形成另一天然污染源。

2)污染物

来自生活污水的污染物可分为无机物、有机物和病原微生物。无机物主要是混入污水中的细小沙砾、尘土,无机盐、酸、碱,无机元素及氮、磷等营养盐类。大多数无机污染物在低浓度时对人无毒害作用,但达到一定浓度后,就会产生毒害作用;有机污染物可分为植物性有机污染物和动物性有机污染物。植物性有机污染物包括厨余、果壳、菜蔬及各种植物碎片等。动物性有机污染物包括动物组织碎片、人畜粪便等。有机污染物大多可以在一定条件下、经历一定时间而降解为简单物质或无机盐类。病原微生物,包括病菌、病毒和寄生虫等。病原微生物会传染各种疾病。来自机场、贮油罐的污染物主要是各种矿物油类。来自于车间、修理码头和木材加工厂的污染物为各种盐类、铜、铬等。蔬菜大棚产生的污染物主要是肥料与农药。垃圾堆放产生的渗滤液成分更为复杂,不仅有无机污染物,还有有机污染物。无机物中包含多种金属离子,有的是重金属离子;有机污染物包括氨氮、氯化物、芳香族化合物、酚类化合物和苯胺类化合物等,其中一些污染物具有致癌作用。垃圾堆放还常常产生恶臭,令人厌恶。垃圾渗滤液侵入透镜体,会使水带色并产生难以接受的味道。

珊瑚岛上天然污染源的鸟粪、鱼类残骸属动物性有机污染物,腐烂分解后产生氨氮和磷等污染物;丛林中的枯枝落叶腐烂后产生许多有色基团,随雨水进入透镜体后使水带色,21 世纪初,取永兴岛井水进行水质检测,测得最高色度达 72 度。

上述污染物一些是保守型物质,它们不随时间而消失,如氯离子和盐。其他如硫酸盐、硝酸盐、氯化物和硼酸盐在好氧条件下也是保守型的,氨在还原条件下是保守型的。虽然这些污染物一部分在土壤中由于吸附与离子交换而阻碍其与地下水一同运动,但它们并不会消失;另一些污染物可以降解,即在合适的条件下经过一定的时间,可以转化为其他物质,或者以不可逆的形式沉积在土壤颗粒上。生物污染如细菌和病毒也相同。然而,在许多珊瑚岛上,实际情况是进入地下水的污染物在水流中没有足够的运动时间用于降解,就被抽取上来。

3)污染途径

透镜体遭受污染主要通过以下几种途径:

①地表污染物下渗进入地下水体

一些珊瑚岛上卫生条件差,没有完善的污水收集、处理系统,污水肆意排放,或仅有简易厕所、化粪池、污水坑之类的设施,污水通过水沟、水坑、粪坑渗入地下;有的岛上虽建有污水收集管网和处理设施,但因设计不合理、建筑质量差、设备保养维修不到位、管网系统破损造成污水泄漏,特别是在塑料管道老化部分和接头地方更易泄漏,钢管管线易受腐蚀,也会发生泄漏。漏出的污水含有的细菌、氨氮和氯化物等污染物就会渗入透镜体;再有垃圾未经规范处置,这些垃圾几乎包含了岛上所有的固体废弃物,或者简单填埋,或者露天堆放,上无覆盖层阻挡雨水淋入,下无衬垫层和管道系统收集渗滤液。这样,在降雨淋溶作用下,垃圾中的有毒有害物质析出形成的渗滤液便会直接渗入透镜体。

另外,珊瑚岛上如果有露天作物栽培或大棚蔬菜种植,常常需要灌溉、施肥和喷洒农药。灌溉水量超出蒸发量后,超出的水量就会透过地表土壤介质下渗,导致施用的化肥、农药进入透镜体;珊瑚岛上饲养的禽畜规模不大,不可能构建专门的禽畜粪便处理设施来无害化处理含有细菌、病毒和氮、氯化物的排泄物,这就可能对透镜体带来污染。如果禽畜散养,排泄物分布在较宽的范围内,相对而言对环境产生的危害小,而小范围饲养的禽畜排泄物集中在禽舍、畜棚,雨水淋溶也会将排泄污染物带入透镜体。

②海水入侵

海水入侵,海水与淡水混合带来海水污染,使透镜体淡水盐化而失去饮用功能。海水入侵既有自然的,也有人为产生的。前者发生于一些突发事件,如台风、海啸,促使海水上涌海岛或漫顶;后者主要是抽水过度。突发事件是偶然的,抽水过度可能时常发生。过度抽水既可能是局部的,也可能是全岛的。局部抽水过度引起倒锥,井水含盐量增高;全岛范围内的透镜体开采过度会引起过渡带增厚,透镜体变薄,使透镜体整体含盐量增加。还有一种海水污染,不易察觉,但确实存在又难以避免,这就是近海岸风场中海水飞沫带来的污染。海水拍打礁盘或海岸,扬起无数飞沫,被海风吹拂到岛上,富含盐分的飞沫降落地面,其盐分随雨水进入透镜体。尽管这一影响在距海岸不远处就会消失,但对低矮的珊瑚礁,这一影响仍非常显著。与此类似的是干旱气候条件下透镜体回补水中盐浓度。在海岛上,由于盐分的海面空气传输,其影响范围远比海水飞沫要大。但这一影响在多雨地区就微乎其微。

③水井污染

有的水井建造质量差、无保护,没有凸缘和井盖,大雨时地表水直接进入井中,造成污染。

(3)透镜体中污染物的输移

珊瑚岛礁淡水透镜体的存在过程实际上也是透镜体内淡水的流失过程。淡水的流失缘于珊瑚介质的流动阻力和降雨回补导致透镜体容积增加,使潜水面高出海平面而产生淡水与海水之间的水头差。这一差值不大,通常为 $0.2\sim0.5$ m 且随回补量而变化。但在这一水头差作用下,淡水从潜水面开始由上往下流向透镜体边界。进入透镜体的各种污染物包括病菌、病毒随淡水的流动在珊瑚介质孔隙中向四周迁移扩散,范围逐渐扩大,这就是污染物在透镜体中的输移。

产生输移的原因是污染物在透镜体中参与的对流和弥散运动。对流是污染物随透镜体水流而发生的整体位置变化。如果是在理想流体的明渠均匀流里,对流本质上是平动,但是在透镜体所在的珊瑚介质里,流动发生在珊瑚介质这种多孔介质的孔隙通道中,就使流动变得非常复杂。一方面,孔隙通道数目庞大,蜿蜒曲折,含有污染物的水流不断发生流向的改变,尽管从统计上看,流动仍是从高水头指向低水头的方向,但是污染物占据的空间范围扩展了;另一方面,真实的流体是黏性流体,黏性流体在孔隙通道中流动时,由于剪切力的存在,流速分布不均匀,也造成污染物在流动空间的扩展。水力学上将统计平均的整体流动称为"对流",而将多孔介质孔隙通道中不断发生方向变化的流动,以及由于剪切流速分布不均的流动所产生的污染物在流动空间扩展的现象称为"机械弥散"。此外,分子扩散、孔隙通道中一旦出现紊流时产生的紊动扩散也是污染物在流动空间扩展的原因之一。机械弥散、分子扩散和紊动扩散合称"水动力弥散"。污染物在对流和弥散运动过程中,还可能与珊瑚介质发生吸附作用。

污染物在透镜体中输移的结果是污染物与透镜体中清洁淡水混合、稀释而浓度降低,污染范围扩大,污染物由一个地方迁移到另一个地方。在珊瑚岛上,生活污水的污染是最常见、最普遍存在的污染,各种污染物中病菌和病毒又是人们关注的重点,它们在透镜体中输移的距离对取水点的设置影响很大,也就是取水点不应在病菌与病毒扩展的范围内。这就需要了解病菌与病毒进入透镜体后能迁移多大的距离,或者说能存活多长的时间。一般来说,许多细菌进入土壤后经过 60~100 d 就会死亡,但有些可存活至 150 d。病毒没有宿主就不能繁殖,所以,大多数情况下,透镜体中不存在病毒宿主,病毒在土壤中经过 100~200 d 也会死亡。根据这一存活时间和土壤的渗透系数、孔隙率及水力梯度,将土壤颗粒的吸附作用用"迟滞系数"表示,就可以得到病菌与病毒生物污染物在土壤中传播的距离,这一距离随土壤成分与组成而变化。Canter 和 Knox 综合各种研究,于 1985 年给出了细菌在土壤中传播的距离,见表 10.1。

表 10.1　不同土壤介质中细菌传播的距离

土壤介质	传播距离/m
细沙	2
淤泥沙	3
细中沙	6
细土沙砾混合土	9
沙卵石混合土	30
粗沙砾	450
沙砾与卵石	750

10.4　淡水透镜体的监测与评估

淡水透镜体的脆弱性和对岛上居民生活、经济发展和国防建设的重要性,要求随时掌握透镜体的水质水量变化情况,并作出定量或定性的评判,这就需要对淡水透镜体进行监测与评估。

10.4.1　淡水透镜体监测

淡水透镜体的监测就是通过实地调查,运用现代测试分析方法弄清透镜体的厚度与分布、含盐量分布与变化,以及污染物的来源、分布、数量、流向和转化规律,了解透镜体水质水量状况和变化的原因。因此,淡水透镜体的监测包括两方面的内容:透镜体的厚度监测和透镜体水质监测。它是了解透镜体容量、监督检查污染物排放和水环境标准实施情况,正确评价透镜体水质水量和污水净化装置性能,验证水环境保护技术必不可少的基础性工作。

淡水透镜体监测首先要建立一个观测网,它由若干观测井或观测孔组成。这对了解和计算地下水资源都非常重要。观测网可进行如下观测:潜水面水位、盐分的垂直分布、观测井或观测孔中的水质、取水量。

(1)潜水面水位测量

如果已知测量参考点的高程,就很容易用井和观测孔测量地下水位。水位的测量应在不抽水的井或观测孔中进行,以避免抽水引起水位下降的影响。如果在用于抽水的井或孔中进行测量,应经过一段足够长的时间,待井水位恢复到自然状况之后再进行测量。观测用井底部不封闭,或有一小段滤网。

如果通过测压来获得水位,需知道观测井或孔中水的密度再将压强转换成测压管水头而得水位。如果地下水水头沿高程变化,应设法将不同的渗透层隔离。在靠近海滨的地方,存在垂直方向的水头梯度,就属于这种情形。在珊瑚岛上,需要将测压管开口在不同深度,以确定水面和盐分的变化。在珊瑚岛上进行水面高程和波动的测量,可以确定淡水透镜体的位置,了解透镜体对潮汐运动、回补与抽水的响应。

不过,使用这种监测方法时必须小心,否则会得出错误的结论,特别是如果通过这种方法估算基于 Ghyben-Herzberg 理论的淡水透镜体厚度时,更应注意。因为潮汐引起的潜水面波动幅度很大,经常与潜水面在平均海平面以上的高程相当,甚至大于潜水面高程,这就难以从测得的水头中扣除潮汐的影响而得到潜水面外形。另外,降雨回补和在水位记录仪附近抽水,都会影响水位的测量。

尽管存在这些问题,但当与其他资料(如潮汐波动和盐分垂直分布)一起使用时,珊瑚岛上的潜水位测量依然是淡水透镜体的有用资料。在进行水面测量的地方,最好使用可以修正海面波动的自动记录仪。如果人工读数,则应 1~3 h 记录一次,否则会丢失一些重要的资料。

(2)**垂直盐分分布测量**

从观测井或观测孔的不同深度采集水样进行检测,或获取现场含盐量记录就可计算得到垂直盐分分布剖面。一般抽水井和孔仅伸入到淡水层,因此,不能获得过渡带和海水区的资料。有时从井中抽出咸水,那是因为局部抽水诱导产生盐水倒锥改变了水的含盐量分层。若要获得过渡带和海水区的资料,需将观测井或观测孔开凿至过渡带甚至海水区。这样做并不困难,因为开凿深度最大二三十米,也可能只有几米。简单的凿井设备就可办到。

在均质含水层中,不存在垂直方向地下水水头梯度,适合用穿透深、长滤网井孔获取水样或盐分分布。然而,如果存在垂直方向水头梯度,就会掩盖密度分层的影响,盐分分层就无法探测,或者就会发生改变。

为了准确测定含水层中一点处的含盐量和水头,可以用小尺寸滤网或短开孔段结尾的安装有外套的测压管,在测压管外套与介质壁面之间的缝隙应予以封填,否则,发生压力短路,出现错误的压头读数和错误的含盐量数据,甚至畅通的缝隙会成为咸水的通道,而污染一部分含水层。

在存在垂直水头梯度的情况下,最好的解决办法就是用一系列短滤网底端敞开取样管在不同深度取样,然后计算盐分分布。这些取样管可以在小范围内分别布置在不同的钻孔中,每个管子伸到不同的深度;也可以是一束不同长度的管子安放在同一钻孔中,每根管子末端之间均有水力隔绝带,这种测压管称为“集束型测压管”,如图 10.1 所示。这种盐分剖面测量方法特别适合珊瑚岛,因为这些地方更容易安装取样管,已广泛使用于印度洋的迪戈加西亚(Diego Garcia)、南基林岛(South Keeling)和太平洋的基里巴斯(Kiritimati)。

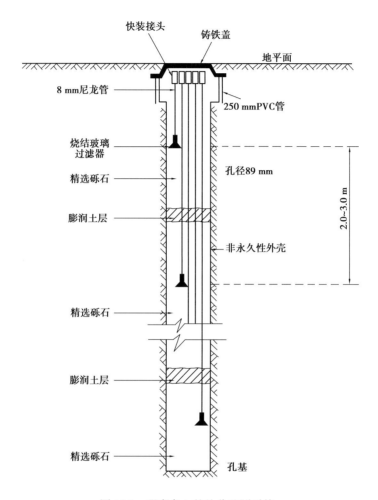

图 10.1　珊瑚岛上的盐分监测系统

　　两套不同的取样测量系统各有优缺点,多孔系统凿孔和安装设备容易,不足之处是需要开凿许多不同深度的孔;集束型测压管只需要开凿一个孔,缺点是需要有经验的技术人员正确安装取样系统。最终选择哪种系统取决于设备的有效性、拥有的技术,以及经济性。

　　在含盐量的测量中,通常测量氯离子浓度是最可靠的方法。然而,更方便的方法是测量水的电导率(EC)。EC 取决于含盐量,也随水温而变化。但在含盐量高的水里,温度的影响其实并不大。而且测量 EC 的仪器比测量氯离子浓度的仪器更便宜、更容易获得。现代电子电导率测量仪还带有温度补偿,给出的是标准温度(25 ℃)时的读数。在珊瑚岛的实际应用中,由于 EC 和氯离子 Cl⁻之间有很好的对应关系,因此,通过测量 EC 来确定含盐量应是首选的方法。

（3）**透镜体污染监测**

透镜体污染监测可分为常规监测、应急监测和科研监测等。常规监测就是对已知的污染因素和污染物进行定期监测,以确定透镜体的水质和污染状况,评价污染控制措施的效果和透镜体保护的进展。监测内容有污染源监测和透镜体水质监测。污染源监测包括污染物浓度、排放量、污染趋势等的监测。透镜体水质监测主要是规定的理化指标和生物指标的监测;应急监测是对突发性的水污染事件引起的水质变化进行监测。在珊瑚岛上,突发性的水污染事件指有毒有害物质的事故性泄漏和突发自然灾害导致的透镜体水质恶化。有毒有害物质的事故性泄漏往往会对用水安全带来极大危害,因此,需要及时进行监测,迅速查明污染物种类、排放量、污染程度和范围,预测污染发展趋势,为适时采取控制措施提供可靠依据。珊瑚岛上突发性的引起透镜体水质恶化的自然灾害主要是台风和海啸,当这类灾害发生时,常常掀起巨浪,海水扑岸甚至漫顶,大量海水入侵透镜体,水质严重咸化。这时需要进行及时监测,摸清咸化的范围与程度,以便采取应急措施。科研监测是针对一定的科研项目进行特定指标或参数的监测。我国对淡水透镜体的研究还不普遍,也不深入,必然有许多问题需要解决,如透镜体淡水的流失、透镜体水体的自净行为、倒锥生成与恢复的过程与特性等,因此,科研监测将有很多工作要做。

10.4.2　淡水透镜体评价

淡水透镜体的评价就是对淡水透镜体的水量和水质的变化进行定量或定性的描述。淡水透镜体的使用价值取决于它的质与量,因而淡水透镜体的评价包括了对它的质的评价和量的评价。这是了解透镜体供水能力、水质功能的重要手段,也是制定淡水透镜体开发利用规划,科学有效保护和管理淡水透镜体,实现安全、持续开发利用透镜体淡水资源的必不可少的重要工作与步骤。

（1）**水量评价**

水量评价就是水资源量的评价,主要任务是计算天然条件下形成的淡水透镜体的贮量,分析研究年内和年际贮量的变化规律,计算确定可持续开采量、极限开采量和枯水年最不利开采量,并与岛上需水量、用水规律及用水要求相比较,给出淡水透镜体水资源量评价的结论。

1)评价方法

珊瑚岛水资源量的评价可用典型年法。珊瑚岛地下水来自雨水,受厄尔尼诺-南方涛动气候变化的影响,珊瑚岛年际降雨量变化很大,如在西太平洋图瓦卢首都富纳富提环礁(Tuvalu Funafuti Atoll)上,年均降雨量超过 3 500 mm,变差系数 C_v 很低,接近0.2。我国西沙永兴岛 1999 年降雨量为 1 940 mm,而 2004 年降雨量仅为 517 mm,有 3 倍以上的差距。印度洋 Cocos 群岛的西岛北部,1973 年降雨量达到3 100 mm,而 1991 年降雨量仅约 860 mm,有近 4 倍的差距。为保证供水安全可靠,需要选择一些典型年份,例如:丰水年、平水年、枯水年和设计年,分析计算这些年份透镜体淡水贮量,并与所需开采量比较,作出能否满足需求的结论。这种以典型年份的水资源作为评价依据进行水资源量的评价方法,称为"典型年法"。

2)评价内容

根据气象、水文地质条件,计算回补量、透镜体贮水量,分析回补量和贮水量对开采量的平衡调节作用,确定可持续开采量、极限开采量和枯水年最不利开采量,并评价淡水透镜体开采对岛屿生态环境的影响。

3)评价原则

淡水透镜体始终处于回补-流失状态,假如动态平衡的淡水透镜体不予开发利用,那么每年回补的水量最终流入大海和蒸腾蒸发而散失。因此,评价时首先要考虑充分利用透镜体中贮水量,合理截取地下淡水的流失量和减少蒸腾蒸发量。其次,由于珊瑚岛降雨的年内和年际变化,造成透镜体回补量的季节和多年气象周期变化,不同季节和水文年的回补量悬殊。降雨量大的年份,回补量大,透镜体变厚,贮量增加;降雨量小的年份,回补量少,透镜体变薄,贮量减少。这样,在雨量少的年份,可以在安全的前提下,尽可能地多开采一些淡水以满足需求,亏缺部分以雨量多的年份的回补量来弥补。这就是充分发挥透镜体贮量的调节作用,"借丰补欠"开发淡水透镜体的原则,最终结果是整体上提高了淡水透镜体的开采量。

4）回补量的计算

淡水透镜体的水量来自降雨回补,回补量的计算是透镜体水量评价的基础。回补量的计算有水量平衡法、系数法和曲线法。水量平衡法涉及许多参数的测量与计算,比较复杂,后两种方法相对简单,也很实用。

系数法是用降水入渗系数 α 与降水量求得回补量:

$$R = \alpha P \tag{10.7}$$

式中　R——年回补量,mm/a;

P——年降雨量,mm/a;

α——年入渗量与年降雨量的比,无量纲。

α 的大小取决于年降雨量、降雨强度、珊瑚岛地表介质结构、地形地貌、植被覆盖和透镜体埋深。确定 α 值的方法较多,常用动态观测法计算:

$$\alpha = \frac{\mu \sum_{i=1}^{n}(\Delta h_i + \Delta h_i' t_i)}{\sum_{i=1}^{n} P_i} \tag{10.8}$$

式中　μ——含水层给水度,无量纲;

Δh_i——年内各次降雨的潜水面升幅,mm;

$\Delta h_i'$——各次降雨前潜水面的下降速度,mm/d;

t_i——各次降雨潜水面上升时间,d;

P_i——各次降雨量,mm。

要特别指出,由于透镜体漂浮于海水之上,随潮汐而上下波动,式(10.8)中各次降雨引起的潜水面升幅 Δh_i 应为地下水位记录值扣除潮汐引起的透镜体潜水面升降值之后的值。其次,透镜体淡水处于不断流失状态,降雨期间流失会引起潜水面下降,这一下降值会抵消部分降雨产生的潜水面上升值,影响降雨回补量的计算。因此,在计算潜水面升幅 Δh_i 时,应加上一项 $\Delta h_i' t_i$。

曲线法利用年回补率与年降雨量关系的经验曲线以及通过一些岛屿实际计算得到的图表来进行回补量的计算。在缺乏计算资料时,也可取降雨量的一个比值作为 α 的值,该值在通常为 30%~50%。

回补量的计算是珊瑚岛透镜体水量评估中的重要内容,国外做过较多的工作,如在太平洋岛国基里巴斯的 Tarawa 岛上,就进行过回补量的详细研究,方法是用雨量计、流量传感器、土壤湿度计和地下水位记录,根据透镜体之上的水量平衡来计算回补量。国内在这方面还未见有系统的研究工作报道。

5)贮量与可持续产水量的计算

淡水透镜体贮量可用第 5 章和第 6 章介绍的二维模型和三维模型计算获得。

透镜体可持续产水量的计算通常取年均降雨量的一部分。公认的是仅有回补量的一部分(量级为 25%~50%)可以抽取,而留下一大部分维持透镜体的存在。也可以利用水量平衡法和透镜体数学模型来计算可持续产水量,最常用的是二维模型,如 SUTRA 模型或三维变密度模型。

(2)水质评价

水质就是水的质量,是水中各种物质组分的物理、化学与生物特性的综合反映。淡水透镜体的水质取决于珊瑚岛水文地质、植被覆盖和岛上人类及一切生物,主要是鸟类的活动。水质决定了水的用途与价值。优质的透镜体淡水可以用于生活饮用,含盐量高的水只能做非饮用水,遭受污染的透镜体就可能失去使用价值。水质评价就是根据水的用途,按照一定的评价参数、水质标准和评价方法,通过水质指标对水的质量进行定性或定量的评定。

1)水质评价指标

水质用一系列水质指标表达。水质指标表示水中含有物的种类、成分和数量,是用以衡量水质的标准。

水质指标名目繁多,总共可达百余种,但可归纳为物理、化学、生物三大类:

①物理类水质指标

属于这类的水质指标有:

a.感官物理指标,如温度、色度、嗅和味、浊度、透明度等。

b.其他物理指标,如总固体、悬浮固体、可沉固体、电导率等。

②化学类水质指标

属于这类的水质指标有:

a.一般化学水质指标,如 pH 值、碱度、硬度、各种阳离子、各种阴离子、总含盐量、一般有机物等。

b.有毒化学水质指标,如各种重金属、氰化物、多环芳烃、卤代烃、各种农药等。

c.氧平衡指标,如溶解氧(DO)、化学耗氧量(COD)、生化需氧量(BOD)、总需氧量等。

③生物类水质指标

属于这类的水质指标有:细菌总数、总大肠杆菌、病毒等。

2)水质评价步骤

水质评价的一般步骤如下:

①水环境背景值调查

确定淡水透镜体在自然形成发展过程中,不受人为污染条件下水体的化学组成。对于人居岛屿,很难有绝对不受污染的透镜体,所以,可在远离人居的地方测量水质作为水环境背景值,当然这只是一个相对值;或者在相同(或相近)的水文地质与气候环境下,将无人或少有人居住的珊瑚岛上测得的水质视为水环境背景值,用以判断透镜体受污染程度的比较指标。这样的岛屿可在同一大型环礁上找到。水环境背景值可作为透镜体水质评价的天然标准,用以评价透镜体水环境的变化。

②污染源调查

污染是水质的重要影响因素,珊瑚岛上污染源调查与评价可确定透镜体的主要污染物,从而确定透镜体的监测与评价项目。

③水质监测

根据水质调查与污染源评价结论,结合评价目的、水体特征和重要污染物,制订水质监测方案,取样分析,获取水质监测数据。

④确定评价标准

水质标准是水质评价的准则与依据,应根据评价水体的用途与评价目的确定相应的评价标准。

⑤模型评价

选定数学模型进行评价。

⑥给出评价结论

根据计算结果进行水质优劣分级,给出评价结论。

3）水质评价类型及其标准

水质标准可分为生活用水水质指标和水源水质指标。生活用水水质指标又分为生活饮用水水质指标和生活杂用水水质指标。考虑到生活饮用水与人们的生活与健康关系极大，是珊瑚岛上人们最为关切的用水。因此，以下仅讨论饮用水水质标准与评价和水源水质标准与评价。

①饮用水水质标准与评价

饮用水水质标准是保障饮用水水质安全的主要指标和依据。我国现行的饮用水水质标准包括感官性状和一般化学指标、毒理学指标、细菌学指标和放射性指标四大类106项，即 GB 5749—2006《生活饮用水卫生标准》。

饮用水水质评价包括以下内容：

A.物理性状评价　物理性状直接决定人的感官对水的接受程度，同时也反映了水中一定的化学成分。例如，含有悬浮物时，水显得混浊；含有腐殖质，水呈黄色；含有硫化氢的水，有臭鸡蛋味；含钠，水有咸味；等等。因此，要求饮用水无色、无味、无臭、不含可见物。另外，水温也是一个指标，要求清凉可口，一般为 7~11 ℃。

B.普通盐类评价　普通盐类指水中常见的离子成分，如 Cl^-、HCO_3^-、Na^+、Ca^{2+}、K^+ 等。这些盐类大多是天然矿物，在水中含量过高会损坏水质，使水带苦咸味，以致不能饮用；但是水中含量过低，人体又得不到必需的一些矿物质，也会对健康造成不良影响。不过一般规定最高限值（如硬度），限值为 450 mg/L，但最好为 180 ~ 270 mg/L。

C.有毒物质的限定　有毒物质包括有机物和无机物，其种类很多。世界各国对有毒物质限定数量各不相同，主要由于对有毒物质毒理学的研究程度与水平以及环境、社会、经济发展水平不同。随着社会、经济的发展，研究水平及分析监测能力的提高，将会有越来越多的有毒物质的限定指标列入到饮用水水质指标中。我国 2006 年颁布的 GB 5749—2006《生活饮用水卫生标准》与 1985 年颁布实施的饮用水标准（GB 5749—1985）相比，大幅增加了有毒有害物质的种类，并加大了对具有"三致"效应微量有机污染物的浓度限制，将我国饮用水水质指标提高到一个新的层次，符合国际饮水安全要求的发展趋势。

D.细菌学指标的限定　水体受到污染，水中含有细菌、病原菌和寄生虫会传染疾病,严重威胁人体健康,因而饮用水中不容许有病菌和病毒存在。但水中的细菌、病原菌不能随时检出,为了保障人体健康、预防疾病,并便于判断致病的可能性和水体遭受污染的程度,饮用水水质标准中将细菌总数和大肠杆菌作为指标。我国的具体规定是:水在 37 ℃下经 24 h 培养,水中细菌总数不得超过 100 CFU/mL;大肠杆菌在水中不得检出。大肠杆菌是非致病细菌,一般对人体无害。但水中出现大肠杆菌表示水体受到粪便污染,标志着存在病原菌的可能,因而也将大肠杆菌列为限定指标。

②饮用水水源水质评价

1993 年,我国建设部颁布了适用于城乡集中式或分散式生活饮用水水源水质(包括自备生活饮用水源)的 CJ 3020—1993《生活饮用水水源水质标准》,对生活饮用水水源的水质指标、水质分级、标准限值、水质监测及标准作出了明确规定,将水源水质分为两级:一级水源水,水质良好,地下水只需消毒处理,地表水经简易净化处理(如过滤)、消毒即可供生活饮用;二级水源水,水质受轻度污染,经常规处理(如絮凝、沉淀、过滤、消毒),水质达到生活饮用水水质指标的规定,可供生活饮用。超过二级标准限值的水源水,不宜用做生活饮用水水源。若受条件限制,如珊瑚岛礁淡水透镜体是珊瑚岛上除收集的雨水外唯一的天然淡水水源,对这样的水源,即便一些指标称超过二级标准,也不得不用做饮用水水源时,应采用相应的净化工艺进行处理。处理后的水质应达到饮用水水质标准的规定,并取得相关部门的批准。目前,我国执行的饮用水水质标准为上述 GB 5749—2006《生活饮用水卫生标准》。

10.5　淡水透镜体管理保护措施

淡水透镜体是世界上最脆弱、最易受到损害的含水层系统,自然因素和人类活动都会对透镜体的水质水量带来影响,严重时导致透镜体失去使用功能,甚至萎缩而枯竭。要避免这类情况发生,除科学开发、严格监测、仔细评估外,还必须对淡水透镜体采取灵活的管理和全面的保护措施。这些措施与大陆水资源的管理与保护措施类似,既有法律、法规层面的措施,也有经济和工程技术方面的措施。

10.5.1　管理机构设立与法律法规建设

淡水透镜体的管理与保护必须有相应的法律、法规与之配套,并有主责机构负责执行,才能使各种保护措施得以实施。许多国家建立了国家和区域级的二级管理机构,负责全国和地区的水污染控制和水资源保护与管理、协调工作,如加拿大、美国、法国等都建立了统一的管理机构。加拿大在20世纪60年代以前,主要由地方一级进行水质管理,1971年成立环境部,进行统一管理。法国在全国设立了6个流域管理局,并以此为基础建立了全国水质委员会,负责全国和流域内的水污染控制与水资源保护。一些太平洋岛国(包括多个岛屿),水资源的保护和管理由岛上与政府有关部门相联系的下属机构负责。

我国1988年颁布了《水法》,明文规定:"国家对水资源实行统一管理与分级、分部门管理相结合的制度。"2002年又颁布了新的《水法》,规定:"国家对水资源实行流域管理与行政区域管理相结合管理体制。"国务院设立水行政主管部门(水利部)负责全国水资源的管理与保护工作,下设国家确定的重要江河、湖泊流域管理委员会和各省、地、县水利厅、局,负责所辖区域内水资源的统一监管和保护工作。在我国现行的水资源管理与保护体制下,借鉴国外经验,可在一些较大的岛上设立相应的职能机构,负责本岛或群岛或邻近岛屿水资源的保护与管理工作。

水资源管理法律法规是水资源管理与保护的依据和保证。我国于1984年颁布了《中华人民共和国水污染防治法》,1988年颁布了《中华人民共和国水法》,1991年颁布了《中华人民共和国水土保持法》,2000年颁布了《中华人民共和国水污染防治法实施细则》,2002年又颁布了新修订的《中华人民共和国水法》。这一系列水资源保护的法律文件,使我国水资源的保护有法可依,走上了法治化的轨道。根据国家颁布的这些法律文件,结合珊瑚岛水文地质及其所处海洋环境的特点和淡水透镜体的异常脆弱性,制定针对性的法律、法规是十分必要的。例如,在取水阶段,建立取水许可证制度、水资源费征收管理办法、建立项目水资源论证管理办法等调控手段,以加强管理;在用水阶段,制定用水定额,大力节水,充分发挥水价在用水上的杠杆作用。在开源方面,要考虑雨水利用、污水回用、海水淡化和岛外调水等综合措施;在治污方面,考虑集中治污、达标排放等措施。使取水、供水、用水、节水、水资源保护、污水处理等涉水事务都在法律、法规的框架下运行，实现水资源的科学开发、高效利用和有效保护。

10.5.2　淡水透镜体管理的经济措施

淡水资源是一种公共资源，我国《水法》明确规定水资源属国家所有，并对征收水费和水资源费作了规定。珊瑚岛应根据国家的这些法律规定，制定和完善透镜体淡水资源的有偿使用制度，确定水费和水资源费的征收办法与标准，任何单位和个人对透镜体淡水的使用、消费均需依法付费。岛上的供水系统需要支付成本费、经常性运行费，以及设备维修、更新与更换费。依法收费不仅可以用来增加收入，以支付上述费用，也可以提高用水效率，达到需求管理预期的节水目的。因为当人们需要偿付水费时，就不得不考虑节约用水，杜绝浪费行为，如维修室内卫生器具，防止渗漏等，所以，建立和完善透镜体淡水资源的有偿使用制度，有利于节约用水，缓解珊瑚岛礁淡水供需矛盾，促进水资源的有效保护和可持续利用。收费价格的制订需要考虑成本与运行费用、政府能否给予补贴及标准、消费者类别与需求水平、消费者偿付能力与意愿，是否安装水表也是制订价格需要考虑的一个重要方面。安装水表按量收费体现了公平原则，也可以节约用水。

上述有偿使用制度的建立，仅反映了资源所有者与消费者的经济关系，还不能完全解决透镜体水质下降、水功能被破坏等水资源保护和岛屿生态稳定问题，还应该因地制宜地建立行之有效的岛屿水资源保护和生态环境恢复的经济补偿机制。重要内容之一是排污费收取制度，应该按照排放污染物的种类、数量和浓度，依据法定的征收标准，向排放污染物的单位和个人收取费用。就污水而言，排污费的收取包含两方面的含义：一是排入污水管网，有关部门向排放者收取污水接纳处理费，俗称"用户付费"；另一种是向天然水体排放污水，无论是经过处理还是未经处理，都必须承担经济义务，即"污染者付费"。这是大陆地区通常的做法，在珊瑚岛上，地域狭小，水环境容量极为有限，严禁直接向透镜体排放污水，因而污水排放费用的收取也主要是"用户付费"；至于生活垃圾，也应按量收取一定费用。

排污费收取制度是控制水环境污染的一项重要经济手段，它是与法律措施和其他行政措施相辅相成的。随着珊瑚岛人口增加、经济和旅游产业的发展，岛上生活垃圾、生活污水急剧增加。针对珊瑚岛的特点，制定一种科学合理的收费制度是十分必要的，这既能促使用户节约用水，减轻排污压力，调动防治污染的积极性，推动污水、垃圾处理产业化发展，又能使污水治理得到补偿，促进对水资源的保护和保持生态平衡。大陆上一些城市（如重庆市），居民生活污水排放费用放在自来水费中收取，垃圾排放费用放在天然气费中收取，值得珊瑚岛借鉴。

10.5.3　工程保护措施

珊瑚岛地表土质疏松、土层薄，透镜体埋深浅，许多地方 1 m 以下即可见到地下水。地表上污水极易渗过地表土层及包气带进入透镜体。透镜体一旦受到污染，失去使用功能，治理难度又很大，所以，透镜体保护的首要措施是污染源控制。

珊瑚岛上污染源控制最好采用污水集中处理的工程措施。在岛上修建完善的下水道系统和污水处理站，将各用水户产生的污水收集起来，通过污水管网输送至污水处理站集中处理，达标后排入海洋。禁止设置化粪池、地下土壤渗滤系统处理污水，因为这不适合珊瑚岛。禽畜养殖污水也必须处理达标后才能排放，否则，因为这类污水氮、磷等营养元素及病毒含量均较高，会对透镜体造成严重污染。由于透镜体中淡水的流向是从中央指向边沿，为避免可能的污水渗漏对淡水透镜体的污染，应尽量将污水管网和处理构筑物靠近岛屿边沿布置，并要从工程上采取必要措施，防止时有发生的海浪冲击。

海水入侵污染也是珊瑚岛面临的一个重要问题。海水污染，透镜体淡水咸化，就会损失优质淡水，为了防止和限制海水入侵与污染，应考虑如下的措施：

首先，年抽水量只应是总回补量的一部分，要按可持续开采量抽水。岛屿越窄，回补量越少，透镜体越小，可开采的水量便越少，这要特别注意；要尽可能避免集中抽水，集中抽水易生成倒锥，加速淡水咸化。解决的办法是用渗滤廊道撇取透镜体表层淡水，或用井群每个井小流量抽水；应尽可能靠近岛屿中部取水，避免在靠近海岸的地方取水，靠近海边透镜体薄，海水容易上涌至水井；淡水漂浮在海水之上，必须限制抽水器件突破淡水层，抽水引起的水位降深也应尽可能小；如果岛上存在低渗透的水平地层，则应予以保护，以免海水倒锥进入抽水处之下的含水层；在松散含水层中，局部区域地下水位持续低于海平面会有海水入侵的风险，要尽量避免；岛上凿井,在井管与外围井壁之间,应予以封闭。同样,探测孔、测压管和其他监测器件的情况也应照此处理。在井或探测孔废弃后或在井外套腐蚀或破裂后,应用泥浆、水泥或黏土回填,防止海水向上流动;在潮差较大的地方和高渗透性的地方,泵出水的含盐量会随潮汐而变化,要设计好抽-停时间,并使用一个小型调节水池,当过渡带处于低位、水中含盐量较低时,集中时间抽水,存入调节池备用,这有助于改善水质。

其次,采取节水措施。节约用水,可以减少污水排放量,从而减少对透镜体的污染。节水措施包含多方面内容,例如,公共场合安装节水龙头,家里安装节水卫生器具;提高水的重复利用率,一水多用,中水回用,既节水也开源。节约用水,减少水资源的消耗,提高水资源的综合利用效率,也减少了污水处理负荷,既有显著的环境效益,也有一定的经济效益。

最后,水的联合使用。通常是指一种以上的水资源同时开发应用,包括饮用水与非饮用水的联合使用,常规方法开发的淡水与非常规方法开发的淡水的联合使用。水的应用取决于水质,雨水、透镜体淡水和海水淡化水是优质水,用于饮用;中水、地下咸水用于其他的日常使用(如冲厕)。这已在一些珊瑚岛国应用,我国香港甚至直接用海水冲厕。

在水的联合使用中,特别要强调的是雨水的收集与使用。雨水是珊瑚岛上除透镜体淡水外唯一的天然优质淡水资源,雨水的收集使用可以减少透镜体的供水压力,起到了对透镜体的保护作用。雨水收集有两种方法:屋面收集和地面收集。

(1)屋面雨水收集

屋面收集雨水是小岛上家庭供水的最普通的方法,广泛用于太平洋一些岛国,澳大利亚东南沿海乡村地区也多使用。当地许多房屋配套设置了屋顶集雨设施,雨水成了家庭供水或小社团供水很好的第一水源或重要的补充水源,有的地方称之为"微型水利工程"。

不同地区的屋面集雨设施各有特点,但基本结构和工艺流程相同:

①在屋顶四檐设置集雨沟槽和落水管(大都为镀锌铁皮制品),承接屋顶收集到的雨水。

②在落水管中间设置初雨排除装置,用以自动排除降雨初期从屋顶流下的脏水。

③在房屋附近设置贮水箱或水池,用耐腐蚀的钢等金属材料、陶瓷、混凝土或玻

璃钢制成,底部有排污阀门和出水阀门,用以贮存雨水。有时也用废弃锅炉等压力容器贮水。贮水装置有地面和地下两种形式,在马耳他,水贮存在低渗透石灰岩内挖掘的洞穴中,洞壁用防水材料敷衬。在澳大利亚有的岛上,用丁基橡胶衬里的蓄水池来贮存大量雨水。

④在贮水罐出水阀门外设置稳压抽水泵和输水管,当用户打开水龙头时,水泵自行启动抽水,并能随用水量的变化自动调节抽水量的大小,不用水时,水泵自动停止。另外,也可不设水泵,利用地面贮水箱或水池的高差,使水在重力作用下自流到用户,实现简易的无动力供水。

利用屋顶集雨,降雨量为 1 mm 时,1 m^2 屋顶大约可收集水 0.7 L,以年降雨量 1 500 mm 计算,一个 120 m^2 屋顶面积的家庭一年可收集雨水 126 m^3,可满足一个 4 口之家的生活用水需求,而集雨系统的造价约占房屋建筑总造价的 10%~15%。因此,收集使用雨水既实用又经济。另外,屋顶雨水通常是比较洁净的(如无污染),经自然沉淀后,无须处理即可饮用;同时,贮水容器中的水由于不断使用和不断补给,常用常新,一般不会腐败。

不过,屋面雨水收集也存在一些问题,应予以重视。首先是水量问题。雨水收集经常遇到贮水箱容积有限,带来贮水量不足。在太平洋岛国一些小岛上,由于设计、材料、加工等问题而出现水箱渗漏,造成水量损失。镀锌铁制作水箱大陆上非常普遍,但不适合海岛,因为风会带来高腐蚀性的细小含盐飞沫,水箱容易腐蚀,因此,应根据当地雨量和用水需求确定水箱的容积,并使用耐腐蚀材料制作;特别是水质问题,雨水的水质通常相当好,但是污染也确实可能发生,当雨水收集、贮存和输送系统使用劣质材料制作,或当屋顶、集水渠表面、水箱、管道维护不好时,就可能发生物理、化学或生物的污染。例如,屋顶脱落碎片进入水渠、水箱,就会引起物理污染和管网、水泵、过滤器堵塞;从屋顶或贮水容器溶出的化学离子浓度超过允许值或饮用水水质标准时,就会引起化学污染;屋面长草、飞鸟活动,又容易使屋面、水箱和蓄水池受到生物污染。根据一些太平洋岛国雨水收集利用的经验,特别容易产生下述影响水质的问题,应引以为鉴。这些问题包括:使用不合适的材料做屋顶(如木板屋顶或露兜树叶编织物屋顶),就可能给水带来颜色、味道和气味;水池、集水槽加盖不严,在收集的雨水中可能出现各种杂质(如死昆虫、小鸟和一些小动物或落叶),这也是水中颜色、味道和气味的来源；钢制屋顶和水箱锈蚀，或涂料中铅含量较高，会提高水中铁和铅离子的浓度而超标，如果涂料和石灰衬里未干或硬化不够，水的碱性可能很高而带刺激性；屋顶有大量鸟和动物的排泄物，会使水中细菌数增高；蓄水箱维护不及时，会产生蚊虫传播疾病的公共卫生问题；贮水箱敞开或管道封闭不好，就给蚊虫提供了滋生的场地。这些问题可采用如下措施解决：

①用耐腐蚀材料做屋顶、水槽和水箱。合适的屋顶材料包括铝板、镀锌钢板、陶瓷、混凝土、石板和瓦片。避免用露兜树或椰子叶编织物制作屋顶。塑料屋顶也不合适，塑料容易老化降解，表面藻类生长会产生污染。

②合适的水槽材料是铝和镀锌铁，但后者长期使用后容易生锈，要及时更换。如果用 PVC 管，最好经过紫外线照射处理，否则会变脆开裂而不适合制作水槽。

③屋顶要平整光滑并有足够的坡度，防止形成局部水坑而导致污染。但是，也不能太陡，否则雨水容易溢出。集水槽应有合适的尺寸，以便收集屋面流水，并向贮水罐方向倾斜和与之连接。

④避免屋顶和集水槽内侧喷刷油漆，如果确实需要，涂料不应含铅和有毒有害化学物质，并且等到油漆干后方能收集贮存雨水。

⑤尽可能不让屋顶生长杂草，避免各种碎片堆积和损坏屋面。

⑥设置分流系统，将每次降雨的最先部分雨水（初流水）排除，防止各种渣滓和污物进入贮水箱。雨季明显的地方，特别需要这类系统。用一段摆动集水槽先将初流水排除，再将后面清洁的雨水导入贮水箱。作为一种替代方法，也可以使用可转动的落水管配以合适的弯头或弯管。如果一年中降雨比较均匀，收集的雨水中渣滓很少，那么安装一个滤盒就可以了。

⑦贮水箱应防止渗漏，如果是地下贮水箱，发生渗漏时周围的地下水（可能被污染）会进入贮水箱。

⑧出水管应高于底面，防止沉淀物进入出水管。最好将贮水箱底面向进口管方向倾斜，使进水侧底面低于出水侧底面。

⑨雨水收集系统各组件（屋面、集水槽、贮水箱）要定期清洗，最好是 6~12 个月清洗一次。为此，设置双贮水箱较为合适。双水箱系统可以是分开的地上地下水箱，或者房屋下的双间水箱（一个大水箱中间隔开）。

图 10.2 为一种屋面雨水收集系统的布置图。

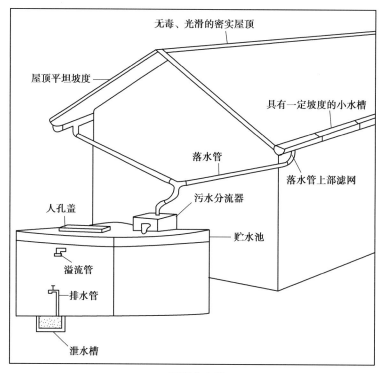

（a）屋顶集水槽

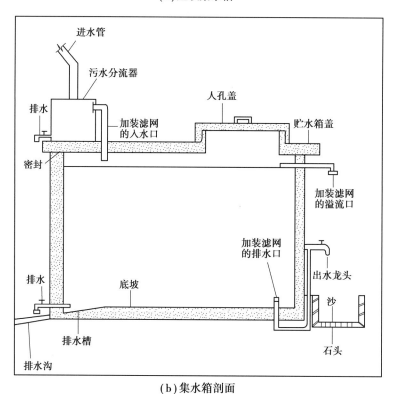

（b）集水箱剖面

图 10.2 正确的雨水槽系统

（2）地面雨水收集

地面雨水收集是应用不透水地表收集降雨形成的地表径流。不透水面可以是岩石面或是人造的不渗透面，如混凝土面、合成材料表面。机场跑道也可作为雨水收集面。集水面边沿设置集水槽（渠），集水面向集水槽（渠）倾斜，集水槽（渠）按一定坡度通向集水池。降雨时，集水面收集的雨水经集水槽（渠）进入集水池。如果收集的雨水用于餐饮，必须注意防止污染。为此，应将集水区附近的树木清除。设置一沉淀池，防止淤泥和其他渣滓进入后续的集水池，沉淀后的雨水经进一步的处理用做餐饮。

地面雨水收集的一个典型例子是我国西沙的大型地面雨水收集供应系统。该系统由西沙机场跑道、集水渠、沉沙池、集水池、贮水罐和一体化净水装置组成。机场跑道设计成单面坡，降雨时跑道即为地表雨水的硬化集雨场。收集的雨水汇流至跑道一侧的集水渠内，经沉沙池、集水池进入贮水罐。贮存的雨水经一体化净水装置处理，达到饮用水标准后输送至用户。机场跑道有效集雨面积 14.4 万 m^2，主、副跑道一侧各设有集水沟渠共计 4 800 m。集水沟渠根据 28 年的降雨资料统计，按暴雨重现期为 2 年来设计断面，一次降雨最大可收集雨水 8 000 m^3，地下集水池每个容积为 3 000 m^3，在机场跑道的两端各设一个，总容积为 6 000 m^3。雨水贮存设施有 4 个圆形钢制贮水罐，每个容积为 5 000 m^3，4 个方形钢筋混凝土贮水罐，每个容积为 3 500 m^3，2 个地下贮水池，每个容积为 3 000 m^3，共计贮水容量为 40 000 m^3。并设有 2 座地下水泵房，共安装了 4 台大流量水泵，将地下集水池中的雨水抽到贮水罐中。水处理设备为 3 台全自动净水装置，每台处理量为 20 m^3/h，3 台同时最大处理量为 60 m^3/h。3 台净水装置全部采用不锈钢制作，采用电絮凝、紫外线消毒的新工艺，不需要加药，适合岛上的环境和管理水平。

10.5.4　管理措施

珊瑚岛礁淡水透镜体过量开采导致透镜体萎缩和咸化，人为污染招致水资源短缺，很大一个原因是：人们对透镜体的脆弱性认识不足，管理不善；一些岛上供水系统故障频发，影响正常供水，也起因于管理混乱。因此，要保障珊瑚岛透镜体持续开采、正常供水，必须增强对透镜体的保护意识、认真管理。管理的核心是制定相应的法律、法规,采取必要的经济措施,这已在前面作了介绍。除此而外,透镜体的管理还有一些重要的具体问题,需要加以实施,可概括为透镜体区域管理、供水系统管理和运行维修管理。

（1）**透镜体区域管理**

在我国,为解决水资源保护问题,国家环保局、卫生部、建设部、水利部和地矿部于 1989 年 7 月联合颁发了《国家饮用水水源保护区污染防治管理规定》。按照这一规定,国家实施对水源地的保护,建立不同规模、不同类型的饮用水源质量保护区。饮用水源保护区一般划分为一级保护区和二级保护区,必要时可增设准保护区。珊瑚岛地域狭小,难以设置大面积的保护区,但是仿照建立国家水源保护区的精神,依然可以在岛上设立"地下水保护带"或"水源储备地"。这类保护地带一般设置在岛屿中部或取水点周围。因为透镜体淡水从中央流向边沿,如果透镜体中部受到污染,污染物随水流向四周扩散,会带来大面积污染,所以,岛屿中部区域应严格保护。取水点附近的水质直接关系到用水水质,因此,取水点附近区域也是严格保护地带。在保护地带内,禁止人类居住、牲畜养殖、化学药剂和化肥的使用以及采集沙砾。

在供水需求已经接近可持续产水量的岛上,需要减少水的散失和增加产水量,应有选择性地清除植被,特别是从岛屿中部去除可可树,保留海边植被。可可树是深根植物,蒸腾量很大,清除可可树这样的深根树种,可以减少蒸腾损失,增加回补量和可持续产水量;保留海边植被,可使海边保持自然状态,确保海岸不被侵蚀,并可持续提供食物、饮料和建筑材料。有的岛上,清除植被的土地用来修建作机场,这就更为地下水的聚积提供了良好的机遇。

对于尚未建立污水收集处理系统的珊瑚岛,化粪池和厕所等卫生设施的渗漏是岛上生物污染与健康风险的主要源头。要对这类设施严加管理,坚决杜绝渗漏。最好的办法是人类定居点和他们的卫生系统远离用做公共供水的淡水透镜体。根据 Canter 和 Knox 关于细菌在不同介质中的传播距离的研究,在细沙砾中,发现细菌传播距离为 30 m;在粗沙砾和"沙与砾石"介质中的传播距离分别为 450 m 和 750 m,这一距离可作为卫生设施布置的基础。当然,更可取的是,将卫生设施放置在岛的边沿,而将供水设施置于岛的中部。

（2）**供水系统管理**

供水系统管理主要集中在取水和输水两个方面。取水不应超过可持续开采量,防止透镜体萎缩和咸化,抽水速率不应大于根据透镜体厚度、抽水器具类型设定的最大抽水速率,以防过渡带倒锥上涌。这就需要计量开采水量和监测水泵,制订相应的操作规范。珊瑚岛上输水管网漏失是很普偏的现象,在一些太平洋岛国中,输水漏失十分惊人,有的高达输送量的 50%,造成大量能源和水的浪费。定期检测和维护输水管网,减少漏失是增加淡水可用性,减轻透镜体供水压力的关键一步。可以使用多种方法监测漏失:①被动漏失观测,这实际上是一种可视性检测,即肉眼观察,发现漏失立即举报,适用于公众观察;②定时探测,使用特定的电子设备在阀门和其他地方作系统检测;③分区计量(也即计量检测),就是分析一段时间内流入不同区域的流量,与正常情况下的流量进行比较,配以系统探测;④废水计量,量测晚上流经单一管道进入"废水区"的流量,用以发现卫生器具的漏失;或者,分区计量与废水计量方法相结合。采用这些检测方法,可以减少漏失 45%~65%。使用这些方法检测,一旦发现有漏失的管道和设备后,应立即修理。

减少漏失还可以从设计和施工入手:①在可能的地方设计成低压管网;②使用抗腐蚀的管道与设备;③提供良好的监管;④使用高强度和好质量的材料,特别在缺乏良好监管的地方尤其需要采取这类措施;⑤精心设计和制订良好的运行计划。

一些岛国如毛里求斯(Mauritius)采用了漏失控制,收到了很好的效果:公众满意度提高,少有投诉;采用全封闭管道,提高了供水安全性;供水部门增加收入 30%。

(3)运行维修管理

珊瑚岛上一些供水系统故障频发,维修困难。其主要原因是:设计欠妥、建造质量差、缺乏资金和操作人员培训不够;供水设施保养差,缺乏预先性维护,仅在水泵停运,管网或贮水设施严重泄漏时才紧急维修;备件不足,常使供水中断。

解决上述问题重在加强管理,适时保养维修。

1)管理方面

要认识到正确的操作方法和定期维修的重要性,提供足够的资金和必要的人员培训。鉴于珊瑚岛远离大陆、交通不便、技术依托条件差,除在设计施工时就要考虑到这种情况并精心设计、严格施工外,运行和维修要适合当地情况,并使供水系统的操作简便和符合标准;还必须考虑设备和操作人员的安全问题。为此,应将系统的运行和维修程序与方法结合当地情况编写成手册,严格按手册规定的程序操作运行。手册语言应清晰、简单明了,在环境、设备和技术发生改变时,手册应及时更新。列入手册的操作和维修内容有:①电机与水泵的操作与维修;②燃料与化学药剂的处理;③阀门的开与关;④蓄水池和水箱注水与排空的操作程序;⑤消毒装置和其他处理系统的操作;⑥若用氯消毒,应在系统给定点上取样进行余氯测试;⑦数据记录的方法和表格(如流量计、在泵和电机上的计时器、水泵入口处电导率读数);⑧日常维修项目;⑨维修程序;⑩设备供应商名称、地址与合同号;⑪备件清单和更换时间表;⑫事故处置程序与方法。在一些岛上,手册有时不被重视,这就需要对操作者和维修人员进行培训,内容包括口头讲解、示范表演和实际体验。

2)维修方面

维修分为两类:预防性维修和故障性维修。预防性维修也称"保养",目的是减少系统或设备的故障;故障性维修是系统或设备出现故障和损坏不能正常工作时进行的抢修。维修应该有一定程序,维修的程序可按两种维修中的任一种进行设计,或者是两种维修兼顾。即便是对于预防性维修,也常常需要考虑覆盖不可预知的故障和设备损坏的故障性维修。在技术力量上最好是组织技术熟练的巡回维修队,在各岛间巡回维修,并就维修问题给予相关的技术指导。

两种维修的内容分别是:

①预防性维修

预防性维修是首选的维修方式。因为这种维修节省经费,也很少中断供水业务。通常在大型精密系统运行时采用。预防性维修的一般要求是:定期检查各部件,特别是机械运动部件和电器部件,发现隐患时直接操作纠正;定期测试仪表、阀门和浮控开关;定期冲洗清洁进水口、管路、水箱和贮水池;定期清除各部件和构筑物上的植物;定期检查引起腐蚀的物质;记录维修的问题与工作内容;现场贮备足够的备件、部件和消耗品,贮备数量视使用率及供货难易程度而定。预防性维修的频率随部件而变,有的项目每天检查一次;有的每周或每月检查一次。

②故障性维修

故障性维修类似于"危机管理"。通常的办法是贮存常备部件而不是单独零件,特别是对那些寿命周期短的设备,更要有足够的备件。例如,泵和电动机,在它们出现故障停运后就立即更换;然后,对更换下来的部件精心维修。这对那些按通用标准设计的系统是非常合适的,而且有的情况下故障性维修的花费可能更省。

10.5.5　公众参与和抗灾计划

(1)公众参与

人类社会面临的各种环境和资源问题,除少部分由自然灾害引起外,都是伴随着人们的生活与生产活动产生的。这些问题单靠科学技术手段和用工业文明的思维方式去修补环境是不可能从根本上解决的,必须在各个层次上去调控人类的社会行为和改变支配人类社会行为的思想,这就要求创造条件,让公众参与到环境资源问题的解决中来,增强环保意识,自觉调控自己的行为,最终达到环境保护的目的。

珊瑚岛礁淡水透镜体是公共资源,岛上人人有分享透镜体淡水的权利,同时也有履行保护淡水透镜体水质、水量不受破坏的责任和义务。这就是淡水透镜体保护工作中的公众参与。按照社会学的观点,所谓"公众参与",是指社会群体、社会组织、单位或个人作为主体在权利、义务范围内所从事的有目的的社会活动。在不同意义上、不同范围内,公众参与又有不同的具体含义。在珊瑚岛礁淡水透镜体的保护工作中,公众参与的内容是:首先,要利用各种媒体和宣传工具,让公众知晓有关淡水透镜体和供水方面的议题,如淡水透镜体的特点、水的合理使用与节约、淡水透镜体的保护措施等;其次,在水资源的利用与规划、开发标准与类型、供水系统的细节安排和透镜体保护等方面倾听公众的意见与建议,并在协商一致的原则下作出相应的修改与调整,使整个开发、供水方式与水价以及保护措施等为公众接受。公众参与应从设计阶段开始直至水资源开发、保护的全周期。这一过程最好从初始的卫生工作开始,水务和卫生工作紧密结合同时开展。公众参与通常以珊瑚岛水务委员会的形式有组织地进行,委员会由公众选出的代表组成,由岛的行政主管担任水务委员会的领导。委员会负责作出相关决定,确定水价。

公众参与最基础的工作是公众教育,与供水和卫生设施有关的公众教育在偏远的珊瑚岛上十分重要,因为常常有人不了解淡水透镜体的特点,更不了解透镜体的脆弱性,不熟悉某些设备的安装与使用,有时还需要为公众示范如何使用维护雨水收集系统,以减少污染与水的浪费。这些思想认识上的问题不解决,公众的环保意识得不到强化,难以自觉地加入到透镜体水资源的保护行动中,岛上的供水系统就可能得不到应有的爱护,节水和透镜体的保护目标就难以实现。公众教育的方式取决于当地的条件与习惯。不过,仍有一些通用的可供选择的方式:如利用宣传媒体,包括报纸与广播;播放有关水资源保护和节水的影视资料;公共地方张贴海报;学校教育;发放宣传手册给用户等。宣传内容有:水是稀缺资源,必须珍惜不能浪费;饮水安全对健康甚为重要;供水需要花费资金,用户必须按规定缴纳水费;透镜体保护的重要性与紧迫性,等等。

(2)抗灾计划

珊瑚岛位于赤道两侧的热带海域,最易遭受台风的强力破坏,还有其他自然灾害,如海啸、地震和火山喷发等。在这些严重的自然灾害之后,水源可能受到污染,供水系统可能受到破坏。在极端情况下,风暴诱发的狂浪冲刷岛屿,海水进入透镜体而污染地下淡水,需要紧急供水。此外,在受到厄尔尼诺-南方涛动影响后,长期干旱,透镜体萎缩、咸化,也需要紧急供水。因此,珊瑚岛应制订抗击干旱、狂浪冲刷和水资源及供水系统遭受破坏时的抗灾应急预案。应急供水可以采取如下措施:①将水煮沸饮用;②临时使用淡化装置;③从附近岛屿或其他地方进口淡水;④使用替代液体,如椰子汁;⑤临时或永久性的人口搬迁;⑥呼吁外援。

珊瑚岛礁淡水透镜体赋存于珊瑚岛内,承托于海水之上,是珊瑚岛上极其宝贵的淡水资源。由于特殊的珊瑚地质条件、气候和人类活动的影响,淡水透镜体十分脆弱,不仅极易遭受污染,而且不时出现的长期干旱、人类不当开采,会使透镜体萎缩、枯竭,或者过渡带倒锥大范围上升,致使透镜体淡水咸化而失去使用功能,甚至倒锥击穿透镜体,淡水储量大大减少。因此,必须调节人类行为,制订正确的开采策略,对淡水透镜体进行严格的管理和保护,采取行政、法律、经济、工程技术与宣传教育相结合的综合措施,确保透镜体水质安全,实现透镜体科学、合理、持续的开发利用,并在突发自然灾害和事故时,采取必要的应急措施,方能充分利用岛上淡水资源,促进岛上社会经济发展和国防建设的顺利进行。

参考文献

［1］潘正莆,黄金森,等. 珊瑚礁的奥秘［M］. 北京:科学出版社,1984:150-210.

［2］安晓华. 珊瑚礁及其生态系统的特征［J］. 海洋环保,2003(3):19-21.

［3］梁景芬,曾昭璇. 中国的造礁珊瑚［J］. 科学,1989,41(4):266-269.

［4］李元超,黄晖,等. 珊瑚礁生态修复研究进展［J］. 生态学报,2008,28(10): 5047-5054.

［5］曾昭璇,梁景芬,丘世均. 中国礁珊瑚地貌研究［M］.广州:广东人民出版社, 1997:78-356.

［6］吴宝玲,李永琪.近年来珊瑚礁研究述评兼介绍第五届国际珊瑚礁大会概况 ［J］.海洋科学,1986,10(8):56-60.

［7］齐文同.珊瑚和珊瑚礁的奥秘［M］. 北京:地质出版社,1990:83.

［8］中国科学院南沙综合科学考察队.南沙群岛及其邻近海区综合调查研究报告 (一)［M］. 北京:科学出版社,1989:32-56.

［9］张乔民,余克服,等.全球珊瑚礁监测与管理保护评述［J］. 热带海洋学报,2006, 25(2):71-78.

［10］聂宝符,陈特固,等.南沙群岛及其邻近礁区造礁珊瑚与环境变化的关系 ［M］. 北京:科学出版社,1997:10-42.

［11］孙宗勋,黄鼎成.珊瑚礁工程地质研究进展［J］.地球科学进展,1999,14(6):577-581.

［12］王丽荣,赵焕庭.珊瑚礁生态系的一般特点［J］.生态学杂志,2001,20(6):41-45.

［13］关飞.世界珊瑚礁生存报告［J］.沿海环境,2001(11):12-13.

［14］陈洁,温宁,李学杰.南海油气资源潜力及勘探现状［J］.沿海环境,2007,22(4):1285-1294.

［15］潘建钢.南海油气资源及开发展望［J］.海洋开发与管理,2002,19(3):39-49.

［16］王国忠.南海珊瑚礁区沉积学［M］.北京:海洋出版社,2001:20-23.

［17］中国科学院南海海洋研究所.南海海洋科学集刊:第7集［M］.北京:科学出版社,1986:87-94.

［18］广东省植物研究所西沙群岛植物调查队.我国西沙群岛的植物和植被［M］.北京:科学出版社,1977:5-27.

［19］赵焕庭.我国生物礁研究的发展［J］.第四纪研究,1996(3):253-262.

［20］刘健,韩春瑞,吴建政,等.西沙更新世礁灰岩大气淡水成岩的地球化学证据［J］.沉积学报,1998,16(4):71-77.

［21］F Ghassemi, J W Molson, A Falkland, etc. Three-dimensional simulation of the Home Island freshwater lens:preliminary results［J］. Environmental Modelling & Software, 1999(14):181-190.

［22］Mark D Spalding, Corinna Ravilious, and Edmund P Green. World Atlas of Coral Reef［M］. University of California Press, Berkeley,California, 2001.

［23］刘锡清.关于海洋岛屿的成因类型问题［J］.海洋地质,2000,16(8):1-3.

［24］安晓华.中国珊瑚礁及其生态系统综合分析与研究［D］.青岛:中国海洋大学,2003.

［25］何起祥,等.中国海洋沉积地质学［M］.北京:海洋出版社,2006:4.

［26］业治铮,何起祥,等.西沙群岛岛屿类型划分及其特征的研究［J］.海洋地质与第四纪地质,1985(4):2.

［27］中国科学院南京土壤研究所西沙群岛考察组.我国西沙群岛的土壤和鸟粪磷

矿[M].北京:科学出版社,1977.

[28] 中国科学院南海海洋研究所.南海海洋科学集刊:第2集[M].北京:科学出版社,1981.

[29] 曾昭璇,吴郁文,黄少敏.中国地理丛书:南海诸岛[M].广州:广东人民出版社,1996:9.

[30] 赵焕庭.南沙群岛考察史[J].热带地理,1995,15(1):19-29.

[31] McLean,R F and Woodroffe,C D. Coral atolls[M]. In:R W G Carter and C D Woodroffe(Editors),Coastal Evolution:Late Quaternary Shoreline Morphodynamics. Cambridge Univ. Press, Cambridge,1994:267-302.

[32] Lambeck,K and Nakada,M. Constraints on the age and duration of the last interglacial period and on sea-level variations[J]. Nature,1992(357),125-128.

[33] H L Vacher and T Quinn. Geology and Hydrogeology of Carbonate Islands[M]. Developments in Sedimentology 54, © 1997 Elsevier Science B.V.

[34] Wheatcraft,S W,Buddemeier,R W. Atoll island hydrology[J]. Ground Water,1981(19):311-320.

[35] Hamlin,S N,Anthony,S S. Ground-water resources of the Laura area,Majuro Atoll,Marshall Islands[R]. USGS Water Resour. Invest. Report,1987:87-4047.

[36] Dickinson,W R. Impacts of eustasy and hydro-eustasy on the evolution and landforms of Pacific atolls[J]. Palaeogeogr. Palaeocl,2004(213):251-269.

[37] 仵彦卿.多孔介质渗流与污染物迁移数学模型[M].北京:科学出版社,2012.

[38] R T Bailey,et al. Numerical Modeling of Atoll Island Hydrogeology[J]. GROUND WATER,2009,47(2):184-196.

[39] James C,et al. Assessing selected natural and anthropogenic impacts on freshwater lens morphology on small barrier Islands:Dog Island and St. George Island,Florida,USA[J]. Hydrogeology Journal,2005(14):131-145.

[40] Jean-Christophe Comte,et al. Evaluation of effective groundwater recharge of freshwater lens in small islands by the combined modeling of geoelectrical data and water heads[J]. WATER RESOURCES RESEARCH,2010:46.

［41］ Adrian D. Werner, et al. Experimental observations of saltwater up-conin［J］. Journal of Hydrology, 2009(373):230-241.

［42］ H -J Diersch, et al. Finite-element analysis of dispersion-affected saltwater upconing below a pumping well［J］. Appl. Math. Modelling, 1984(8):305-312.

［43］ J. 贝尔.多孔介质流体力学［M］.李竞生,陈崇希,译. 北京:中国建筑工业出版社, 1983.

［44］ C W Fetter.应用水文地质学［M］. 孙晋玉,等,译.北京:高等教育出版社,2011: 136-137, 155, 324.

［45］ C D Woodroffe and A C Falkland. Geology and Hydrogeology of the Cocos［M］. Geology and Hydrogeology of Carbonate Islallds. Developments in Sedimentology 54, edited by H L Vacher and T Quinn,1997, Elsevier Science B.V.

［46］ Charles D Hunt. Falkland. Hydrogeology of Diego Garcia［M］. Geology and Hydrogeology of Carbonate Islallds. Developments in Sedimentology 54, edited by H.L. Vacher and T. Quinn,1997, Elsevier Science B.V.

［47］ Chunmiao Zheng,Gordon D. Bennett. 地下水污染物迁移模型［M］. 孙晋玉,卢国平,译. 北京:高等教育出版社,2009.

［48］ C W Fetter. 污染水文地质学［M］.周念清,等,译. 北京:高等教育出版社,2011.

［49］ P F Hudak. 水文地质学原理［M］. 郭清海,等,译.北京:高等教育出版社,2011.

［50］ 孟昭苏. NESO 对我国中东部地区粮食产量影响的经济评估分析［D］. 青岛:中国海洋大学,2009.

［51］ R T Bailey & J W Jenson & D Taboroši. Estimating the freshwater-lens thickness of atoll islands in the Federated States of Micronesia［J］. Hydrogeology Journal, 2013 (21):441-457.

［52］ 张仁铎. 环境水文学［M］. 广州:中山大学出版社,2006.

［53］ S W Hostetler, P J Bartlein. Simulation of lake evaporation with application to modeling lake level variations of Harney-Malheur Lake［J］. Oregon. Water Resources Research, 1990,26(10):2603-2612.

［54］ 许武成.水资源计算与管理［M］. 北京:科学出版社,2011.

[55] 任伯帜,熊正为.水资源利用与保护[M].北京:机械工业出版社,2008.

[56] 聂振平,汤波.作物蒸发蒸腾量测定与估算方法综述[J].安徽农学通报,2007,13(2):54-56.

[57] 于贵瑞.不同冠层类型的陆地植被蒸发散模型研究进展[J].资源科学,2001,23(6):72-84.

[58] 屈艳萍,康绍忠,等.植物蒸发蒸腾量测定方法评述[J].水利水电科技进展,2006,26(3):72-77.

[59] 刘晓英,林而达,等.Priestley-Penman 法计算参照作物腾发量的结果比较[J].农业工程学报,2003,19(1).

[60] 张鹤飞.太阳能热利用原理与计算机模拟[M].西安:西北工业大学出版社,1990.

[61] 彭世彰,徐俊增.参考作物蒸发蒸腾量计算方法的应用比较[J].灌溉排水学报,2004,23(6):5-9.

[62] 李红星,蔡焕杰,等.以水面蒸发量为参考推求土壤实际蒸发量的数学模型[J].农业工程学报,2008,24(2):1-4.

[63] 范爱武,刘伟,等.环境因子对土壤水分蒸散的影响[J].太阳能学报,2004,25(1):1-5.

[64] 吴克,游积平,等.西沙群岛大气中海盐粒子的分布特征[J].热带气象学报,1996,12(2):122-129.

[65] 温阳东.华北平原因地下水超采成为世界最大"漏斗区"[N].时代周报,2011-11-03.

[66] 何丽.淡水透镜体三维数值模拟与降雨补给的影响[D].重庆:后勤工程学院,2008(4).

[67] Ian White and Tony Falkland. Management of freshwater lenses on small Pacific islands[J]. Hydrogeology Journal, 2010(18):227-246.

[68] Ben Finney. Climate Change Impacts on Freshwater Resources in the Maldives (D)-Assessing Vulnerability and Adaptive Capacity, EXECUTIVE SUMMARY, (2009/10),Centre for Environmental Policy, Imperial College London.

［69］汪攀峰,丁启朔,等. 一种土壤孔隙率(比)的测定方法［J］. 实验技术与管理, 2009,26(7).

［70］马传明. 测定松散土体试样给水度实验仪的研制［J］. 地质科技情报,2005,24, 增刊:1999-2011.

［71］郑西来,钱会,杨喜成. 地下水含水介质的弥散度测定［J］. 西安工程学院学报, 1998,20(4):33-36.

［72］项伟,唐辉明. 岩土工程勘察［M］. 北京:化学工业出版社,2012:133.

［73］袁聚云,徐超,等. 土工试验与原位测试［M］. 上海:同济大学出版社, 2004:305-308.

［74］陈南祥.水文地质学［M］.北京:中国水利水电出版社,2008:206-207.

［75］束龙仓,陶月赞. 地下水水文学［M］. 北京:中国水利水电出版社,2009:178.

［76］工程地质手册编委会.工程地质手册［M］.北京:中国建筑工业出版社, 2007:999-1000.

［77］余钟波,黄勇. 地下水水文学原理［M］. 北京:科学出版社, 2008:62,75-76.

［78］Herman Bouwer and R C Rice. A Slug Test for Determining Hydraulic Conductivity of Unconfined Aquifers With Completely or Partially Penetrating Wells［J］. Water Resources Research,1976,12(3):423-428.

［79］丁家平,李樟苏. 地下水弥散系数的野外试验新方法［J］. 水利学报, 1998(8):38-42.

［80］余常昭. 环礁流体力学导论［M］. 北京:清华大学出版社,1992:139.

［81］吕玉增,阮百尧.高密度电法工作中的几个问题研究［J］.工程地球物理学报, 2005, 2 (4):264-269.

［82］Wentworth, C K. Storage consequences of Ghyben-Herzberg theory［J］. Trans. Am. Geophys. Uion, 1942, 683 (23).

［83］Voss, C I, and Souza, W R. Variable density flow and solute transport simulation of regional aquifer containing a narrow freshwater-saltwater transition zone［J］. Water Resour. Res., 1987, 23(10):1851.

［84］Ryan T Bailey, John W Jenson and Arne E Olsen. Estimating the Ground Water

Resources of Atoll Islands[J]. Water, 2010(2):1-27.

[85] Mink, J F, and Lau, L S. Hawaii groundwater geology and hydrology, and early mathematical models [R]. Tech. Memo. Rep. No. 62, Water Resources Research Center, University of Hawaii at Mona, Hololulu, 1980:75.

[86] M Muskat. The Flow in Homogeneous Fluids through Porous Media [M]. McGraw-Hill, New York, 1937:763.

[87] M K Hubbert. The Theory of ground water motion[J]. J. Geol., 1940(48):785.

[88] Meyer, C K, Kleineck, D C, et al. Mathematical Modeling of Fresh water aquifers having a salt water bottom [R]. Tech. Rep. GE 74 TEMPO 43, Center of Advanced studies, TEMPO, General Electric Co, Santa Barbara, California, 1974.

[89] Larson, S P, et al. Simulation of Wastewater injection into a coastal aquifer system near Kabuli [C]. Maui, Hawaii. In Proc. Am. Soc. Civ. Eng. Hydraulic. Div., Specialty Conference on Hydraulics in the Coastal Zone. Asc College Sta., Texas, 10-12 August 1997:107-116.

[90] Weatcart S W, et al. Numerical modeling of liquid waste injection into a two-phase fluid system [R]. Tech. Rep. No. 125, Water Research Center, University of Hawaii. Ix+103P, 1979.

[91] Contractor, D N. A one-dimensional finite element salt water intrusion model[R]. Tech. Rep. No.20 Water Resources Research Center, University of Guam.

[92] Giggs J E, et al. Ground Water Flow dynamics and development strategies at the atoll scale[J]. Ground Water, 1993, 31(2).

[93] J M U Jucson. Recharge and aquirer response: Northern Guam Lens Aquifer, Guam, Mariana Island[J]. Journal of Hydrology, 2002, 260(1-4):231-254.

[94] G C Hocking. The lens of freshwater in a tropical island—2d withdrawal [J]. Computers and Fluids, 2004, 33.

[95] Aly I. EL-Kadi. Ground Water models for Resources Analysis and Management [J]. Lewis Publishers, London, 1995.

［96］ Larabi，F De Smedt. Numercial solution of 3-D groundwater flow involving free boundaries by a fixed element method［J］. Journal of Hydrology，1997（201）:161-182.

［97］ Alex G Lee. 3-D Numerical modelling of freshwater lens on atoll islands［R］. Lawrence Berkeley National Laboratory，Berkeley，California，May 12-14，2003.

［98］ Thomas Graf，Rene Therrien. Variable-density groundwater flow and solute transport in porous media containing nonuniform discrete fractures［J］. Advances in Water Resources，2005(28):1351-1367.

［99］ Annamaria Mazzia,et al，High ordr Godunov mixed methods on Tetrahedral meshes for density driven flour simulation in porous media［J］. Journal of computational physics，2005(208):154-174.

［100］ X Mao，H Prommer，D A Barry，C D Langevin，B Panteleit，L Li. Three-dimensional model for multi-component reactive transport with variable density groundwater flow［J］. Environmental Modelling & Software，2006(21):615-628.

［101］ Annamaria Mazzia，et al. Three-Dimensional mixed finite element-finite volume approach for the solution of density-dependent flow in porous media［J］. Journal of computational and applied mathematics，2006(185):347-359.

［102］ Thomas R E Chidley and John W Lloyd. A Mathematical Model Study of Fresh-Water Lenses［J］. Ground Water，15(3).

［103］ 叶锦昭.西沙群岛环境水文特征［J］.中山大学学报:自然科学版,1996,35(增刊):15-21.

［104］ 秦国权.西沙群岛"西永一井"有孔虫组合及该群岛珊瑚礁成因初探［J］.热带海洋,1987,6(3):10-23.

［105］ 珊瑚岛礁淡水透镜体三维数值模拟研究［J］.水利学报,2010,41(5):560-566.

［106］ 薛禹群. 地下水动力学原理［M］. 北京:地质出版社,1986.

［107］ 陈崇禧,李国敏. 地下水溶质运移理论及模型［M］.北京:中国地质大学出版社,1996:130.

[108] 杨金忠,等.地下水运动数学模型[M].北京:科学出版社,2009:15-18.

[109] M U Jocson, J W Jenson, D N Contrator. Recharge and aquifer response: Northern Guam Lens Aquifer, Guam, Mariana Islands [J]. Journal of Hydrology, 2002(260):231-25.

[110] J Tronicke, N Blindow, R Grob, etc. Joint application of surface electrical resistivity-and GPR-measurements for groundwater exploration on the island of Spiekeroog—northern Germany [J]. Journal of Hydrology,1999(223):44-53.

[111] A C Falkland. Climate, hydrology and water resources of the Cocos (Keeling) island[M]. National museum of natural history Smithsonian institution Washington, D.C, USA, February 1994:21-22.

[112] 吴兑,项培英,等.西沙永兴岛降水的酸度及其化学组成[J].气象学报,1989, 47(3):381-384.

[113] 耿海涛.珊瑚岛礁水文地质勘测和模拟研究[D].重庆:中国人民解放军后勤 工程学院,2008:5.

[114] 孙纳正. 地下水污染——数学模型和数值方法[M]. 北京:地质出版社, 1989:7.

[115] 中国大百科全书总编辑委员会数学编辑委员会.中国大百科全书·数学卷 [M].北京:中国大百科全书出版社,1988:59.

[116] 张涤明,蔡崇喜,等.计算流体力学[M].广州:中山大学出版社,1991:47.

[117] Trescott P C, Pinder G F, Larson S P. Finite—different model for aquifer simulation in two dimension with results of numerical experiments Techniques of Water-Resources[R]. Investigations of the US Geol Surv Book 7, Chapte 7. 1976:116-123.

[118] User's Guide to SEAWAT: A Computer Program For Simulation of Three-Dimensional Variable-Density Ground-Water Flow [M]. Techniques of Water-Resources Investigations of the US Geological Survey, BOOK6, Chapter A7.

[119] Visual Modflow 4.1 三维地下水流和污染物运移模拟专业软件用户手册 [M]. Waterloo Hydro geologic Inc, 2005:225.

［120］Sophocleous, M. From safe yield to sustainable development of water resources in the Kansas experience［J］.Journal of Hydrology, 2000(235):27-43.

［121］Sophocleous M. Managing water resources systems: Why safe yield is not sustainable［J］.Ground Water, 1997, 35 (4):561.

［122］张人权.地下水资源特性及其合理开发利用［J］.水文地质工程地质,2003, 30(6):1-5.

［123］Alley M, Leake S A.The journey from safe yield to sustainability［J］. Ground Water,2004,42(1):12-16.

［124］籍传茂,侯景岩,王兆馨.世界各国地下水开发和国际合作指南［M］.北京:地震出版社,1996.

［125］王长申,王金生,滕彦国. 地下水可持续开采量评价的前沿问题［J］.水文地质工程地质, 2007(4):44-49.

［126］Eita Metai. Vulnerability of freshwater lens on Tarawa—the role of hydrological monitoring in determining sustainable yield［M］. Pacific Regional Consultation Meeting on Water in Small Island Countries Sigatoka, Fiji Islands, 29 July-3 August 2002:8-13.

［127］White A, Falkland L. Crennan. etc. Groundwater recharge in low coral islands Bonriki, South Tarawa, Republic of Kiribati［J］. Technical Documents in Hydrology 1 No.25 UNESCO, Paris 1999:12-16.

［128］A Falkland. Hydrology and water resources of small islands: a practical guide ［M］. Published in 1991 by the United Nations Educational, Scientific and Cultural Organization, Printed by: Imprimerie de la Manutention, Mayenne, UNESCO 1991.

［129］Bear J, and G Dagan. The unsteady interface below a coastal collector, 122 pp., Hydraul. Lab. Progr. Rep. 3, Israel Institute of Technology, Haifa, Israel, 1964.

［130］S Schmoraka and A Mercado. Upconing Fresh Water-Sea Water Interface Below Pumping Wells, Field Study［J］. Water Resources Research, 1969, 5(6):12.

［131］Dagan G, and Bear J. Solving the problem of local interface upconing in a coastal aquifer by the method of small perturbations. J. Internat[J]. Assoc. Hydr. Research, 1968, 6(1):15-44.

[132] Dagan G. The movement of the interface between two liquids in a porous medium with applications to a coastal collector, 139 pp., D. Sc. thesis, Haifa, Israel, October 1964.

[133] Muskat M. The flow of homogeneous fluids through porous media[M]. 2nd edition, J. N. Edwards, Inc., Michigan, 1946:485-506.

[134] White I, Falkland A, Metutera T, Metai E, Overmars M, Perez P, Dray A. Climatic and human influences on groundwater in low Atolls[J]. Vadose Zone J, 6:581-590.

[135] C W Fetter. Position of the Saline Water Interface beneath Oceanic Islands [J]. Water Resources Research, 1972, 8(5):1307-1315.

[136] Chapman T G. The use of water balances for water resource estimation with special reference to small islands; Bulletin No. 4; Pacific Regional Team. Australian Development Assistance Bureau, Canberra, Australia, 1985.

[137] Oberdorfer, J A, Buddemeier, R W. Climate change:effects on reef island resources. In *Proceedings*; Sixth International Coral Reef Symposium, Townsville, Australia, 1988(3):523-527.

[138] Voss C I, Provost A M. SUTRA, A model for saturated-unsaturated variable-density groundwater flow with solute or energy transport; USGS Water-Resources Investigations Report 02-4231; USGS:Reston, Virginia, 2003.

[139] Presley TK. Effects of the 1998 drought on the freshwater lens in the Laura area, Majuro Atoll, Republic of the Marshall Islands. US Geol Surv Sci Invest Rep 2005-5098, 2005.

[140] 谢光炎,肖锦.高浓度表面活性剂废水的电凝聚处理研究[J].给水排水,1998, 24(4):40-43.

[141] 张桂芬,吴琳,曲翔滨.电凝聚法处理电镀含铬废水影响因素的实验[J].环境保护科学,1997, 23(6):9-12.

[142] 刘广立,袁宏林,王志盈. 管式电凝聚器的特性及亲水性染料脱色试验研究[J]. 西安建筑科技大学学报,1998,30(4).

[143] 张永利,马中汉. 电凝聚法处理废水的效能和作用的研究[J]. 1989,22(1):79-83.

[144] 张寿恺,蔡梅亭. 电凝聚法在给水处理中的应用[J]. 建筑技术通讯(给水排水),1968(6).

[145] 严煦世,范瑾初. 给水工程[M]. 4版. 北京:中国建筑工业出版社,1999.

[146] E.H.巴宾克夫. 论水的混凝[M]. 郭连起,译. 北京:中国建筑工业出版社,1989.

[147] 陈雪明. 电凝聚能耗分析与节能措施[J]. 水处理技术,1996,23(3):165-168.

[148] 王占生,刘文君. 微污染水源饮用水处理[M]. 北京:中国建筑工业出版社,1999:59-60.

[149] 邵刚. 膜法水处理技术及工程实例[M]. 北京:化学工业出版社,2002.

[150] 莫罹,黄霞. 微滤膜处理微污染原水研究[J]. 中国给水排水,2002,18(4):40-43.

[151] Volker RE, Mariño MA, Rolston DE. Transition zone width in ground water on ocean atolls[J]. J Hydraul Eng, 1985, 111(4):659-676.

[152] Wooding RA. Convection in a saturated porous media at large Rayleigh number or Peclet number[J]. J Fluid Mech, 1963(15):527-544.

[153] Wooding RA. Mixing-layer flows in a saturated porous media[J]. J Fluid Mech, 1964(19):103-112.

[154] Underwood MR, Peterson FL, Voss CI. Groundwater len dynamics of atoll islands[J]. Water Resour Res, 1992, 28(11):2889-2902.

[155] Oberdorfer JA, Buddemeier RW. Atoll island groundwater contamination: rapid recovery from saltwater intrusion. Annual Meeting of the Association of Engineering Geologists. Boston, Mass. USA, 9-11 Oct. 1984.

[156] Voss CI. SUTRA, A finite-element simulation model for saturated-unsaturated, fluid-density-dependent ground-water flow with energy transport or chemically-

reactive single-species solute transport. USGS Water Resources Investigation Report 84-4389, 1984:409.

[157] Voss CI, Boldt D, Sharpiro AM. A graphical-user interface for the US Geological Survey's SUTRA code using Argus ONE (for Simulation of Variable-Density Saturated-Unsaturated Ground-Water Flow with Solute or Energy Transport), US Geological Survey, Open-File Report 97-421, Reston, Virginia, 1997.

[158] Nullet D. Water balance of Pacific atolls [J]. Water Resour Bull, 1987, 23(6):1125-1132.

[159] White I, Falkland A, Etuati B, Metai E, Metutera T. Recharge of fresh groundwater lenses:field study, Tarawa Atoll, Kiribati. Hydrology and Water Resources Management in the Humid Tropics, Proc. Second International Colloquium, 22-26 March 1999, Panama, Republic of Panama, IHP-V Technical Documents in Hydrology No.52, UNESCO, Paris, 2002:299-332.

[160] 李广贺.水资源利用与保护[M].北京:中国建筑工业出版社,2010:93, 321.

[161] Canter L.W. and Knox R.C. Septic tank effects on groundwater quality[M]. Lewis Publ., Chelsea, Mich. USA, 1985.

[162] 国家环境保护总局监督管理司. 中国环境影响评价培训教材[M]. 北京:化学工业出版社,2000:425-426.